高等职业教育优质校建设轨道交通通信信号技术专业群系列教材

电子技术及其应用

（活页式）

主　编 ◎ 任全会
副主编 ◎ 刘海燕　张　莉

西南交通大学出版社
·成　都·

图书在版编目（CIP）数据

电子技术及其应用：活页式 / 任全会主编. —成都：西南交通大学出版社，2022.2（2024.8 重印）
高等职业教育优质校建设轨道交通通信信号技术专业群系列教材
ISBN 978-7-5643-8461-6

Ⅰ. ①电… Ⅱ. ①任… Ⅲ. ①电子技术 – 高等职业教育 – 教材 Ⅳ. ①TN

中国版本图书馆 CIP 数据核字（2021）第 255845 号

高等职业教育优质校建设轨道交通通信信号技术专业群系列教材

Dianzi Jishu ji Qi Yingyong

电子技术及其应用

（活页式）

主　编 / 任全会　　　　　　责任编辑／穆　丰
　　　　　　　　　　　　　封面设计／吴　兵

西南交通大学出版社出版发行
（四川省成都市金牛区二环路北一段 111 号西南交通大学创新大厦 21 楼　610031）
营销部电话：028-87600564　028-87600533
网址：http://www.xnjdcbs.com
印刷：四川玖艺呈现印刷有限公司

成品尺寸　185 mm×260 mm
印张　21.5　　字数　497 千
版次　2022 年 2 月第 1 版　　印次　2024 年 8 月第 4 次

书号　ISBN 978-7-5643-8461-6
定价　45.00 元

课件咨询电话：028-81435775
图书如有印装质量问题　本社负责退换
版权所有　盗版必究　举报电话：028-87600562

前言
PREFACE

电子技术是一门发展迅速、实践性和应用性都很强的技术基础课程。本书严格按照高等职业教育对学生的培养目标和能力的最新要求编写,以实用、够用为度,在保证必要的基本理论、基础知识、基本技能的基础上,贯彻"理论与工程实践相结合,以应用为目的"的原则,特别注重实践应用,贴近岗位技能需求。

全书共分为七个项目,系统介绍了半导体元器件、基本放大电路、集成运算放大器、数字电路基础知识、集成逻辑门电路、组合逻辑电路、集成触发器、时序逻辑电路、脉冲产生与波形变换等内容。

本书结构清晰,讲解通俗易懂,注重器件符号、特性和功能应用,淡化器件内部结构,注重实际应用,淡化理论推导。主要有以下特点:

(1)动静结合。本书包含大量的微课视频、动画,打破传统的文字教材模式,学生通过手机扫码即可打开视频,随时解决疑难问题;在教材中插入动画让抽象难懂的知识点"动"起来,使学生更易消化吸收。

(2)理实结合。本书各项目后均设置有应用实践,包含若干实践项目。项目内容丰富、实用,训练多元化、分层次,有基本实践也有综合实践。

(3)讲练结合。本书编写中突出基础知识、基本理论、基本技能,简化单元电路的理论分析,突出功能应用电路的讨论,加强实用电路的举例及应用知识的拓展;加强课后习题量,习题侧重基本概念和实用电路的分析与设计,用以培养学生的知识应用能力和工程实践能力。

（4）虚实结合。本书各项目后设置有电路实践应用环节，学生可以通过网络注册登录作者自行研发的实验平台进行线上实验，也可以在实验室里用传统方法进行线下实验；线上实验能实现智能测试，也能实现实验报告智能提交与批改；线下实验采用活页式实验报告单，方便学生提交。

（5）中、英、俄三语结合。本教材同时提供中、英、俄三个版本，学生学习专业知识的同时，提高外文阅读水平，为以后阅读外文文献和撰写外文论文做准备。

本书结合教学内容，深入挖掘课程蕴含的思政元素，将其融入教学过程中，实现立德树人、知识传授、能力培养与价值引领的有机结合，培养有科学研究探索能力、不畏挫折失败、勇于担当的时代新人。

本书由郑州铁路职业技术学院任全会担任主编，刘海燕、张莉担任副主编。全书编写分工如下：罗丽宾编写项目一，刘海燕编写项目二，陈志红编写项目三，吴昕编写项目四，任全会编写项目五，张莉编写项目六和附录部分，高基豪编写项目七。全书由任全会、刘海燕、张莉统稿。全书的动画由任全会、张莉设计整理，微课由陈志红、刘海燕、马蕾、张莉、高基豪、吴昕、刘素芳、罗丽宾、孙逸洁、朱力宏、冯笑、任全会等提供。

电子技术的发展日新月异，新的元器件和技术不断涌现，广泛地应用到各行各业，由于编者水平有限，书中难免有疏漏和不妥之处，敬请广大读者批评指正。

作　者

2021 年 8 月

数字资源列表

序号	二维码名称	资源类型	书籍页码
1	项目一英文、俄文版本	文档	P2
2	微课 本征半导体	视频	P2
3	微课 杂质半导体	视频	P3
4	动画 PN结的形成	视频	P4
5	微课 PN结	视频	P4
6	微课 二极管的结构、分类与特征	视频	P5
7	微课 二极管的参数及测试	视频	P6
8	微课 光电子器件	视频	P7
9	微课 二极管在整流电路中的应用	视频	P8
10	动画 单相桥式整流1、2、3、4、5	视频	P8
11	微课 滤波电容	视频	P10
12	动画 电容滤波1、电容滤波2、电容滤波3、电容滤波4	视频	P10
13	微课 二极管在稳压电路中的应用	视频	P11
14	微课 串联型稳压电源	视频	P12
15	微课 集成稳压电源及应用	视频	P12
16	微课 三极管的结构与电流放大原理	视频	P13
17	动画 三极管内部载流子的运动——发射极电流的形成	视频	P16
18	动画 三极管内部载流子的运动——基极电流的形成	视频	P16
19	动画 三极管内部载流子的运动——集电极电流的形成	视频	P16
20	微课 三极管的伏安特性曲线	视频	P17
21	微课 三极管的主要参数及测试	视频	P18
22	微课 结型场效应管	视频	P19
23	微课 绝缘栅型场效应管	视频	P20
24	微课 石英晶体的特性	视频	P21
25	项目二英文、俄文版本	文档	P37
26	微课 放大电路基本结构	视频	P40
27	动画 基本放大电路的组成和作用	视频	P40
28	微课 共发射极放大电路静态工作点分析计算	视频	P42
29	微课 单管共射极放大电路的放大原理	视频	P43
30	动画 基本放大电路的放大原理	视频	P43
31	微课 图解法分析信号失真	视频	P44
32	动画 Q点与波形失真1、2、3	视频	P44
33	微课 三极管的微变等效电路	视频	P46
34	动画 微变等效电路的画法1、2、3	视频	P46
35	微课 用微变等效电路进行动态分析计算	视频	P48
36	微课 放大电路的频率特性分析	视频	P51
37	微课 温度对工作点的影响 分压式偏置电路的结构	视频	P52
38	动画 静态工作点稳定	视频	P52
39	微课 静态工作点的稳定措施	视频	P53
40	微课 多级电路的级联方式	视频	P55
41	微课 电容耦合多级放大电路的电路分析	视频	P57
42	微课 差动放大电路	视频	P58
43	动画 差动放大电路构成及其原理1、2、3	视频	P58

序号	二维码名称	资源类型	书籍页码
44	动画 抑制温漂1、2、3	视频	P59
45	微课 基本功率放大器	视频	P63
46	动画 交越失真1、2、3	视频	P68
47	动画 功率放大电路1、2、3	视频	P68
48	微课 甲乙类功率放大电路分析	视频	P69
49	微课 LM386集成功放器及其应用	视频	P71
50	微课 示波器的使用 函数信号发生器的使用 毫伏表的使用	视频	P77
51	微课 单管放大电路调试及参数测试	视频	P77
52	项目三英文、俄文版本	文档	P89
53	微课 运放结构及参数	视频	P89
54	微课 反馈的基本概念	视频	P92
55	微课 反馈类型的判断	视频	P93
56	动画 瞬时极性法1、2	视频	P95
57	微课 负反馈对放大电路的影响	视频	P96
58	动画 负反馈对放大电路的影响	视频	P96
59	微课 集成运放概述	视频	P97
60	动画 虚断	视频	P98
61	动画 虚短	视频	P98
62	微课 集成运放构成基本运算电路	视频	P99
63	动画 虚短虚断-简化电路的分析	视频	P102
64	动画 振荡条件	视频	P104
65	微课 RC串并联网络和LC谐振回路选频特性	视频	P106
66	微课 RC桥式振荡器	视频	P108
67	微课 集成运放构成的信号处理电路	视频	P108
68	微课 集成运放构成的基本运算电路的调试	视频	P119
69	微课 RC振荡器组成与测试	视频	P127
70	项目四英文、俄文版本	文档	P133
71	动画 模拟信号与数字信号	视频	P134
72	微课 数字信号及数字电路	视频	P134
73	微课 数制	视频	P135
74	动画 数制	视频	P135
75	微课 码制	视频	P139
76	微课 与逻辑及与门	视频	P140
77	动画 与逻辑及与门	视频	P140
78	微课 或逻辑及或门	视频	P141
79	动画 或逻辑及或门	视频	P141
80	微课 非逻辑及非门	视频	P142
81	动画 非逻辑及非门	视频	P142
82	微课 复合逻辑门	视频	P142
83	微课 逻辑代数的基本定律及基本规则	视频	P145
84	微课 逻辑函数的公式化简法	视频	P148
85	微课 最小项与逻辑函数	视频	P149
86	动画 最小项	视频	P149
87	微课 用卡诺图表示逻辑函数	视频	P150
88	动画 用卡诺图表示逻辑函数	视频	P150
89	微课 用卡诺图化简逻辑函数	视频	P151

序号	二维码名称	资源类型	书籍页码
90	动画 用卡诺图化简逻辑函数	视频	P151
91	项目五英文、俄文版本	文档	P156
92	微课 二极管的开关特性	视频	P157
93	动画 二极管的开关特性	视频	P157
94	微课 晶体管的开关特性	视频	P157
95	动画 晶体管的开关特性	视频	P157
96	微课 常见集成逻辑门芯片介绍	视频	P162
97	微课 TTL与非门	视频	P162
98	动画 TTL与非门	视频	P162
99	微课 TTL与非门主要参数	视频	P164
100	动画 TTL与非门主要参数	视频	P164
101	微课 OC门	视频	P167
102	动画 OC门	视频	P167
103	微课 三态门	视频	P168
104	动画 三态门	视频	P168
105	微课 集成逻辑门多余输入端处理	视频	P169
106	微课 数字集成器件的选用原则	视频	P169
107	微课 CMOS门电路	视频	P170
108	动画 CMOS门电路	视频	P170
109	微课 集成CMOS与非门和或非门	视频	P172
110	微课 CMOS与TTL间的接口电路	视频	P173
111	微课 组合逻辑电路的分析	视频	P174
112	动画 组合逻辑电路的分析	视频	P174
113	微课 组合逻辑电路的设计	视频	P176
114	动画 组合逻辑电路的设计	视频	P176
115	微课 二进制编码器	视频	P177
116	微课 优先编码器	视频	P178
117	微课 二进制译码器	视频	P179
118	动画 二进制译码器	视频	P179
119	微课 译码器的应用	视频	P181
120	微课 半导体数码管	视频	P183
121	动画 半导体数码管	视频	P183
122	微课 显示译码器	视频	P184
123	动画 显示译码器	视频	P184
124	微课 数据选择器	视频	P185
125	动画 数据选择器	视频	P185
126	微课 数据选择器通道扩展	视频	P187
127	微课 数据选择器实现组合逻辑函数	视频	P188
128	微课 数据分配器	视频	P188
129	微课 数值比较器	视频	P191
130	微课 多位数值比较器	视频	P191
131	项目六英文、俄文版本	文档	P213
132	动画 组合逻辑电路与时序逻辑电路的区别	视频	P214
133	微课 时序逻辑电路的概念及触发器	视频	P214
134	微课 基本RS触发器	视频	P215
135	动画 基本RS触发器	视频	P215

序号	二维码名称	资源类型	书籍页码
136	微课 触发器逻辑功能的表示方法	视频	P216
137	微课 同步 RS 触发器	视频	P220
138	动画 同步 RS 触发器	视频	P220
139	微课 主从型 JK 触发器	视频	P224
140	动画 主从 JK 触发器的主从结构	视频	P224
141	微课 主从型 JK 触发器的一次翻转和抗干扰能力更强的触发器	视频	P225
142	微课 D 触发器和 T 触发器	视频	P226
143	微课 触发器使用注意事项	视频	P232
144	微课 寄存器	视频	P236
145	微课 单向移位寄存器	视频	P236
146	微课 集成移位寄存器及其应用	视频	P239
147	动画 移位寄存器 74HC194 的功能	视频	P239
148	微课 异步二进制计数器	视频	P242
149	微课 同步二进制计数器	视频	P245
150	微课 十进制计数器分析	视频	P246
151	微课 异步集成计数器 74LS290 逻辑功能	视频	P248
152	动画 异步计数器 74LS290 的结构和功能	视频	P248
153	微课 集成计数器 74LS290 功能扩展	视频	P250
154	微课 同步集成计数器 74LS161 逻辑功能	视频	P253
155	动画 同步计数器 74LS161 的结构与功能	视频	P253
156	微课 集成计数器 74LS161 功能扩展	视频	P254
157	项目七英文、俄文版本	文档	P283
158	微课 集成 555 定时器	视频	P283
159	动画 集成 555 定时器内部电路结构	视频	P283
160	动画 555 定时器逻辑功能	视频	P284
161	微课 555 定时器构成的施密特触发器	视频	P286
162	微课 施密特触发器的应用	视频	P286
163	微课 555 定时器构成的单稳态触发器	视频	P288
164	微课 单稳态触发器的应用	视频	P289
165	动画 利用 555 实现的光打靶游戏机	视频	P289
166	微课 555 定时器构成的多谐振荡器	视频	P289
167	微课 多谐振荡器的应用	视频	P290
168	动画 利用 555 实现的防盗报警器	视频	P290
169	微课 ADC 的基本概念及组成	视频	P293
170	动画 ADC 转换的四个步骤	视频	P293
171	微课 并联比较型 ADC、逐次逼近型 ADC、双积分型 ADC	视频	P294
172	微课 ADC 主要技术指标和集成 ADC 器件	视频	P295
173	微课 DAC 的基本概念和原理	视频	P295
174	动画 倒 T 型电阻网络 DAC	视频	P296
175	微课 DAC 主要技术指标和集成 DAC 器件	视频	P296

目录 CONTENTS

项目一　半导体基础及常用器件 ·················· 002
　　任务一　半导体基础知识 ·················· 002
　　任务二　半导体二极管及其应用 ·················· 005
　　任务三　半导体三极管 ·················· 013
　　任务四　场效应管 ·················· 019
　　任务五　石英晶体 ·················· 021
　　项目小结 ·················· 022
　　思考与练习 ·················· 022
　　应用实践 ·················· 026
　　半导体元器件识别与检测 ·················· 026
　　《半导体元器件识别与检测》实验报告 ·················· 029
　　直流稳压电源测试 ·················· 031
　　《直流稳压电源测试》实验报告 ·················· 035

项目二　基本放大电路 ·················· 037
　　任务一　放大电路基本知识 ·················· 037
　　任务二　常用基本放大电路 ·················· 040
　　任务三　基本放大电路分析方法 ·················· 041
　　任务四　静态工作点稳定的放大电路 ·················· 052
　　任务五　多级放大器 ·················· 055
　　任务六　差动放大电路 ·················· 058
　　任务七　功率放大电路 ·················· 063
　　项目小结 ·················· 071
　　思考与练习 ·················· 072
　　应用实践 ·················· 077
　　单管共射极放大电路测试 ·················· 077
　　《单管共射极放大电路测试》实验报告 ·················· 081
　　OTL功率放大电路测试 ·················· 083
　　《OTL功率放大电路测试》实验报告 ·················· 087

项目三　集成运算放大器及其应用 089

　　任务一　集成运算放大器简介 089
　　任务二　放大电路中的反馈 092
　　任务三　集成运放电路的基本分析方法 097
　　任务四　集成运算放大器在信号运算方面的应用 098
　　任务五　集成运算放大器在信号产生方面的应用 104
　　任务六　集成运算放大器使用注意事项 111
　　项目小结 113
　　思考与练习 113
　　应用实践 119
　　集成运算放大器构成的基本运算电路 119
　　《集成运算放大器构成的基本运算电路》实验报告 125
　　正弦波信号发生器 127
　　《正弦波信号发生器》实验报告 131

项目四　数字电路基础知识 133

　　任务一　数字电路概述 133
　　任务二　数制和码制 135
　　任务三　逻辑代数基础 140
　　任务四　逻辑函数的化简 145
　　项目小结 152
　　思考与练习 153

项目五　组合逻辑电路 156

　　任务一　分立元件门电路 156
　　任务二　集成门电路 160
　　任务三　SSI组合逻辑电路的分析和设计 174
　　任务四　编码器和译码器 177
　　任务五　数据选择器和选择分配器 185
　　任务六　加法器和数值比较器 188
　　项目小结 192

  思考与练习 ·· 193
  应用实践 ·· 199
  TTL 与非门的测试及功能转换 ···························· 199
  《TTL 与非门的测试及功能转换》实验报告 ············ 203
  组合逻辑电路的设计与测试 ······························ 205
  《组合逻辑电路的设计与测试》实验报告 ··············· 207
  集成译码器的测试和应用 ································· 209
  《集成译码器的测试和应用》实验报告 ·················· 211

项目六　时序逻辑电路 ·· 213

  任务一　触发器的基本形式 ································ 214
  任务二　时钟触发器 ······································· 219
  任务三　触发器逻辑功能的转换 ·························· 229
  任务四　集成触发器及其应用 ····························· 232
  任务五　寄存器 ·· 236
  任务六　计数器 ·· 241
  任务七　集成计数器及其应用 ····························· 248
  项目小结 ·· 257
  思考与练习 ·· 258
  应用实践 ·· 266
  四组智力竞赛抢答器设计与测试 ·························· 266
  《四组智力竞赛抢答器设计与测试》实验报告 ·········· 269
  移位寄存器的功能测试及应用 ····························· 271
  《移位寄存器的功能测试及应用》实验报告 ············ 273
  计数、译码、显示综合应用 ······························ 275
  《计数、译码、显示综合应用》实验报告 ··············· 279

项目七　脉冲产生与波形变换 ······································· 283

  任务一　555 定时器电路 ·································· 283
  任务二　施密特触发器及其应用 ·························· 285
  任务三　单稳态触发器及其应用 ·························· 288
  任务四　多谐振荡器及其应用 ····························· 289

任务五　数模和模数转换 …………………………………… 292
　　　项目小结 …………………………………………………… 298
　　　思考与练习 ………………………………………………… 298
　　　应用实践 …………………………………………………… 301
　　　555时基电路典型应用 ……………………………………… 301
　　　《555时基电路典型应用》实验报告 ……………………… 305

附录A　电子技术在线实验系统使用说明 …………………… 307
附录B　常用逻辑符号对照表 ………………………………… 324
附录C　常用集成电路引脚图 ………………………………… 325

参考文献 ……………………………………………………… 330

电子技术是 20 世纪发展最迅速、应用最广泛的技术，电子技术的应用使工业、农业、科研、教育、医疗、国防和人们的日常生活都发生了翻天覆地的变化。有了它，你可以在超市使用手机购物支付；有了它，你可以在陌生的城市跟着导航去你想去的地方；有了它，老师可以开展线上教学，学生可以在线实验……

神奇的电子世界需要去探索，广阔的电子世界需要去遨游，让我们一起携手迈入丰富多彩的电子世界。

项目一 半导体基础及常用器件

项目一英文、俄文版本

学习目标

（1）了解半导体的基础知识，掌握 PN 结的形成及其特性。
（2）了解二极管的基本特性，掌握二极管的主要应用。
（3）了解三极管的外形特征、主要参数，掌握三极管放大的工作原理及特性曲线。
（4）了解场效应管的类型、结构特点和使用注意事项。
（5）能正确评估常用半导体器件的质量和判别极性。

【引言】

人们在日常生产、生活中用到的大部分电子产品，都是由电子元器件组成的，各种电子电路的核心又都是由半导体器件组成的。常用的半导体器件有二极管、三极管、场效应管等。这些器件具有体积小、质量轻、使用寿命长、输入功率小和功率转换效率高等优点，广泛应用于现代电子技术。

本项目通过展现我国现代电子技术领域的强大实力，增强学生的国家认同感，培养学生的爱国情感，树立民族自信，形成为实现中华民族伟大复兴的中国梦而不懈努力的共同理想追求。

任务一 半导体基础知识

一、半导体的性质

大自然的物质类别极其丰富。物质单从导电能力上可以分为导体、绝缘体和半导体。半导体材料原子的最外层电子均为四个，既不像导体那么容易挣脱原子核的束缚，也不像绝缘体那样被原子核束缚得那么紧，因而其导电性能介于二者之间。常用半导体材料有锗（Ge）、硅（Si）、砷化镓（GaAs）等。

微课 本征半导体

半导体在光照强度、温度变化和掺入杂质浓度不同的条件下，其导电性能有明显的变化。因此，半导体区别于其他物质有三个特性：光敏性、热敏性和杂敏性。这些特性决定了半导体导电性的可控性，也是制成各种电子器件的基础。

二、本征半导体

本征半导体是一种完全纯净的、结构完整的半导体晶体，又称为纯净半导体。

半导体中的原子按照一定的规律整齐排列，并呈晶体结构，所以半导体管又称为晶体管。其共价键如图1-1所示，其简化原子模型如图1-2所示。

常温下，价电子获得足够的能量可挣脱共价键的束缚，成为自由电子，这种现象称为本征激发。这时，共价键中就留下一个空位，这个空位称为空穴。自由电子又称为电子载流子，空穴又称为空穴载流子。因此，在半导体中有两种载流子，即带正电荷的空穴和带负电的自由电子，并且空穴与自由电子总是成对出现的。空穴的出现是半导体区别于导体的一个重要特点。由于本征半导体产生的空穴-自由电子对的数目很少，载流子浓度很低，因此，本征半导体的导电能力很弱。

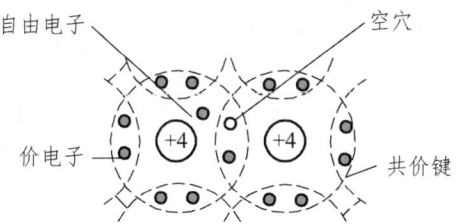
图1-1 硅或锗晶体的共价键结构示意图

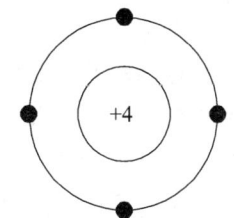
图1-2 硅和锗的原子结构简化模型

三、杂质半导体

利用半导体的杂敏性，在本征半导体中掺入微量的杂质，使半导体的导电性能发生显著的改变，提高半导体的导电能力，从而形成了杂质半导体。根据掺入杂质元素的不同，掺杂半导体可分为空穴（P）型半导体和电子（N）型半导体两大类。

微课 杂质半导体

N型半导体是在纯净的半导体中掺入五价元素（如磷、砷和锑等）形成（见图1-3），使其内部多出了自由电子，自由电子就成为多子，空穴为少子。杂质半导体主要依靠多子导电，其多子数量取决于掺杂浓度，掺入的杂质越多，其导电性能越好。

P型半导体是在硅（或锗）的晶体内掺入少量的三价元素形成的（见图1-4），如硼（或铟）等。因硼原子只有三个价电子，在与周围硅原子组成共价键时，缺少一个电子，在晶体中便产生了一个空穴。这样，空穴数就远大于自由电子数。这种半导体中，以空穴导电为主，因而空穴为多数载流子，简称多子；自由电子为少数载流子，简称少子。控制掺入杂质的多少，便可控制空穴数量，或者说空穴数量取决于掺杂浓度。

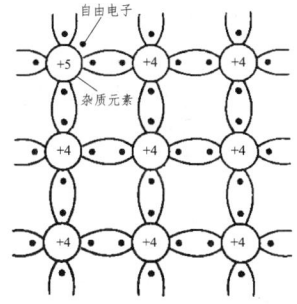
图1-3 N型半导体结构

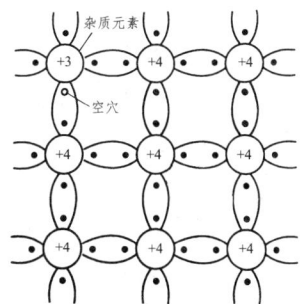
图1-4 P型半导体结构

四、PN 结及其特性

（一）PN 结的形成

动画　PN 结的形成

通过特殊的工艺，把 P 型半导体和 N 型半导体进行融合，在 P 型半导体和 N 型半导体的交界面上就形成了一个具有特殊电性能的薄层——PN 结。

由于在交界面两侧 P 区和 N 区多子浓度的差异，会产生多子的定向运动，称为扩散运动。P 区的多子（空穴）扩散到 N 区，并与 N 区的自由电子复合而消失；N 区的多子（自由电子）扩散到 P 区，与 P 区的空穴复合而消失，如图 1-5（a）所示。交界面两侧产生了数量相同的正负离子，形成了方向由 N 到 P 的内电场，如图 1-5（b）所示。这个内电场对多子的扩散运动起阻止作用，同时又对两侧的少子起推动作用，使其越过 PN 结，称为漂移运动。扩散与漂移形成的电流方向是相反的，最终扩散运动与漂移运动达到动态平衡，形成了有一定厚度的 PN 结。

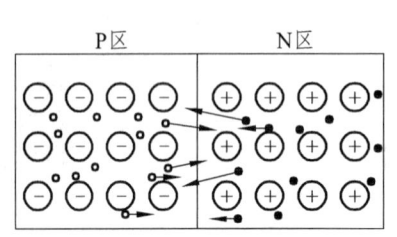

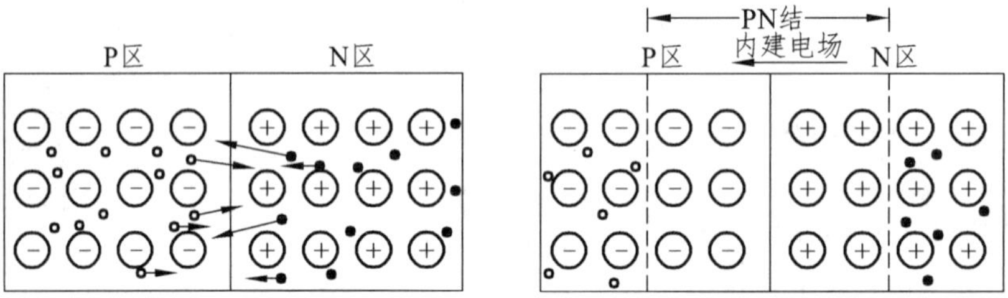

（a）载流子的扩散运动　　（b）内电场及 PN 结

图 1-5　半导体 PN 结的形成

（二）PN 结的特性

微课　PN 结

当 PN 结外加上正向电压（称为正向偏置）时，由于内电场被削弱，则形成较大的扩散电流，呈现较小的正向电阻，相当于导通状态，如图 1-6（a）所示；若加上反向电压（称为反向偏置），则内电场加强，只形成极其微弱的漂移电流（因为少子的数量是极少的），呈现较大的电阻，相当于截止状态，如图 1-6（b）所示。这就是 PN 结的重要特性——单向导电性。

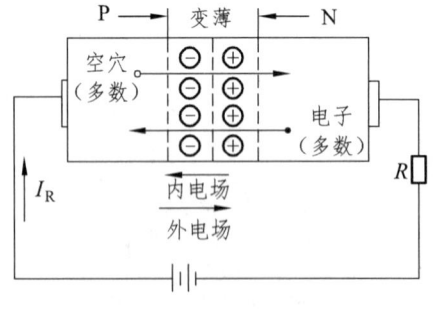

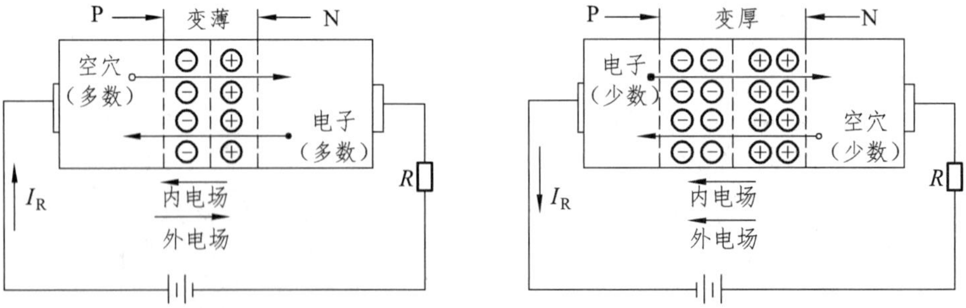

（a）PN 结加正向电压　　（b）PN 结加反向电压

图 1-6　PN 结的单向导电性

任务二　半导体二极管及其应用

一、半导体二极管

(一) 二极管结构与符号

PN 结两侧各引出一个电极，并加上管壳就形成了半导体二极管，其结构与符号如图 1-7（a）、（b）所示。二极管有两个电极：与 P 区相连为正极（阳极），用字母 a 表示；与 N 区相连的为负极（阴极），用字母 k 表示。二极管的极性通常标示在它的封装上或通过外形结构判断，如有些二极管用黑色或白色色环表示其负极端，如图 1-7（c）所示。

微课　二极管的结构、分类与特性

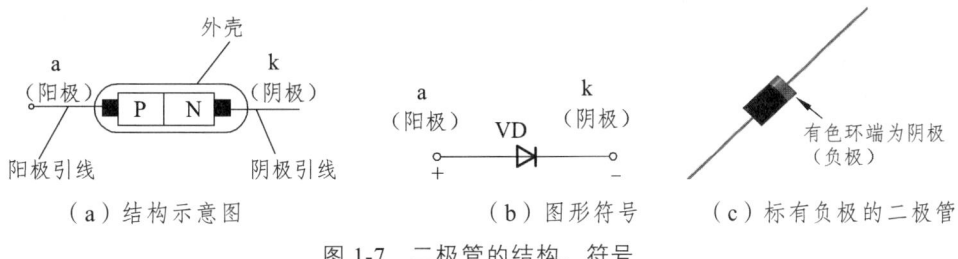

（a）结构示意图　　（b）图形符号　　（c）标有负极的二极管

图 1-7　二极管的结构、符号

(二) 二极管的类型

二极管的种类很多，按所用的半导体材料不同，可分为锗、硅二极管；按照管芯结构不同，分为点、面接触型和平面型；根据二极管用途不同，分为整流、稳压、开关、光电和发光二极管等，其中开关管和整流管称为普通二极管，其他则统称为特殊二极管；按工作电流大小可以分为小、大电流管；按耐压高低可分为低、高压管；按工作频率高低可分为低、高频管；按安装方式可分为直插式和贴片式，如图 1-8 所示。具体型号可查阅有关手册。

（a）开关二极管　（b）整流二极管　（c）光敏二极管　（d）发光二极管　（e）贴片二极管

图 1-8　常见的二极管外形

(三) 二极管的伏安特性

二极管两端的电压与其内部电流的关系，称为伏安特性曲线。图 1-9 中分别是硅二极管和锗二极管的伏安特性曲线。

1. 正向特性

二极管的正极接电路的高电位，负极接低电位，此时二极管处于正向偏置状态。当二极管两端的正向电压很小的时候，正向电流微弱，二极管呈现很大的电阻，这个区域是二极管正向特性的"死区"，如图 1-9 OA 段。只有当外加正向电压达到一定数值（这个数值称为导通电压，硅管为 0.6~0.7 V，锗管为 0.2~0.3 V）以后，二极管才真正导通。此时，二极管两端的正向管压降几乎不变（硅管为 0.7 V 左右，锗管为 0.3 V 左右），可以近似地认为它是恒定的，不随电流的变化而变化，如图 1-9 中 B 点以后的线段所示。

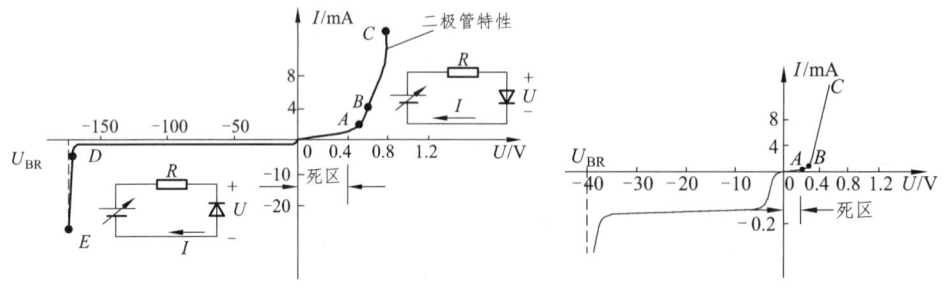

（a）硅二极管的伏安特性曲线　　（b）锗二极管的伏安特性曲线

图 1-9　二极管的伏安特性曲线

2. 反向特性

二极管的正极接电路的低电位，负极接高电位，此时二极管处于反向偏置状态。二极管反向连接时处于截止状态，仍然会有微弱的反向电流（锗二极管不超过几微安，硅二极管不超几十纳安）。

3. 击穿特性

当加在二极管两端的反向电压增加到某一数值时，反向电流会急剧增大，如图 1-9 的 DE 段所示，这种状态称为击穿。发生击穿时的电压 U_{BR} 为反向击穿电压，对于点接触型二极管，其 U_{BR} 为数十伏，面接触二极管为数百伏，最高可达几千伏。

微课　二极管的参数及测试

（四）二极管的主要参数

二极管的主要参数及其意义如下：

（1）最大整流电流 I_F：指长期运行时晶体二极管允许通过的最大正向平均电流。

（2）最大反向工作电压 U_{RM}：指正常工作时，二极管所能承受的反向电压的最大值。

（3）反向击穿电压 U_{BR}：当外加方向电压低于 U_{BR} 时，二极管处于反向截止区，反向电流几乎为零；当外加方向电压超过 U_{BR} 后，反向电流突然增大，二极管失去单向导电性。

（4）最高工作频率 f_M：指二极管工作的上限频率，是由 PN 结的结电容大小决定的参数。当工作频率 f 超过 f_M 时，结电容的容抗减小至可以和反向交流电阻相比拟时，二极管将逐渐失去它的单向导电性。

（五）特殊二极管

1. 稳压二极管

稳压二极管是用特殊工艺制造的面结合型硅半导体二极管，符号如图 1-10（a）所示，它主要工作在反向击穿区，而它的击穿具有非破坏性，只是破坏了 PN 结的电结构，当外加电压撤除后，PN 结的特性便可以恢复。稳压管在直流稳压电源中获得广泛的应用，它的伏安特性曲线如图 1-10（b）所示。它常应用在小功率直流稳压电源中。

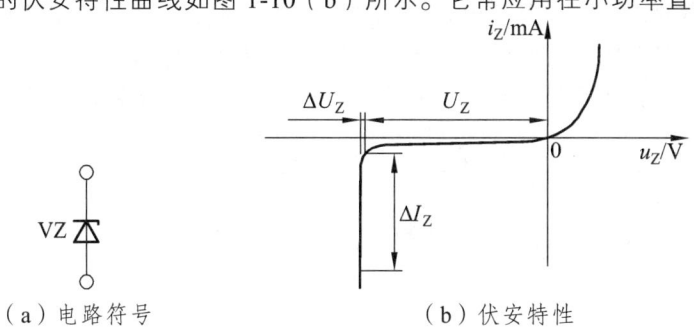

(a) 电路符号　　　　　(b) 伏安特性

图 1-10　稳压管的电路符号与伏安特性

2. 光电二极管

光电二极管如图 1-11 所示，其 PN 结可以接收外部的光照。PN 结工作在反向偏置状态下，其反向电流随光照强度的增加而上升。其主要特点是：它的反向电流与照度成正比。光电二极管可用来作为光的测量器件，是将光信号转换为电信号的常用器件，在自动控制和检测系统中应用广泛。

3. 发光二极管

发光二极管在正向导通时会发出可见光，这是由于电子与空穴直接复合而释放能量的结果。它的 PN 结通常用元素周期表中 Ⅲ、Ⅴ族元素的化合物（如砷化镓、磷化镓等）制成，可发出红、黄、蓝等颜色的光，作为显示器件使用，工作电流一般为几毫安至十几毫安之间。图 1-12 表示发光二极管的电路符号。

微课　光电子器件

图 1-11　光电二极管符号　　　　图 1-12　发光二极管符号

发光二极管的另一重要用途是将电信号变为光信号，通过光缆传输，然后再用光电二极管接收，再现电信号。

二、二极管在整流、稳压中的应用

微课 二极管在整流电路中的应用　　动画 单相桥式整流1、2、3、4、5

许多电子电路和设备都需要有稳定的直流电源提供能量,而日常所用的电源一般都是工频交流电源,这就需要应用电子电路将其转换为直流电源。

转换过程由四部分电路完成,如图1-13所示。电源变压器:将交流电的幅度变换为直流电源所需要的幅度;整流电路:将方向、大小都不断变化的交流电变成单向的脉动直流电;滤波电路:滤除脉动直流电中的交流成分,保留直流成分;稳压电路:使输出的直流电压基本不受电网电压波动和负载电阻变化的影响,保证更高的稳定性。

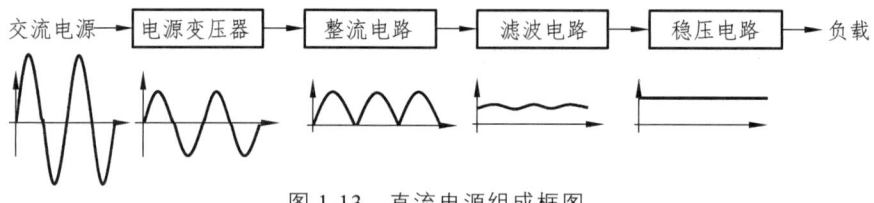

图1-13　直流电源组成框图

(一)二极管整流电路

利用二极管的单向导电性,可把双向变化的交流电转换为单向脉动的直流电,称为整流。

1. 单相半波整流

单相半波整流电路如图1-14(a)所示。图中u_2为变压器2次侧电压(u_2即为二极管整流的u_i)。当在交流u_2的正半周,二极管D正向导通,其导通电压可以忽略不计,则u_o(u_L)等于u_i;在u_2的负半周,D反向截止,则u_o等于0。交流输入电压只有一半通过整流电路,所以这种整流称为半波整流。其输入输出波形如图1-14(b)所示,这时的输出波形称为半波脉动直流电。

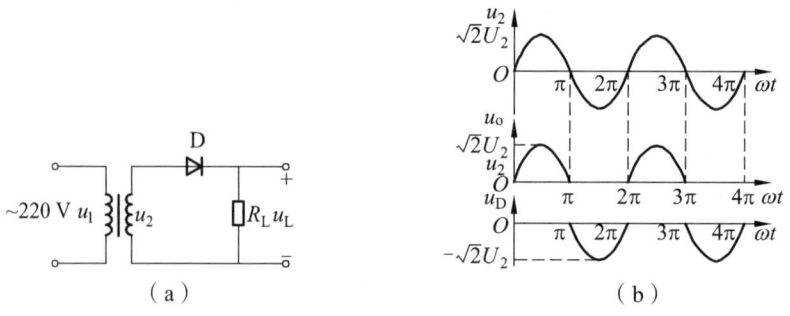

图1-14　二极管单相半波整流电路及波形

输出电压平均值U_o的计算:正弦交流电的平均电压值为0,所以用有效值来描述,经过半波整流后的单向脉动电压则可以用平均值来描述,求得

U_O 的平均值：

$$U_O = \frac{1}{T}\int_0^T u_i \mathrm{d}t = \frac{1}{2\pi}\int_0^\pi \sqrt{2}U_i \sin\omega t \mathrm{d}(\omega t) \tag{1.1}$$

可得出：
$$U_O = \frac{\sqrt{2}}{\pi}U_i \approx 0.45 U_i$$

流过负载 R_L 上的直流电流为

$$I_O = \frac{U_O}{R_L} = \frac{0.45 U_i}{R_L}$$

说明一个周期内，负载上电压平均值只有变压器二次电压有效值的 45%，电源利用率明显较低。所以，半波整流只能用于要求不高的场合，而在大功率应用中一般不使用。

2. 单相桥式整流电路

单相桥式整流电路如图 1-15（a）所示，其中四个二极管 D_1、D_2、D_3、D_4 构成电桥的桥臂。在四个顶点中，不同极性点接在一起与变压器次级绕组相连，同极性点接在一起与直流负载相连，故称为桥式整流。

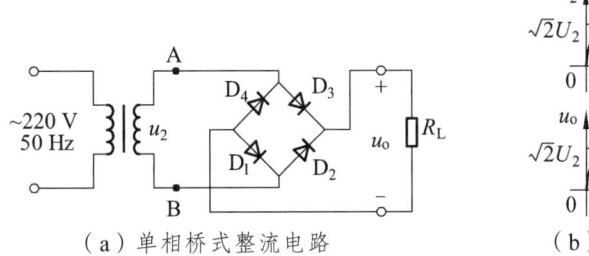

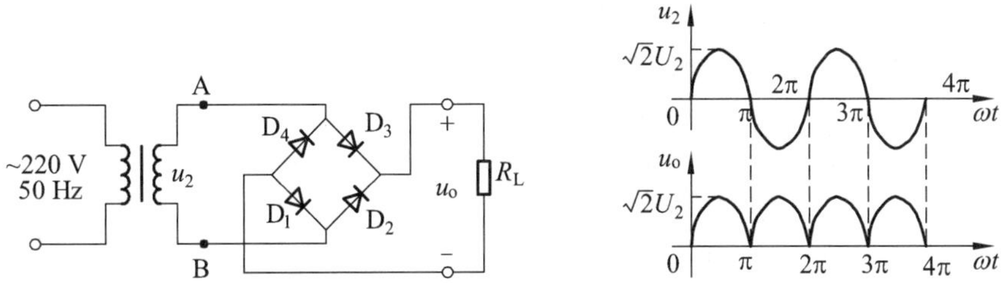

（a）单相桥式整流电路　　（b）单相桥式整流波形

图 1-15　单相桥式整流电路及波形

1）工作原理

设电源变压器次级电压 $u_2 = \sqrt{2}U_2 \sin\omega t$，其波形如图 1-15（b）所示。

如图 1-15（a）所示，在 u_2 正半周，A 端电压极性为正，B 端为负，二极管 D_1、D_3 正偏导通，D_2、D_4 反偏截止，电流通路为 A→D_3→R_L→D_1→B，负载 R_L 上电流方向自上而下；在 u_2 负半周，A 端为负，B 端为正，二极管 D_2、D_4 正偏导通，D_1、D_3 反偏截止，电流通路是 B→D_2→R_L→D_4→A。同样，负载 R_L 上电流 i_o 方向自上而下，输出电压波形如图 1-15（b）所示。

由此可见，在交流电压的正负半周，都有同一个方向的电流通过负载 R_L 从而达到整流的目的。四个二极管中，两个为一组轮流导通，在负载 R_L 上得全波脉动的直流电压 u_o，所以单相桥式整流电路称为单相全波整流电路。

2）负载上的电压与电流计算

由于单相桥式整流输出波形刚好是两个半波整流的波形，所以有

$$U_O \approx 0.9 U_2$$

流过负载 R_L 的电流：

$$I_O = \frac{U_O}{R_L} = \frac{0.9U_2}{R_L}$$

可以看出，全波桥式整流电路负载上的电压平均值是变压器二次电压有效值的90%，电源利用率比单相半波整流明显有提高。

（二）滤波电路

微课 滤波电容

动画 电容滤波1、电容滤波2、电容滤波3、电容滤波4

经过整流得到的单向脉动直流电中还包含多种频率的交流成分。为了滤除或抑制交流分量以获得平滑的直流电压，必须设置滤波电路。滤波电路是利用电容和电感的储能元件特性，在电路中达到降低交流成分，保留直流成分的目的。

1. 电容滤波电路

如图1-16所示为桥式整流电容滤波电路，负载两端并联的电容 C 为滤波电容，利用 C 的充放电作用，使负载电压、电流趋于平滑。

工作原理：单相桥式整流电路，在不接电容 C 时，其输出电压波形如图1-17（a）所示。接上电容器 C 后，在输入电压 u_2 正半周，二极管 D_1、D_3 在正向电压作用下导通，D_2、D_4 反偏截止，如图1-16（a）所示。整流电流 i 分为两路，一路向负载 R_L 供电，另一路向 C 充电，因充电回路电阻很小，充电时间常数很小，C 被迅速充电，如图1-17（b）中的 Oa 段。到 t_1 时刻，电容器上电压 $u_C \approx \sqrt{2}\,U_2$，极性上正下负。$t_1 \sim t_2$（$a$ 点对应 t_1 时刻；b 点对应 t_2 时刻）期间，$u_2 < u_C$，二极管 D_1、D_3 受反向电压作用截止。电容 C 经 R_L 放电，放电回路如图1-16（b）所示。因放电时间常数 $\tau_{放}$（$\tau_{放} = R_L C$）较大，故 u_C 只能缓慢下降，如图1-17（b）中 ab 段所示。期间，u_2 负半周到来，也迫使 D_1、D_3 反偏截止，直到 t_2 时刻 u_2 上升到大于 u_C 时，D_1、D_3 才导通，C 再度充电至 $u_C \approx \sqrt{2}\,U_2$，如图1-17（b）中 bc 段。之后，u_2 又按正弦规律下降，当 $u_2 < u_C$ 时，D_1、D_3 反偏截止，电容器又经 R_L 放电。电容器 C 如此反复地充放电，负载上便得到近似于锯齿波的输出电压。

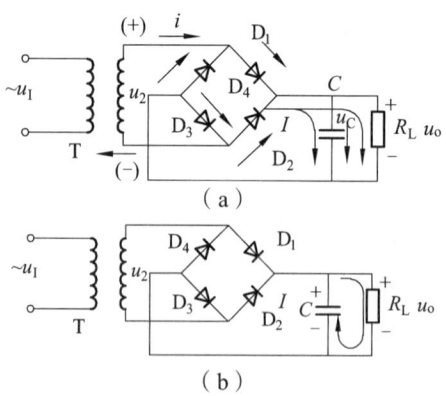

图1-16 单相桥式整流电容滤波电路

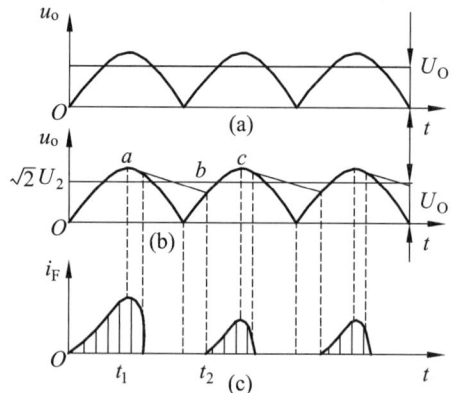

图1-17 单相桥式整流电容滤波波形

接滤波电容后,二极管的导通时间变短,如图 1-17(c)所示。负载平均电压升高,交流成分减小。电路的放电时间常数 τ 越大,C 放电过程就越慢,负载上得到的 u_0 就越平滑。

此时,负载两端电压依经验公式得:

$$U_O=1.2U_2$$

为了进一步提高滤波效果,减少输出电压的脉动成分,实际工作中还常用到复式滤波器、LC 滤波器和 RC 滤波器、石英晶体滤波器等。

(三)稳压电路

1. 并联型稳压电路

交流电压经过整流滤波后,所得到的直流电压虽然脉动程度已经很小了,但为了使输出的直流电压基本保持恒定,需要在滤波电路和负载之间加稳压电路。小功率电源设备中多采用稳压二极管组成的并联型稳压电路。如图 1-18 中的虚线框所示为稳压二极管构成的一种简单的并联型稳压电路。该图由限流电阻 R 和硅稳压管 D_Z 组成稳压电路。引起输出电压不稳定的原因主要是两个:一是电源电压的波动,二是负载电流的变化。稳压管对这两种影响都有抑制作用。

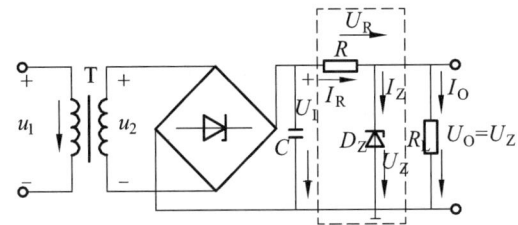

图 1-18 二极管并联稳压电路

当交流电源电压变化引起 U_I 升高时,起初 U_O 随着升高。由稳压管的特性曲线可知,随着 U_O 的上升(即 U_Z 上升),稳压管电流 I_Z 将显著增加,R 上电流 I 增大导致 R 上电压 U_R 也增大。根据 $U_O=U_I-U_R$ 的关系,只要参数选择适当,U_R 的增大可以基本抵消 U_I 的升高,使输出电压基本保持不变,上述过程可以表示为

$$U_I\uparrow \rightarrow U_O(U_Z)\uparrow \rightarrow I_Z\uparrow \rightarrow I\uparrow \rightarrow U_R\uparrow$$
$$U_O\downarrow \leftarrow $$

反之,当 U_I 下降引起 U_O 降低时,调节过程与上述相反。

当负载变化时电流 I_O 在一定范围内变化而引起输出电压变化时,同样会由于稳压管电流 I_Z 的补偿作用,使 U_O 基本保持不变。其过程描述如下:

$$I_O\uparrow \rightarrow I\uparrow \rightarrow U_R\uparrow \rightarrow U_O\downarrow \rightarrow I_Z\downarrow$$
$$U_O\uparrow \leftarrow U_R\downarrow \leftarrow I\downarrow $$

综上所述,由于稳压管和负载并联,稳压管总要限制 U_O 的变化,所以能稳定输

出直流电压 U_O，这种稳压电路也称为并联型稳压电路。

2. 串联型稳压电路

如图 1-19 所示，该电路由四个基本部分组成：采样电路、基准电压电路、比较放大电路和电压调整电路。假设 U_O 因输入电压波动或负载变化而增大时，经采样电路获得的采样电压也增大，而基准电压 U_Z 不变，通过电压调整环节使输出电压 U_O 下降，补偿了 U_O 的升高，从而保证输出电压 U_O 基本不变。同理，当 U_O 降低时，通过电路的反馈作用也会使 U_O 保持基本不变。

微课 串联型稳压电源

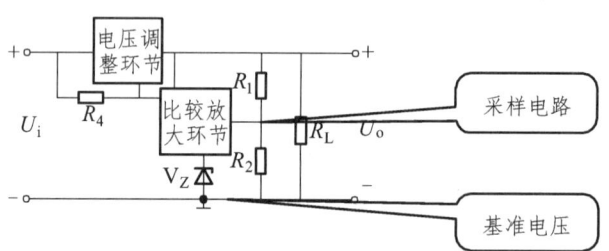

图 1-19 串联型稳压电路

3. 集成稳压器

集成稳压器又称集成稳压电源。它的种类很多，按工作方式可分为线性串联型和开关型，按输出电压方式可分为固定式和可调式，按结构可分为三端式和多端式。

微课 集成稳压电源及应用

这里主要介绍国产输出正电压的 W7800 系列和输出负电压的 W7900 系列稳压器的使用。分为 W78×× 系列和 W79×× 系列两种。

W78×× 系列输出固定的正电压，有 5 V、8 V、12 V、15 V、18 V、24 V 多种。如 W7815 的输出电压为 15 V，最高输入电压为 35 V，最小输入、输出电压差为 2 V，加散热器时最大输出电流可达 2.2 A，输出电阻为 0.03~0.15 Ω，电压变化率为 0.1%~0.2%。

W79×× 系列输出固定的负电压，其参数与 W78×× 系列基本相同。

三端稳压器的外形和管脚排列如图 1-20 所示。按管脚编号，W7800 系列的管脚 1 为输入端，2 为输出端，3 为公共端；W7900 系列的管脚 3 为输入端，2 为输出端，1 为公共端。

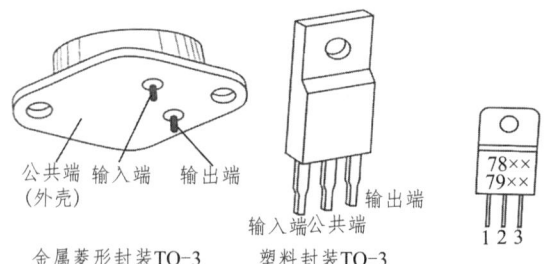

金属菱形封装 TO-3　塑料封装 TO-220　三端稳压器外形图

图 1-20 三端稳压器

使用时，三端稳压器接在整流滤波电路之后，如图 1-21 所示。电容 C_i 用于防止产生自激振荡，减少输入电压的脉动，其容量较小，一般小于 1 μF。电容 C_o 用于削弱电路的高频噪声，可取小于 1 μF 的电容，也可取几微法甚至几十微法的电容。外接电容器 C_i、C_o 用来改善稳压器的工作性能。

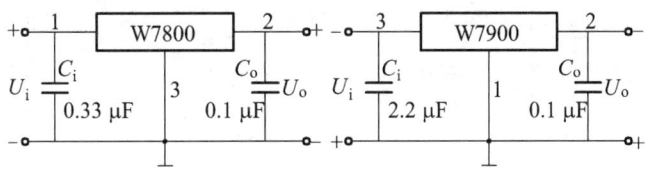

图 1-21　输出固定电压的稳压电路图

实际电子线路中，常需要将 W78×× 系列和 W79×× 系列组合起来（见图 1-22），同时输出正、负电压的双向直流稳压电源。

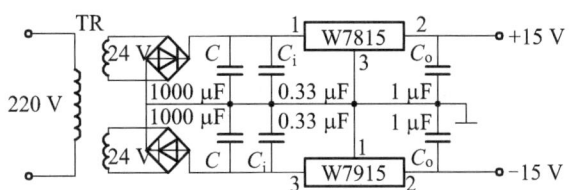

图 1-22　正、负电压同时输出的电路

任务三　半导体三极管

半导体三极管是半导体基本元器件，具有把微弱信号放大成幅度值较大的电信号的作用，它构成的基本放大电路是组成各种复杂电路的基本单元，还是很多电子线路的核心元件。

半导体三极管可分为晶体管和场效应管两类，前者通常用 BJT（Bipolar Junction Transistor）表示，即双极型晶体管，简称三极管；后者通常用 FET（Field Effect Transistor）表示，即单极型晶体管。本书中凡未加说明的"三极管"，均指双极型晶体管。

一、三极管结构和符号

微课　三极管的结构与电流放大原理

三极管按其结构分为两类：NPN 型三极管和 PNP 型三极管。图 1-23 所示为三极管的结构示意图和符号。

三个电极：基极 b（B）、集电极 c（C）和发射极 e（E）。

三个区：基区、集电区和发射区。

两个 PN 结：基区和发射区之间的 PN 结称为发射结，基区和集电区之间的 PN 结称为集电结。

符号中发射极上的箭头方向，表示发射结正偏时发射极电流的实际方向。PNP 型三极管电流方向与 NPN 型相反，这两个极性相反的晶体管在应用上形成互补。

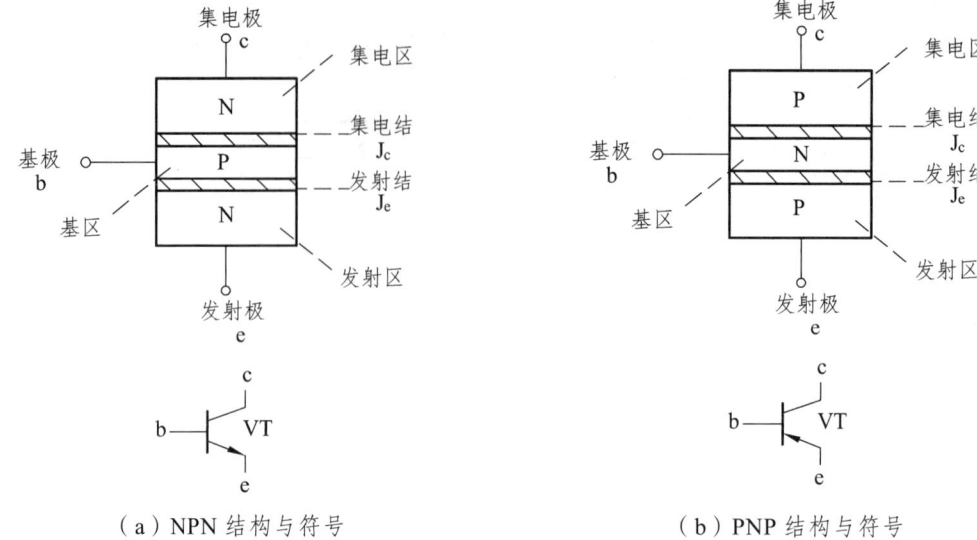

（a）NPN 结构与符号　　　　　　　　（b）PNP 结构与符号

图 1-23　三极管的结构示意图和符号

三极管实现电流放大的内部条件：三极管在制作时，通常将它们的基区做得很薄（几微米到几十微米），且掺杂浓度低；发射区的杂质浓度则比较高；集电区的面积则比发射区做得大。

三极管可以由半导体硅材料制成，称为硅三极管；也可以由锗材料制成，称为锗三极管。三极管按不同应用角度可分为很多种类。根据工作频率分为高频管、低频管和开关管；根据工作功率分为大功率管、中功率管和小功率管。常见的三极管外形如图 1-24 所示。

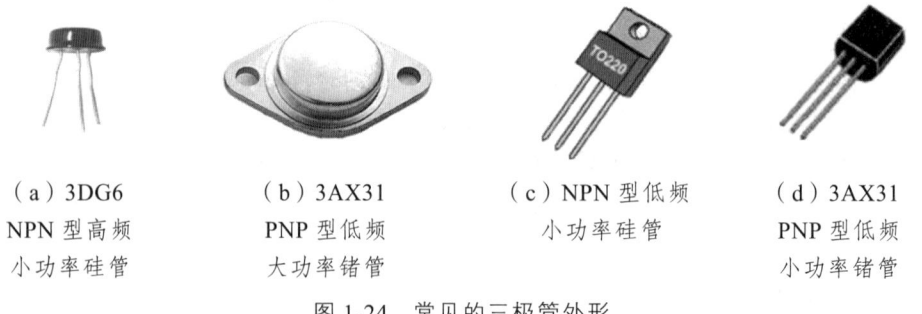

（a）3DG6　　　　（b）3AX31　　　（c）NPN 型低频　　（d）3AX31
NPN 型高频　　　PNP 型低频　　　小功率硅管　　　　PNP 型低频
小功率硅管　　　大功率锗管　　　　　　　　　　　　小功率锗管

图 1-24　常见的三极管外形

二、三极管的电流放大作用

三极管的主要特点是具有电流放大功能。所谓电流放大，就是当基极有一个较小的电流变化（电信号）时，集电极就随之出现一个较大的电流变化。

（一）三极管的放大基本条件

实际使用中，为了使三极管具有放大作用，必须要求三极管的发射结正偏，集电结反偏。对于 NPN 型三极管，必须 $U_C>U_B>U_E$；对于 PNP 型三极管，必须 $U_C<U_B<U_E$。因此，两种类型三极管的直流供电电路如图 1-25（a）、（b）所示。

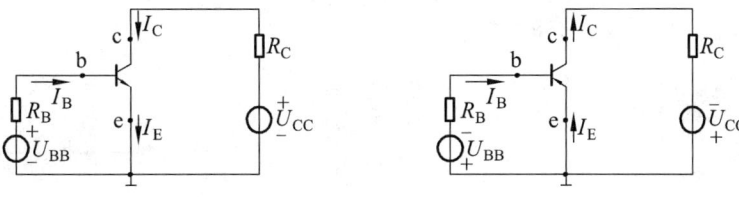

（a）NPN 型三极管的偏置电路　　（b）PNP 型三极管的偏置电路

图 1-25　三极管的直流偏置电路（共射接法）

从经济实用角度，实际三极管放大电路改为单电源供电，如图 1-26 所示。同一个电源 U_{CC} 既提供 I_C 又提供 I_B，只要改变 R_B 就可以方便地调整放大器的直流量。其中 $R_B>R_C$ 以满足 NPN 型三极管的放大条件。

（二）三极管电流分配关系

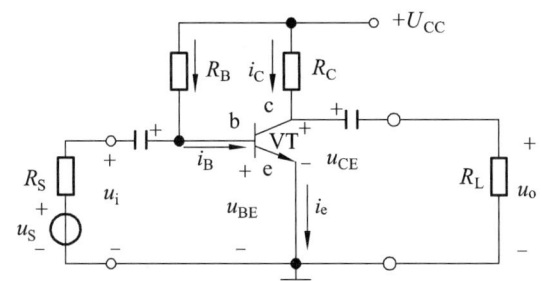

图 1-26　三极管特性曲线的测试电路

当三极管按图 1-26 连接时，实验及测量结果如表 1-1 所示。由测量数据可以得出结论：

表 1-1　三极管各电极电流的实验测量数据

基极电流 I_B/mA	0	0.010	0.020	0.040	0.060	0.080	0.100
集电极电流 I_C/mA	<0.001	0.495	0.995	1.990	2.990	3.995	4.965
发射极电流 I_E/mA	<0.001	0.505	1.015	2.030	3.050	4.075	5.065

（1）$I_E=I_C+I_B$，发射极电流等于基极电流加集电极电流。

（2）$I_C\gg I_B$，而且有 I_C 与 I_B 的比值近似相等。

（3）根据集电极与基极之间的电流关系，定义 $\dfrac{I_C}{I_B}=\bar{\beta}$，$\bar{\beta}$ 为三极管的直流电流放大系数。

（4）根据集电极变化量与基极电流变化量之间的关系，定义 $\dfrac{\Delta I_C}{\Delta I_B}=\beta$，$\beta$ 称为三极管的交流电流放大系数。三极管可以实现电流的放大及控制作用，因此通常称三极管为电流控制器件。一般情况下，三极管的电流放大系数：$\beta\approx\bar{\beta}$。

（5）当 $I_B=0$（基极开路）时，集电极电流的值很小，称此电流为三极管的穿透电流 I_{CEO}。穿透电流 I_{CEO} 越小越好。

（三）三极管电流放大原理

动画 三极管内部载流子的运动——发射极电流的形成　　动画 三极管内部载流子的运动——基极电流的形成　　动画 三极管内部载流子的运动——集电极电流的形成

三极管特性曲线测试实验结论可以用载流子在三极管内部的运动规律来解释。图 1-27 所示为三极管内部载流子的传输与电流分配示意图。

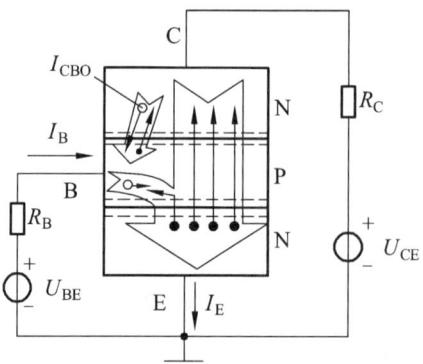

图 1-27　三极管内部载流子的运动规律

由于发射结正向偏置，发射区的多子（自由电子）不断扩散到基区，并不断从电源补充电子形成发射极电流 I_E。同时基区的多子（空穴）也要扩散到发射区，但基区空穴的浓度远远低于发射区自由电子的浓度，空穴电流很小，可以忽略不计。一般基区很薄，且杂质浓度低，自由电子在基区与空穴复合的比较少，大部分自由电子到达集电结附近。一小部分自由电子与基区的空穴相遇而复合，基区电源不断补充被复合掉的空穴，形成基极电流 I_B。由于集电结反向偏置，这会阻止集电区和基区的多数载流子向对方区域扩散，但可将从发射区扩散到基区并到达集电区边缘的自由电子拉入集电区，从而形成集电极电流 I_C。

从发射区扩散到基区的自由电子，只有一小部分在基区与空穴复合掉，绝大部分被集电区收集。另外，由于集电结反偏，有利于少数载流子的漂移运动。集电区的少数载流子空穴漂移到基区（基区的少子自由电子向集电区的漂移对三极管的工作特性影响很小，常常忽略不计），形成反向电流 I_{CBO}。I_{CBO} 很小，受温度影响很大。

若不计反向电流 I_{CBO}，则有：$I_E=I_C+I_B$。即集电极电流与基极电流之和等于发射极电流。

三、三极管伏安特性曲线

三极管的伏安特性曲线是指三极管各电极电压与电流之间的关系曲线。

(一)输入特性曲线

它是指一定集电极和发射极电压 u_{CE} 下,三极管的基极电流 i_B 与发射结电压 u_{BE} 之间的关系曲线。实验测得三极管的输入特性如图 1-28(a)所示。从图中可见:

(1)这是 $u_{CE} \geqslant 1$ V 时的输入特性,这时三极管处于放大状态。当 $u_{CE} \geqslant 1$ V 后,三极管的输入特性基本上是重合的。

(2)三极管输入特性的形状与二极管的伏安特性相似,也具有一段死区。只有发射结电压 u_{BE} 大于死区电压时,三极管才会出现基极电流 i_B,这时三极管才完全进入放大状态。此时 u_{BE} 略有变化,i_B 变化很大,特性曲线很陡。

(二)输出特性曲线

输出特性是在基极电流 i_B 一定的情况下,三极管的输出回路中,集电极与发射极之间的电压 u_{CE} 与集电极电流 i_C 间的关系曲线。

微课 三极管的伏安特性曲线

图 1-28(b)所示是 NPN 型硅管的输出特性曲线。由图可见,各条特性曲线的形状基本相同,现取一条(40 μA)加以说明。

当 I_B 一定($I_B=40$ μA)时,在其所对应曲线的起始部分,随 u_{CE} 的增大,i_C 上升;当 u_{CE} 达到一定的值后,i_C 几乎不再随 u_{CE} 的增大而增大,i_C 基本恒定(约 1.8 mA)。这时,曲线几乎与横坐标平行。这表示三极管具有恒流的特性。

一般把三极管的输出特性分为三个工作区域:

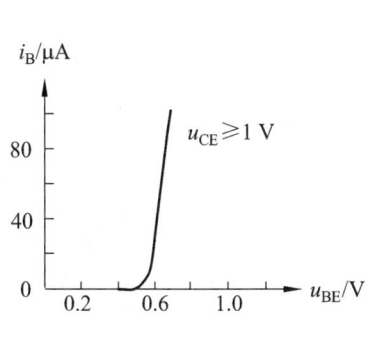

(a)输入特性曲线

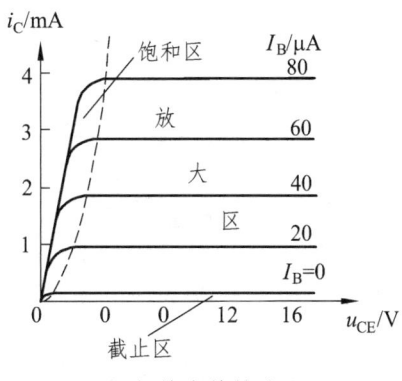

(b)输出特性曲线

图 1-28 NPN 型硅管的共发射极接法特性曲线

1. 截止区

此时发射结和集电结均反向偏置。三极管会工作在截止区。这时,$i_B = 0$ 而 $i_C \leqslant I_{CEO}$(穿透电流)。若忽略不计穿透电流 I_{CEO},i_C 近似为 0,三极管的集电极和发射极之间电阻很大,三极管可近似地看作一个开关,此时正处于断开状态。

2. 放大区

此种状态的实现需要将三极管的发射结正向偏置,集电结反向偏置。基极电流 i_B 微小的变化会引起集电极电流 i_C 较大的变化,有电流关系式:$i_C = \beta i_B$;表现为恒流特性。对 NPN 型硅三极管有发射结电压 $U_{BE} \approx 0.7$ V,锗三极管有 $U_{BE} \approx 0.7$ V。

3. 饱和区

此时三极管的发射结和集电结均正向偏置。三极管的电流放大能力下降，通常有 $i_C<\beta i_B$。u_{CE} 的值很小，称此时的电压 u_{CE} 为三极管的饱和压降，用 U_{CES} 表示。一般硅三极管的 U_{CES} 约为 0.3 V，锗三极管的 U_{CES} 约为 0.1 V。三极管的集电极和发射极近似短接，三极管可近似地看作一个闭合的开关。

三极管作为开关元件使用时，通常工作在截止和饱和状态；作为放大元件使用时，一般工作在放大状态。如表 1-2 为 NPN 型三极管三种工作状态的特点。

表 1-2　NPN 型三极管三种工作状态的特点

工作状态		放大区	饱和区	截止区
工作条件		发射结正偏，集电结反偏（$0<I_B<I_{BS}$）	发射结正偏，集电结正偏（$I_B\approx 0$）	发射结反偏，集电结反偏（$I_B>I_{BS}$）
工作特点	集电极电流	$I_C=\beta I_B$	$I_C=I_{CS}\approx U_{CC}/R_C$	$I_C\approx 0$
	管压降	$U_{CE}=U_{CC}-I_C R_C$	$U_{CE}=U_{CES}\approx 0.3$ V（硅）	$U_{CE}\approx U_{CC}$
	等效电路	(b-c 间含 r_{be} 与 βi_b 受控源)	(b-e 间 0.7 V，c-e 间短路，I_B、I_{CS})	(b、c、e 三端开路)
	c、e 间等效内阻	可变	很小，约为数百欧，相当于开关闭合	很大，约为数百千欧，相当于开关断开

四、三极管的主要参数

三极管的参数是选择三极管、设计和调试电子电路的主要依据。

（1）电流放大系数 $\bar{\beta}=I_C/I_B$，$\beta=\Delta i_C/\Delta i_B$，$\bar{\beta}\approx\beta$：三极管电流放大能力的参数。

（2）反向穿透电流 I_{CEO}：当 $i_B=0$ 即基极开路时，集电极流向发射极的电流，如图 1-29 所示。此电流为不受基极电流控制的寄生电流，越小越好。

图 1-29　反向穿透电流

（3）集电极最大允许电流 I_{CM}：当电流超过 I_{CM} 时，管子性能将显著下降，甚至可能烧坏管子。

（4）集电极最大允许耗散功率 P_{CM}：三极管工作时在集电结产生耗散，并使集电结升温，温度过高会使三极管烧坏。

（5）基极开路时集电极、发射极间反向击穿电压 $U_{(CEO)(BR)}$：三极管基极开路时集电结不被反向击穿所允许施加的最高反向电压。

任务四　场效应管

场效应管同三极管一样可以放大信号，但不同的是：晶体三极管是一种电流控制器件，它利用基极电流对集电极电流的控制作用来实现放大；而场效应管则是一种电压控制器件，它是利用输入回路的电场效应来控制输出回路电流的大小，从而实现放大。场效应管工作时，内部参与导电的几乎只有多数载流子，因此又称为单极型晶体管。

场效应管的最大优点是输入端的电流几乎为零，具有极高的输入电阻。同时，它还具有体积小、质量轻、噪声低、耗电省、热稳定性好和制造工艺简单等特点，更容易实现集成化。

场效应管按结构不同分为结型场效应管（JFET）和绝缘栅场效应管（MOSFET）；按照导电沟道形成机理不同，MOS 管可分为增强型和耗尽型；按导电沟道可分为 N、P 沟道。

一、结型场效应管（JFET）

结型场效应管分为 N 沟道结型管和 P 沟道结型管。它们都具有三个电极：栅极 G、源极 S 和漏极 D，可分别与三极管的基极、发射极和集电极相对应，如图 1-30 所示。

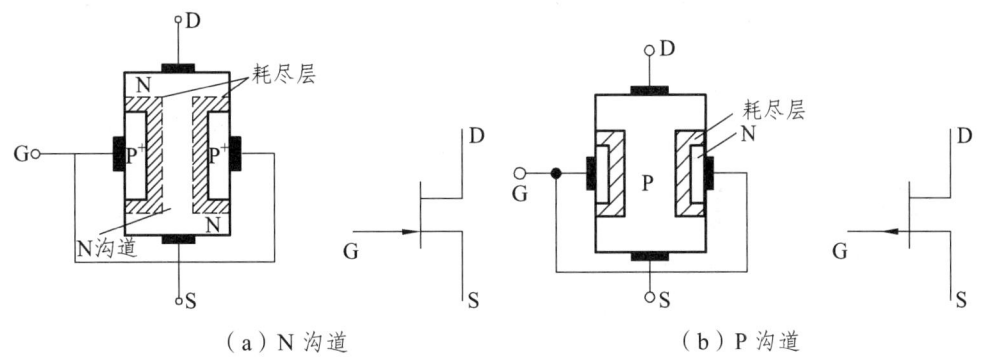

（a）N 沟道　　　　　　　　　（b）P 沟道

图 1-30　结型场效应管的结构与符号

N 沟道结型管是指在一片 N 型半导体的两侧，用半导体工艺技术分别制作两个高浓度的 P 型区。两 P 型区相连引出一个电极，称为场效应管的栅极 G（g）。N 型半导体的两端各引出一个电极，分别作为管子的漏极 D（d）和源极 S（s）。两个 PN 结中间的 N 型区域称为导电沟道。如图 1-30（a）所示为 N 沟道结型场效应管的结构与符号。

结型管是利用耗尽区内电场的大小来影响导电沟道，从而控制漏极电流，实现 u_{GS} 对 i_D 的控制作用。在工作时，栅极和源极之间的 PN 结必须反向偏置。

二、绝缘栅型场效应管（MOSFET）

微课 绝缘栅型
场效应管

绝缘栅场效应管是由金属（Metal）、氧化物（Oxide）和半导体（Semiconductor）材料构成的，称为 MOSFET，简称 MOS 管。MOS 管利用半导体表面电场效应产生的感应电荷的多少来改变导电沟道，达到控制漏极电流目的。其栅极输入电阻比结型还要大，一般在 $10^{12}\Omega$ 以上，最高可达 $10^{15}\Omega$，具有温度特性好，集成化时工艺简单等特点。

绝缘栅场效应管的增强型和耗尽型，每一种又包括 N 沟道和 P 沟道。N 沟道增强型 MOS 管的结构与符号，如图 1-31（a）(b）所示，P 沟道和 N 沟道工作原理类似，其符号如图 1-31（c）所示。

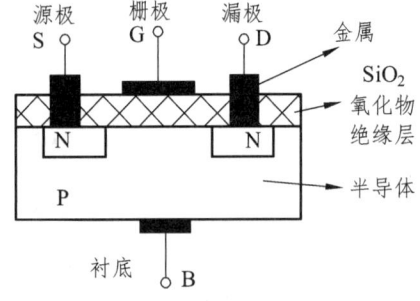 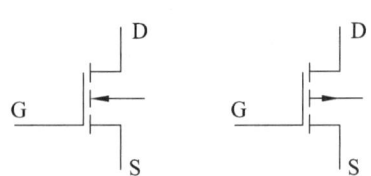

（a）N 沟道增强型 MOS 管的结构示意图　　（b）　N 沟道管符号　（c）P 沟道管符号

图 1-31　增强型 MOS 管的结构与符号

N 沟道耗尽型绝缘栅场效应管的结构与增强型基本相同，如图 1-32 所示。不同是制作时，SiO_2 绝缘层里加入大量正离子，把 P 型衬底的自由电子吸引到表面，形成一个 N 型层。

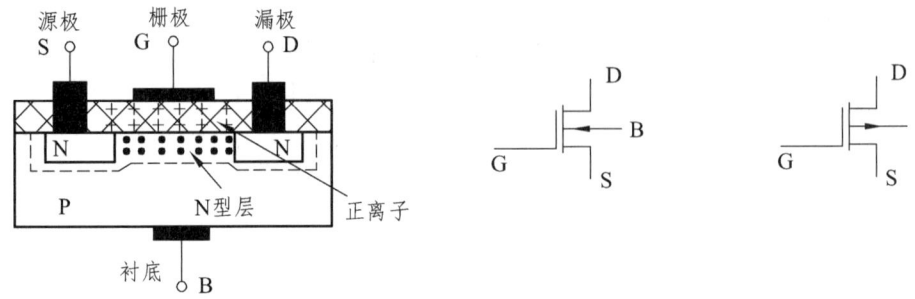

（a）N 沟道耗尽型 MOS 管结构示意图　（b）N 沟道管电路符号　（c）P 沟道管电路符号

图 1-32　耗尽型 MOS 管的结构和符号

三、场效应管的使用注意事项

（1）使用场效应管时，漏源电压、漏源电流、栅源电压、耗散功率等数值不应超过最大允许值。

（2）场效应管使用中，要特别注意对栅极的保护。尤其是绝缘栅场效应管，特别是极间电容比较小的管子,在使用中决不允许栅极悬空,要绝对保持在栅、源之间有直流通路,即使不用时,也要用金属导线将三个电极短接起来。在焊接时,应先将电烙铁预热,然后断开电烙铁电源,再去焊接栅极,以避免交流感应将栅极击穿。

(3)对于结型场效应管,其栅极保护的关键在于不能对 PN 结加正向电压,以免损坏。

(4)注意各极电压的极性不能搞错。

任务五　石英晶体

石英晶体的用途非常广,没有缺陷的水晶单晶可以用作压电材料,来制造石英晶体振荡器和滤波器。由石英晶体电抗特性曲线图 1-34(c)可知,石英晶体在一个很窄的范围内才呈感性,且在这个狭窄的频率范围内曲线非常陡峭,因此对频率补偿能力极强。因为这一特点,石英晶体作为滤波器件构成振荡器时频率稳定度极高,一般为 $10^{-8} \sim 10^{-6}$,最高的可达 10^{-11} 的稳定度。

一、石英晶体的结构和压电效应

石英晶体的化学成分是二氧化硅(SiO_2)。它可以按一定方位切成一定形状的薄片,在两个表面敷上一层银作极片,并引出两个电极,加上外封装就成为石英晶体。如图 1-33 所示,石英晶体是一种金属外壳的晶片,该晶体片具有一个固有的谐振频率,其频率的大小取决于晶体片的几何尺寸。石英晶体振荡器是利用机电转换的物理现象(即压电效应)来实现振荡,当外加交变电压的频率和晶体的固有频率相同时,振幅和交变电场最大。

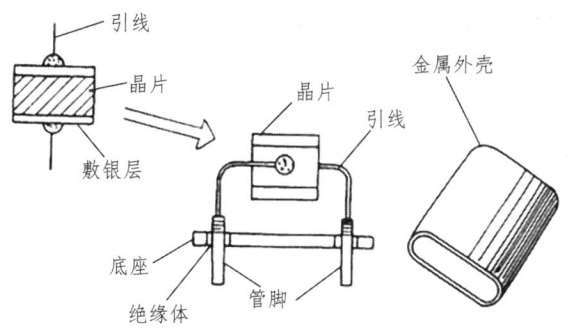

图 1-33　石英晶体的结构

二、石英晶体的符号和等效电路

石英晶体的符号如图 1-34(a)所示。由于石英晶体的压电谐振现象与 LC 谐振回路的谐振现象很类似,故可以把石英晶体等效为一个 RLC 串并联电路,如图 1-34(b)所示。图中 C_0 表示晶体在静态时的平板电容,L 模拟晶体振荡时的惯性,C 模拟晶体的弹性,晶体振动时的磨损用 R 来等效。该等效回路的品质因数 Q 很大,数值高达 $10^4 \sim 10^6$,这意味着晶体内部谐振时的循环电流可以是外电路电流的几万倍至几百万倍,同时石英晶体的几何形状和尺寸都能做得很精确,故其频率稳定度极高。

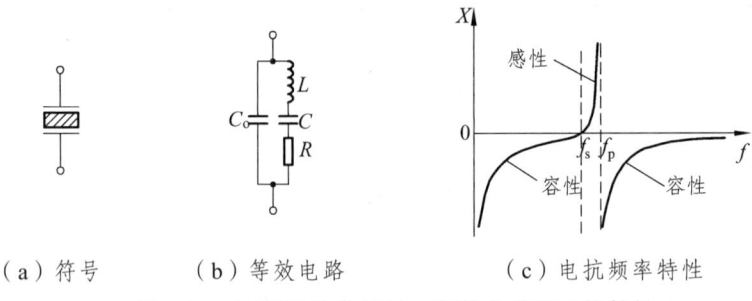

（a）符号　　（b）等效电路　　（c）电抗频率特性

图 1-34　石英晶体的符号、等效电路和电抗特性

项目小结

半导体是导电能力介于导体和绝缘体之间的一种材料,其结构和导电机理与金属有很大不同,具有光敏、热敏和杂敏特性。

PN 结具有单向导电性,是构成各种半导体器件的基本结构。二极管种类很多,常见的有稳压二极管、光电二极管、发光二极管、激光二极管等。二极管常用在整流、稳压等电路中。

直流稳压电源是由交流电网供电,经过变压、整流、滤波和稳压四个主要环节得到稳定的直流输出电压的。滤波是通过电容限制电压变化或用电感限制电流变化的作用来实现的。最常用的形式是将电容和负载并联。经过滤波后的直流电压较为平滑,但仍不稳定,还要加稳压环节。常见的有并联稳压电路和串联稳压电路。

三极管具有电流放大的作用,有 NPN 和 PNP 两种类型。三极管有放大、饱和、截止三个工作状态。可用万用表判别三极管极性和管型。

场效应管是一种电压控制电流的单极性放大器件。场效应管具有体积小、热稳定性好和制造工艺简单等特点,使其容易实现集成化,应用很广泛。

思考与练习

1-1　选择题

1. 单极型半导体器件是（　　）。
   A. 二极管　　B. 双极型三极管　　C. 场效应管　　D. 稳压管
2. 稳压二极管正常的工作区是（　　）。
   A. 死区　　B. 正向导通区　　C. 反向截止区　　D. 反向击穿区
3. 若使三极管具有放大能力,必须满足的外部条件是（　　）。
   A. 发射结正偏、集电结正偏　　　　B. 发射结正偏、集电结反偏

C. 发射结反偏、集电结正偏 　　　　　D. 发射结反偏、集电结反偏

4. 如果二极管的正反向电阻都非常小或为零，则该二极管（　　）。
   A. 正常　　　　　B. 已被击穿　　　　　C. 内部已断路

5. 二极管有一个 PN 结，三极管有两个 PN 结，下列说法正确的是（　　）。
   A. 将两只二极管连接在一起可当作一只三极管使用
   B. 一只三极管可同时当作两只二极管使用
   C. 一只断了基极的三极管可当作一只二极管使用
   D. 上述说法都不对

6. 在晶体二极管的正向区，二极管相当于（　　）。
   A. 大电阻　　　B. 小电阻　　　　C. 接通的开关　　　D. 断开的开关

7. 本征半导体中，自由电子的浓度（　　）空穴的浓度。
   A. 大于　　　　　B. 小于　　　　　C. 等于　　　　　D. 负于

1-2 判断题

1. 本征半导体中掺入三价元素后可形成电子型半导体。（　　）
2. 二极管外加正向电压时呈现很大的电阻，外加反向电压时呈现很小的电阻。（　　）
3. 光电二极管正常工作时应反向偏置，工作在特性曲线的反向击穿区。（　　）
4. 硅稳压二极管在电路正常工作时的正确接法应将稳压二极管加反向电压。（　　）
5. 三极管饱和时，集电极电流不再随输入电流增大而增大。（　　）
6. PNP 型三极管各电极电位关系是 $U_C < U_B < U_E$，该管工作于放大状态。（　　）
7. I_{CBO} 的大小反映了集电结的好坏，I_{CBO} 越小越好。（　　）
8. 发射结处于正向偏置的三极管，其一定是工作在放大状态。（　　）
9. 晶体三极管的发射区和集电区杂质类型相同，可以互换使用。（　　）
10. 有些场效应管的源极和漏极可以互换。（　　）

1-3 简答题

1. 本征半导体中有哪几种导电载流子？
2. P 型半导体和 N 型半导体有什么区别？PN 结有什么特性？
3. 硅二极管和锗二极管的导通电压各约为多少？
4. 在整流滤波电路中，采用滤波电路的主要目的是什么？滤波电路按结构分电容滤波和电感滤波两种，各有什么特点？各应用于何种场合？
5. 把晶体三极管的集电极和发射极对调使用，三极管会损坏吗？为什么？
6. 如何用万用表判别三极管管型、基极、发射极和集电极？
7. 为什么称三极管为双极型而场效应管称为单极型晶体管？
8. 在杂质半导体中，温度变化时，载流子的数量变化吗？

1-4 填空题

1. 半导体是一种导电能力介于_____和_____之间的物质。
2. 半导体具有_____性、_____性、_____性。

3. 杂质半导体按照导电类型分为_____和_____。

4. 在判别硅、锗晶体二极管时，当测出正向电压为_____时，就认为此二极管为锗二极管；当测出正向电压为_____时，就认为此二极管为硅二极管。

5. PN 结具有_____性能，即 PN 结正向偏置时_____，反向偏置时_____。

6. 用硅稳压二极管组成稳压电路时，电路中稳压管必须与负载_____联。

7. 晶体三极管有_____型和_____型两种。

8. 晶体三极管放大的内部条件：要求_____区做得很薄，且掺杂浓度很低；_____区掺杂浓度较高；_____区的面积较大。

9. NPN 型三极管各电极电位关系是 $U_C > U_B > U_E$，该管工作于_____状态。

10. 晶体三极管三个极电流之间的关系式为 $I_E =$ _____。

11. 晶体三极管输出特性中的三个区分别叫_____区、_____区和_____区。

12. 在电路中测得各三极管对地电位如图 1-35 所示，试判断三极管工作状态。

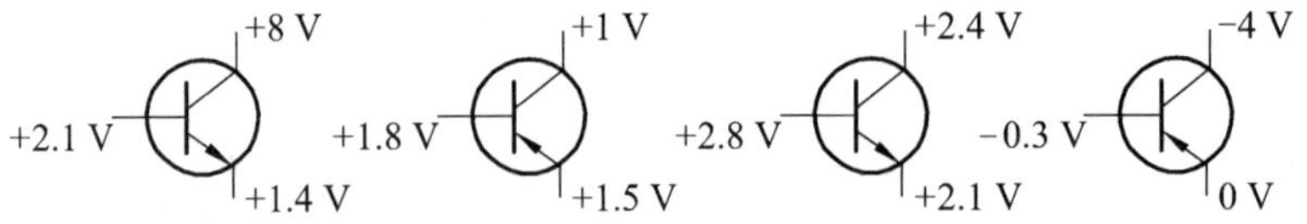

（a）_____状态　（b）_____状态　（c）_____状态　（d）_____状态

图 1-35　习题 1-4（12）用图

13. 在一个放大线路板内测得某只三极管三个极的静态电位分别为 $U_1=6$ V，$U_2=3$ V，$U_3=3.7$ V，可以判断 1 脚为_____极，2 脚为_____极，3 脚为_____极，此管为_____型管，由_____材料制成。

14. 根据结构不同，场效应管分为两大类，_____和_____场效应管。

15. 场效应管与晶体三极管相比较，其特点是输入电阻_____，热稳定性_____。

1-5　综合应用题

1. 设二极管基本电路如图 1-36（a）所示，$R=10$ kΩ，图 1-36（b）是它的习惯画法。设二极管的正向管压降为 0.7 V，对于下列两种情况，求电路中 I_D 和 U_D 的值：（1）$U_{DD}=10$ V；（2）$U_{DD}=1$ V。

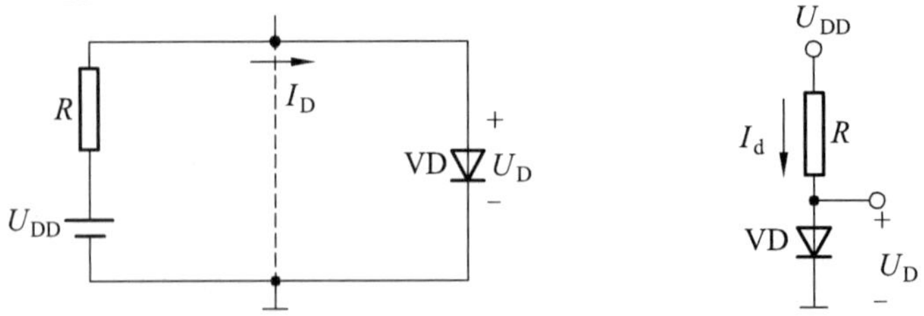

（a）简单二极管电路　　（b）习惯画法

图 1-36　习题 1-5（1）用图

2. 二极管开关电路如图 1-37 所示，当 U_{I1} 和 U_{I2} 为 0 V 或 5 V 时，求 U_{I1} 和 U_{I2} 的值在不同组合情况下，输出电压 U_O 的值。设二极管是理想的。

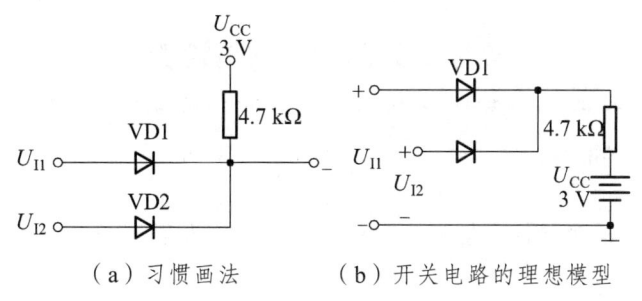

（a）习惯画法　　（b）开关电路的理想模型

图 1-37　习题 1-5（2）用图

3. 三极管的各极电位如图 1-38 所示，试判断各管的工作状态（截止、放大或饱和）。

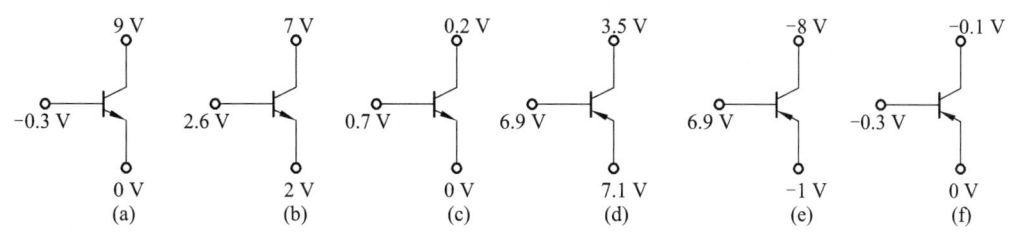

图 1-38　习题 1-5（3）用图

4. 测得某放大电路中三极管的三个电极 A、B、C 的对地电位分别为 $U_A = -9$ V，$U_B = -6$ V，$U_C = -6.2$ V，试分析 A、B、C 与基极 b、发射极 e、集电极 c 的对应关系，并说明此三极管是 NPN 管还是 PNP 管。

5. 两个三极管，其中一个管子的 $\beta=150$、$I_{CEO}=200$ μA，另一个管子的 $\beta=60$、$I_{CEO}=10$ μA，其他参数一样，你选择哪个管子？为什么？

6. 桥式整流电容滤波电路中，已知 $R_L=100$，$C=10$ μF，用交流电压表测得变压器次级电压有效值为 20 V，用直流电压表测得 R_L 两端电压 U_O。如出现下列情况，试分析哪些是合理的，哪些表明出了故障，并分析原因。（1）$U_O=28$ V；（2）$U_O=24$ V；（3）$U_O=18$ V；（4）$U_O=9$ V。

> 应用实践

半导体元器件识别与检测

一、实验目的

（1）进一步熟悉半导体元器件型号的含义，掌握通过查阅电子手册了解半导体器件参数的方法。
（2）掌握用万用表判断二极管极性及质量好坏的方法。
（3）掌握用万用表判断三极管管型及质量好坏的方法。

二、实验仪器与设备

（1）万用表 1 块。
（2）二极管和三极管若干。

三、实验原理

（一）二极管的检测

二极管的单向导电性。二极管正向偏置时，万用表中显示出较大的电流，此时二极管的电阻很小；二极管反向偏置时，万用表中显示出很小的电流，此时二极管电阻很大。如图 1 所示。

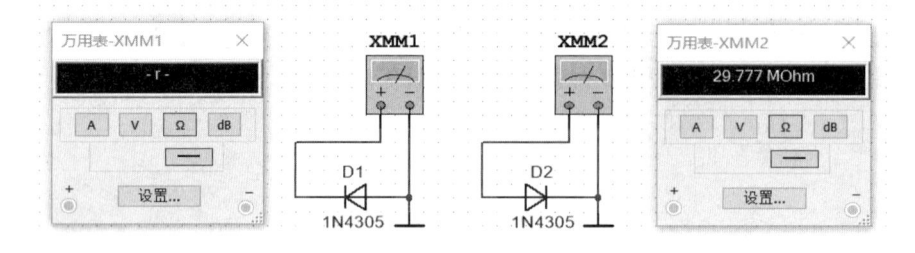

图 1　万用表检测二极管单向导电性

（二）三极管的检测

晶体三极管内部有两个 PN 结，两个 PN 结把三极管分成 3 个区域，按不同的排列方式，就构成 NPN 型和 PNP 型。所以，可以将三极管看成两个二极管，如图 2 所示。可以使用万用表的欧姆挡测量，通过测量 PN 结的正、反向电阻来确定晶体三极管的管脚、管型及质量的好坏。

图 2 将三极管看成两个二极管

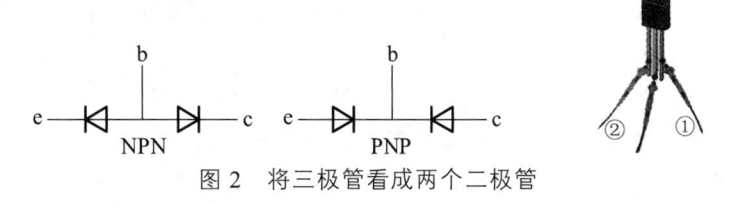

四、实验内容及步骤

（一）二极管

1. 二极管的识别

二极管正负极、规格、功能和制造材料一般可以通过管壳上的标识和查阅手册来判断，如 IN4001 通过壳上的标识可判断正负极，通过查阅手册可知它是整流管，参数是 1 A/50 V；对于 2CW15，通过查阅手册可知它是 N 型硅材料稳压管。

2. 二极管的检测

二极管的检测主要是判断其正负极和质量好坏。基本方法如下：

首先，将万用表量程调至 $R×100\ \Omega$ 或 $R×1\ k\Omega$ 挡（一般不用 $R×1\ \Omega$ 挡，因其电流较大，而 $R×10\ k\Omega$ 挡电压过高管子易被击穿），然后，将两表笔分别接触二极管两个电极（见图 3），测得一个电阻值，交换一次电极再测一次，得到两个电阻值。一般来说正向电阻小于 $5\ k\Omega$，说明红表笔连接的为阳极，黑表笔连接的是阴极，反向电阻大于 $500\ k\Omega$，如图 3 所示。

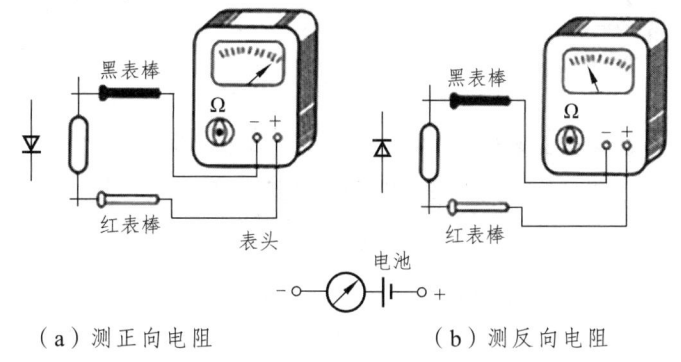

（a）测正向电阻　　　　（b）测反向电阻

图 3 二极管极性的判断

一般性能好的二极管，其反向电阻比正向电阻大几百倍。如果两次测得的正、反向电阻很小或等于零，则说明管子内部已击穿或短路；如果正、反向电阻均很大或接近无穷大，说明管子内部已开路；如果电阻值相差不大，说明管子性能变差。出现上述三种情况的二极管均不能使用。将测试结果填入实验报告中的表 1。

（二）三极管

1. 三极管管脚极性和管型判别

将万用表量程调到 $R×100\ \Omega$ 或 $R×1\ k\Omega$ 挡，假定一个电极是 B 极，并用黑表笔与假定的 B 极相接，用红表笔分别与另外两个电极相接，测到两个值作为一组数据，如图 4（a）所示。如果两次测得电阻均很小，即为 PN 结正向电阻，则黑表笔所接的就是 B 极，且管子为 NPN；如果两次测得的电阻一大一小，则表明假设的电极不是真正的 B 极，则需要将黑表笔所接的管脚调换一下，再按上述方法测试。若三次测得的结果中均未出现一组两值同小的情况，则可初步判断为 PNP 管，则应换用红表笔与假定的 B 极相接，用黑表笔接另外两个电极。两次测得电阻均很小时，红表笔所接的为 B 极，且可确定为 PNP 管。

当 B 极确定后，可接着判别发射极 E 和集电极 C。以 NPN 管为例，先假设一个电极为集电极 C，将黑表笔接在假定的集电极上，红表笔接在假定的发射极 E 上，并用手指捏着基极 B 和假设的集电极上（B、C 不能接触，即相当于在两者间接入一个约 $100\ k\Omega$ 的电阻），观察表的指针摆动幅度，如图 4（b）所示。然后将黑、红表笔对调，按上述方法重测一次。比较两次表针摆动幅度。摆动幅度较大的一次，黑表笔所接的端子为 C 极，红表笔所接的为 E 极。若为 PNP 管，上述方法中将黑、红表笔调换即可。

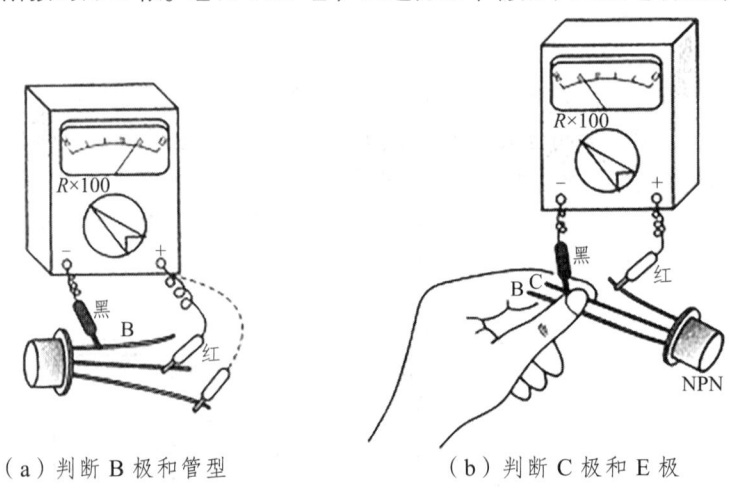

（a）判断 B 极和管型　　　　　　（b）判断 C 极和 E 极

图 4　三极管极性和管型的判断

2. 三极管质量好坏判断（以 NPN 型管为例）

用万用表的 $R\times 1\ k\Omega$ 挡，将黑表笔接在三极管的基极，红表笔分别接在三极管的发射极和集电极，测得两次的电阻值应在 $10\ k\Omega$ 左右，然后将红表笔接在基极，黑表笔分别接三极管的 E 极和 C 极，测得的电阻应该为无穷大，再将红表笔接三极管的 E 极，黑表笔接在 C 极，其测量电阻值应该为无穷大，接着用万用表测量三极管 E 极和 C 极之间的电阻，其阻值也是无穷大。若测量结果符合上述结论，则判断三极管良好。将测试结果填入实验报告中的表 2。

五、实验注意事项

（1）检测时注意万用表挡位的选择，特别注意根据管型选择合适的万用表挡位。

（2）注意二极管正向电流时，如不采取限流措施，过大的电流会使 PN 结发热，超过最高允许温度时，二极管就会被烧坏。

《半导体元器件识别与检测》实验报告

班级_____ 姓名_____ 学号_____ 成绩_____

一、根据实验内容填写下列表格

表 1　二极管识别与判断实验结果

序号	二极管型号	正向电阻/V	反向电阻/V	质量（好/坏）
1				
2				
3				

表 2　三极管识别与判断实验结果

序号	三极管型号	正向电阻/V	反向电阻/V	质量（好/坏）
1				
2				
3				

二、根据实验内容完成下列简答题

1. 为什么要用二极管的单向导电性来判断二极管的极性和质量好坏？阐述原因。

2. 在判断三极管管脚时，用手指捏着基极 B 和假设的集电极 C，但是 B、C 又不能接触，这是为什么？结合实验谈谈你的看法。

直流稳压电源测试

一、实验目的

（1）通过实验认识直流稳压电源的一般结构，进一步建立整流、滤波和稳压的概念。
（2）掌握三端集成稳压器 W78XX 的使用方法及典型应用电路。
（3）通过实验掌握设计与制作简单稳压电源的方法。

二、实验仪器与设备

（1）模拟电路实验箱 1 台。
（2）双踪示波器 1 台。
（3）万用表 1 块。
（4）电子毫伏表 1 台。

三、实验原理

（一）整流、滤波与并联稳压电路

实验电路原理图如图 1 所示。电路分为整流、滤波和并联稳压三部分，整流部分为桥式整流，滤波采用电容滤波，稳压采用稳压二极管并联型稳压。

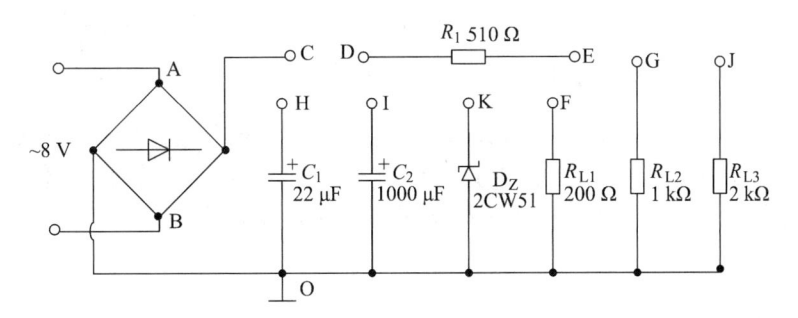

图 1 整流、滤波与并联稳压电路

桥式整流电路的输出电压为

$$U_O = 0.9 U_{AB}（U_{AB} 为输入交流电压有效值）$$

C_1 电容滤波后的电压平均值 $U_O = (1.0 \sim 1.4) U_{AB}$，$U_O$ 大小与负载大小有关，空载时（$R_L \to \infty$）$U_O = 1.4 U_{AB}$，接入 R_L 后 U_O 下降。

稳压管 D_Z 组成并联型稳压电路。D_Z 选用 2CW51，稳定电压约为 3.5 V 左右。C_1 电容为 22 μF，C_2 电容为 1 000 μF。

（二）集成稳压电源

实验电路原理图如图 2 所示，本电路采用 LM7805 型集成稳压器，1 端子为输入端，3 端子为输出端，2 端子为公共端。因集成稳压器的输入端一般距离整流滤波电路稍远，易产生纹波干扰，电路中加入电容 C_{12} 是为了减少输入的纹波电压，如果距离整流滤波电路很近，则 C_{12} 可以省略。电容 C_{13} 的作用是改善输出的瞬态响应，并对电路中的高频干扰起抑制作用。

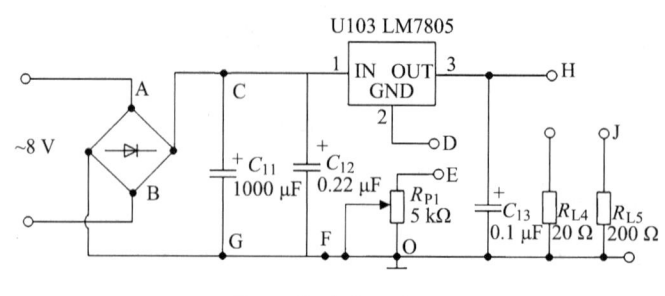

图 2　集成稳压电源

四、实验步骤

对照实验原理中图 1 确认各元件的位置，认真准确地连接电路，交流输入电压 u_{AB} 用系统电路板上的交流 8 V 电源。

（一）测试桥式整流电路

（1）连接电路板中 C-D 插孔及 E-F 插孔，则将电路接成单相桥式整流电路。

（2）打开交流电源，用示波器观察输出端 F-O 点间的电压波形，用万用表交流电压挡测 U_C 值，直流电压挡测 U_O 值，并记录于本次实验报告中的表 1。

（二）测桥式整流电容滤波电路

保持桥式整流电路的连接，按实验报告中的表 1 的要求连接相应插孔 C-H、C-I，分别将电路连接成单相桥式整流 C_1 滤波和 C_2 滤波，并在相应的负载电阻 R_L 接入的情况下，分别测试输出电压 U_O 并观察 u_O 波形，比较滤波输出 U_O 与 R_L 及 C 的关系。将结果记入实验报告中的表 1。

（三）测试三端稳压器

按实验原理中图 2 接线，将三端稳压器 LM7805 接入稳压电路，连接 D-E。整流桥所用的交流电源改为交流 8 V（因稳压电路的输入电压必须比输出电压高 2 V 以上，才能有稳压作用）。C_{11}、C_{12}、C_{13} 分别为 1 000 μF、0.22 μF、0.1 μF，图中的电位器采用多圈电位器，便于对输出电压进行细调。

（1）将 R_P 短路（连接 E-F），测量此时的电路输出端电压 U_O 值，观察此时的 u_O 波形并记入实验报告的表 2 中。

（2）接入 20 Ω/2 W 负载，快速测量相应的输出电压 U_O，用示波器观察 u_O 波形，记入实验报告的表 2 中（测完立即去掉负载，以免烧坏元件）。

（3）断开 R_P 短路线，调 R_P 至上、下极限值，分别测量对应的 U_O 值，用示波器观察 u_O 波形，记入实验报告的表 3 中。

五、实验注意事项

（1）注意不要短路电源。不共地的两组电压信号不能用双踪示波器同时观察（因双踪示波器的两个探头的地线是在内部连在一起的，同时观察不共地的两组电压信号会造成短路故障），如本实验电路中的 u_{AB} 信号只能单独用示波器观察，不能与其他接地信号同时用示波器观察。

（2）W7805在电路中接通电源后，3号端不能开路，防止产生较高电压损坏电路。

（3）20 Ω 负载接入时间过长易发烫，测试完毕注意及时断开负载。

《直流稳压电源测试》实验报告

班级_____ 姓名_____ 学号_____ 成绩_____

一、根据实验内容填写下列表格

表 1　桥式整流与滤波

电路结构		输入波形（U_C 波形）	输出波形	U_C（V）	U_O（V）
桥式整流					
桥式整流 C_1 滤波 （22 μf）	R_{L1} = 200 Ω				
	R_{L2} = 1 kΩ				
	R_{L3} = 2 kΩ				
桥式整流 C_2 滤波 （1 000 μf）	R_{L1} = 200 Ω				
	R_{L2} = 1 kΩ				
	R_{L3} = 2 kΩ				

表 2　三端稳压器性能

条件	U_O/V	u_o 波形
空载		
R_{L4} = 20 Ω/2 W		

表 3　输出电压可调范围

U_O 最低值/V	U_O 最大值/V

二、根据实验内容完成下列思考题

1. 实验中调节 R_P,通过示波器观察 u_O 波形有什么变化,谈谈你的想法。

2. 根据表 1 实验结果,谈谈你对桥式整流电容滤波电路中,滤波电容对输出波形的影响的认识。

项目二　基本放大电路

项目二英文、俄文版本

学习目标

（1）熟练掌握放大电路的基本构成及特点。
（2）熟练掌握放大电路的直流、交流分析方法并会计算其性能指标。
（3）掌握非线性失真的概念。
（4）能组成简单的放大电路，掌握检测放大电路功能的方法，并学会排除简单的故障。
（5）掌握差动放大电路结构、特点及作用。
（6）掌握功率放大电路结构特点、工作状态，掌握改善功率放大电路失真的方法。
（7）了解功率放大电路性能指标的计算方法。

【引言】

基本放大电路是使用最广泛的电子电路之一，也是构成其他电子电路的基本单元电路。放大电路的种类很多，有电压放大电路、电流放大电路、功率放大电路、差动放大电路等。

本项目以基本放大电路为基础，优化教学设计，将课程思政融入课程教学中，提升学生的专业素养，帮助学生塑造正确的世界观、人生观和价值观。

任务一　放大电路基本知识

用来放大电信号的电路称为放大电路，也称为放大器，是使用广泛的电子电路之一，也是构成其他电子电路的基本单元电路。

放大电路的种类很多，按用途分电压放大电路（小信号放大电路）和功率放大电路（大信号放大电路）；按结构分共发射极放大电路、共基极放大电路、共集电极放大电路、差动放大电路和互补对称放大电路；按照采用的有源器件不同有晶体管放大电路、场效应管放大电路、集成器件放大电路。它们的电路形式以及性能指标不同，但是基本原理是相同的。

一、放大电路的基本组成

放大电路组成框图如图 2-1 所示，图中信号源是待放大的电信号，由换能器将非电物理量转换为电信号，负载是接受放大电路信号的元件。信号源与负载不是放大电路的本体，但是由于实际工作中信号源内阻与负载不是定值，因此会对放大电路的工作产生一定的影响，特别是它们与放大电路之间的连接方式，会直接影响到放大电路能否正常工作。直流电源提供放大电路工作时的能量，其中一部分转换为输出信号，还有一部分能量消耗在放大电路中的电阻、器件等耗能元器件中。

以扩音系统为例，当人对着话筒讲话时，话筒会把声音的声波变化，转换成以同样规律变化的电信号（弱小的），经扩音机电路放大后输出给扬声器（主要是放大振幅），扬声器则放出更大的声音，这就是放大器的放大作用。这种放大还要求放大后的声音必须真实地反映讲话人的声音和语调，是一种不失真的放大。若把扩音机的电源切断，扬声器便不发声了，可见扬声器得到的能量是从电源能量转换而来的。

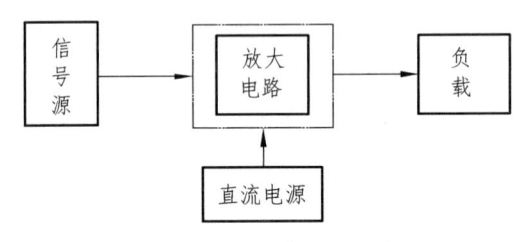

图 2-1 放大电路结构示意图

放大电路的放大作用是针对变化量而言的，是在输入信号的控制作用下，将直流电源提供的部分能量转换为与输入信号成比例的输出信号。放大电路只放大微弱信号的幅度，而其周期和频率不变，即不失真放大。

二、放大电路的性能指标

（一）放大倍数

放大倍数是衡量放大电路放大能力的指标，它包含有电压放大倍数、电流放大倍数和功率放大倍数，其中电压放大倍数应用最多。

放大电路的输出电压 $\dot{U}_o$ 与输入电压 $\dot{U}_i$ 的比值（为书写方便，今后本书中交流信号电压与电流有效值均指有效值向量）：

$$A_u = \frac{U_o}{U_i}$$

在工程上常用分贝（dB）来表示放大倍数，称为增益，即

电压增益 A_u（dB）= $20\lg|A_u|$

例如，某放大电路电压放大倍数 $|A_u|$ = 1 000，则电压增益为 60 dB。

（二）输入电阻

放大电路接入负载 R_L，从放大电路输入端向放大电路内看进去时的等效动态电阻，称为输入电阻 r_i，r_i 等于放大电路输入端电压与输入端电流之比，即

$$r_i = \frac{u_i}{i_i}$$

对于信号源而言，r_i 是它的等效电阻，如图 2-2 所示。由图可知：

$$u_i = \frac{r_i}{r_i + R_s} u_s$$

图 2-2　放大电路输入等效电路

由上式可见，当 $r_i \gg R_s$ 时，$u_i \approx u_s$ 为恒压输入；当 $r_i \ll R_s$ 时，为恒流输入；当 $r_i = R_s$ 时，则获得最大输入功率，称为阻抗匹配。

（三）输出电阻

放大电路输入信号源短路，即 $u_s = 0$，保留 R_s；负载开路，即 $R_L = \infty$。由输出端向放大电路看进去的等效动态电阻 r_o，称为输出电阻。放大电路输出电阻等效电路如图 2-3 所示。在放大电路输出端加一信号源电压 u，求产生的电流 i（此种方法为加压求流），即得输出电阻为

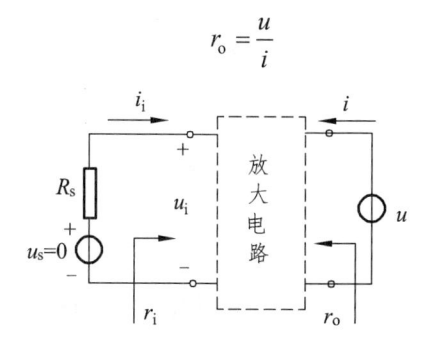

$$r_o = \frac{u}{i}$$

图 2-3　放大电路输出等效电路

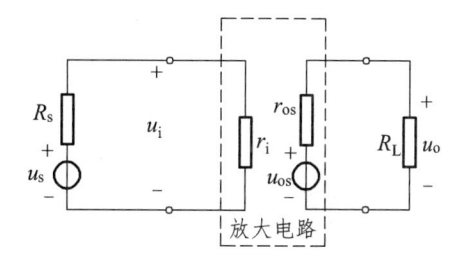

图 2-4　放大电路输出等效信号源

对于负载 R_L 放大电路的输出端可等效为一个电压源 u_{os}，等效电路如图 2-4 所示。它等于负载 R_L 开路时放大电路的输出电压，r_{os} 为等效信号源的内阻即放大电路的输出电阻 r_o。由于 r_{os} 的存在，放大电路实际输出电压为

$$u_o = \frac{R_L}{r_{os} + R_L} u_{os}$$

由上式可知，若 $r_o = 0$，则 $u_o = u_{os}$，其大小不受负载 R_L 的影响，即恒压输出；若 $R_L \ll r_o$ 时，为恒流输出。r_o 越小，放大电路带负载能力越强，r_o 越大，放大电路带负载能力越差。放大电路输出电阻 r_o 与负载 R_L 及输出电压 u_o 的关系为

$$r_o = \left(\frac{u_{os}}{u_o} - 1 \right) R_L$$

任务二　常用基本放大电路

一、共发射极放大电路

微课　放大电路基本结构　　动画　基本放大电路的组成和作用

（一）电路的组成原则

1. 晶体管组成放大电路的基本原则

（1）必须满足三极管放大条件，即发射结正向偏置，集电结反向偏置。

（2）在传递的过程中，要求输入信号损耗小，在理想情况下，损耗为零。

（3）放大电路的工作点稳定，失真（即放大后的输出信号波形与输入信号波形不一致的程度）应不超过允许范围。

图 2-5 所示为根据上述要求由 NPN 型晶体管组成的共发射极放大电路。因输入信号 u_i 是通过 C_1 与三极管的 B-E 端构成输入回路，输出信号 u_o 是通过 C_2 经三极管的 C-E 端构成输出回路，而输入回路与输出回路是以发射极为公共端的，故称为共发射极放大电路。

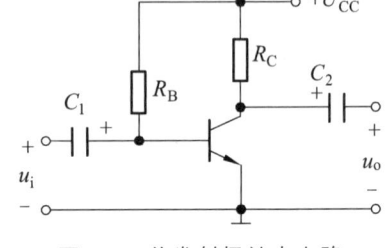

图 2-5　共发射极放大电路

（二）元件的作用

（1）三极管：起电流放大作用，是放大电路的核心元件。

（2）直流电源 U_{CC}：通过 R_B 给发射结提供正向偏置电压，通过 R_C 给集电结提供反向偏置电压，以满足三极管放大条件。

（3）基极偏置电阻 R_B：为三极管提供基极偏置电压。改变 R_B 将使基极电流变化，这对放大器影响很大，因此它是调整放大器工作状态的主要元件。

（4）集电极负载电阻 R_C：一方面通过 R_C 给集电结加反向偏压；另一方面将电流放大转换成电压放大。因为三极管的集电极是输出端，由图 2-5 可知 $U_{CE} = U_{CC} - I_c R_C$，若 $R_C = 0$，则 $U_{CE} = U_{CC}$，即输出电压恒定不变，失去电压放大作用。

（5）耦合电容 C_1、C_2：电容的容抗 $X_C = \dfrac{1}{2\pi f C}$，与频率 f 有关，对于直流，$f = 0$，则 $X_C = \infty$，对于交流，频率 f 较高，且 C 较大时，$X_C \to 0$，故耦合电容具有隔直流通交流作用，它阻隔了直流电流向信号源和负载的流动，使信号源和负载不受直流电流的影响。一般耦合电容选得较大，为几十微法，故用电解电容。使用中电解电容的正极必须接高电位端，负极接低电位端，正、负极性不可接反。

（6）接地"⊥"：表示电路的参考零电位，它是输入信号电压、输出信号电压及直流电源的公共零电位点，并不是真正与大地相接，这与电工技术中接地含义不同。电子设备通常选机壳为参考零电位点。

（三）电压、电流等符号的规定

如图 2-5 所示，放大电路中既有直流电源 U_{CC}，又有交流电压 u_i，电路中三极管各电极的电压和电流包含直流量和交流量两部分。为了分析的方便，各量的符号规定如下：

（1）直流分量：用大写字母和大写下标表示。如 I_B 表示三极管基极的直流电流。

（2）交流分量：用小写字母和小写下标表示。如 i_b 表示三极管基极的交流电流。

（3）瞬时值：用小写字母和大写下标表示，它为直流分量和交流分量之和。如 i_B 表示三极管基极的瞬时电流值，$i_B = I_B + i_b$。

（4）交流有效值：用大写字母和小写下标表示。如 I_b 表示三极管基极正弦交流电流有效值。

二、共集电极放大电路

电路如图 2-6 所示，从图中可以看出，信号由三极管基极输入，由发射极输出，输入回路和输出回路是以集电极为公共端，故称为共集电极放大电路。因信号从发射极输出，故此电路称为射极输出器（射极跟随器）。

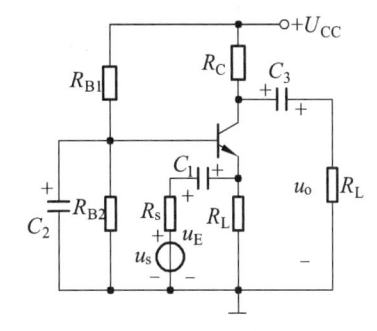

三、共基极放大电路

共基极放大电路如图 2-7 所示，由电路图可以看出，输入信号由发射极引入，输出信号由集电极引出。基极是输入回路和输出回路的公共端，故称为共基极放大电路。

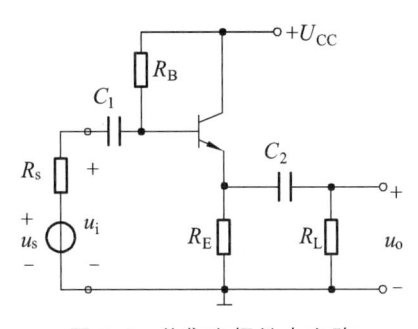

图 2-6　共集电极放大电路　　　　图 2-7　共基极放大电路

任务三　基本放大电路分析方法

一、静态分析

放大电路只有直流信号作用，未加交流输入信号（$u_i = 0$）时的电路状态为静态。

（一）共发射极放大电路静态工作点

静态下三极管各极的电流值和各极之间的电压值，称为静态工作点。表示为 I_{BQ}、I_{CQ}、U_{CEQ}、U_{BEQ}，因它们在输入特性和输出特性曲线上对应于一点 Q，故得此名，如图 2-8 所示。

微课 共发射极放大电路静态工作点分析计算

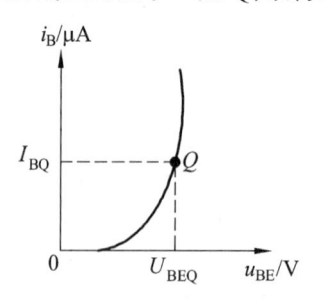

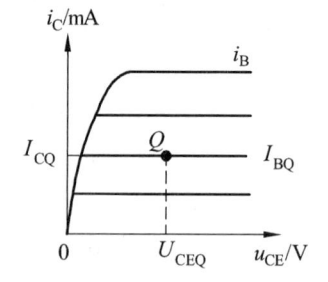

图 2-8 输入、输出特性曲线上对应的静态工作点

设置静态工作点的目的是保证三极管处于线性放大区，为放大微小的交流信号做准备。否则，若三极管处在截止区，微小的交流信号或交流信号负半周输入时三极管不能导通，电路的输出电压为零，无法完成不失真放大。

计算静态工作点应先画出放大电路的直流通路。只考虑直流信号作用，而不考虑交流信号作用的电路称直流通路。画直流通路有两个要点：

（1）电容视为开路。电容具有隔离直流的作用，直流电流无法通过它们。因此对直流信号而言，电容相当于开路。

（2）电感视为短路。电感对直流电流的阻抗为零，可视为短路。

如图 2-9 中，图（a）是共发射极放大电路，图（b）是其直流通路。

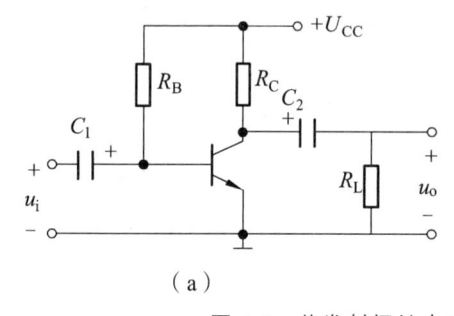

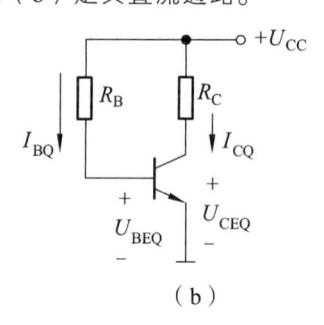

图 2-9 共发射极放大电路及其直流通路

（二）计算静态工作点

【例 2-1】在图 2-9（b）所示直流通路中，设 $R_B = 300\ \text{k}\Omega$，$R_C = 4\ \text{k}\Omega$，$U_{CC} = 12\ \text{V}$，$\beta = 40$。三极管为硅管，试求静态工作点。

解：根据基尔霍夫电压定律列出输入回路和输出回路方程为

$$U_{CC} = I_{BQ}R_B + U_{BEQ} \qquad U_{CC} = I_{CQ}R_C + U_{CEQ}$$

则

$$I_{BQ} = \frac{U_{CC} - U_{BE}}{R_B} \approx \frac{U_{CC}}{R_B} = \frac{12}{300} = 40(\mu\text{A})$$

$$I_{CQ} = \beta I_{BQ} = 40 \times 40 \times 10^{-3} = 1.6(\text{mA})$$

$$U_{CEQ} = U_{CC} - I_{CQ}R_C = U_{CC} - \beta I_{BQ}R_C$$
$$= 12 - 40 \times 0.04 \times 4 = 5.6(\text{V})$$

因为 $U_{CC} \gg U_{BE}$，所以可用估算法简单近似地计算出静态值，即忽略 U_{BE}。实际中一般将基极偏置电阻串接一个可调电阻，以方便调试静态值。

（三）共发射极放大电路放大原理

微课 单管共射极放大电路的放大原理　　　　动画 基本放大电路的放大原理

如图 2-10 所示，放大电路在静态时各点的电压及电流的数值都不变化，当输入正弦交流信号 u_i 时，引起 B、E 间电压的变化，从而使基极电流发生变化，图中阴影部分是输入电压 u_i 引起的三极管各电极电流和电压的变化量，即交流分量，相当于在原直流量上叠加的增量。

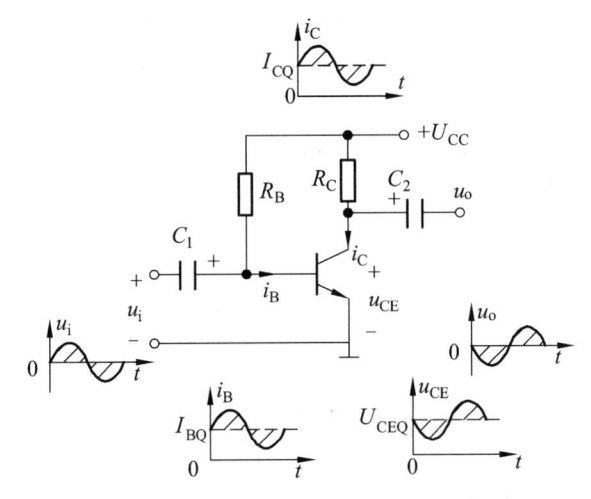

图 2-10　放大电路实现信号放大的工作过程

设 $u_i = U_{im}\sin\omega t$（V），信号经耦合电容无损耗，即容抗 $X_C = \dfrac{1}{2\pi fC} \approx 0$。则电路各处电压、电流的瞬时值均为直流量与交流量瞬时值之和。因为 u_i 电压变化范围小，由图 2-11 看出，u_{BE} 变动范围 $Q_1 \sim Q_2$ 近似为一段直线，因此电流与电压呈线性关系，电压 u_i 为正弦波，由电压产生的电流 i_b 也是正弦波。各极的电压与电流关系为

$$u_{BE} = U_{BEQ} + u_{be} = U_{BEQ} + u_i$$
$$i_B = I_B + i_b$$
$$i_C = I_C + i_c = \beta I_C + \beta i_b$$
$$u_{CE} = U_{CE} + u_{ce} = U_{CC} - i_C R_C = U_{CC} - (I_C + i_c)R_C$$
$$= U_{CC} - I_C R_C - i_c R_C = U_{CE} + (-i_c R_C)$$

i_B、i_C、u_{CE} 的波形如图 2-10 所示。

由于 u_{CE} 的直流分量 U_{CE} 被耦合电容 C_2 隔断，其交流量 u_{ce} 经 C_2 允许通过，且无损耗，所以

$$u_o = u_{ce} = -i_c R_C$$

式中负号表明 u_o 与 u_i 的相位相反。

整个放大过程为：弱小的输入信号 u_i 引起三极管基极电流产生增量 Δi_b，则三极管集电极产生更大的电流增量 $\Delta i_c = \beta \Delta i_b$，而 i_c 经过 R_C 产生较大的电压增量，即为输出电压 u_o，显然 u_o 是 u_i 被放大的结果。这就是电压放大原理。

单管共射极放大电路的特点：

（1）既有电流放大，也有电压放大。

（2）输出电压 u_o 与输入电压 u_i 相位相反。

（3）除了 u_i 和 u_o 是纯交流量外，其余各量均为脉动直流电，故只有大小的变化，无方向或极性的变化。

综上所述，交流信号的放大是利用三极管的电流放大作用将直流电源的能量转换而来的。三极管的放大作用实质上是种能量控制作用。从这个意义上说，放大电路是一种以较小能量控制较大能量的能量控制与转换装置。

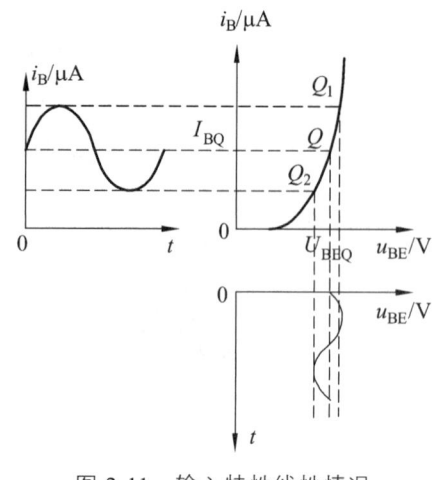

图 2-11　输入特性线性情况

二、动态分析

当放大电路有输入信号时，直流量和交流量共存一个电路中，即放大电路处于动态工作情况。

（一）图解法

微课　图解法分析信号失真　　动画　Q 点与波形失真 1、2、3

用图解法进行动态分析的目的是在静态工作点确定的前提下研究信号的传输及波形的失真情况。动态分析时静态工作点用前面所讲的分析方法求出，交流量应该先画交流通路和交流负载线。下面通过例题说明图解法分析动态过程的步骤及反映出的问题。

【例 2-2】　电路图及参数均与例题 2-1 相同，若输入信号 $u_i = 10\sin\omega t$（mV），C_1、C_2 在动态时容抗为零，三极管的输入、输出特性曲线如图 2-12 所示，试用图解法分析各交流电压、电流波形失真情况。

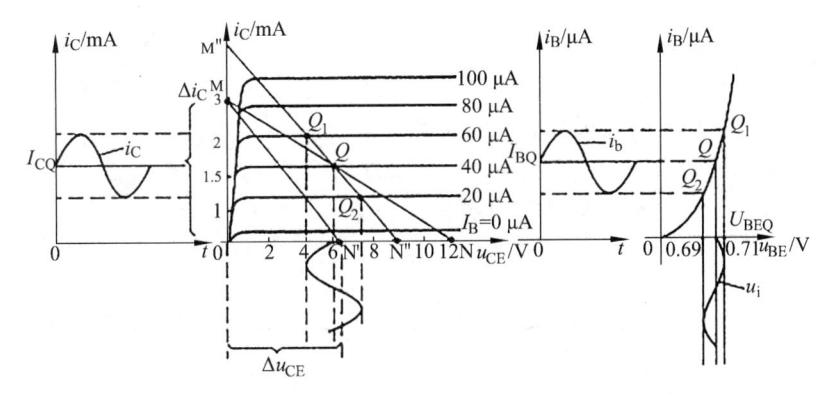

图 2-12　电路动态图解分析

解：① 在输入特性和输出特性曲线上确定静态工作点，并在输出特性曲线上，画出直流负载线 MN，作法略。

② 画交流通路。信号在传递的过程中，交流电压、电流之间的关系是从交流通路得到的，放大电路的交流通路的画法如下：

将耦合电容看成短路，直流电源 U_{CC} 与接地点短路（因理想电压源的内阻为零），即暂不考虑直流作用于电路，如图 2-13 所示。

由交流通路得

$$u_o = u_{ce} = -i_c R_L' \quad (R_L' = R_C /\!/ R_L) \quad (2\text{-}1)$$

③ 在输出特性曲线上做交流负载线。

因为 $u_{ce} = u_{CE} - U_{CE}$

$$i_c = i_C - I_C$$

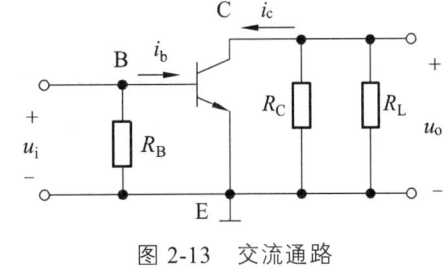

图 2-13　交流通路

代入（2-1）得

$$u_{CE} - U_{CE} = -(i_C - I_C) R_L'$$

所以

$$u_{CE} = -i_C R_L' + I_C R_L' + U_{CE} \quad (2\text{-}2)$$

式（2-2）中 u_{CE} 和 i_C 的关系是一条直线，直线的斜率 $k = -\dfrac{1}{R_L'}$，该直线就叫作交流负载线。如图 2-12 中线段 $M''N''$ 即为交流负载线。

④ 画各电压和电流波形。因为 u_i 的幅度较小，则 u_{BE} 的动态范围也很小，所以它对应输入特性曲线上的 Q_1 和 Q_2 点之间近似为一条直线，u_{BE} 与 i_b 之间近似为线性关系，从图 2-12 上看出 i_b 的变化范围与交流负载线有两个交点 Q_1、Q_2，i_c 和 u_{ce} 的变化范围也是沿交流负载线在 Q_1 和 Q_2 之间，因此可画出 i_C 和 u_{ce} 的波形，如图 2-12 所示。当 u_i 在负、正最大值之间变化时，相应地 i_b 在 20 μA 到 60 μA 之间变化，则 i_c 在 1 mA 到 2 mA 之间变化，输出电压 u_o 在 4 V 到 7.2 V 之间变化。这时工作点沿交流负载线上下移动。当负载开路时，$R_L' = R_C$，交流负载线与直流负载线重合。

⑤ 波形失真情况分析。当 i_c 和 u_{ce} 的变动范围在线性放大区，放大电路能不失真地放大输入信号，这说明放大电路的静态工作点选择合适。

Q点过低（见图2-14上的Q''点），u_i产生的i_b的变化范围如图2-14所示，输出电压波形被削去一部分顶部，产生严重失真。失真的原因是电路参数选择不合适，Q'点选择过低，接近截止区所造成的，故称为截止失真。

Q点过高（见图2-14中的Q''点），Q''过高接近饱和区，输出电压波形被削去底部，造成饱和失真，波形失真情况如图2-14所示。

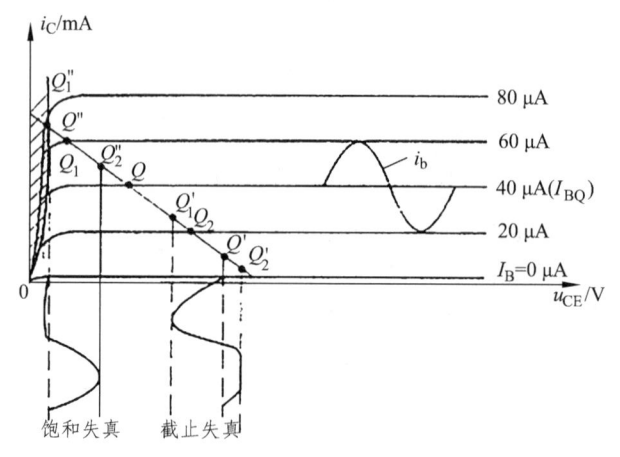

图 2-14　波形失真情况分析

静态工作点合适，但输入信号u_i的幅值过大时，产生的基极电流i_b的幅值过大，使其变动范围进入非线性区——饱和区和截止区，造成输出电压波形的底部和顶部均被削去一部分，这叫双向失真或大信号失真，如图2-15所示。

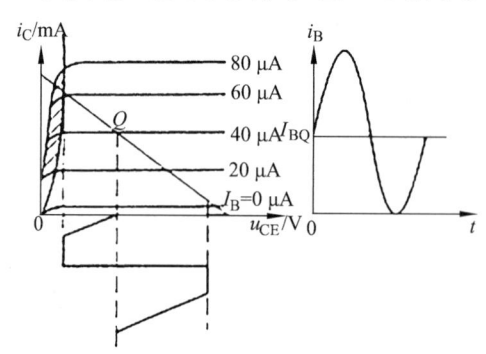

图 2-15　输入信号过大时的波形分析

（二）微变等效电路法

微课　三极管的微变等效电路　　　动画　微变等效电路的画法1、2、3

微变信号指微小变化的信号，当小信号输入时，放大器运行于静态工作点的附近，在这一范围内，三极管的特性曲线可以近似为一直线。这种情况下，可以把非线性元件晶体管组成的放大电路等效为一个线性电路。

动态分析常采用微变等效电路法来确定微弱信号经过放大电路放大了多少倍（如A_u）、放大器对交流信号所呈现的输入电阻r_i、输出电阻r_o等。

1. 输入回路的等效

由图 2-11 可看出，当输入信号u_i较小时，动态变化范围小，则Q_1、Q_2间的一小段曲线可看成是直线，即Δi_B与Δu_{BE}近似呈线性关系，即

$$\frac{\Delta u_{BE}}{\Delta i_B} = 常数$$

该常数若用r_{be}表示，它是三极管输入端口的动态电阻，即为三极管输入端的等效线性电阻。

$$r_{be} \approx \frac{\Delta u_{BE}}{\Delta i_B} = \left|\frac{u_{be}}{i_b}\right|$$

这个公式只能用来计算动态的三极管基极与发射极的输入电阻，即是交流电阻。绝对不可以用来计算静态的基极和发射极之间的电阻。

由上分析可得出结论：三极管的 B、E 两端可等效为一个线性电阻r_{be}，实用中r_{be}可用下面公式进行估算：

$$r_{be} \approx 300\ \Omega + (1+\beta)\frac{26\ \text{mV}}{I_{EQ}\ \text{mA}}$$

r_{be}的值一般为数百欧到数千欧，在半导体手册中常用h_{ie}表示。

2. 输出回路的等效

由图 2-12 输出特性曲线可看出，三极管工作在线性放大区时，输出特性是一组等距离的平行线，且β为一常数。从特性曲线上可以看出i_B一定时，因$i_C = \beta i_B$与u_{CE}无关，是个常数，则三极管 C、E 两端可等效为一个受控电流源，电流值用βi_b表示。

综上所述，一个非线性元件三极管可以用图 2-16 所示简化的线性等效电路来代替，适用条件是交流小信号，三极管必须工作在线性放大区。

微变等效电路是对交流等效，只能用来分析交流动态，计算交流分量，而不能用来分析直流分量。

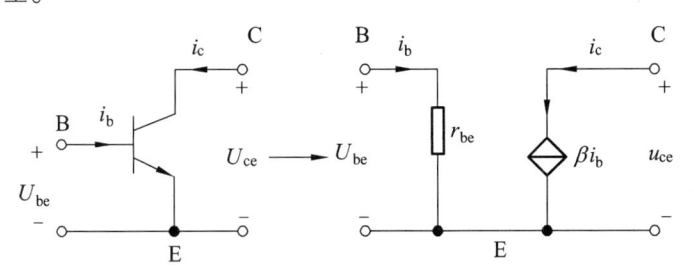

图 2-16 三极管及其微变等效电路

3. 微变等效电路法的动态分析步骤

（1）计算Q点值，以计算Q点处的交流参数r_{be}值。

（2）画出放大电路的交流通路。

（3）画出放大电路的微变等效电路：用三极管的微变等效电路直接取代交流通路中的三极管。即不管什么组态电路，三极管的 B、E 间用交流电阻 r_{be} 代替，C、E 间用受控电流源 βi_b 代替即可。

（4）根据等效电路直接列方程求解 A_u、r_i、r_o。

对于图 2-9(a)所示共射极放大电路，从其交流通路图 2-17(a)可得电路的微变等效电路，如图 2-17(b)所示。u_s 为外接信号源，R_s 为信号源内阻。

微课 用微变等效电路进行动态分析计算

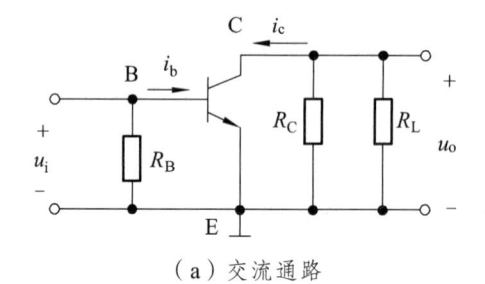

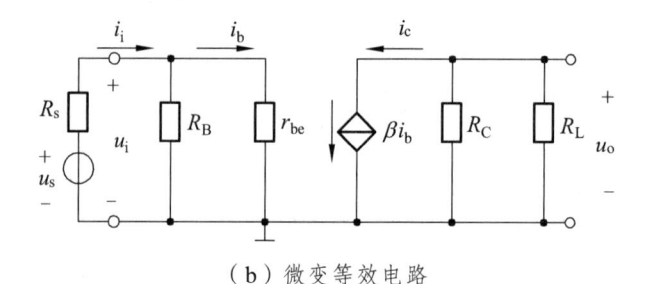

（a）交流通路

（b）微变等效电路

图 2-17 用微变等效电路法对放大电路的动态分析

4. 放大电路主要动态性能指标的计算

放大电路的动态性能指标有放大倍数、输入电阻、输出电阻等，它们反映放大电路对交流信号所呈现的特性。

仍以图 2-9（a）电路为例，先做出其微变等效电路，如图 2-17（b）所示，再用电工中的线性电路分析方法进行计算。

1）电压放大倍数 A_u

由图 2-17（b）的输入回路得

$$u_i = u_{be} = i_b r_{be}$$

由输出回路得

$$u_o = -\beta i_b (R_C /\!/ R_L)$$

则

$$A_u = \frac{u_o}{u_i} = -\beta \frac{R_C /\!/ R_L}{r_{be}}$$

式中负号表示 u_o 与 u_i 相位相反。由上式可知，空载时 $R_L = \infty$，电压放大倍数 A_{ou} 为

$$A_{\text{o}u} = \frac{u_\text{o}}{u_\text{i}} = -\beta \frac{R_\text{C}}{r_{\text{be}}}$$

由此可见，$|A_u| < |A_{\text{o}u}|$，即带载后，电压放大倍数要下降。若带载后，A_u 与 $A_{\text{o}u}$ 差值下降越小，说明放大电路带载能力越强，反之，说明其带载能力差。

若考虑信号源内阻时的电压放大倍数 A_{us}：

$$A_{us} = \frac{u_\text{o}}{u_\text{s}} = \frac{u_\text{o}}{u_\text{i}} \cdot \frac{u_\text{i}}{u_\text{s}} = A_u \frac{u_\text{i}}{u_\text{s}}$$

当信号源内阻 R_s 可忽略时，$A_{us} = A_u$；考虑内阻 R_S 时，$A_{us} < A_u$，说明信号源内阻使电压放大倍数下降。

2）输入电阻 r_i

共射放大电路的输入电阻：

$$r_\text{i} = \frac{u_\text{i}}{i_\text{i}} = \frac{i_\text{i}(R_\text{B} // r_{\text{be}})}{i_\text{i}} = R_\text{B} // r_{\text{be}}$$

一般情况下 $r_{\text{be}} \ll R_\text{B}$，则 $r_\text{i} \approx r_{\text{be}}$。

3）输出电阻 r_o

如图 2-17（b）所示的微变等效电路，断开负载 R_L，将信号源电压短路，即 $u_\text{s} = 0$，则 $i_\text{b} = 0$，$\beta i_\text{b} = 0$，受控电流源相当于开路，此时从输出端看进的电阻就是输出电阻 r_o，即

$$r_\text{o} = R_\text{C}$$

共射放大电路的输入电阻较小，输出电阻较大。

【例 2-3】 如图 2-9（a）所示电路，已知信号源内阻 $R_\text{s} = 1 \text{ k}\Omega$，$R_\text{B} = 500 \text{ k}\Omega$，$R_\text{C} = 6 \text{ k}\Omega$，$R_\text{L} = 6 \text{ k}\Omega$，$U_{\text{CC}} = 20 \text{ V}$，$\beta = 50$，三极管为硅管。

（1）计算静态工作点。

（2）计算 A_u、A_{us}、r_i、r_o。

解：（1）画直流通路，参看图 2-9（b）。

$$I_{\text{BQ}} = \frac{U_{\text{CC}} - 0.7}{R_\text{B}} = \frac{20 - 0.7}{500} \approx 38.6 \text{ (}\mu\text{A)}$$

$$I_{\text{CQ}} = \beta I_{\text{BQ}} = 50 \times 38.6 = 1\,930 \text{ (}\mu\text{A)} = 1.93 \text{ (mA)}$$

$$U_{\text{CEQ}} = U_{\text{CC}} - I_{\text{CQ}} R_\text{C} = 20 - 1.93 \times 6 = 8.4 \text{ (V)}$$

（2）画微变等效电路，参看图 2-17（b）。

因为 $I_{\text{EQ}} \approx I_{\text{CQ}}$，所以

$$r_{\text{be}} = 300 + (1 + \beta) \frac{26(\text{mV})}{I_{\text{EQ}}(\text{mA})} = 300 + (1 + 50) \times \frac{26(\text{mV})}{1.93(\text{mA})} = 1 \text{ (k}\Omega\text{)}$$

$$A_u = -\beta \frac{R_\text{C} // R_\text{L}}{r_{\text{be}}} = -50 \frac{6 // 6}{1} = -150$$

$$A_{us} = A_u \frac{r_{be} // R_B}{R_s + r_{be} // R_B} \approx -150 \times \frac{1}{1+1} = -75$$

$r_i = R_B // r_{be} = 500 // 1 \approx 1 \text{ (k}\Omega\text{)}$

$r_o \approx R_C = 6 \text{(k}\Omega\text{)}$

三、基本放大电路三种组态性能比较

基本放大电路共有三种组态，为了便于读者学习，现将三种组态放大电路性能参数列于表 2-1 中，以便进行比较。

表 2-1　三种组态放大电路性能参数的比较

	共射极放大电路	共集电极放大电路	共基极放大电路
放大电路	(电路图)	(电路图)	(电路图)
A_u	$A_u = -\dfrac{\beta R_L'}{r_{be}}$ 有电压放大作用，u_o 与 u_i 反相	$A_u = \dfrac{(1+\beta)R_E // R_L}{r_{be} + (1+\beta)R_E // R_L}$ 无电压放大作用，u_o 与 u_i 同相	$A_u = \dfrac{\beta R_C // R_L}{r_{be}}$ 有电压放大作用，u_o 与 u_i 同相
r_i	$r_i = R_B // r_{be}$ 输入电阻	$r_i = R_B // [r_{be} + (1+\beta)R_E // R_L]$ 输入电阻大	$r_i = R_E // \dfrac{r_{be}}{1+\beta}$ 输入电阻小
r_o	$r_o = R_C$ 输出电阻	$r_o = R_E // \dfrac{r_{be} + R_S // R_B}{1+\beta}$ 输出电阻小	$r_o = R_C$ 输出电阻大
应用	多级放大电路的中间级，实现电压、电流的放大	多级放大的输入级、输出级或缓冲级	高频放大电路和恒流源电路

四、放大电路的频率特性

前面我们所分析和计算的放大电路，都可认为其输入信号是单一频率的正弦波，且在此频率下，电容的容抗为零，三极管的 β 为常量。实际上，放大器的输入信号往往包含了多种频率成分的非正弦波信号，如音乐、语言的频率范围是 20 Hz～20 kHz，图像信号频率范围是 0～6 MHz，工业控制系统中信号频率为 0～1 MHz，还有其他信号都有特定频率范围。这些信号都是非正弦波，由电工理论我们知道，非正弦波是由不同频率的正弦波叠加而成的，即所研究的实际信号是含有多种不同频率的正弦波。

高质量的音响在播放音乐时，不论高音、低音都能比较逼真地再现原音乐的效果，说明音响内部放大器对音乐所包含的各种频率信号都进行了等同而良好的放大，劣质的音响播放音乐时，会明显地出现高音及低音部分不丰富，效果不佳，说明放大器对音乐中的高、低频率信号未能等同放大。为什么两种音响播放音乐时会产生两种不同效果呢？要解决这一问题，首先要搞清楚放大器的频率特性。

微课 放大电路的
频率特性分析

1. 放大电路的频率特性

放大电路的电压放大倍数和频率之间的关系称为频率特性。其中，电压放大倍数的幅值与频率之间的关系称为幅频特性。图 2-18 所示是通过实验测得的某阻容耦合放大电路幅频特性曲线。根据电压放大倍数是否随 f 而变，将频率划分为三个区段：

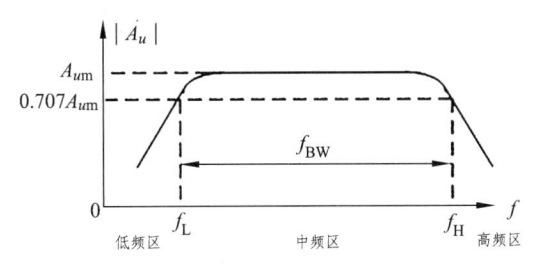

图 2-18 幅频特性曲线

（1）中频区段。

在此段内，电压放大倍数基本不随 f 而变化，并且保持最大值 A_{um}，中频区段有较宽的频率范围。

（2）低频区段。

该区段是指电压放大倍数随着 f 的减小而下降的区段。在一定的输入电压 u_i 和耦合电容 C 下，$f\downarrow \to X_C\uparrow$，信号在耦合电容上的电压降增大，使 $u_{be}\downarrow \to i_b\downarrow \to i_c\downarrow$，还使 $u_o\downarrow \to A_u = U_o/U_i\downarrow$。

（3）高频区段。

该区段是指电压放大倍数随着 f 的增大而下降的区段。在一定输入电压 u_i 和耦合电容 C 下，f 的上升使耦合电容的容抗 X_C 很小，可以忽略，它不影响信号的传递和放大。

但要考虑三极管的极间电容和导线之间的分布电容对高频信号的旁路作用。如图 2-19 所示，分布电容产生的分流，使净输入基极电流 i_b' 减小，则 $i_c\downarrow \to u_o\downarrow \to A_u\downarrow$。

在低频区段落时，分布电容容抗很大，相当于开路，不影响放大倍数。

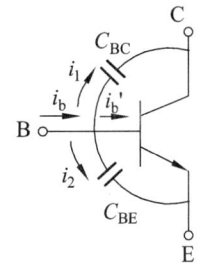

图 2-19 电极之间分布电容等效电路

2. 通频带

工程上把电压放大倍数下降到 $0.707A_{um}$ 所对应的低端频率 f_L 和高端频率 f_H，称为放大电路的下限频率和上限频率。f_L 与 f_H 之间的频率范围称为放大电路的通频带，用 f_{BW} 表示，即 $f_{BW}=f_H-f_L$，如图 2-18 所示。通频带是放大器重要的性能指标。将中频区段电压放大倍数与通频带相乘所得的积，称为增益带宽积（$A_u f_{BW}$）。当三极管选定，增益带宽积就确定，若要拓宽通频带，中频区段 A_u 就要下降。

3. 信号频率与放大电路通频带之间的关系

输入信号频率一定要在放大电路的通频带范围内，选择放大电路时既要看输入信号频率，又要考虑通频带，保证信号不失真地放大。

若放大电路通频带选择不合适，如过窄，输入信号频率范围较宽，则会出现在通频带范围内的频率信号输出较大，而在通频带以外的频率信号输出较小，产生失真现象。放大电路中对信号源的各种频率成分不能等同放大而造成的失真称为频率失真。

反之，若通频带过宽，就会有更多的干扰信号也被放大，影响放大质量。所以确定通频带宽度，并不是越宽越好，尤其是受外界干扰最严重的工频电源 50 Hz 的频率，应将它排除在通频带之外。

任务四　静态工作点稳定的放大电路

对于放大电路而言，性能稳定是很重要的。外界条件变化（如环境温度变化、电源电压波动、偏置电阻的变化、管子的更换、元器件的老化等）会引起放大电路静态工作点的不稳定，放大电路输出信号会产生失真。其中最主要的影响则是环境温度的变化。三极管是一个对温度非常敏感的器件，随温度的变化三极管参数会受到影响，从而引起静态工作点的移动，导致放大电路性能不稳定和出现失真等不正常现象。温度对三极管影响最终表现在集电极电流 I_C 的变化上。当温度升高，反向穿透电流 I_{CEO} 增大，β 增大，U_{BE} 减小，都会造成 I_C 增大。

因此，合理选定静态工作点并保持其稳定，是放大电路能够正常工作和避免失真的先决条件。稳定静态工作点的关键是稳定集电极电流 I_C，使 I_C 尽可能不受温度影响保持稳定。一般有两种办法：一是采用恒温设备，造价高，一般不采用；二是采用分压式偏置电路来实现，它是目前应用较广的一种电路。

一、分压式偏置电路结构

微课　温度对工作点的影响　分压式偏置电路的结构　　　　动画　静态工作点稳定

静态工作点稳定的分压式偏置电路如图 2-20 所示，为稳定静态工作点，一般取

$I_1 \gg I_{BQ}$，静态时有 $U_B \approx \dfrac{R_{B2}}{R_{B1}+R_{B2}} U_{CC}$。

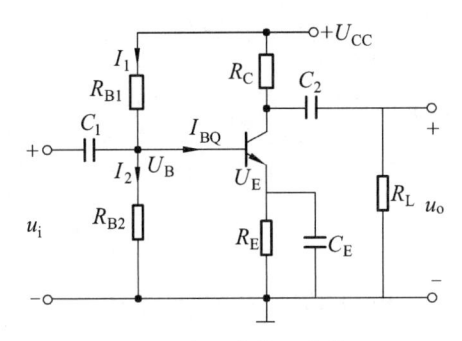

图 2-20 分压式偏置电路
（静原谋书装工作点稳定的放大电路）

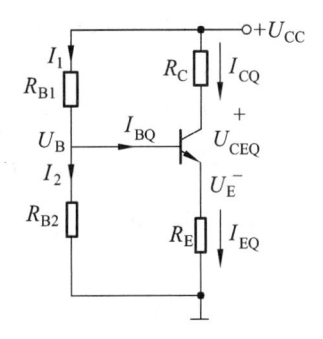

图 2-21 直流通路

当 U_{CC}、R_{B1}、R_{B2} 确定后，U_B 也就基本确定，不受温度的影响。

假设温度上升，使三极管的集电极电流 I_C 增大，则发射极电流 I_E 也增大，I_E 在发射极电阻 R_E 上产生的压降 U_E 也增大，使三极管发射结上的电压 $U_{BE}=U_B-U_E$ 减小，从而使基极电流 I_B 减小，又导致 I_C 减小。这就是负反馈的作用，即将输出量变化反馈到输入回路，削弱了输入信号。反馈元件是发射极电阻 R_E，其作用是稳定静态工作点。其工作过程可描述为：

微课 静态工作点的稳定措施

$$温度\ T\uparrow \rightarrow I_C\uparrow \rightarrow I_E\uparrow \rightarrow U_E\uparrow \rightarrow U_{BE}\downarrow \rightarrow I_B\downarrow$$
$$I_C\downarrow$$

分压式偏置电路具有稳定 Q 点的作用，在实际电路中应用广泛。实际应用中，为保证 Q 点的稳定，要求电路：$I_1 \gg I_{BQ}$。常用 $(1+\beta)R_E$ 与 $R_{B1} /\!/ R_{B2}$ 的大小关系来判断 $I_1 \gg I_B$ 是否成立。一般对于硅材料的三极管：$I_1=(5\sim 10)I_{BQ}$。

由此可见，工作点稳定的实质是：

（1）R_E 的直流负反馈作用。

（2）要求 $I_1 \gg I_{BQ}$，一般对于硅材料的三极管：$I_1=(5\sim 10)I_{BQ}$。

二、分析与计算

通过下面例题来进行分压偏置电路的静态分析与动态指标计算。

【例 2-4】 如图 2-20 所示电路，$\beta=100$，$R_s=1\ \text{k}\Omega$，$R_{B1}=62\ \text{k}\Omega$，$R_{B2}=20\ \text{k}\Omega$，$R_C=3\ \text{k}\Omega$，$R_E=1.5\ \text{k}\Omega$，$R_L=5.6\ \text{k}\Omega$，$U_{CC}=15\ \text{V}$，三极管为硅管。

（1）估算静态工作点。

（2）求 A_u、r_i、r_o、A_{us}。

（3）若三极管损坏，又没有完全相同的管子，现用 $\beta=50$ 的三极管来替换，其他参数不变，静态工作点是否变化？

解：（1）直流通路参看图 2-21 得

$$U_B = \frac{U_{CC}R_{B2}}{R_{B1}+R_{B2}} = \frac{15 \times 20}{62+20} \approx 3.7(\text{V})$$

$$I_{CQ} \approx I_{EQ} = \frac{U_B - U_{BEQ}}{R_E} = \frac{3.7-0.7}{1.5 \times 10^3 \Omega} \approx 2(\text{mA})$$

$$I_{BQ} = \frac{I_{CQ}}{\beta} = \frac{2 \times 10^{-3}}{100} = 20(\mu\text{A})$$

$$U_{CEQ} = U_{CC} - I_{CQ}(R_C + R_E) = 15 - 2 \times (3+1.5) = 6(\text{V})$$

（2）微变等效电路如图 2-22 所示。

$$r_{be} = 300 + (1+\beta)\frac{26(\text{mV})}{I_{EQ}(\text{mA})} = 300 + 101 \times \frac{26}{2} = 1.6(\text{k}\Omega)$$

$$r_i = R_{B1} /\!/ R_{B2} /\!/ r_{be} = \frac{1}{(1/60)+(1/20)+(1/1.6)} \approx 1.4(\text{k}\Omega)$$

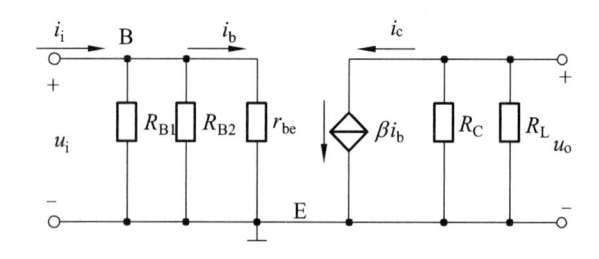

图 2-22　分压偏置电路微变等效电路

$$r_o = R_C = 3(\text{k}\Omega)$$

$$A_u = -\beta\frac{R_C /\!/ R_L}{r_{be}} = \frac{-100[(3 \times 5.6)/(3+5.6)]}{1.6} \approx -122$$

$$A_{us} = A_u \frac{r_i}{r_i + R_s} = -122 \times \frac{1.4}{1.4+1} = -71$$

电阻 R_E 在电路中起直流负反馈作用，稳定静态工作点。交流通路中 R_E 被旁路电容短路，即 R_E 对交流信号无影响，输入信号 u_i 直接加到发射结上，故转换成的 i_c、u_o 较大，使得电压放大倍数 A_u 提高，满足电路具有较大放大能力的要求。分压偏置电路常在 R_E 的两端并接一个旁路电容 C_E，目的是提高电压放大倍数。

（3）当 $\beta=50$，U_B、I_{CQ}、U_{CE} 与（1）相同，即与 β 值无关，故 $U_B = 3.7$ V，$I_{CQ} \approx I_{EQ} = 2$ mA，$U_{CEQ} = 6$ V，静态工作点 I_{CQ}、U_{CEQ} 不变。但是 $I_{BQ} = \dfrac{I_{CQ}}{\beta} = \dfrac{2}{50} = 40$ mA，而（1）中 $I_{BQ} = 20$ μA，即基极电流随 β 而变。

此例说明，分压偏置电路能够自动改变 I_{BQ}，以抵消更换管子所引起的 β 变化对电路的影响，使静态工作点基本保持不变（指 I_{CQ}、U_{CEQ} 保持不变），故分压偏置电路具有稳定静态工作点的作用。

任务五 多级放大器

一、多级放大电路的级联方式

多级放大电路一般是由输入级、中间级、输出级组成的，如图 2-23 所示。

输入级因与信号源相连，常采用射极输出器或场效应管放大电路，因它们具有较高的输入电阻，所以能减小信号源内阻对输入信号电压产生的影响。

微课 多级电路的级联方式

中间级采用若干共射放大电路组成，以获得较高的电压放大倍数。

输出级应输出足够大的功率，它由功率放大电路来实现。

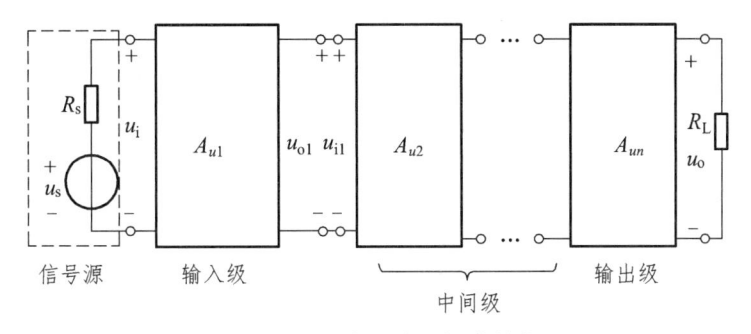

图 2-23 级放大电路的组成结构图

多级放大电路中输入级与信号源之间、级与级之间、级与负载之间的连接方式，称为级间耦合方式。常见的耦合方式有阻容（电容）耦容、直接耦合和电隔离耦合。

1. 阻容耦合

如图 2-24 所示两级阻容耦合放大电路，第一级的输出通过电容 C_2 和下一级输入端相连。

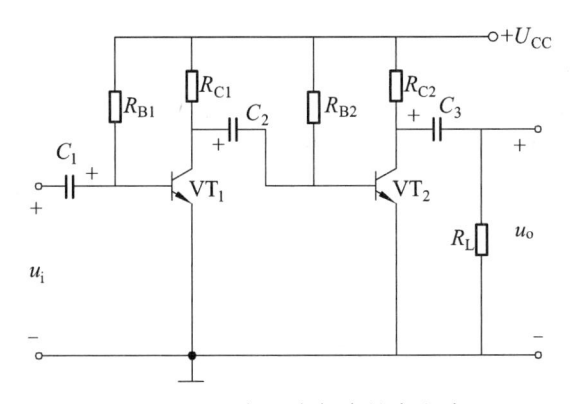

图 2-24 两级电容耦合放大电路

阻容耦合电路的特点：

因电容阻隔直流,故各级静态工作点互不影响。交流状态下,信号频率越高,电容越大,则容抗越小,耦合电容上信号电压的压降就越小,这很有利于交流信号的放大。当 C 一定,f 较低时,容抗 X_C 大,信号电压在耦合电容的压降增大,使净输入信号减小,输出电压减小,影响正常放大,故此耦合方式不能放大缓慢变化的(f 低)信号和直流信号,只适合放大交流信号,阻容耦合放大器也称交流放大器。另外,因大电容很难集成到芯片中,故电容耦合不利于集成电路,只适用于分立元件电路。

2. 直接耦合

前一级的输出端直接与后一级输入端相连,这种方式称为直接耦合,如图 2-25 所示。该电路适合传递、放大缓慢变化的直流信号,一般直接耦合放大器也称为直流放大器。缓慢变化的直流信号如冶炼炉的炉温信号,因信号频率低,不适合采用电容耦合方式。所以检测炉温的热工仪表内部的放大器均采用直接耦合方式。因不用电容元件,所以直接耦合放大电路便于集成,但同时也带来了一些特殊问题。

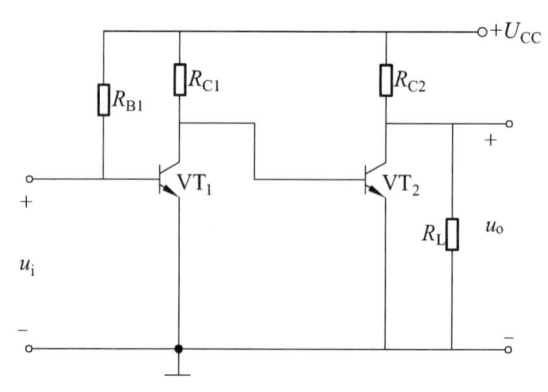

图 2-25 直接耦合两级放大电路

直接耦合电路的特点:
(1)前、后级静态工作点相互影响。
(2)产生零点漂移。

根据前面所学内容可知,三极管参数极易受环境温度变化的影响,若不采取一定措施,调试好的静态工作点会发生偏移。由于是直接耦合放大电路,环境温度变化,各级静态工作点均发生变化,同时前一级输出的零漂电压如同输入信号一样直接送到后一级电路并逐级传递、放大,直接耦合级数越多,末级输出的零漂电压就越大。除了温度外,电源电压波动也会使静态工作点偏移,但温度的影响最严重。

3. 变压器耦合

级与级之间通过变压器连接,是一种磁耦合,如图 2-26 所示。变压器 T_1 将 VT_1 的输出电压经过变压器送到 VT_2 的基极放大,C_{B2} 是偏置电阻 R_{B21}、R_{B22} 的旁路电容,防止信号被偏置电阻所衰减。

由于变压器不能传递直流信号,具有隔直流作用,故各级静态工作点互不影响。它的最大特点是具有变电流、变电压、变阻抗作用,利用它的阻抗变换,可使功率放大电路中的负载变成最佳输出负载，即阻抗匹配，可得到最大不失真功率。此耦合方式一般用在分立元件组成的功率放大器中。因变压器体积大，成本高，不利于集成，故在放大电路中的应用逐渐减少。

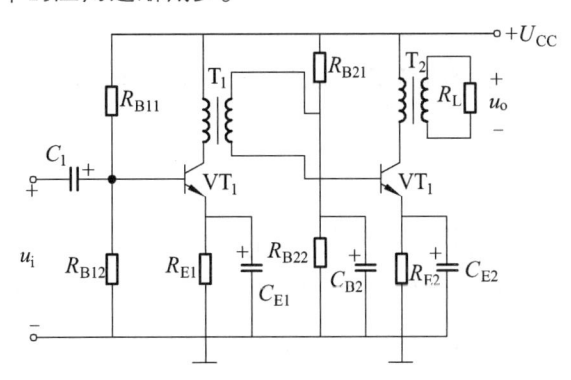

图 2-26 变压器两级耦合放大电路

4. 光电耦合

级与级之间通过光电器件连接的方式称为光电耦合，如图 2-27 所示。由于它是利用光线实现的耦合，所以使前、后级电路处于电隔离状态。光电耦合器件和与它耦合的前、后级放大电路都便于集成，故应用日益广泛。

工作原理简介：由图 2-27 可知，发光二极管是前一级放大电路的负载，前一级输出电流 i_{o1} 的变化影响发光二极管的发光强弱，通过光耦合，使光电三极管输出电流 i_c 发生变化，即后一级放大电路的输入电流发生变化，经后一级 A_{u2} 放大后，从输出端取出放大信号。

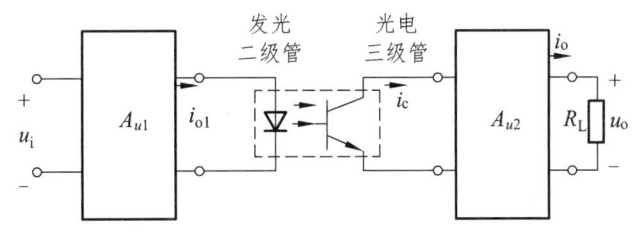

图 2-27 电耦合两级放大电路框图

二、多级放大电路的放大倍数及输入、输出电阻

对于多级放大电路，无论是何种耦合方式、何种组态的放大电路，其总的电压放大倍数、输入电阻和输出电阻的计算方法相同。

对于两级放大电路，若第一级电压放大倍数为 A_{u1}，第二级电压放大倍数为 A_{u2}，则总的放大倍数为

$$A_u = A_{u1} \cdot A_{u2}$$

对于 n 级电压放大电路，其总的电压放大倍数是各级电压放大倍数的乘积，即

微课 电容耦合多级放大电路的电路分析

$$A_u = A_{u1}A_{u2}\cdots A_{un}$$

多级放大电路的输入电阻 r_i 即为第一级放大器的输入电阻,即

$$r_i = r_{i1}$$

而对于多级放大电路的输出电阻 r_o 即为第 n 级放大器的输出电阻,即

$$r_o = r_{on}$$

任务六　差动放大电路

任何一个电路系统都是由若干个单级放大电路组合而成的,这样才能满足电路系统对放大电路放大能力、输入电阻、输出电阻等指标的要求。集成放大电路是一种直接耦合的多级放大电路。集成放大电路由于工艺原因不便于制作较大容量的电容,因而采用直接耦合的方式实现多级放大。

直接耦合方式由于各级静态工作点互相影响,特别是当前级静态工作点由于温度变化、电源电压波动等原因产生微小偏移时,前级微小的偏移会逐级放大,在放大电路输出端会产生较大的漂移电压。甚至会将信号电压淹没。这种输入信号为零而输出不为零的现象,称为零点漂移,简称零漂。零漂产生主要是环境温度的变化引起静态工作点的变化造成的,因此也称作温漂。

温漂对放大电路的影响主要是:使静态工作点偏移,使放大电路输出信号失真;温漂在输出端叠加在被放大的有用信号上,干扰有用信号,甚至"淹没"有用信号。

因此需要解决温漂问题,而且着重解决第一级的温漂问题。其中最为有效的方法是使用差动放大电路。差动放大电路也称为差分放大电路,简称为差放。

一、差分放大电路的组成

微课　差动放大电路　　　动画　差动放大电路构成及其原理1、2、3

差动放大电路如图2-28所示,该电路特点是电路对称,两只三极管 V_{T1}、V_{T2} 参数相同,两个管子所接电路元件也对称,即

$$U_{BE1} = U_{BE2} = U_{BE}, \quad R_{B1} = R_{B2} = R_B$$
$$R_{C1} = R_{C2} = R_C, \quad \beta_1 = \beta_2 = \beta$$

为了设置合适的工作点,电路中使用了正、负两个电源 $+U_{CC}$、$-U_{EE}$,两管发射极连接在一起通过电阻 R_E 接电源 $-U_{EE}$。由于电阻 R_E 像个长长的尾巴,故也称为

长尾对称电路。交流信号 u_{i1}、u_{i2} 分别从两管的基极输入，输出信号 u_o 从两管集电极取出。

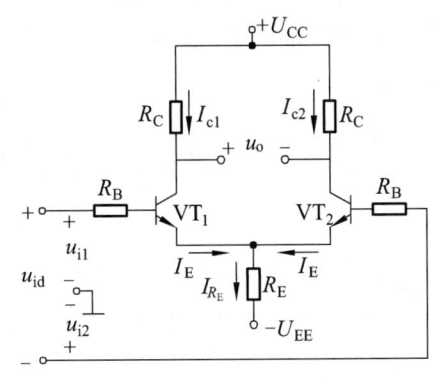

图 2-28 差动放大电路图

输入信号分别加到两管基极即为双端输入，输入信号只加到一管基极即为单端输入。

输出信号从两管集电极取出即为双端输出，输出信号只从一管集电极取出即为单端输出。这样差动放大电路的连接方式组合起来就有四种：双端输入双端输出、双端输入单端输出、单端输入双端输出、单端输入单端输出。

二、差动放大电路分析

（一）静态分析

电路如图 2-28 所示，若没有输入信号，交流信号 $u_{i1} = u_{i2} = 0$，由于电路完全对称：

$$U_{C1} = U_{C2} = 0$$
$$U_o = U_{C1} - U_{C2} = 0$$

因此输入为 0 时，输出也为 0。当温度变化引起集电极电流变化时，两管都产生温度漂移现象，由于电路的对称性，这种漂移现象同时增大或同时减小，且变化量相同，输出端因相减而相互抵消，使温度漂移得到完全抑制。

（二）动态分析

1. 差模信号

在差动放大电路两个输入端上分别加上幅度相等、相位相反的信号，称为差模输入方式。图 2-28 中，$u_{i1} = -u_{i2}$，两个输入信号的差称为差模信号，记为 u_{id}，且 $u_{id} = u_{i1} - u_{i2}$。差模信号是放大电路有用的输入信号，把输入差模信号时的放大器的增益称为差模增益，用 A_{ud} 表示，即

$$A_{ud} = \frac{u_{od}}{u_{id}}$$

2. 共模信号

在差动放大器两输入端同时输入一对极性相同、幅度相同的信号,称为共模输入方式。共模信号 u_{ic} 为两个输入信号的算术平均值,即

$$u_{ic} = \frac{u_{i1} + u_{i2}}{2}$$

共模信号是放大电路的干扰信号。当温度变化使三极管电流同时变化时,就属于共模输入的干扰信号。

3. 输出电压

差动放大器对差模信号与共模信号均具有放大能力,因此其输出电压为

$$u_o = u_{od} + u_{oc}$$
$$= A_{ud}u_{id} + A_{uc}u_{ic}$$

式中,u_{od} 为差模输出电压,u_{oc} 为共模输出电压,A_{ud} 为差模电压放大倍数,A_{uc} 为共模电压放大倍数。

4. 差模输入时的电路工作原理

当放大器输入端为理想差模信号(无共模分量),则放大器输入信号为两信号之差,即

$$u_{id} = u_{i1} - u_{i2}$$

又

$$u_{i1} = -u_{i2}$$

所以

$$u_{id} = u_{i1} - u_{i2}$$
$$= 2u_{i1}$$

图 2-28 所示电路中,在输入差模信号 u_{id} 时,由于电路的对称性,使得 VT_1 和 VT_2 两管的电流为一增一减的状态,而且增减的幅度相同。如果 VT_1 的电流增大,则 VT_2 的电流减小。即 $i_{c1} = -i_{c2}$。显然,此时 R_E 上的电流没有变化,即 $i_{R_E} = 0$,说明 R_E 对差模信号没有作用,在 R_E 上既无差模信号的电流,也无差模信号的电压,因此画交流通路时(实际是差模信号通路),VT_1 和 VT_2 的发射极是直接接地的,如图 2-29 所示。

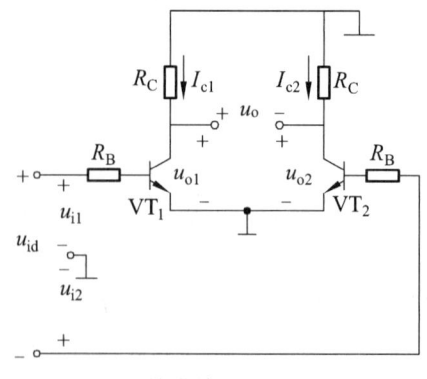

图 2-29 差模输入时的交流通路

由图 2-29 看出,两管集电极的对地输出电压 u_{o1} 和 u_{o2} 也是一升一降的变化。即

$u_{o1} = -u_{o2}$，从而在输出端得到一个放大了的输出电压 u_{od}：

$$u_{od} = u_{o1} - u_{o2} = 2u_{o1}$$

由图 2-29 可以计算出其差模电压放大倍数 A_{ud} 为

$$A_{ud} = \frac{u_{od}}{u_{id}} = \frac{-\beta R_c}{R_b + r_{be}}$$

上式说明，该电压放大倍数与单管共射放大电路的电压放大倍数相等。虽然用两套电路的元件实现的电压放大倍数和一套电路相同，但该电路具有很好的超低频性能和很强的抑制零点漂移的能力。

图 2-29 中可以算出差模输入电阻 r_{id} 为

$$r_{id} = 2(r_{be} + r_B)$$

输出电阻 r_o 为

$$r_o = 2R_C$$

5. 共模输入信号与共模抑制比 K_{CMR}

当放大器输入信号为理想共模信号（无差模信号），则放大器输入信号为两个输入信号的算术平均值，即

$$u_{ic} = \frac{u_{i1} + u_{i2}}{2}$$

共模输入时交流通路如图 2-30 所示，由于两管的发射极电流 i_e 同时以同方向同幅度流经 R_E，则 R_E 上产生较强的负反馈，阻止两管的电流变化，如电流上升时，则两管的发射极电位上升，使两管的导通电流下降，阻止了电流的上升，使 i_c 基本不变，则两管的集电极电位 V_c 也基本不变。同时由于电路的对称性，两管的 V_c 微小变化是同方向的，所以 u_{oc} 在理论上应等于零。但由于元件参数的分散性，往往使电路不绝对对称，则 u_{oc} 会有微小的数值。差动放大电路对差模信号提供高电压增益的同时，对共模信号只有很低的放大能力。

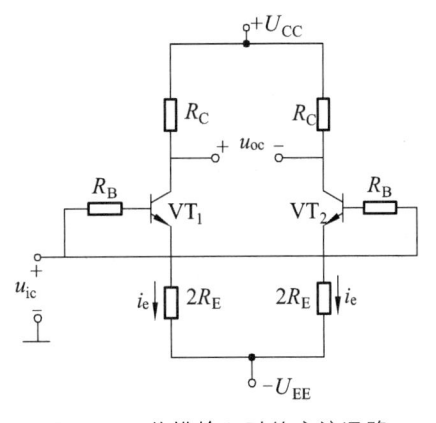

图 2-30 共模输入时的交流通路

从以上分析看出，R_E 对共模信号起到了深度负反馈作用，有效地抑制了共模信号，同时当温度变化使两管的静态电流变化时，R_E 同样起到了深度负反馈作用，有效抑制了零点漂移。用 $A_{uc} = \dfrac{u_{oc}}{u_{ic}}$ 表示共模电压放大倍数，A_{uc} 越小表示电路抑制温漂能力越好。

上述分析可知，差动放大电路的 A_{ud} 是有用信号的放大倍数，当然大一些好；A_{uc} 是干扰信号的放大倍数，表明温漂的程度，应该越小越好。但一般 A_{ud} 大，容易使 A_{uc} 也大，所以通常用一个综合指标来衡量，即共模抑制比，记作 K_{CMR}。它定义为

$$K_{\text{CMR}} = \left|\frac{A_{ud}}{A_{uc}}\right|$$

K_{CMR} 值越大，表明电路抑制共模信号的性能越好。在工程上，常用分贝表示为

$$K_{\text{CMR}} = 20\lg\left|\frac{A_{ud}}{A_{uc}}\right|(\text{dB})$$

共模抑制比是差动放大器的一个重要技术指标。应当注意，输入的共模信号幅度不能太大，否则将破坏电路对共模信号的抑制能力。

差动放大电路四种连接方法的电路参数特点如表 2-2 所示。

表 2-2 差动放大电路四种连接方式参数的比较

连接方式	双端输入 双端输出	双端输入 单端输出	单端输入 双端输出	单端输入 单端输出
差模电压增益 A_{ud}	$\dfrac{-\beta R'_L}{R_B + r_{be}}$	$\dfrac{-\beta R'_L}{2(R_B + r_{be})}$	$\dfrac{-\beta R'_L}{R_B + r_{be}}$	$\dfrac{-\beta R'_L}{2(R_B + r_{be})}$
共模电压增益 A_{uc}	0	$\dfrac{-\beta R'_L}{R_B + r_{be} + 2(1+\beta)R_E}$	0	$\dfrac{-\beta R'_L}{R_B + r_{be} + 2(1+\beta)R_E}$
差模输入电阻 r_i	$2(R_B + r_{be})$	$2(R_B + r_{be})$	$2(R_B + r_{be})$	$2(R_B + r_{be})$
输出电阻 r_o	$2R_C$	R_C	$2R_C$	R_C
共模抑制比 K_{CMR}	∞	$\dfrac{R_B + r_{be} + (1+\beta)2R_E}{2(R_B + r_{be})}$	∞	$\dfrac{R_B + r_{be} + (1+\beta)2R_E}{2(R_B + r_{be})}$

【例 2-5】 某差动放大器 $A_{ud} = 100$，$A_{uc} = 0.01$，$u_{i1} = 5\text{ mV}$，$u_{i2} = 3\text{ mV}$，求共模抑制比 K_{CMR}，差动放大电路输出电压 u_o。

解：共模抑制比 $K_{\text{CMR}} = 20\lg\left|\dfrac{A_{ud}}{A_{uc}}\right| = 20\lg 10^4 (\text{dB}) = 80(\text{dB})$

差模输入电压 $u_{id} = u_{i1} - u_{i2} = 5(\text{mV}) - 3(\text{mV}) = 2(\text{mV})$

共模输入电压 $u_{ic} = \dfrac{1}{u_{i1} + u_{i2}} = \dfrac{5+3}{2}(\text{mV}) = 4(\text{mV})$

输出电压 $u_o = A_{ud}u_{id} + A_{uc}u_{ic} = 100 \times 2(\text{mV}) + 0.01 \times 4(\text{mV}) = 200.04(\text{mV})$

差动放大电路应用十分广泛，除用作小信号放大外，还可以用它实现许多功能：用作多级放大电路的输入级，在集成运算放大器的输入级均采用差动放大电路，利用差动放大电路的对称性可以减小温漂，提高电路的共模抑制比；构成自动增益控制电路和模拟乘法器；构成大信号限幅电路和电流开关电路；构成波形变换电路，利用差动放大电路的非线性传输特性，可将三角波转换成正弦波。

任务七 功率放大电路

放大电路按照输出功率高低可以分成小信号放大电路和功率放大电路（简称功放）两种。功放电路的主要指标和前面学习的小信号放大电路（共发射极放大电路、共基极放大电路、共集电极放大电路等）有明显的不同，小信号放大电路的主要指标是电压增益 A_u、输入电阻 r_i、输出电阻 r_o，而功率放大电路的主要技术指标是输出功率 P_o 和效率 η 等。

一、功率放大电路概述

（一）功放电路的基本要求

1. 输出功率足够大

最大输出功率 P_{om}：在输入为正弦波且输出基本不失真情况下，负载可能获得的最大交流功率。它是指输出电压 u_o 与输出电流 i_o 的有效值的乘积。

2. 效率高

在输出功率比较大时，效率问题尤为突出。如果功率放大电路的效率不高，不仅造成能量的浪费，而且电路内部消耗的电能将产生过多的热量，使管子、元件等温度升高而影响电路的正常工作。为定量反映放大电路效率的高低，定义放大电路的效率为

$$\eta = \frac{输出交流功率 P_o}{电源提供的直流功率 P_{DC}}$$

输出的交流功率实质上是由直流电源通过三极管转换而来的。在电源提供的直流功率一定的情况下，若要向负载提供尽可能大的交流功率，必须减小损耗，以提高转换效率。

3. 非线性失真小

在功率放大电路中，晶体管处于大信号工作状态，因此输出波形不可避免地会产生一定的非线性失真。在实际的功率放大电路中，应根据负载的要求来规定允许的失真度范围。

4. 晶体管常工作在极限状态

在功率放大电路中，为使输出功率尽可能大，要求晶体管工作在极限状态。在三极管特性曲线上，三极管工作点变化的轨迹受到最大集电极耗散功率 P_{CM}、最大集电极电流 I_{CM}、最大集射极电压 $U_{BR(CEO)}$ 三个极限参数的限制。为防止三极管在使用中损坏，必须使它工作在如图 2-31 所示的安全工作区域内。

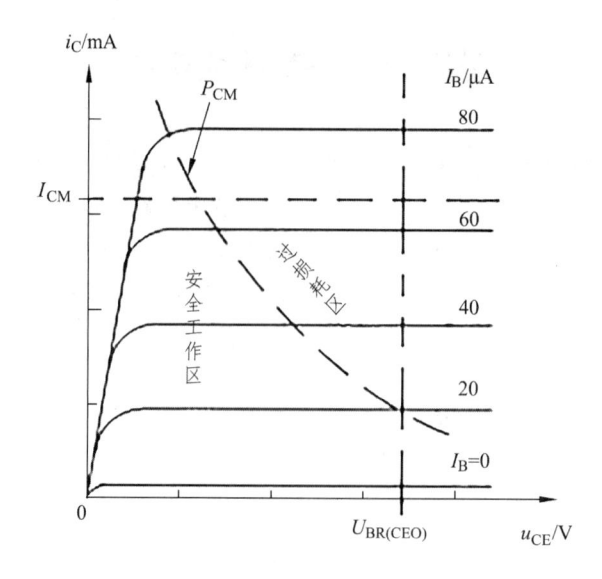

图 2-31　晶体管的极限参数

5. 功放管要注意散热

功率放大电路中的晶体管常工作在极限状态，有相当大的功率损耗在管子的集电结上，使管温和管壳温度升高。为了充分利用允许的管耗而使管子输出足够大的功率，一般要对功放管加装散热片。

6. 功放的分析方法

功率放大电路的输出电压和输出电流幅值均很大，功放管特性的非线性不可忽略，所以分析功放电路时，不能采用微变等效电路法，多采用图解分析法近似地分析功放的参数。

（二）功放电路的分类

功率放大电路按其晶体管导通时间的不同，可分为甲类、乙类、甲乙类和丙类等。

甲类功率放大电路的特征是静态工作点设置在放大区中间附近位置，在输入信号的整个周期内，晶体管均导通，如图 2-32（a）所示。乙类功率放大电路的特征是静态工作点设置在截止区，在输入信号的整个周期内，晶体管仅在半个周期内导通，如图 2-32（b）所示。甲乙类功率放大电路的特征是静态工作点设置在放大区靠下较为接近截止区附近，在输入信号的整个周期内，晶体管导通时间大于半周而小于全周，如图 2-32（c）所示。丙类功放的静态工作点设置在截止区，晶体管导通时间小于半个周期，如图 2-32（d）所示。

前面介绍的小信号放大电路中（各种电压放大电路），在输入信号的整个周期内，晶体管始终工作在线性放大区域，故属甲类工作状态。

(a)甲类功放

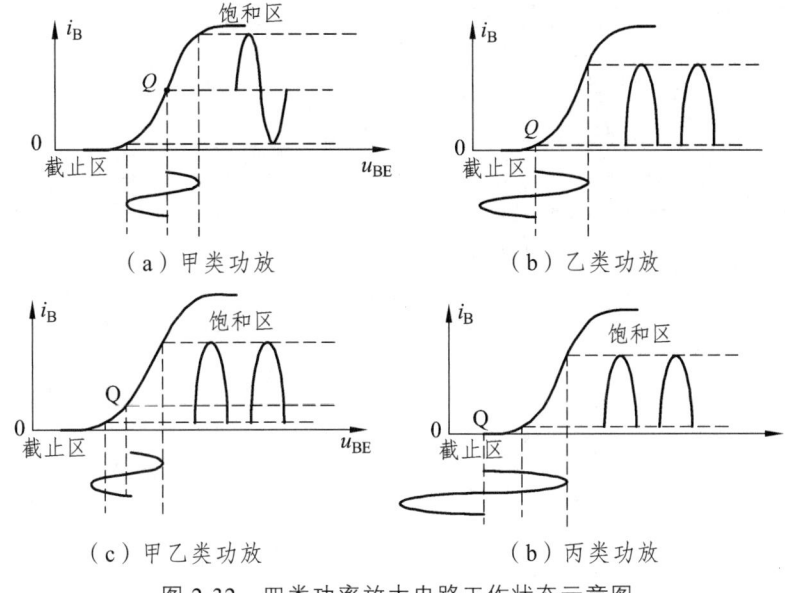

(b)乙类功放

(c)甲乙类功放

(b)丙类功放

图 2-32　四类功率放大电路工作状态示意图

二、乙类互补对称功率放大电路

（一）乙类互补对称功率放大电路组成

乙类功率放大电路效率比甲类高，所以在模拟电路中应用广泛。但是乙类功率放大电路中晶体管只有半个周期导通，存在严重的截止失真，因此需通过特殊的电路结构让负载上的实际输出波形变得完整，又由于这种放大电路静态工作点选在截止区，这种特殊的电路结构就是乙类互补对称功放电路。

乙类互补对称功放电路由两个类型相反的晶体管组成，一个是 NPN 型，一个是 PNP 型。这两个晶体管的类型相反但是参数必须相同，称为对管。

乙类互补对称功率放大电路如图 2-33（a）所示。该电路由一个 NPN 型三极管 VT_1 和一个 PNP 型三极管 VT_2 组成，两个晶体管参数一致，正负电源幅度相同。由于电路中的两个三极管都是信号从基极输入，从发射极输出，构成共集电极放大电路，因此互补对称功率放大电路具有输出电阻小、输出电流较大、带负载能力强的特点。

（二）乙类互补对称功率放大电路工作原理

当输入信号 $u_i(t)$ 为正弦波正半周时，三极管 VT_1 导通，VT_2 截止，$+U_{CC}$ 通过 VT_1 对负载 R_L 供电，如图 2-33（b）所示，形成流过 VT_1 的半波正弦电流，同时形成方向从上至下的负载电流。

当输入信号 $u_i(t)$ 为正弦波负半周时，三极管 VT_2 导通，VT_1 截止，$-U_{CC}$ 通过 VT_2 对负载 R_L 供电，如图 2-33（c）所示，形成流过 VT_2 的半波正弦电流，同时形成方向从下至上的负载电流。

两个三极管在输入信号一个完整周期内正、负半周交替导通、交替截止，各自为负载提供半个周期的电流，使负载得到一个完整的电流波形，如图 2-33（a）所示。尽管每个三极管都出现了截止失真，但是负载上却没有出现失真。

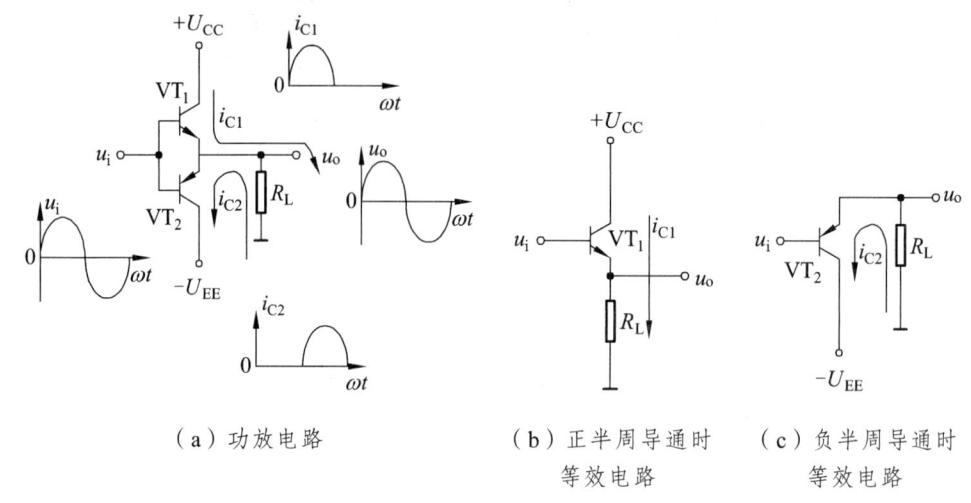

（a）功放电路　　　　（b）正半周导通时　　　（c）负半周导通时
　　　　　　　　　　　　　 等效电路　　　　　　　　等效电路

图 2-33　互补对称功放电路

（三）互补对称功率放大电路性能指标

1. 输出功率

$$P_\text{o} = U_\text{o} I_\text{o} = \frac{U_\text{om}}{\sqrt{2}} \cdot \frac{I_\text{om}}{\sqrt{2}} = \frac{U_\text{om} I_\text{om}}{2} = \frac{U_\text{om}^2}{2R_\text{L}}$$

式中 $I_\text{om} = \dfrac{U_\text{om}}{R_\text{L}}$，$U_\text{om}$、$I_\text{om}$ 分别为输出电压和电流的最大值。

2. 最大不失真输出电压

功率放大电路要求输出功率高，所以负载在不产生严重失真的前提下，功放输出电压、输出电流和输出功率应尽可能大。根据晶体管输出特性曲线可知，不产生饱和失真的前提下，最大不失真输出电压幅度为

$$U_\text{om} = U_\text{CC} - U_\text{CE(Sat)} \approx U_\text{CC}$$

3. 最大不失真输出功率

最大输出功率为

$$P_\text{om} = \frac{(U_\text{CC} - U_\text{CES})^2}{2R_\text{L}}$$

忽略管子的饱和压降，最大不失真输出功率为

$$P_\text{om} \approx \frac{U_\text{CC}^2}{2R_\text{L}}$$

4. 直流电源供给的功率 P_{DC}

由于两个直流电源提供的电流各为半个周期，经理论分析，两个直流电源提供的总功率为

$$P_{DC} = 2U_{CC}I_C = 2U_{CC}\frac{I_{cm}}{\pi} = \frac{2U_{CC}I_{om}}{\pi} = \frac{2U_{CC}U_{om}}{\pi R_L}$$

输出最大功率时，直流电源供给的功率为

$$P_{DCm} = \frac{2U_{CC}^2}{\pi R_L} \quad (\text{此时 } U_{om} = U_{CC})$$

5. 效率

一般情况下效率 η 为

$$\eta = \frac{P_o}{P_{DC}} = \frac{\dfrac{U_{om}^2}{2R_L}}{\dfrac{2U_{CC}U_{om}}{\pi R_L}} = \frac{\pi}{4}\cdot\frac{U_{om}}{U_{CC}}$$

当输出功率为最大时的效率为

$$\eta_{max} = \frac{\pi}{4} = 78.5\%$$

由此可见乙类互补对称功效电路比甲类电路得到的效率要高，可达 78.5%，但考虑各方面因素的影响，实际中的效率仅达 60% 左右。

6. 管耗

互补对称功放有两个三极管，这两个管参数一致，所以两者消耗的功率相同，分别是

$$P_{VT1} = P_{VT2} = \frac{1}{2}(P_{DC} - P_o)$$

经理论分析，当功放输出电压 $U_{om} = \dfrac{2U_{CC}}{\pi}$ 时，互补对称功放的功放管消耗的功率达到最大值，即

$$P_{VT1m} = P_{VT2m} = \frac{1}{\pi^2}\frac{U_{CC}^2}{R_L} \approx 0.2P_{om}$$

（四）功放管的选择

为了保证在实际工作中功放管的安全，在选择管子时要从集电极最大允许耗散功率 P_{CM}、击穿电压 $U_{(BR)CE}$ 和集电极最大允许电流 I_{CM} 等三个方面综合考虑。依据前面的分析，选择功率三极管的原则为：

（1）三极管集电极最大耗散功率 $P_{CM} > 0.2P_{om}$。

（2）三极管基极开路击穿电压 $U_{(BR)CE} > 2U_{CC}$。

（3）三极管集电极最大电流 $I_{CM} > \dfrac{U_{CC}}{R_L}$。

【例 2-6】 已知乙类互补对称功率放大电路如图 2-33（a）所示，$U_{CC} = \pm 12$ V，$R_L = 4\ \Omega$，求：

（1）该功放电路最大输出功率 P_{om}，此时对应的直流电源提供的总功率 P_{DC}，以及每个功放管的最大管耗 P_{CM}。

（2）该功放电路对功放管的极限参数 P_{CM}、$U_{(BR)CE}$ 和 I_{CM} 的要求。

解：分析时忽略功放管饱和压降 U_{CES}。

（1）最大输出功率 $P_{om} \approx \dfrac{U_{CC}^2}{2R_L} = 18(\text{W})$

直流电源提供的功率 $P_{DCm} \approx \dfrac{2U_{CC}^2}{\pi R_L} = 22.9(\text{W})$

直流电源提供的功率 $P_{VT1} = P_{VT2} = \dfrac{1}{2}(P_{DC} - P_{om}) = 2.45(\text{W})$

（2）对功放管的三个极限要求分别是：

$$P_{CM} > 0.2 P_{om} = 3.6(\text{W})$$

$$U_{(BR)CE} > 2U_{CC} = 24(\text{V})$$

$$I_{CM} > \dfrac{U_{CC}}{R_L} = 3(\text{A})$$

（五）交越失真的产生与消除

乙类互补对称功放电路结构、原理都很简单，但从输出波形上看（见图 2-34），u_o 与 i_o 波形产生了失真，这是由于电路处于乙类状态造成的，即 u_i 的幅度在死区电压（0.5 V）以下时，三极管截止，在这段区域内输出为零，这种失真称为交越失真。

消除交越失真的方法是给每个功放管的发射结加一个小的直流偏置电压，这个偏置电压刚好能够抵消三极管的死区电压，让每个三极管在静态时处于微导通状态。此时静态工作点位置处于放大区但非常接近截止区的边缘。功放管的这种状态称为甲乙类，显然，甲乙类功放电路可以有效地消除交越失真。

由于甲类功放效率低，乙类功放存在交越失真，因此实用音频功放一般都是甲乙类功放，由于甲乙类功放静态工作点位置比较接近乙类功放，其各项性能指标与乙类功放几乎相同，因此甲乙类功放实际分析时可以使用乙类功放分析方法进行性能指标的计算。

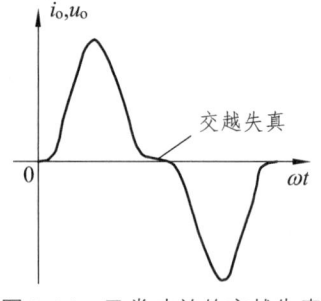

图 2-34 乙类功放的交越失真

三、甲乙类互补对称功率放大电路

甲乙类互补对称功放主要有两种，分别是 OCL 功放和 OTL 功放。

（一）OCL 功放电路

OCL 功放即无输出电容互补对称功放电路。OCL 功放电路需要正负电源同时给功放管供电，图 2-33（a）所示功放即为甲乙类 OCL 功放。为了避免产生交越失真，实用音频功放一般都会选用甲乙类功放。典型的甲乙类 OCL 功放电路如图 2-35 所示。

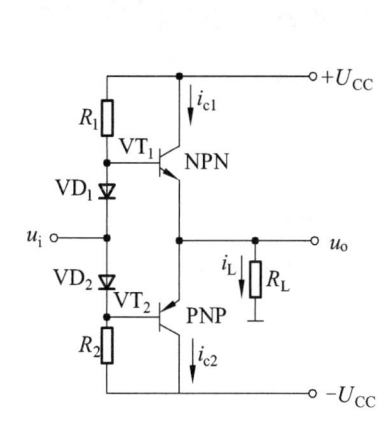

图 2-35　甲乙类 OCL 功放电路 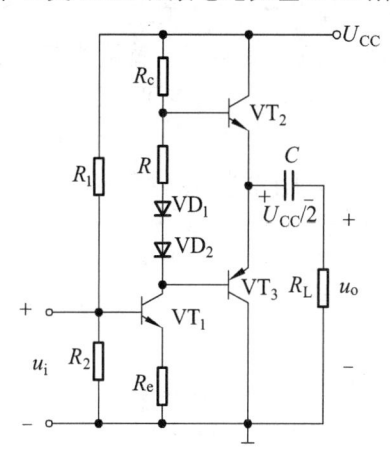　　图 2-36　甲乙类 OTL 功放电路

在图 2-35 所示 OCL 功放电路中，为了避免交越失真的产生，在功放管 VT_1 和 VT_2 的基极分别接入两个二极管 VD_1、VD_2，直流电源 $+U_{CC}$ 和 $-U_{CC}$ 分别通过电阻 R_1、R_2 给二极管 VD_1、VD_2 提供合适的正向偏置电压，使两个二极管始终处于导通状态。功放管 VT_1、VT_2 和二极管 VD_1、VD_2 均使用硅管，其导通电压均为 0.7 V，当静态（$u_i=0$）时功放管 VT_1 和 VT_2 基极对地电压始终为 0.7 V。功放管 VT_1 和 VT_2 处于微导通状态，形成一个很小的基极静态电流，功放电路处于甲乙类状态，避免了交越失真的产生。

该电路主要性能指标与乙类功放几乎完全相同，所以可以直接采用乙类功放的相关计算方法和公式进行分析。

需要指出的是，图 2-35 所示 OCL 功放电路中功放管 VT_1 和 VT_2 均为共集电极放大电路，由于共集电极放大电路只能放大电流和功率，不能放大电压，所以实际 OCL 功放电路必须在互补对称功放的前面预先进行电压放大。

（二）OTL 功放电路分析

OTL 功放电路即无输出变压器互补对称功放电路，与 OCL 功放不同的是，OTL 功放只有一路直流电源供电。典型的 OTL 功放电路如图 2-36 所示，该电路采用两级放大，第一级是由 VT_1 管构成的前置放大级，采用共射极放大电路以完成电压放大，确保下一级功放电路有足够大的输入电压来推动两个功放管 VT_2 和 VT_3 轮流进入导通和截止状态。

第二级是由 VT_2 和 VT_3 管构成的功放级，采用共集电极放大电路结构，用于电流放大，以确保负载有足够大的输出功率。R、VD_1、VD_2 给两个功放管 VT_2 和 VT_3 提供合适的静态偏置电压，使功放管 VD_1、VD_2 处于微导通状态，让功放电路工作于甲乙类放大状态。

输入信号 u_i 在负半周时，VT_2 导通，VT_3 截止，有电流流过负载 R_L，C 充电，由于 C 值很大，则电容上电压可看成基本不变，保持 $U_{CC}/2$。u_i 在正半周时，VT_2 截止，VT_3 导通，已充电的电容 C 此时承担电源（$U_{CC}/2$）作用，即 C 要对 VT_3、R_L 放电，同理由于 C 值很大，C 上的电压为 $U_{CC}/2$ 基本不变。其余工作原理与 OCL 基本相同。

OTL 功放电路中有关输出功率、效率、管耗等计算公式，只需将前面计算公式中的 U_{CC}，用 $U_{CC}/2$ 代替就可以了。

四、常用功放元件简介

以上电路中两个互补管应为特性及参数相同的异型对管。小功率时，异型管配对好选择，但输出功率较大时，难以制成特性相同的异型管，在实际中常采用复合管。

把两个三极管按一定方式连接起来作为一个三极管使用，称为复合管。常用的复合管形式如图 2-37 所示。连接原则是一个管子的输出电流方向应满足另一个管子输入基极电流方向的要求，复合管的类型由第一个管子的类型所决定。可推导出复合管的电流放大系数 $\beta = \beta_1 \beta_2$，其值特别大。因此由它构成的电路输出功率大为提高。

常用的大功率功放管有 3DD××、3AD××、3CD×× 等。

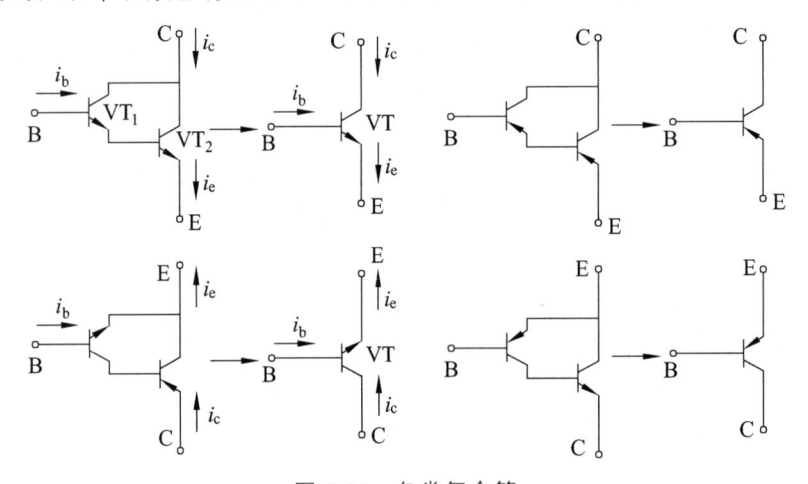

图 2-37 各类复合管

五、集成功率放大器

目前，利用集成电路工艺已经能够生产出品种繁多的集成功率放大器。集成功率放大器除了具有一般集成电路的共同特点，如可靠性高、使用方便、性能好、轻便小巧、成本低廉等之外，还具有温度稳定性好、电源利用率高、功耗较低、非线性失真较小等优点，还可以将各种保护电路，如过流保护、过热保护以及过压保护等也集成在芯片内部，使用更加安全。

（一）LM386 集成功率放大器

LM386 外形如图 2-38（a）所示，外部共有 8 个端子，其排列和用途如图 2-38（b）所示。LM386 通用性强，外加电路简单，是目前应用较广的一种小功率集成功放。它具有电源电压范围宽（4～16 V）、功耗低（常温下为 660 mW）、频带宽（300 kHz）等优点，输出功率 0.3～0.7 W，最大可达 2 W。另外，电路外接元件少，不必外加散热片，使用方便，广泛应用于收录机和收音机中。

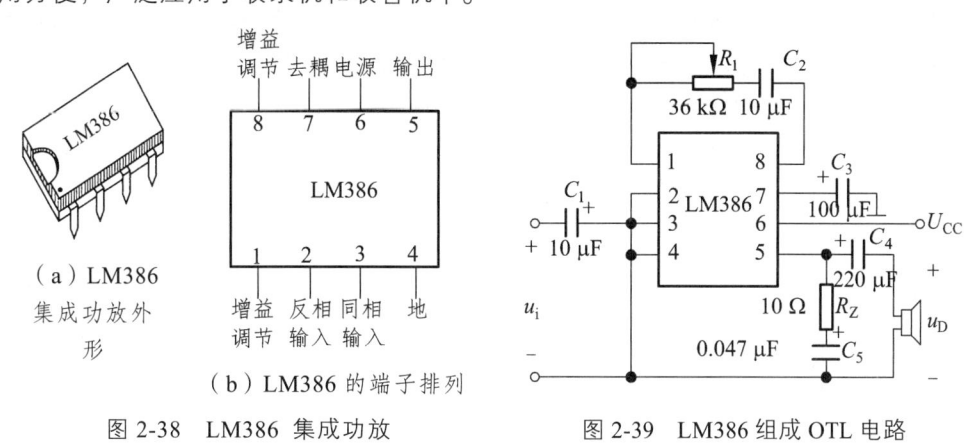

图 2-38 LM386 集成功放

图 2-39 LM386 组成 OTL 电路

（二）用 LM386 组成 OTL 电路

图 2-39 所示是 LM386 构成的 OTL 功放典型应用电路。图中，接于 1、8 两脚的 C_2、R_1 用于调节电路的电压放大倍数。因 LM386 为 OTL 电路，所以需要在 LM386 的输出端接一个大电容，图中外接一个 220 μF 的耦合电容 C_4。C_5、R_2 组成容性负载，以抵消扬声器音圈电感的部分感性，防止信号突变时，音圈的反动势击穿输出管，在小功率输出时 C_5、R_2 也可不接。C_3 与内部电阻组成电源的去耦滤波电路。若电路的输出功率不大，电源的稳定性又好，则只需在输出端 5 外接一个耦合电容和在 1、8 两端外接放大倍数调节电路就可以使用。

项目小结

本章介绍了基本放大电路的工作原理，它们是实用电子电路的基本单元电路。

对放大电路的基本要求是不失真地进行放大。三极管必须工作在放大区，满足放大条件，为此放大电路必须设置合适的静态工作点，使信号的变化范围控制在线性放大区。

放大电路的基本分析方法有两种：图解法和微变等效电路法。图解法可以直观地分析静态工作点的位置与波形失真与否。微变等效电路法只能用以分析放大电路的动态情况，定量分析和计算放大电路性能指标。其分析方法是先画放大电路的交流通路，再画放大电路的微变等效电路，然后就可用线性电路理论进行分析计算。

基本放大电路有共射极、共集电极、共基极三种基本组态。共发射放大电路输出电压与输入电压反相，输入电阻和输出电阻大小适中，适用于一般放大或多级放大电路的中间级。分压式偏置共射电路具有稳定静态工作点作用。共集电极放大电路电压放大倍数小于1且接近于1，但具有输入电阻高，输出电阻低的特点，多用于多级放大电路的输入级和输出级。共基极放大电路输出电压与输入电压同相，电压放大倍数较高，输入电阻很小而输出电阻较大，适用于高频或宽带放大电路。

差动放大电路的主要特点是结构对称，两管的发射极具有大电阻或恒流源。差动放大电路具有很高的差模电压放大倍数和很低的共模电压放大倍数，能抑制零漂和共模输入信号，能放大差模信号。差动放大电路还可根据实际需要灵活地构成"双端输入双端输出""双端输入单端输出"等四种电路方式。

集成功率放大器能使放大电路小型化，加上少量外部元件，可构成性能良好的音频放大器，使用方便，工作稳定，适用电压范围广。

思考与练习

2-1 选择题

1. 基本放大电路中，经过晶体管的信号有（　　）。
    A. 直流成分　　　　　　　　　　B. 交流成分
    C. 交直流成分均有　　　　　　　D. 无交流、无直流
2. 基本放大电路中的主要放大对象是（　　）。
    A. 直流信号　　　　　　　　　　B. 交流信号
    C. 交直流信号均有　　　　　　　D. 不能放大电信号
3. 分压式偏置的共发射极放大电路中，若 U_B 点电位过高，电路易出现（　　）。
    A. 截止失真　　　　　　　　　　B. 饱和失真
    C. 晶体管被烧损　　　　　　　　D. 交越失真
4. 分压式偏置的共发射极放大电路的反馈元件是（　　）。
    A. 电阻 R_B　　B. 电阻 R_E　　C. 电阻 R_C　　D. 无反馈
5. 电压放大电路首先需要考虑的技术指标是（　　）。
    A. 放大电路的电压增益　　　　　B. 不失真问题
    C. 管子的工作效率　　　　　　　D. 输出功率
6. 射极输出器的输出电阻小，说明该电路（　　）。
    A. 带负载能力强　　　　　　　　B. 带负载能力差
    C. 减轻前级或信号源负荷　　　　D. 无电压放大能力
7. 基极电流 i_B 的数值较大时，易引起静态工作点 Q 接近（　　）。
    A. 截止区　　　　　　　　　　　B. 饱和区
    C. 死区　　　　　　　　　　　　D. 反向击穿区
8. 在放大电路中，为了稳定静态工作点，应引入（　　）。
    A. 直流负反馈　　　　　　　　　B. 交流负反馈

C. 交流正反馈　　　　　　　　D. 交直流负反馈

9. 观察图 2-40 所示电路,该电路（　　）。
    A. 不能起放大作用　　　　　B. 能起放大作用但效果不好
    C. 能起放大作用且效果很好　D. 无正确答案

10. 差放电路抑制零点漂移的效果取决于（　　）。
    A. 两个晶体三极管的放大倍数　B. 两个晶体三极管的对称程度
    C. 各个三极管的零点漂移　　　D. 无正确答案

11. 功放电路易出现的失真现象是（　　）。
    A. 饱和失真　　　　　　　　B. 截止失真
    C. 交越失真　　　　　　　　D. 双向失真

12. 功放首先考虑的问题是（　　）。
    A. 管子的工作效率　　　　　B. 不失真问题
    C. 管子的极限参数　　　　　D. 散热

13. 甲乙类互补功放电路如图 2-41 所示，图中二极管 VD_1、VD_2 的是为了克服（　　）所设。
    A. 饱和失真　　　　　　　　B. 截止失真
    C. 交越失真　　　　　　　　D. 双向失真

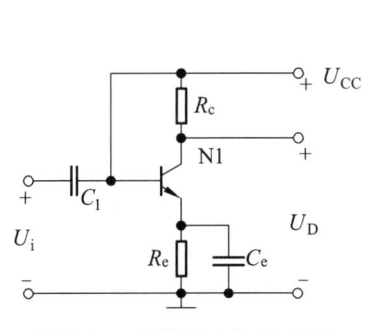

图 2-40　习题 2-1（9）用图 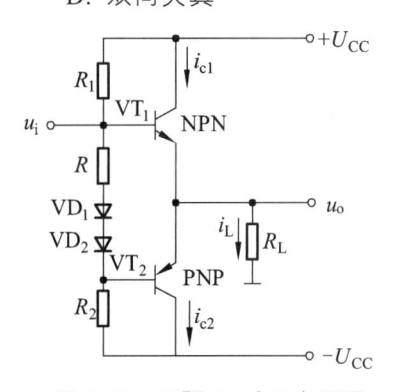　　　图 2-41　习题 2-1（13）用图

2-2　判断题

1. 放大电路中的输入信号和输出信号的波形总是反相关系。（　）
2. 放大电路中的所有电容器，起的作用均为通交隔直。（　）
3. 射极输出器的电压放大倍数等于 1，因此它在放大电路中作用不大。（　）
4. 分压式偏置共发射极放大电路是一种能够稳定静态工作点的放大器。（　）
5. 设置静态工作点的目的是让交流信号叠加在直流量上全部通过放大器。（　）
6. 晶体管的电流放大倍数通常等于放大电路的电压放大倍数。（　）
7. 微变等效电路不能进行静态分析，也不能用于功放电路分析。（　）
8. 共集电极放大电路的输入信号与输出信号，相位差为 180°的反相关系。（　）
9. 微变等效电路中不但有交流量，也存在直流量。（　）
10. 共射放大电路输出波形出现上削波，说明电路出现了饱和失真。（　）

11. 差动式放大电路有四种接法，输入电阻取决于输入端的接法，而与输出端无关。（　）
12. 差动放大电路单端输出方式比双端输出方式共模抑制特性好。（　）
13. 放大电路通常工作在小信号状态下，功放电路通常工作在极限状态下。（　）
14. 在功率放大电路中，输出功率越大，功放管的功耗越大。（　）
15. 功放电路的最大输出功率是指在基本不失真情况下，负载上可能获得的最大交流功率。（　）

2-3 简答题

1. 三极管电流放大作用的含义是什么？
2. 由于放大电路输入的是交流量，故三极管各电极电流方向总是变化着，这句话对吗？为什么？
3. 放大电路中为何设立合适的静态工作点？静态工作点的高、低对电路有何影响？
4. 如何画放大电路的直流和交流通路？直流通路和交流通路的作用是什么？
5. 说一说零点漂移现象是如何形成的？哪一种电路能够有效地抑制零漂？
6. 差动放大电路有何优点？在多级阻容耦合放大电路中，为什么不考虑零漂？
7. 如何区分晶体管工作在甲类、乙类、甲乙类工作状态？乙类放大电路效率为什么比甲类高？
8. 为消除交越失真，通常要给功放管加上适当的正向偏置电压，使基极存在的微小的正向偏流，让功放管处于微导通状态，从而消除交越失真。那么，这一正向偏置电压是否越大越好呢？为什么？

2-4 综合应用题

1. 如图 2-42 所示为固定偏置共射极放大电路。输入 u_i 为正弦交流信号，试问输出电压 u_o 出现了怎样的失真？如何调整偏置电阻 R_B 才能减小此失真？

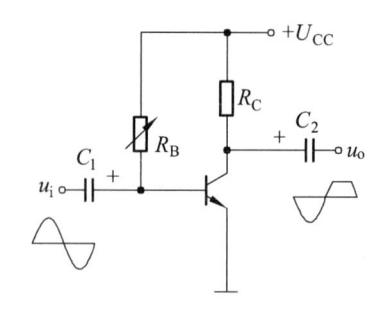

图 2-42　电路图

2. 图 2-42 所示电路中，若分别出现下列故障会产生什么现象？为什么？（1）C_1 击穿；（2）C_2 击穿；（3）R_B 开路或短路；（4）R_C 开路或短路。

3. 电路如图 2-42 所示，$U_{CC} = 15$ V，$R_B = 1.1$ MΩ，$R_C = 5.1$ kΩ，$R_L = 5.1$ kΩ，$R_s = 1$ kΩ，$\beta = 100$。（1）计算静态工作点 I_{CQ}、U_{CEQ}；（2）计算 A_u、A_{us}、r_i、r_o 的值。

4. 试判断图 2-43 中各个电路能否放大交流信号？为什么？

（a） （b） （c）

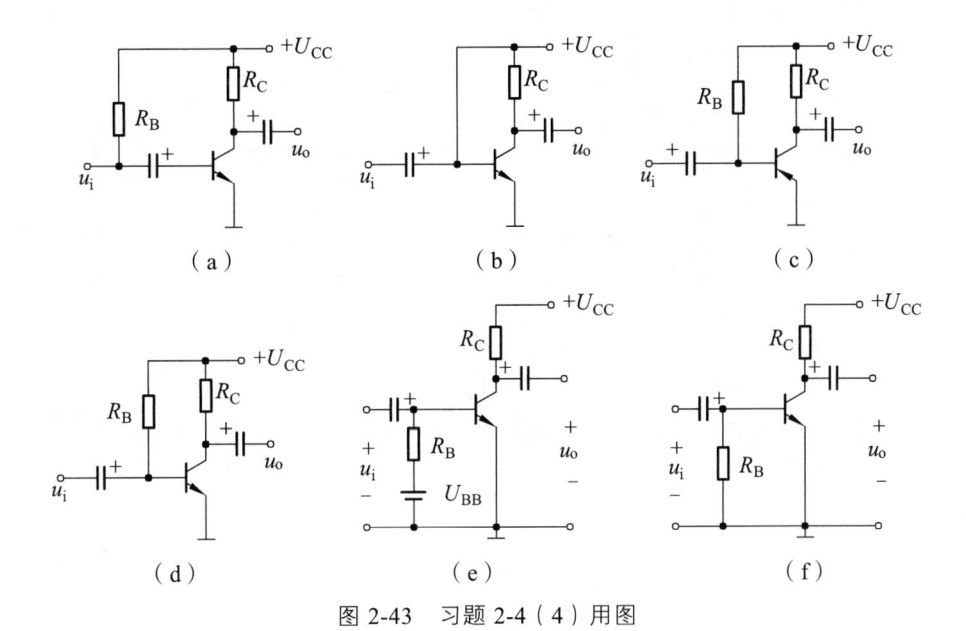

（d） （e） （f）

图 2-43 习题 2-4（4）用图

5. 如图 2-44 所示分压式工作点稳定电路，已知 $\beta = 60$。（1）估算电路的 Q 点；（2）求解三极管的输入电阻 r_{be}；（3）用小信号等效电路分析法，求解电压放大倍数 A_u；（4）求解电路的输入电阻 r_i 及输出电阻 r_o。

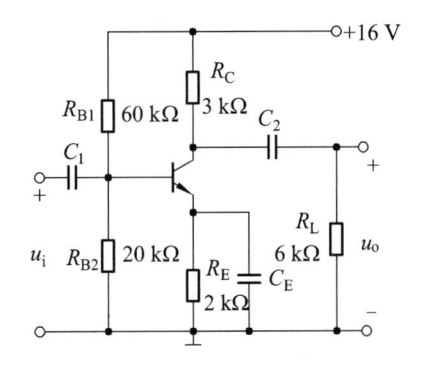

图 2-44 习题 2-4（5）用图

6. 某差动放大器两个输入端的信号分别是 u_{i1} 和 u_{i2}，输出电压为 u_o，三者之间的关系是 $u_o = -100 u_{i1} + 99 u_{i2}$。试求该差动放大器的差模电压放大倍数和共模电压放大倍数及共模抑制比。

7. 已知差动放大电路 $A_{ud} = 100$，$A_{uc} = 0.01$，$u_{i1} = 8$ mV，$u_{i2} = 6$ mV，计算共模抑制比 K_{CMR}，差动放大电路输出电压 u_o。

8. 图 2-45 所示的复合管接法中，试判断哪些接法是正确的，若不正确，请改正过来，并说明类型及 β 为多少？

图 2-45 习题 2-4(8)用图

9. 在图 2-46 所示电路中,设射极输出管 $A_u = 1$,VT_1 和 TV_2 管的饱和压降可忽略。试求:

(1)最大不失真输出功率、最大输出功率时直流电源供给的功率、管耗和效率。

(2)当输入信号幅值 $U_{im} = 10$ V 时,电路输出的功率、直流电源供给的功率和效率。

(3)每个管子允许的管耗是多少?

(4)每个管子的耐压是多少?

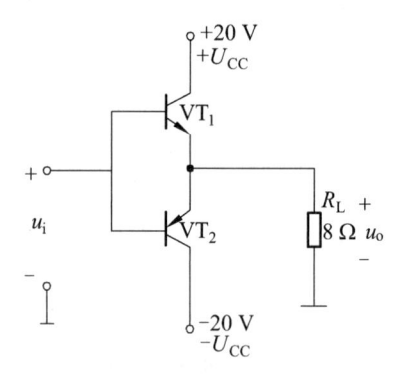

图 2-46 习题 2-4(9)用图

> 应用实践

单管共射极放大电路测试

一、实验目的

（1）认识实际电路，加深对放大电路的理解，进一步建立信号放大的概念。
（2）掌握静态工作点的调整与测试方法，观察静态工作点对放大电路输出波形的影响。
（3）掌握测试电压放大倍数的方法。
（4）掌握测试输入、输出电阻的方法。

微课 示波器的使用
函数信号发生器的使用
毫伏表的使用

二、实验仪器与器材

（1）模拟电路实验箱 1 台。
（2）直流稳压电源 1 台。
（3）数字存储示波器 1 台。
（4）函数信号发生器 1 台。
（5）数字万用表 1 块。

三、实验原理

实验电路图如图 1 所示。该图是分压式偏置单管共射放大电路，图中 B_1-B_1' 和 C-C' 间断开是为了测电流，不测电流时应短接。

（一）静态工作点的测量与调试

测量静态工作点时，应断开交流信号源，并在放大电路的 u_{i1} 输入端短路的状态下测量，用万用表直流电流挡测量 I_{C1}，用万用表直流电压挡测量各极对地电位 U_{C1}、U_{E1}、U_{B1}。

该图电路中，当 U_{CC}、R_C、R_{e1}、R_{e2} 等参数确定以后，工作点主要靠调节偏置电路的电阻 R_{P1} 来实现。

如果静态工作点调得过高或过低，当输入端加入正弦信号 u_{i1} 时，若幅度较大，则输出信号 u_{o1} 将会产生饱和或截止失真。只有当静态工作点调得适中时，可以使三极管工作在最大动态范围。

（二）放大电路动态参数测试

1. 电压放大倍数 A_u 和电压放大倍数 A_{us} 的测量

微课 单管放大电路
调试及参数测试

将图 1 中 F-H 短接，在放大电路的输入端加交流信号 u_{i1} 时，在输出端输出一个放

大了的交流信号 u_{o1}，则电压放大倍数 A_u 的计算公式为

$$A_u = \frac{U_o}{U_i} = -\beta \frac{R'_L}{r_{be} + (1+\beta)R'_{e1}}$$

$$r_{be} = 300 + (1+\beta)\frac{26(\text{mV})}{I_{EQ}(\text{mA})}$$

考虑信号源内阻后电压放大倍数 A_{us} 为

$$A_{us} = \frac{u_o}{u_s} = \frac{u_o}{u_i} \times \frac{u_r}{u_s} = A_u \times \frac{r_i}{R_s + r_i}$$

由上面公式可知，测出 u_{o1} 与 u_{i1}、u_s 的值即可算出 A_u 的值。应当注意，测量 u_{o1} 与 u_{i1}、u_s 时，必须保证放大器的输出电压为不失真波形，这可以用示波器监视。

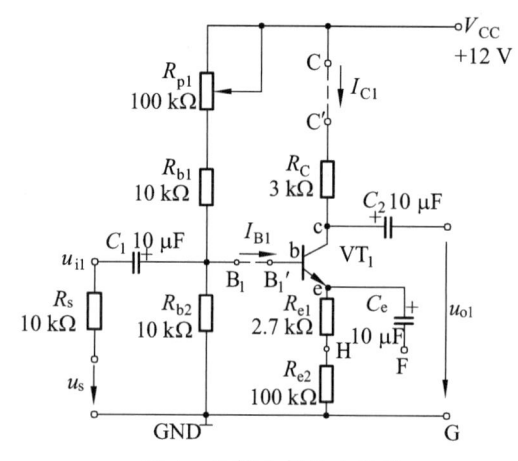

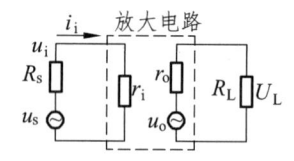

图 1　单管共射放大电路　　　　图 2　输入电阻与输出电阻的测量

2. 输入电阻 r_i 和输出电阻 r_o 的测量

放大电路输入与输出电路的等效电路如图 2 所示，根据图中的电压电流关系可以看出，只要测量出相应的电压值，便可求出输入电阻 r_i 和输出电阻 r_o。

1）输入电阻 r_i 的测量

由图 2 看出：

$$r_i = \frac{u_i}{i_i} = \frac{u_i}{\frac{u_s - u_i}{R_s}} = \frac{u_i}{u_s - u_i} \cdot R_s$$

式中的 R_s 是已知的，只要用示波器或交流毫伏表分别量出 u_{i1} 与 u_s 即可求得 r_i。

2）输出电阻 r_o 的测量

图 2 中，u_{o1} 是负载开路时的输出电压，u_L 是接入负载 R_L 后的输出电压，则

$$\frac{u_o}{r_o + R_L} \cdot R_L = u_L$$

所以

$$r_\mathrm{o} = \left(\frac{u_\mathrm{o}}{u_\mathrm{L}} - 1\right) R_\mathrm{L}$$

因此只要测量出 $u_{\mathrm{o}1}$、u_L，即可求得 r_o。

四、实验步骤

（一）静态工作点的调试与测量

（1）确认实验电路及各测试点的位置，测量电流 $I_{\mathrm{C}1}$。

对照模拟实验板与实验原理中的图 1，将稳压电源的输出调至 +12 V，将放大电路的 U_{CC} 端和地端分别接 +12 V 电源的正极和负极。将万用表串入集电极支路，读出 $I_{\mathrm{C}1}$，记入实验报告中的表 1。

具体操作：将万用表设置为直流"mA"挡并串接在集电极的 C-C' 中，B_1-B_1' 短接，调节 $R_{\mathrm{p}1}$ 使 $I_{\mathrm{C}1} = 1$ mA，将 $I_{\mathrm{C}1}$ 结果记入实验报告中的表 1。

（2）调整并测试给定的静态工作点：为防止干扰，应先将 u_i 短路。将万用表设置为直流电压挡，万用表红表笔接测试点 B_1'，黑表笔接地，读出此时 $U_{\mathrm{B}1}$ 值。同理依次测量三极管的集电极 C 和发射极 E 对地电位。分别测出此时的 $U_{\mathrm{C}1}$、$U_{\mathrm{E}1}$ 值，并将测试结果记入实验报告中的表 1。

（二）测量放大电路的电压放大倍数 A_u 和 u_s

（1）将 F 点与 H 点连接，将电路中 B_1-B_1' 连接，C-C' 连接。

（2）函数信号发生器的输出作为放大器的输入信号加至 u_s 端，将函数信号发生器输出调为正弦波，频率调为 1 kHz，幅值调至 1 V。选择合适静态工作点 $I_{\mathrm{C}1} = 1$ mA，用示波器 CH3 监视 $u_{\mathrm{o}1}$ 波形不失真，若输出波形失真可适当减小 u_s 幅值。

（3）将放大电路负载 R_L 断开。将示波器 CH1 连接 u_s，示波器 CH2 连接 $u_{\mathrm{i}1}$，示波器 CH3 连接输出电压 $u_{\mathrm{o}1}$ 波形，示波器屏幕出现 u_s 波形，可以对波形进行分析计算。

按实验报告中的表 2 所列测试条件，用示波器或毫伏表测试相应的有效值 $U_{\mathrm{i}1}$ 和 $U_{\mathrm{o}1}$，将结果填入表 2 中，并用示波器观察 $u_{\mathrm{o}1}$ 波形与 R_L 的关系，将波形填入实验报告中的表 2。

（三）观察静态工作点对放大电路的输出电压波形的影响

（1）将 F 点与 H 点连接，负载 R_L 断开。

（2）函数信号发生器输出调为正弦波，频率调为 1 kHz，幅值调至 1 V，并将函数信号发生器接入输入信号 u_s 点。

（3）将示波器 CH1 连接 u_s，CH2 连接 $u_{\mathrm{i}1}$，CH3 连接输出电压 $u_{\mathrm{o}1}$ 波形。

（4）调节增大 $R_{\mathrm{P}1}$，观察示波器，使输出波形出现顶部失真，将波形填入实验报告中的表 4。撤掉输入信号 u_s，测量此时的 $U_{\mathrm{C}1\mathrm{E}1}$ 并记入实验报告中的表 4。

（5）调节减小 $R_{\mathrm{p}1}$，使输出波形出现底部失真，将波形填入实验报告中的表 4，撤

掉输入信号 u_s，测量此时的 U_{C1E1} 并记入实验报告中的表 4。

（6）加入 u_s 观察到不失真的输出电压波形，再加大 u_s 的幅值并调整 R_{p1}，直到输出信号波形正负半周都有削顶，观察波形失真情况并将波形填入实验报告中，这种失真称为大信号失真或双向失真，撤掉输入信号 u_s，测量此时的 U_{C1E1} 并记入实验报告中的表 4。

（四）测量最大不失真范围

（1）输入交流 1 kHZ 的正弦信号，调节电位器 R_{p1} 使输出波形不失真。

（2）增大输入正弦信号幅值，直至输出波形失真，调节电位器 R_{p1} 使输出波形不失真。

（3）继续增大输入正弦信号幅值，直至输出波形失真，调节电位器 R_{p1} 使输出波形不失真。

（4）反复重复（3）步骤，直至增大输入信号幅值使输出信号失真，无法通过调节电位器 R_{p1} 使输出波形不失真。

（5）找到最后一次信号不失真时的输入信号幅值和电位器位置，撤销输入交流信号，用万用表测量此时的电流 I_{C1} 和电压 U_{C1E1}。将数据填入实验报告中表 1。

（五）测量输入和输出电阻

根据实验报告表 2 中的测试值，分别计算出 r_i 和 r_o 并写入实验报告中的表 3。

五、实验注意事项

（1）爱护实验设备，不得损坏各种零配件。不要用力拉扯连接线，不要随意插拔元件。

（2）实验前应先将稳压电源空载调至所需电压值后，关掉电源再接至电路，实验时再打开电源。改变电路结构前也应将电源断开，应保证电源和信号源不能出现短路。

（3）实验过程中保持实验电路与各仪器仪表"共地"。

《单管共射极放大电路测试》实验报告

班级_____ 姓名_____ 学号_____ 成绩_____

一、根据实验内容填写下列表格

表 1　共射极放大电路静态工作点

测试条件	测试值						计算值		
	I_B	I_C	U_B	U_E	U_C	β	U_{BE}	U_{CE}	β
$I_C = 1.5$ mA									
最大动态范围									

表 2　共射极放大电路放大倍数（$f = 1$ kHz）

测试条件	测试值			计算值
	U_i/mV	U_o/mV	U_o 波形	$A_u = U_o/U_i$
$R_L = \infty$				
$R_L = 5.1$ kΩ				
$R_L = 1$ kΩ				

表 3　输入与输出电阻的测量

u_s	u_i	r_i/kΩ		u_o	u_L	r_o/kΩ	
		测量值	理论值			测量值	理论值

表 4　静态工作点对输出电压波形的影响

测试条件　$R_L = \infty$			波形失真类型
输出电压波形		U_{CE}	
负半周削顶			
正半周削顶			
正、负半周削顶			

二、根据实验内容完成下列简答题

1. 根据表 4 谈谈你对"放大电路要设置合适的静态工作点"的想法。

2. 通过本次实验,你掌握了如何设置静态工作点吗?谈谈你在实验中是如何做的?

3. 认真整理实验结果,将测量值与理论值相比较,分析误差原因。

OTL 功率放大电路测试

一、实验目的

（1）进一步理解 OTL 功率放大器的工作原理。
（2）学会 OTL 电路的调试及主要性能指标的测试方法。

二、实验仪器与设备

（1）模拟电路实验箱 1 台。
（2）直流稳压电源 1 台。
（3）数字存储示波器 1 台。
（4）函数信号发生器 1 台。
（5）数字万用表 1 台。

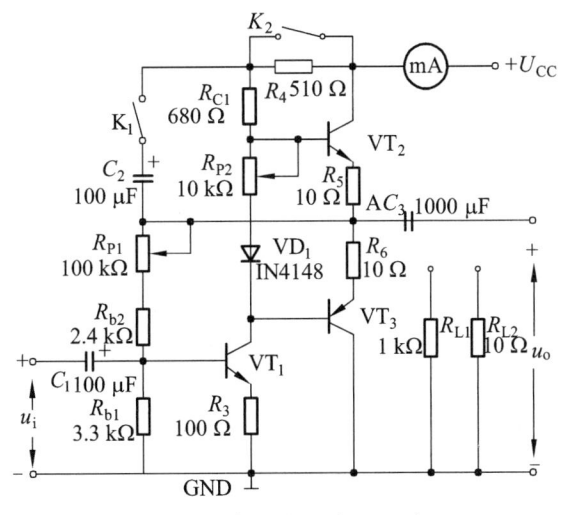

图 1　OTL 功率放大器实验电路

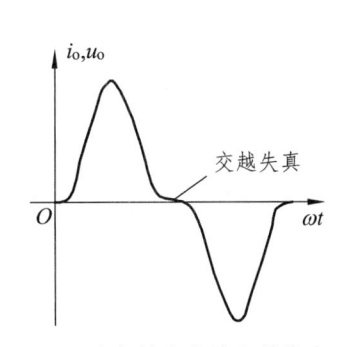

图 2　功率放大电路交越失真

三、实验原理

图 1 所示为 OTL 低频功率放大器实验电路。其中由晶体三极管 VT_1 组成推动级，VT_2、VT_3 是一对参数对称的 NPN 和 PNP 型晶体三极管，组成互补推挽 OTL 功放电路。由于每一个管子都接成射极输出器形式，因此具有输出电阻低、负载能力强等优点，适合作为功率输出级。VT_1 管工作于甲类状态，它的集电极电流 I_{c1} 的一部分流经电位器 R_{P2} 及二极管 D，给 VT_2、VT_3 提供偏压。调节 R_{P2}，可以使 VT_2、VT_3 得到适合的静态电流而工作于甲、乙类状态，以克服交越失真。静态时要求输出端中点 A 的电位 $U_A = U_{CC}/2$，可以通过调节 R_{P1} 来实现，又由于 R_{P1} 的一端接在 A 点，因此在电路

中引入电压并联负反馈，一方面能够稳定放大器的静态工作点，同时也改善了非线性失真。

当输入正弦交流信号 u_i 时，经 VT_1 放大，倒相后同时作用于 VT_2、VT_3 的基极，u_i 的负半周使 VT_2 管导通（VT_3 管截止），有电流通过负载 R_{L1} 或 R_{L2}，同时向电容 C_3 充电，在 u_i 的正半周，VT_3 导通（VT_2 截止），则已充好的电容器 C_3 起着电源的作用，通过负载 R_{L1} 或 R_{L2} 放电，这样 R_{L1} 或 R_{L2} 上就得到完整的正弦波。

C_2 和 R_4 构成自举电路，用于提高输出电压正半周的幅度，以得到大的动态范围。OTL 电路的主要性能指标如下所示。

1. 最大不失真输出功率 P_{om}

$$P_o = I_o U_o = \frac{I_{om}}{\sqrt{2}} \times \frac{U_{om}}{\sqrt{2}}, \quad P_{omax} \approx \frac{U_{om}^2}{2R_L}$$

2. 直流电源供给功率 P_{DC}

$$I_{DC} = \frac{1}{2\pi} \int_0^\pi I_{om} \sin\omega t \, d\omega t = \frac{I_{om}}{\pi} = \frac{U_{om}}{\pi R_L}$$

$$P_{DC} = I_{DC} U_{CC} = \frac{1}{\pi R_L} U_{om} U_{CC}$$

$$P_{DCmax} = \frac{1}{2\pi} \times \frac{U_{CC}^2}{R_L}$$

3. 效率

$$\eta = \frac{P_{omax}}{P_{DCmax}} \times 100\% = \frac{\pi}{4} \times 100\% \approx 78.5\%$$

4. 管耗 P_C

$$P_C = P_{DC} - P_o = \frac{1}{\pi R_L} U_{om} U_{CC} - \frac{1}{2R_L} U_{om}^2$$

可求得当 $U_{om} \approx \frac{1}{\pi} U_{CC}$ 时，三极管消耗的功率最大，其值为

$$P_{Cmax} = \frac{U_{CC}^2}{2\pi^2 R_L} = \frac{4}{\pi^2} P_{omax} \approx 0.4 P_{omax}$$

每个管子的最大功耗为

$$P_{C1max} = P_{C2max} = \frac{1}{2} P_{Cmax} \approx 0.2 P_{omax}$$

5. 增益 A_u

$$A_u = 20\lg \frac{U_o}{U_i} (\text{dB})$$

四、实验步骤

按实验描述中图 1 连接实验电路,电源进线处串入万用表(万用表置于直流电流挡,此电流约为 5~10 mA),R_{P1} 置中间位置,K_1 置于断开位置,K_2 置于闭合位置,导线连接 E_1 和 E_2,接通 $+U_{CC}$(+5 V)电源。观察万用表指示,同时用手触摸输出级三极管 VT_2、VT_3,若电流过大,或管温升高显著,应立即断开电源检查原因。如无异常现象,可开始调试。

在整个测试过程中,电路不应有自激现象。

(一)静态工作点的调试

1. 调节输出端中点电位 U_A

将电源进线处 A_1 与 A_2 用导线连接,K_1 置于断开位置,K_2 置于闭合位置。调节电位器 R_{P1},用万用表直流电压挡测量 A 点电位,使 $R_A = U_{CC}/2$。

2. 测试各级静态工作点

由于万用表串在电源进线中,因此测量的是整个放大器的电流。但一般 VT_1 的集电极电流较小,可忽略不计。因此电源进线处测得的电流近似为功放电路的输出级静态电流,即 I_{C2} 和 I_{C3},将测量值填入实验报告中表 1。

输出级电流调好后,测量各级静态工作点,记入实验报告中的表 1。

(二)最大输出功率 P_{omax} 和效率 η 的测试

1. 测量 P_{omax}

输入端接 1 kHz 的正弦信号 u_i,将 10 Ω 负载接入输出端,即 J 与 B_1 端连接。将开关 K_1 闭合,开关 K_2 断开。输出端用示波器观察输出电压 u_o 波形。逐渐增大 u_i,使输出电压达到最大不失真,用毫伏表或示波器测出负载 R_L(10 Ω)上的电压 U_{om},由公式 $P_{omax} = U_{omax}^2/4R_L$ 计算出 P_{omax} 填入实验报告中表 2。

2. 测量效率 η

当输出电压为最大不失真输出时,用万用表测量 A_1、A_2 间电流值,此电流即为直流电源供给的平均电流 I_{DC}(有一定误差),由公式 $P_{DC} = U_{CC} \times I_{DC}$ 可近似求得 P_{DC},再根据表 2 中的 P_{omax},即可求出 $\eta = P_{omax}/P_{DC}$,填入实验报告中表 2。

(三)输入灵敏度测试

根据输入灵敏度的定义,测出不失真输出功率 $P_O = P_{omax}$ 时的输入电压值 u_i 即可。在测试时,为保证电路的安全,应在较低电压下进行,通常取输入信号为输入灵敏度的 50%。在整个测试过程中,应保持 u_i 为恒定值,且输出波形不得失真。

(四)研究自举电路的作用

(1)测量有自举电路且 $P_o = P_{omax}$ 时的电压增益 $A_u = U_{omax}/U_i$。

（2）C_2 开路，R_4 短路（无自举），再测量 $P_o = P_{omax}$ 的 A_u。

用示波器观察（1）、（2）两种情况下的输出电压波形，并将以上两项测量结果进行比较，分析研究自举电路的作用。

（五）观察交越失真

调节电位器 R_{P2}，由示波器观察输出波形，直至输出波形出现交越失真。由示波器观察交越失真波形，分析功率放大电路出现交越失真的原因。

五、实验注意事项

（1）爱护实验设备，不得损坏各种零配件。不要用力拉扯连接线，不要随意插拔元件。

（2）实验前应先将稳压电源空载调至所需电压值后，关掉电源再接至电路，实验时再打开电源。改变电路结构前也应将电源断开，应保证电源和信号源不能出现短路。

（3）实验过程中保持实验电路与各仪器仪表"共地"。

《OTL 功率放大电路测试》实验报告

班级_____ 姓名_____ 学号_____ 成绩_____

一、根据实验内容填写下列表格

表 1 静态工作点

	VT_1	VT_2	VT_3
U_B（V）			
U_C（V）			
U_E（V）			
$I_{C2}=I_{C3}$（mA）			
U_A（V）			

表 2 OTL 功放参数

U_{om}	I_{DC}	P_{DC}	P_{omax}	η

二、根据实验内容完成下列简答题

1. 用示波器观察有自举电路和无自举电路两种情况下的输出电压波形，并将以上两项测量结果进行比较，由对比结果分析自举电路的作用。

2. 用示波器观察 OTL 功放输出交越失真波形，分析产生交越失真的原因，应如何避免交越失真，根据实验谈谈你的想法。

项目三　集成运算放大器及其应用

项目三英文、俄文版本

学习目标

（1）了解集成运算放大电路的组成、基本特性及主要参数。
（2）掌握反馈的基本概念、类型与判别方法以及负反馈对放大电路性能的影响。
（3）理解理想运放的特性，能够运用集成运放分析方法分析电路，熟悉集成运放的传输特性及集成运放工作在线性区和非线性区的特点。
（4）认识集成运算放大器组成的基本运算电路，会分析电路工作原理。
（5）认识电压比较器、振荡器电路，会分析电路工作原理，掌握集成运算放大器在信号产生方面的应用。

【引言】
20世纪60年代初问世的集成电子电路是电子技术的重要突破，微型电子计算机就是集成电子电路的衍生物之一。其中，集成运算放大器在信号处理、信号测量、波形转换及自动控制等领域都得到了广泛的应用。

随着互联网革命的不断深入，人们对于智能手机、笔记本电脑、智能机器人等的需求量越来越大，故我国对于集成电路人才的需求量也极大。集成电路产业的振兴与发展，迫切需要具有大国工匠精神的技术人才。

任务一　集成运算放大器简介

集成电路（Integrated Circuits，IC）是将晶体管或场效应管等各种元器件及线路构成的功能电路，全部利用先进的工艺技术制造在一块很小的半导体芯片上而形成的微型电子器件。它的外部有一定的引线端子，使用中统称为集成块。在模拟集成电路中，集成运算放大器应用极为广泛，也是其他各类模拟集成电路应用的基础。

一、集成运算放大器的结构、电路符号

微课　运放结构及参数

（一）集成运算放大器的结构

集成运算放大器的内部实际上是直接耦合的高电压增益放大器，它具有高的输入电阻和低的输出电阻，一般由输入级、中间级、输出级和偏置电路等四部分组成，如图3-1所示。

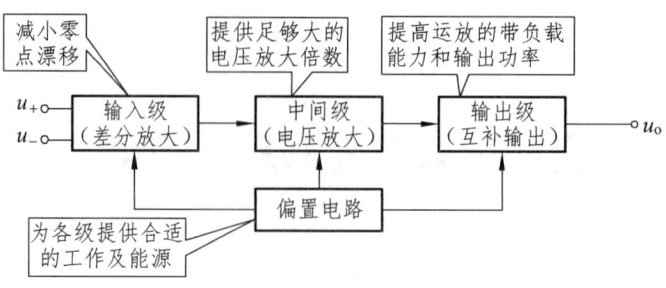

图 3-1 集成运放组成框图

输入级：采用差动输入级。主要任务是提高输入电阻和提高共模抑制比，对集成运算放大器的质量起关键作用。

中间级：采用共射放大电路。主要任务是产生足够大的电压放大倍数，因此它也应具有较高的输入电阻。放大管一般由复合管组成，并采取措施提高集电极负载电阻。如采用恒流源代替 R_c，一般的中间放大级的电压增益可达到 60 dB 以上。

输出级：采用射极输出器。主要任务是输出足够大的电流，能提高带负载能力。

偏置电路：为各级提供合适的工作点及能源。

（二）集成运算放大器的电路符号

集成运放有两个输入端，分别称为同相输入端和反相输入端，以及一个输出端。反相输入端标有"−"号，同相输入端和输出端标有"+"号。输出端的电压与反相输入端反相，与同相输入端同相，它们的对地电压分别为"u_-""u_+"和"u_o"。集成运放的符号如图 3-2 所示，方框形如图 3-2（a）所示，三角形如图 3-2（b）所示，本书采用了方框形。

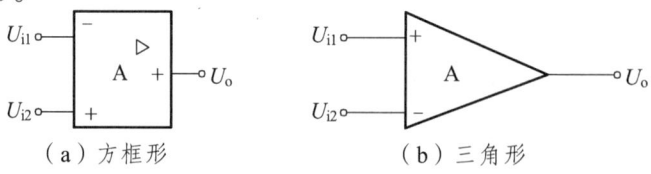

（a）方框形　　　（b）三角形

图 3-2 集成运放的符号

二、典型集成运算放大器外形与引脚识别

常用的集成运放有 8 引脚和 14 引脚等，其外形如图 3-3 所示。不同型号的集成运放，其芯片内部可能会集成 1、2、4 个完全相同的功能单元，这样集成运放分别被称为单运放、双运放和四运放。如图 3-4 所示，LM741 和 OP07 为单运放芯片；LM358 为双运放，其中的两个运放模块各自可以独立连接芯片外的电路，但这两个运放模块共用电源端；LM324 内部集成了四个运放单元，共用电源端。

图 3-3 集成运放外形

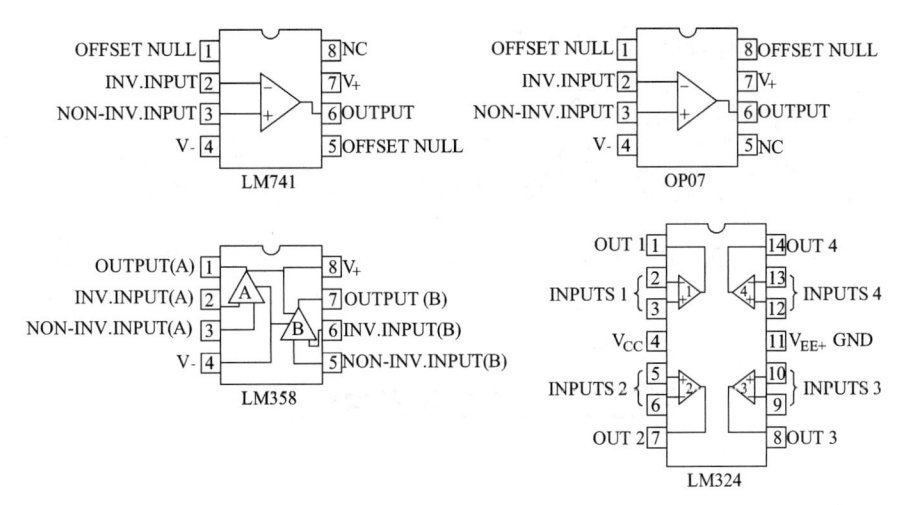

图 3-4　典型集成运放内部模块

三、集成运算放大器的主要参数

在实用中，正确合理地选择使用集成运算放大器是非常重要的。因此必须要熟悉它的特性和参数，这里只对集成运放的主要参数作简单介绍。

（一）最大差模输入电压 U_{idmax}

该参数表示运放两个输入端之间所能承受的最大差模电压值，输入电压超过该值时，差动放大电路的对管中某侧的三极管发射结会出现反向击穿，损坏运放电路。运放 μA741 的最大差模输入电压为 30 V。

（二）最大共模输入电压 U_{icmax}

指运算放大器输入端能承受的最大共模输入电压。当运放输入端所加的共模电压超过一定幅度时，放大管将退出放大区，使运放失去差模放大的能力，共模抑制比明显下降。运放 μA741 在电源电压为 ±15 V 时，输入共模电压应在 ±13 V 以内。

（三）开环差模电压放大倍数（也叫电压增益）A_{ud}

开环是指运放未加反馈回路时的状态，开环状态下的差模电压增益叫开环差模电压增益，用 A_{ud} 表示，$A_{ud} = u_{od}/u_{id}$，用分贝表示则是 $20\lg|A_{ud}|$（dB）。高增益的运算放大器的 A_{ud} 可达 140 dB 以上，即一千万倍以上。理想运放的 A_{ud} 为无穷大。

（四）差模输入电阻 r_{id}

差模输入电阻指运放在输入差模信号时的输入电阻。对信号源来说，差模输入电阻 r_{id} 的值越大，对其影响越小。理想运放的 r_{id} 为无穷大。

（五）开环输出电阻 r_o

该电阻指运放在开环状态且负载开路时的输出电阻。其数值越小，带负载的能力越强。理想运放的 $r_o = 0$。

(六) 共模抑制比 K_{CMR}

$K_{CMR} = \left| \dfrac{A_{ud}}{A_{uc}} \right|$，它是运放的差模电压增益与共模电压增益之比的绝对值，也常用分贝值表示。K_{CMR} 的值越大表示运放对共模信号的抑制能力越强。理想运放的 K_{CMR} 为无穷大。

任务二　放大电路中的反馈

在现代工业产品中所用到的放大器几乎都带有反馈，了解这种放大电路的特性和应用，对解决实际电路问题具有重要的意义。

一、反馈的基本概念

（一）反馈的组成

把放大电路输出的信号（输出电压或输出电流）的一部分或全部通过一定的电路形式再返回到放大电路输入回路，称为反馈。

反馈后有两种结果：一种是使输出信号增强，称为正反馈；另一种是使输出信号减弱，称为负反馈。本节主要介绍负反馈电路。

引入反馈的放大电路称为反馈放大电路，它由基本放大电路 A 和反馈网络 F 构成。其框图结构如图 3-5 所示。基本放大电路的功能是放大信号，反馈网络的功能是传输反馈信号，两者构成一个闭合环路。

图 3-5 中用 X 表示电压或电流信号。X_s 是信号源送给放大电路的输入信号，X_o 为输入信号，X_f 是反馈网络的输出信号，X_i 是基本放大电路的净输入信号。基本放大电路 A 实现信号的正向传输，反馈网络 F 则将部分或全部输出信号反向传输到输入端。

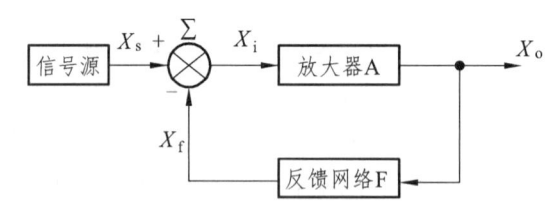

图 3-5　反馈放大器的框图

判断一个放大电路中是否存在反馈的方法是：观察放大电路中有无反馈通路，即放大电路输出回路与输入回路之间是否有电路元件起桥梁作用。若有，则存在反馈通路，即电路为闭环放大电路，即反馈放大电路；反之，则无反馈通路，即电路为开环放大电路。反馈元件可以跨接在输入、输出回路之间，为输入、输出回路的公共元件。

（二）反馈的参数

设放大器的开环放大倍数为 A，闭环放大倍数为 A_f，反馈系数为 F，则各参数有以下关系：

放大器的开环放大倍数：$A = \dfrac{X_o}{X_i}$

反馈网络的反馈系数：$F = \dfrac{X_f}{X_i}$

放大器的闭环放大倍数：$A_f = \dfrac{X_o}{X_s}$

在负反馈状态下，X_f 与 X_s 反相，$X_i = X_s - X_f$，即 $X_s = X_i + X_f$，则

$$A_f = \dfrac{X_o}{X_s} = \dfrac{X_o/X_i}{X_s/X_i} = \dfrac{A}{\dfrac{X_i + X_f}{X_i}} = \dfrac{A}{1 + AF}$$

该式表明 $|A_f|$ 为 $|A|$ 的 $\dfrac{1}{|1+AF|}$。$|1+AF|$ 叫作"反馈深度"，其值越大，则反馈越深。它影响着放大电路的各种参数，也反映了影响程度。

$|1+AF| > 1$ 时为负反馈，因此时 $|A_f| < |A|$，说明引入反馈后放大倍数下降。

$|1+AF| < 1$ 时为正反馈，因此时 $|A_f| > |A|$，表明引入反馈后放大倍数增加，但这种情况下电路不稳定。

当 $1+AF = 0$ 时，则 $AF = -1$，此时 $|A_f| \to \infty$，意味着在放大器输入信号为零时，也会有输出信号，这时放大器处于自激振荡状态，形成振荡器。

当 $|AF| \gg 1$ 时，为深度负反馈，在深度负反馈时，$A_f \approx \dfrac{A}{AF} = \dfrac{1}{F}$。

该式表明，放大电路引入深度负反馈后，闭环增益只和反馈系数 F 有关，而与基本放大电路的电子元件参数无关，因反馈网络一般是线性元件构成的，所以 F 几乎不受环境温度等因素影响，从而放大电路的工作也是很稳定的，这是负反馈的重要特点。

微课 反馈类型的判断

二、反馈的类型和判别

（一）直流反馈与交流反馈

只在放大器直流通路中存在的反馈叫作直流反馈。显然，直流反馈只反馈直流分量，仅影响静态性能。

只在放大器交流通路中存在的反馈叫作交流反馈。而交流反馈仅影响动态性能，只反馈交流分量。在放大电路交直流通路中均存在的反馈，称交直流反馈。

判断方法：利用电容的"隔直通交"特性来判断。若在反馈网络中串接电容，则

可以隔断直流,此时反馈只对交流起作用,则该电路为交流反馈;若在起反馈作用的电阻两端并联旁路电容,此时反馈只对直流起作用,则该电路为直流反馈。如果反馈通路中只有电阻或导线,则该电路为交直流反馈放大电路。

【例 3-1】 判断图 3-6 中,反馈为直流反馈还是交流反馈。

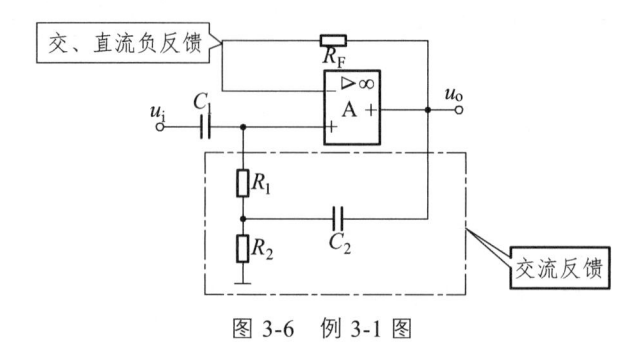

图 3-6 例 3-1 图

解:图中 R_F 电阻构成的反馈在直流、交流通路中均存在,因此为交直流反馈。电容 C_2 通交流隔直流,所以 R_1、R_2、C_2 构成的反馈网络,只能通过交流信号,在交流通路中,将集成运放的输出端与同相输入端连接,故引入了交流反馈。

(二)串联反馈与并联反馈

根据反馈信号在放大电路输入端与输入信号叠加方式可分为串联反馈与并联反馈。

判断方法:

方法一:反馈网络的输出信号 u_f 与放大器输入信号 u_s 串联叠加,得到净输入信号 u_i,这种反馈叫作串联反馈。

反馈网络的输出信号与信号源信号并联叠加,电流 i_s 与 i_f 相加形成净输入电流 i_i,这就叫并联反馈。

方法二:若反馈信号与原输入信号在同一输入节点,则为并联反馈;若反馈信号与原输入信号不在同一输入节点,则为串联反馈。

【例 3-2】 判断图 3-7 中,反馈类型是串联反馈还是并联反馈。

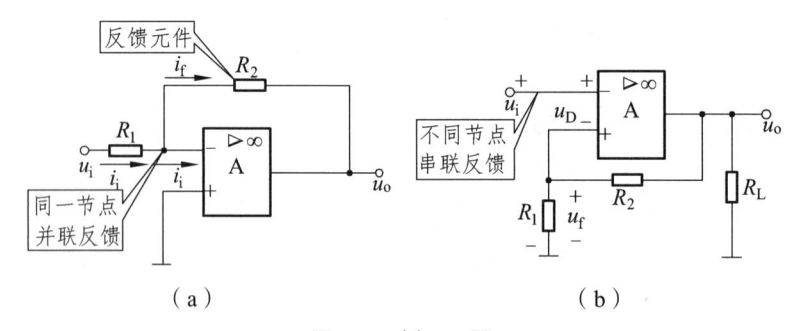

图 3-7 例 3-2 题

解:图(a)中电阻 R_2 所在支路为输出与输入回路之间的反馈电路,在输入端,反馈信号与输入信号在同一输入节点,为并联反馈。

图（b）中电阻 R_2 所在支路为输出与输入回路之间的反馈电路，在输入端，反馈信号与输入信号分别加在集成运放同相输入端和反相输入端，不在同一个节点，为串联反馈。

（三）电压反馈和电流反馈

根据反馈信号在放大电路输出端取样信号方式的不同，可分为电压反馈和电流反馈。电压反馈：反馈信号取自输出电压信号，反馈量与输出信号的电压量成比例。电流反馈：反馈信号取自输出电流信号，反馈量与输出信号的电流量成比例。

判断方法：

方法一：设放大器的输出电压为零，即假定输出电压短路，若反馈消失，则属于电压反馈；否则，把输出电压短路后，反馈依然存在，则属于电流反馈。

方法二：若反馈信号由反馈网络直接取自输出端，为电压反馈。若反馈信号由反馈网络取自非输出端，则为电流反馈。

【例 3-3】 判断图 3-8 中，反馈类型是电压反馈还是电流反馈。

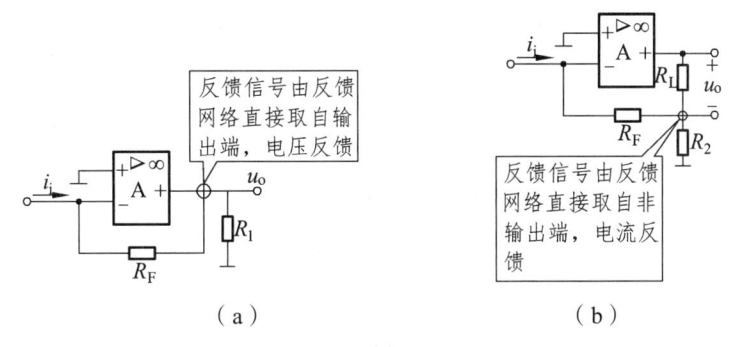

图 3-8 例 3-3 图

解：将负载 R_L 短路，图（a）中，$u_o = 0$，即反馈信号为 0，故图（a）为电压反馈。图（b）中，$u_o = 0$，R_F 仍可构成反馈通路，即反馈信号不为 0，故图（b）为电流反馈。

（四）正反馈和负反馈

在放大电路中，根据反馈极性不同，可分为正反馈和负反馈。负反馈往往使放大电路的放大倍数下降许多，但它可以使电路的工作稳定性大大提高，这一点对电子电路是更重要的。

动画 瞬时极性法1、2

判断方法：采用瞬间极性法。设电路输入端瞬时电位升高，相应的瞬时极性用 ⊕ 表示，然后按照信号先放大后反馈的传输途径，最后判断出反馈信号是加强还是削弱输入信号。若为加强（即净输入信号增大）则反馈为正反馈，若为削弱（即净输入信号减小）则为负反馈。

在放大电路中，三极管的集电极与基极是反相的，其他电阻及耦合电容都不改变相位。

运算放大器构成的放大电路中，运算放大器输出端信号与同相输入端信号的相位相同，运算放大器输出端信号与反相输入端信号的相位相反，各点极性可在电路中用（+）或（-）表示。

【例3-4】 判断图3-9电路中，R_f反馈类型是正反馈还是负反馈。

解：利用瞬时极性法判断反馈极性，设 T_1 管基极有一瞬间增量 $u_i(u_{b1})\oplus \to u_{c1}\ominus \to u_{c2}\oplus \to u_{e1}\oplus$，因为 T_1 管 $u_{b1}\oplus$，$u_{e1}\oplus$，所以 T_1 管的净输入电压 u_{BE} 减小，故 R_f 为负反馈。

由于反馈放大电路在输出端有电压反馈和电流反馈两种反馈方式，在输入端有串联反馈和并联反馈两种方式，因此负反馈放大器可以有四种组态：电压串联、电压并联、电流串联和电流并联。

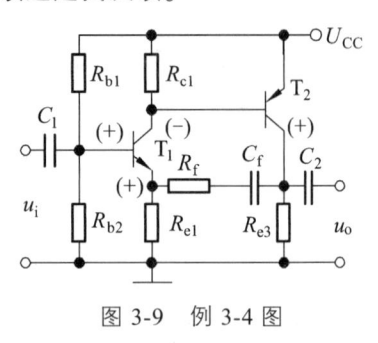

图 3-9 例 3-4 图

三、负反馈对放大电路性能的影响

微课 负反馈对放大电路的影响　　动画 负反馈对放大电路的影响

（一）降低放大倍数，提高放大倍数的稳定性

若加入深度负反馈，使放大器成为闭环工作状态，则其闭环放大倍数为

$$A_f \approx \frac{A}{AF} = \frac{1}{F},$$

由此可以看出，放大电路引入了负反馈后，放大倍数虽然减小了，但其值与基本放大器的内部参数无关，从而提高放大倍数的稳定性。

引入电压负反馈能使输出电压稳定，引入电流负反馈能使输出电流稳定。

（二）负反馈可以展宽通频带

如图 3-10 所示，图中明显看出闭环放大倍数的相对变化量比开环放大倍数的相对变化量小。闭环在原来的下限截止频率 f_L 和上限截止频率 f_H 处，所对应的放大倍数远大于中频区段的 0.707 倍。这是因为加入负反馈后，在放大倍数下降时，相应的反馈信号也减弱，则下降的曲线明显变得平缓，故放大器的通频带就会展宽。

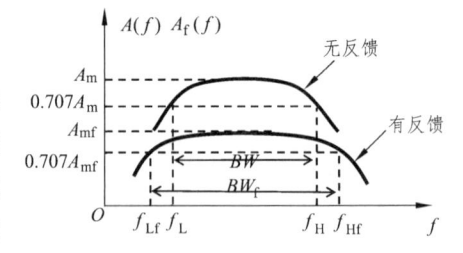

图 3-10 负反馈展宽通频带

（三）负反馈减小非线性失真

无论是分立元器件放大电路还是集成放大电路，其放大作用通常都是由半导体元器件来完成的。由于半导体元件的非线性，因此放大电路总存在不同程度的非线性失

真。引入负反馈可以减小放大电路的非线性失真程度。

通过分析可以得出如下结论：引入负反馈之后放大电路的非线性失真程度只有未加反馈之前的 $\frac{1}{|1+AF|}$。

需要指出的是负反馈可以降低放大器非线性失真程度，但是并不能完全消除放大器的非线性失真。

（四）负反馈改变输入电阻和输出电阻

采用串联负反馈可提高输入电阻，因为这种情况下原输入电阻与反馈电路的输出电阻呈串联关系，所以总输入电阻增大。同理，采用并联负反馈可使总输入电阻下降。

采用电压负反馈可以降低输出电阻，因为此时原输出电阻和反馈电路的输入电阻呈并联关系，所以总输出电阻减小。同理，采用电流负反馈可以使输出电阻增大。

任务三 集成运放电路的基本分析方法

一、集成运放的电压传输特性

集成运放的输出电压与输入电压差（同相输入端和反相输入端之间的差值电压）之间关系的特性曲线称为传输特性，即 $u_o = f(u_+ - u_-)$。

对于正、负两路电源供电的集成运放，电压传输特性如图 3-11 所示。图中虚线表示实际传输特性，从传输特性看，可分为线性区放大区（线性区）和非线性区（饱和区）两部分。

当工作在线性区时，u_o 和 $(u_+ - u_-)$ 是线性关系，曲线的斜率即为开环差模电压放大倍数 A_{ud}，这时运算放大器是一个线性元件，即

$$u_o = A_{ud}(u_+ - u_-)$$

当工作在饱和区，输出电压只有两种可能，其饱和电压值为 $+U_O(sat)$ 或 $-U_O(sat)$，由于它的放大倍数很高，一般在 10^5 左右，所以集成运放的线性区很窄。

理想运放的电压增益很高，为确保放大电路稳定工作，集成运放工作在线性区的必要条件是引入深度负反馈。

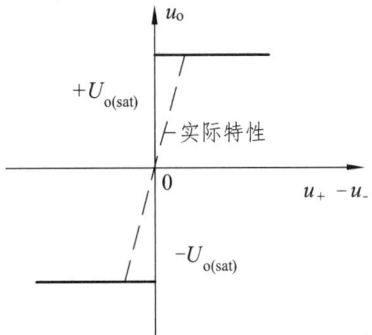

图 3-11 运算放大器的传输特性

当集成运放工作在开环状态或外接正反馈时，由于集成运放的 A_{ud} 很大，只要有微小的电压信号输入，集成运放就会进入饱和区。

二、理想运算放大器的参数

在分析运算放大器时，常将它看成一个理想运算放大器。理想运算放大器的条件是：

开环电压放大倍数 $A_{ud}\to\infty$；

差模输入电阻 $r_{id}\to\infty$；

开环输出电阻 $r_o\to 0$；

共模抑制比 $K_{CMR}\to\infty$。

由于实际的运算放大电路的技术指标接近理想运算放大器，因此，在分析实际运算放大器时，常将它看成是理想的。

三、集成运放电路的依据

（一）运算放大器工作在线性区时

（1）由于运算放大器的差模输入电阻 $r_{id}\to\infty$，故可认为两个输入端的输入电流为零，即

$$i_+ \approx i_- \approx 0$$

这种由于集成电路内部输入电阻无穷大而使输入电流为零的现象，我们称之为"虚断"。

（2）由于运算放大器的开环电压放大倍数 $A_{ud}\to\infty$，而输出电压是一个有限数值，故

$$u_+ - u_- = \frac{u_o}{A_{u0}} \approx 0$$

即

$$u_+ \approx u_-$$

由于集成开环放大倍数为无穷大，与其放大时的输出电压相比，同、反相的输入电压差值可以忽略不计，并且同、反相输入电压相等，称这种现象为"虚短"。

"虚断"和"虚短"在集成运算放大电路分析中是非常重要的概念。

（二）运算放大器工作在饱和区时

（1）输出电压不能用 $u_o = A_{ud}(u_+ - u_-)$ 计算，输出电压只有两种可能，即 $+U_o(sat)$ 或 $-U_o(sat)$。当 $u_+ > u_-$ 时，$u_o = +U_o(sat)$；当 $u_+ < u_-$ 时，$u_o = -U_o(sat)$。

（2）$i_+ = i_- = 0$，仍存在"虚断"现象。

在分析具体的集成运放应用电路时，首先判断集成运放工作在线性区还是非线性区，再运用线性区和非线性区的特点分析电路的工作原理。

任务四　集成运算放大器在信号运算方面的应用

集成运算放大器通过外接不同的元件可以构成比例运算、加法减法运算、乘除运算、积分运算、微分运算及对数反对数等运算电路，这里重点介绍比例运算电路、加减运算电路和积分微分电路。

一、比例运算电路

(一) 反相比例运算电路

电路如图 3-12 所示,同相输入端通过电阻 R_2 接地,输入信号 u_i 通过电阻 R_1 送至反相输入端,输出端与反相输入端间跨接反馈电阻 R_F。根据理想集成运放工作在线性区的分析,依据"虚断"和"虚短",可得

$$i_1 \approx i_f$$
$$u_- \approx u_+ = 0$$

由图 3-12 可得

$$i_1 = \frac{u_i - u_-}{R_1} = \frac{u_i}{R_1}$$
$$= i_f = \frac{u_- - u_o}{R_F} = -\frac{u_o}{R_F}$$

由此得出

$$u_o = -\frac{R_F}{R_1} u_i$$

上式表明,该电路的功能为实现输出电压和输入电压之间的反相运算,当 R_F 和 R_1 确定后, u_o 与 u_i 之间的比例关系也就确定了,式中的"-"号表示输出电压的相位与输入电压的相位相反。因此该电路称为反相输入比例运算电路。

该电路的电压放大倍数只与外围电阻有关,而与运放电路本身无关,这就保证了放大电路放大倍数的精确和稳定。

图中的 R_2 为平衡电阻, $R_2 = R_1 // R_F$,其作用是减小温漂,提高运算精度,保持运放输入级差动放大电路的对称性。

【例 3-5】 在图 3-12 中, $R_1 = 10 \text{ k}\Omega$, $R_2 = 50 \text{ k}\Omega$,求 A_{uf} 和 R_2;若输入电压 $u_i = 1.5 \text{ V}$,则 u_o 为多大?

解:将数据代入上面的闭环电压放大倍数公式,得

$$A_{uf} = -\frac{R_F}{R_1} = -\frac{50}{10} = -5$$

$$u_o = A_{uf} u_i = -5 \times 1.5 = -7.5 \text{ (V)}$$

$$R_2 = R_1 // R_F = \frac{R_1 R_F}{R_1 + R_F} = \frac{10 \times 50}{10 + 50} = \frac{500}{60} \approx 8.3 \text{ (k}\Omega)$$

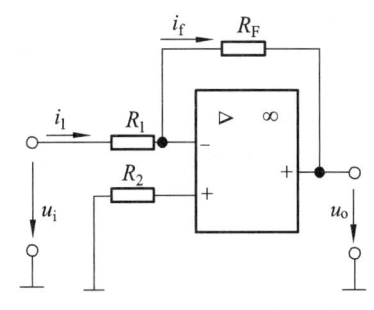

图 3-12 反相比例运算电路

当 $R_1 = R_F$ 时, $A_{uf} = -1$,电路为反相器。

(二) 同相比例运算电路

电路如图 3-13 所示。根据理想运算放大器的特性: $u_- \approx u_+ = u_i$, $i_1 \approx i_f$,得

$$i_1 = -\frac{u_-}{R_1} = -\frac{u_i}{R_1} = i_f = \frac{u_- - u_o}{R_F} = \frac{u_i - u_o}{R_F}$$

因而

$$u_o = \left(1 + \frac{R_F}{R_1}\right)u_i, \quad A_{uf} = \frac{u_o}{u_i} = 1 + \frac{R_F}{R_1}$$

上式表明，该电路的功能实现了输出电压和输入电压之间的同相比例运算，当 R_F 和 R_1 确定后，u_o 与 u_i 之间的比例关系也就确定了。

输出电压与输入电压之间的比例关系与运算放大器本身无关。同相比例运算放大电路的电压放大倍数 $A_{uf} \geq 1$。

同相比例电路中，当 $R_1 = \infty$ 或 $R_F = 0$ 时，电路的电压放大倍数为 1，这时就构成了电压跟随器，如图 3-14 所示。其输入电阻为无穷大，对信号源几乎无任何影响。输出电阻为零，为一理想恒压源，所以带负载能力特别强。它比射极输出器的跟随效果好，可以作为各种电路的输入级、中间级和缓冲级等。

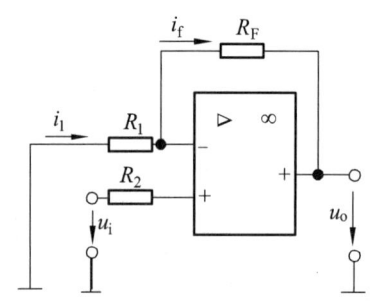

图 3-13　同相比例运算电路　　　　图 3-14　电压跟随器

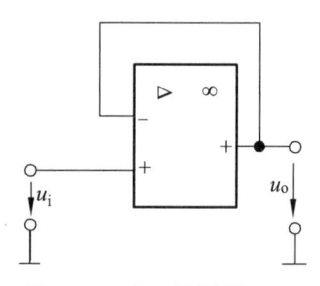

【例 3-6】试计算图 3-15 中的 u_o 大小。

解：将数据代入同相比例运算放大倍数公式，得

$$u_o = \left(1 + \frac{R_F}{R_1}\right)u_i = \left(1 + \frac{10}{5}\right)3 = 9(\text{V})$$

【例 3-7】试计算图 3-16 中的 u_o 大小。已知输入端电压为 6 V，$R_1 = \infty$，$R_F = 5\ \text{k}\Omega$。

解：由图可知，该电路为电压跟随器，所以 $u_o = u_i = 6(\text{V})$

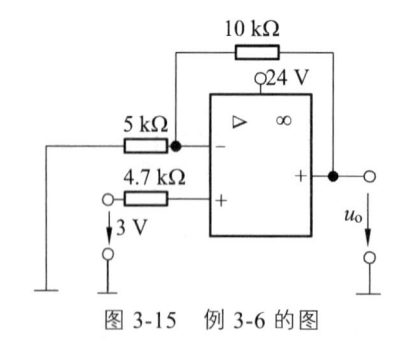

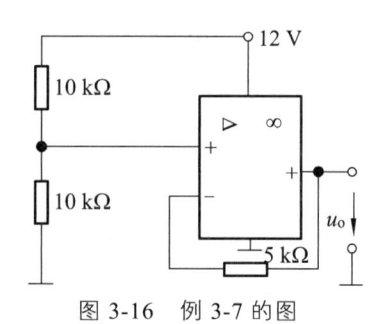

图 3-15　例 3-6 的图　　　　图 3-16　例 3-7 的图

二、加法运算电路

在自动控制电路中，需要将多个采样信号按一定的比例叠加起来输入放大电路，

这就需要用到加法运算电路。

如图 3-17 所示，在反相输入比例运算电路的输入端增加若干输入支路，就构成反相加法运算电路，也称求和电路。根据"虚短"和"虚断"概念，由图可列出：

$$i_{11} = \frac{u_{i1}}{R_{11}}, \quad i_{12} = \frac{u_{i2}}{R_{12}}, \quad i_{13} = \frac{u_{i3}}{R_{13}}, \quad i_f = -\frac{u_o}{R_F} = i_{11} + i_{12} + i_{13}$$

由上面各式可得

$$u_o = -\left(\frac{R_F}{R_{11}}u_{i1} + \frac{R_F}{R_{12}}u_{i2} + \frac{R_F}{R_{13}}u_{i3}\right)$$

当 $R_{11} = R_{12} = R_{13} = R_1$ 时，上式为

$$u_o = -\frac{R_F}{R_1}(u_{i1} + u_{i2} + u_{i3})$$

当 $R_1 = R_F$ 时，则

$$u_o = -(u_{i1} + u_{i2} + u_{i3})$$

由上面三式可知，加法运算电路与运算放大电路本身的参数无关，只要电阻值足够精确，就可保证加法运算的精度和稳定性。另外反相加法电路中无共模输入信号（即 $u_+ = u_- = 0$），抗干扰能力强，因此应用广泛。

平衡电阻 R_2 的取值：$R_2 = R_{11} // R_{12} // R_{13}$

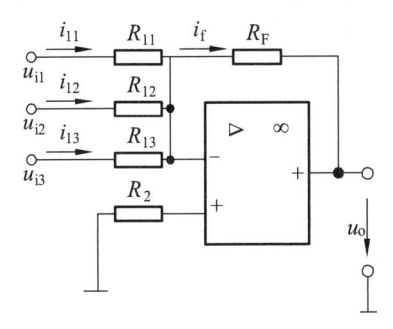

图 3-17　反相加法运算电路　　　　　　图 3-18　同相加法运算电路

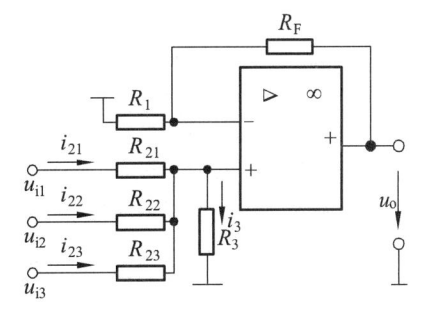

同相加法器的输出和输入同相，如图 3-18 所示，但同相加法电路中存在共模输入电压（即 u_+ 和 u_- 不等于零），因此不如反相输入加法器应用普遍。

【例 3-8】　电路如图 3-17 所示，若 $R_{11} = R_{12} = 10\ \text{k}\Omega$，$R_{13} = 5\ \text{k}\Omega$，$R_F = 20\ \text{k}\Omega$，$u_{i1} = 1\ \text{V}$，$u_{i2} = u_{i3} = 1.5\ \text{V}$。

（1）求输出电压 u_o。

（2）若设 $U_{CC} = \pm 15\ \text{V}$，$u_{i3} = 3\ \text{V}$，其他条件不变，求 u_o。

解：（1）根据公式得

$$u_o = -\left(\frac{R_F}{R_{11}}u_{i1} + \frac{R_F}{R_{12}}u_{i2} + \frac{R_F}{R_{13}}u_{i3}\right)$$

$$u_o = -\left(\frac{20}{10} \times 1 + \frac{20}{10} \times 1.5 + \frac{20}{5} \times 1.5\right) = -11\ \text{V}$$

（2）同样代入上式得 $u_o = -17$ V，该值已超出 $U_{CC} = \pm 15$ V 的范围，运放已处于反向饱和状态，故 $u_o = -15$ V。

三、减法运算电路

如果运算放大器的同、反相输入端都有信号输入，就构成差动输入的运算放大电路，如图 3-19 所示。它可以实现减法运算功能，根据"虚断"（即 $i_+ = i_- = 0$），由图可得

$$u_- = u_{i1} - i_1 R_1$$
$$= u_{i1} - \frac{u_{i1} - u_o}{R_1 + R_F} R_1$$
$$u_+ = \frac{u_{i2}}{R_2 + R_3} R_3$$

又据"虚短"概念，$u_- \approx u_+$，故从上面两式可得

$$u_{i1} - \frac{u_{i1} - u_o}{R_1 + R_F} R_1 = \frac{u_{i2}}{R_2 + R_3} R_3$$

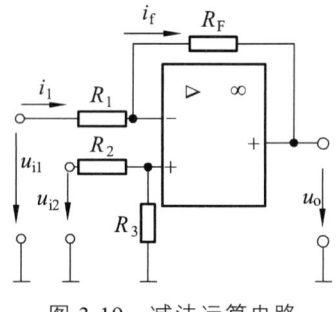

图 3-19 减法运算电路

则

$$u_o = \left(1 + \frac{R_F}{R_1}\right) \frac{R_3}{R_2 + R_3} u_{i2} - \frac{R_F}{R_1} u_{i1}$$

当 $R_1 = R_2$ 且 $R_F = R_3$ 时，上式可化为

$$u_o = \frac{R_F}{R_1}(u_{i2} - u_{i1})$$

上式表示，输出电压 u_o 与两个输入电压的差成正比。

当 $R_F = R_1$ 时，则得：$u_o = u_{i2} - u_{i1}$

上式表示，当电阻选得适当时，输出电压为两输入电压的差，实现了两信号的减法运算。

四、积分微分运算电路

动画 虚短虚断-简化电路的分析

（一）积分运算电路

在电工学中我们学过电容元件上的电压 u_C 与电容两端的电荷量 q 关系为 $C = q/u_C$，即 $q = Cu_C$，根据电流的定义，可得电容上的电流为 $i_C = \frac{dq}{dt}$。

由此得

$$i_C = \frac{d(Cu_C)}{dt} = C\frac{du_C}{dt}, \quad u_C = \frac{1}{C}\int i_C dt$$

根据以上关系，如果在反相比例运算电路中，用电容 C 代替电阻 R_F 作为反馈元件，

就可以构成积分电路，如图 3-20 所示。

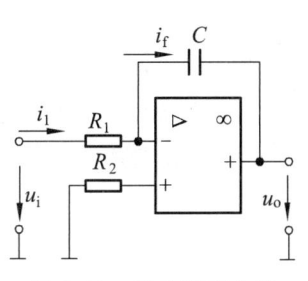

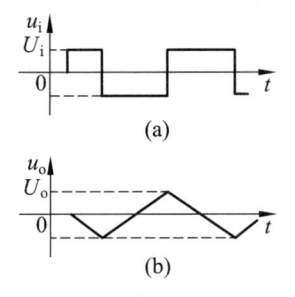

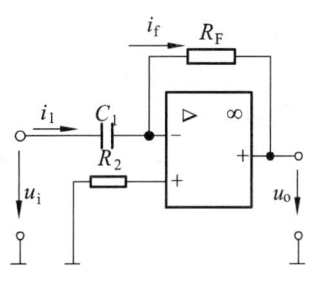

图 3-20　积分运算电路　　图 3-21　积分输出波形　　图 3-22　微分运算电路

由于是反相输入，且 $u_+ = u_- = 0$，所以有

$$i_1 = i_f = \frac{u_i}{R_1} = i_C$$

$$u_C = \frac{q}{C} = \frac{1}{C}\int i_C \mathrm{d}t$$

$$u_o = -u_C = -\frac{1}{C}\int i_f \mathrm{d}t = -\frac{1}{R_1 C}\int u_i \mathrm{d}t$$

上式表明，u_o 与 u_i 的积分成比例，式中的负号表示两者相位相反，R_1C 称为积分时间常数。当 u_i 为一常数时，则 u_o 成为一个随时间 t 变化的直线，即

$$u_o = -\frac{1}{R_1 C}\int u_i \mathrm{d}t = -\frac{u_i}{R_1 C}t$$

所以，当 u_i 为方波时，如图 3-21（a），输出电压 u_o 应为三角波，图 3-21（b）所示。

由于输出电压与放大电路本身无关，因此，只要电路的电阻和电容取值适当，就可以得到线性很好的三角波形。

（二）微分运算电路

微分运算是积分运算的逆运算，只需将积分电路中输入端的电阻和反馈电容互换位置即可，如图 3-22 所示。由图可列出：

$$i_1 = C\frac{\mathrm{d}u_C}{\mathrm{d}t} = C\frac{\mathrm{d}u_1}{\mathrm{d}t}$$

$$u_o = -i_f R_F = -i_1 R_F$$

故

$$u_o = -R_F C\frac{\mathrm{d}u_i}{\mathrm{d}t}$$

即输出电压与输入电压对时间的一次微分成正比。所以当输入电压 u_i 为一条随时间 t 变化的直线时，输出电压 u_o 将是一个不变的常数。那么当输入电压 u_i 为三角波时，输出电压 u_o 将是一个矩形波。读者可自己尝试画出它们的波形。

任务五 集成运算放大器在信号产生方面的应用

在实践中,广泛采用各种类型信号产生电路,就其波形来说,可能是正弦波或非正弦波(方波、锯齿波等)。正弦波信号发生器(正弦波振荡器)主要应用于广播、通信、电视等信号传输系统中。同样,非正弦波信号发生器(非正弦波振荡器)在测量设备、数字系统及自动控制系统中的应用也日益广泛。

一、正弦波振荡器

如果在放大电路的输入端不外加信号,它仍有一定频率和幅度的信号输出,这种现象就是放大电路的自激振荡。工程上常利用具有正反馈的放大电路产生自激振荡。

(一)正弦波振荡器电路的基本原理

1. 自激振荡及其形成条件

正弦波振荡器的方框图如图 3-23 所示。

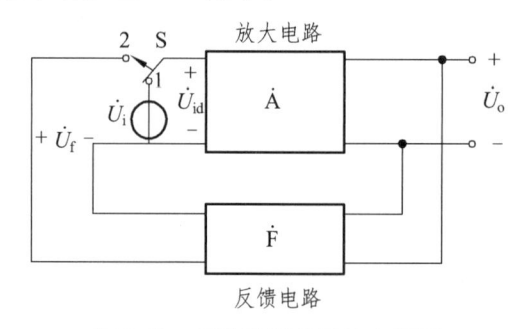

图 3-23 正弦波振荡器的方框图

开关 S 接在 1 端,在放大电路的输入端加上一定频率、一定幅度的正弦波信号 $\dot{U}_i$,按经基本放大电路和反馈网络后(调整放大和反馈电路的参数),在 2 端得到一个与 $\dot{U}_i$ 频率相同、大小相等、相位一致的反馈信号 $\dot{U}_f$。

开关 S 接在 2 端,放大电路的输出信号 $\dot{U}_o$ 仍将与原来完全相同,没有任何改变。注意此时电路未加入任何输入信号,反馈信号代替了放大电路的输入信号,输出端得到一个正弦波信号,这就形成了自激振荡。

可见,形成自激振荡必须满足:

$$\dot{U}_f = \dot{F}\dot{U}_o = \dot{A}\dot{F}\dot{U}_i = \dot{U}_i$$

$\dot{U}_o$、$\dot{U}_f$ 与 $\dot{U}_i'$ 的关系为

$$\frac{\dot{U}_f}{\dot{U}_i} = \frac{\dot{U}_o}{\dot{U}_i} \times \frac{\dot{U}_f}{\dot{U}_o} = \dot{A}\dot{F} = 1$$

可见 $\dot{A}\dot{F}=1$ 就是能够形成正弦振荡的条件。而 $\dot{A}\dot{F}=1$ 这个表达式包含了两个条件:

(1)相位平衡条件：是指放大器的相移 Φ_A 与反馈网络的相移 Φ_F 之和为 π 的偶数倍。即

$$\Phi_A + \Phi_F = 2n\pi \ (n = 0, 1, 2, 3\cdots)$$

因此反馈电压与都与输入电压必须是同相位的，即必须是正反馈信号。

(2)幅度平衡条件：是指放大器的放大倍数 $\dot{A}$ 与反馈网络的反馈系数 $\dot{F}$ 的乘积的模等于 1。即

$$|\dot{A}\dot{F}| = 1$$

说明反馈电压要与原来的输入电压在数值上相等，即要有足够的反馈量。

满足了相位平衡条件，电路才有可能起振；满足了振幅平衡条件，才能维持振荡。两个条件缺一不可。

2. 自激振荡的建立和稳定

自激振荡建立与稳定过程如图 3-24 所示。

(1)初始激励源：电源开关闭合瞬间的电冲击（包含丰富的频率成分）。

(2)选频放大过程：其中必有一个频率与振荡器选频电路的谐振频率 f_0 相同，则选频电路对这个频率信号产生最强的反应，即输出幅度最大。经 "放大→选频→反馈→再放大" 等多次循环，使自激振荡由弱到强地建立起来。

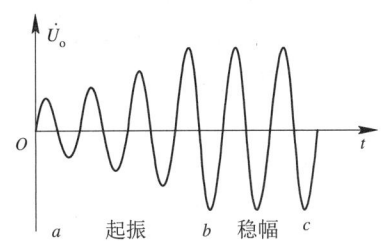

图 3-24 自激振荡的起振波形

(3)振荡幅值稳定过程：正反馈使输出幅值最大，当电路进入非线性区时，放大倍数下降，使输出减小，最终达到一个相对稳定的稳幅振荡。故电路的起振条件为 $|\dot{A}\dot{F}| > 1$。结果：产生增幅振荡。

(4)稳幅：若 $|\dot{A}\dot{F}|$ 的值过大，有可能使放大器的三极管进入饱和区或截止区，造成输出信号的波形失真。因此，振荡电路一般还要加稳幅电路，即外接非线性元件构成稳幅电路，保证振荡器输出的幅度稳定，波形不失真。

3. 正弦波振荡电路的组成

正弦波振荡电路必须由以下四个部分组成：

(1)放大电路：保证电路能够有从起振到动态平衡的过程，使电路获得一定幅值的输出量，实现能量的控制。

(2)选频网络：确定电路的振荡频率，使电路产生单一频率的振荡，保证电路产生正弦波振荡。

(3)正反馈网络：引入正反馈，使放大电路的输入信号等于反馈信号。

(4)稳幅环节：即非线性环节，作用是使输出信号幅值稳定。

在很多实用电路中，常将选频网络和正反馈网络"合二为一"，而且对于分立元件放大电路，也不再另加稳幅环节，而依靠晶体管的非线性来起稳幅作用。

(二) RC 振荡器

RC 振荡器是由电阻 R 和电容 C 串并联网络作为选频电路构成的正弦波振荡器。

1. RC 文氏电桥振荡器的电路结构

RC 文氏电桥振荡器如图 3-25 所示。用 RC 串并联网络兼作正反馈网络和选频网络,放大器采用同相放大器构成,其输出电压接到 RC 串并联网络的输入端,再将 RC 串并联网络的输出端接到放大器的同相输入端。

图中的 RC 选频网络中的 R_1 与 C_1 的串联和 R_2 与 C_2 的并联是电桥的两臂,构成正反馈网络,反馈电阻 R_f 和 R_3 构成文氏电桥的另外两臂,是负反馈电路,则振荡器的主要条件由这两个反馈电路决定。

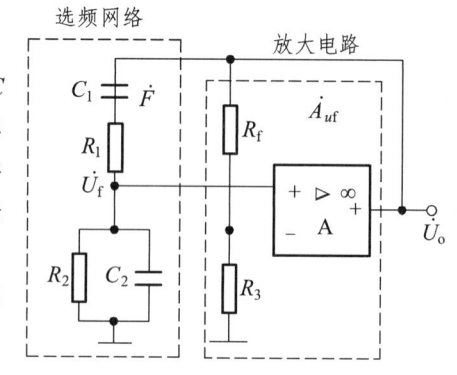

图 3-25 文氏电桥振荡器

一般情况下,为了电路分析设计方便与调试方便,通常取 $R_1 = R_2 = R$;$C_1 = C_2 = C$。以下分析都按这个取值进行。

2. RC 串并联选频网络的选频特性

由 RC 构成的选频网络如图 3-26 所示。图中 $\dot{U}_o$ 对 RC 串并联电路而言是输入电压,它由放大器的输出端引过来。$\dot{U}_f$ 对 RC 串并联电路而言是输出电压,作为放大器同相端的输入电压。

微课 RC 串并联网络和 LC 谐振回路选频特性

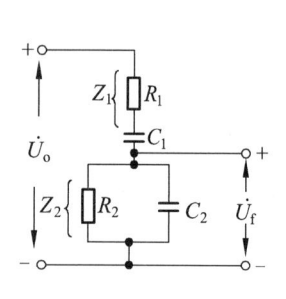

图 3-26 RC 串并联网络

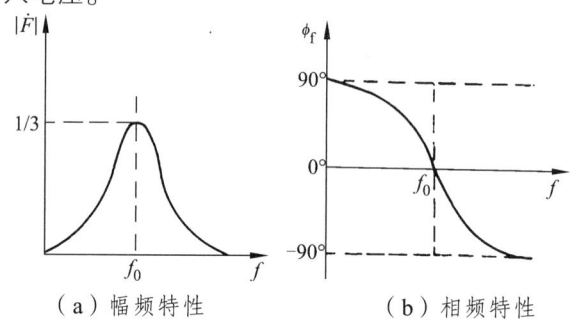

图 3-27 RC 串并联网络的频率特性
(a) 幅频特性 (b) 相频特性

根据正弦交流电路相量运算的理论,经过比较复杂的分析和运算,可以得出:
当角频率 ω 由 $0 \to \infty$ 变化时,Φ_f 由 $+90°$ 变化到 $-90°$,其间必存在 $\Phi_f = 0°$ 的点,它对应着谐振频率 f_0 和反馈网络的反馈系数 $\dot{F} = \dfrac{\dot{U}_f}{\dot{U}_o} = \dfrac{Z_2}{Z_1 + Z_2}$ 的最大值 F_{max},即 $\dot{U}_f = F_{max} \dot{U}_o$ 与 $\dot{U}_o$ 同相位,由此可得到 RC 串并联电路的频率特性,如图 3-27 所示。

当 $\omega_0 = 2\pi f_0 = \dfrac{1}{RC}$ 时,或 $f_0 = \dfrac{1}{2\pi RC}$ 时,相频特性的相位角为零,此时幅频特性的幅值为最大,即 $\dot{F} = \dfrac{1}{3}$。也就是说,此时选频电路的输出电压 $\dot{U}_f$ 为最大,是 $\dot{U}_o$ 的 1/3,

而且 $\dot{U}_f$ 与 $\dot{U}_o$ 同相。由图 3-27（a）图可见，当 f 偏离 f_0 时，$|\dot{F}|$ 值迅速下降，最终趋近于零。由图 3-27（b）图可见，偏离 f_0 时，相移 Φ 不为零，最终趋近于±90°，从而不满足自激振荡的两个条件。这就是 RC 串并联电路所具有的选频特性。

3. 起振条件与振荡频率

图 3-25 中 RC 串并联网络的输出信号 $\dot{U}_f$ 直接加在运算放大器的同相输入端，则运算放大器的输出电压 $\dot{U}_o$ 与 $\dot{U}_f$ 同相。$\dot{U}_o$ 又加在 RC 串并联网络的输入端，当 RC 串并联网络在谐振状态时相移为零，因此电路满足相位平衡条件，即 $\Phi_A + \Phi_F = 2n\pi$。同时 RC 串并联网络在谐振时其反馈系数为 $|\dot{F}| = \dfrac{1}{3}$，则同相放大器的放大倍数 A_{uf} 只要略大于 3 就能满足幅度平衡条件。由于同相放大器的放大倍数 $A_{uf} = 1 + \dfrac{R_f}{R_3}$，所以只要 R_f 略大于 $2R_3$ 即能满足起振条件。实用中常把 R_f 作为可调电阻来调整 A_{uf} 的值。

以上起振条件都是在 RC 串并联网络谐振状态下（即 $f = f_0$ 时）满足的，其他频率信号的相移和幅度都不能满足振荡条件，因此电路只能产生一个单一频率的信号。集成运算放大器的参数可以按理想状态取值，即图 3-25 中的同相放大器的输入阻抗约为无穷大，输出阻抗约为零，则它们对 RC 串并联网络的阻抗无任何影响，所以电路的振荡频率就是 RC 串并联网络的谐振频率 f_0：

$$f_0 = \dfrac{1}{2\pi RC}$$

若取 $R_1 = R_2 = 10\ \text{k}\Omega$；$C_1 = C_2 = 0.1\ \mu\text{F}$，则

$$f_0 = \dfrac{1}{2\pi RC} = \dfrac{1}{2\pi \times 10^4 \times 10^{-7}} \approx 159\ \text{Hz}$$

4. 稳幅措施

稳幅电路应能根据振荡器的输出幅度强弱自动改变负反馈信号的强弱（即自动调控 A_{uf}）。反馈电阻 R_2 上并联了两个对向的二极管，用二极管电阻的非线性状态来达到自动稳幅的目的，如图 3-28 所示。

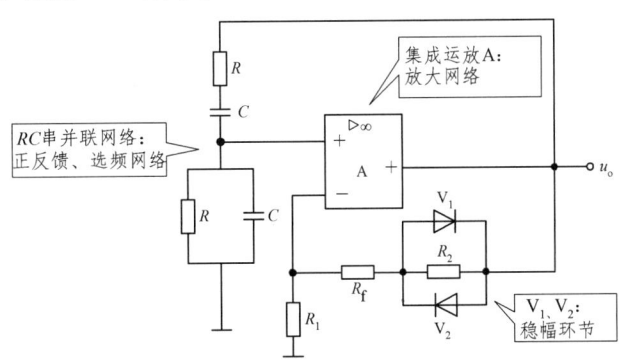

图 3-28 采用稳幅措施的 RC 文氏桥振荡电路组成

当振荡输出幅度过大时,二极管导通电流大,动态电阻值下降,使负反馈增强,电路放大倍数下降,可使输出幅度下降,防止振荡幅度继续上升。反之,二极管也能阻止振荡幅度下降,完全达到了自动稳幅的目的。

用两个对向的二极管是为了对输出电压的正负半周都能起反馈作用,因此,若要使输出电压的正负半周对称,两个二极管应选用一致的参数。另外为了提高温度稳定性,两只二极管应选用硅管。

最后应当指出,频率越高,R、C 的取值越小,当频率过高时,电阻、电容的数值必将很小。但电阻太小会使放大电路的负载加重,电容太小会因寄生电容的干扰使振荡频率不稳定。同时,普通集成运算放大器的带宽也有限。所以 RC 正弦波振荡器的振荡频率一般不能超过 1 MHz。更高频率的正弦波振荡器可采用 LC 正弦波振荡器。

二、非正弦波振荡器

非正弦波振荡器主要产生方波、锯齿波等。考虑到比较器在信号产生电路中的广泛应用,下面首先讲解它的电路结构和工作原理。

(一)比较器

电压比较器是集成运算放大电路开环工作的典型电路,其作用是比较输入端的电压和参考电压(门限电压),根据同、反相两输入端电压的大小,输出为两个极限电平。

由于运放处于开环状态,根据运放非线性状态时的电压传输特性,可得出如下结论:

当 $u_+ > u_-$ 时,电压比较器输出高电平,$u_o = +U_{o(sat)}$。

当 $u_+ < u_-$ 时,电压比较器输出低电平,$u_o = -U_{o(sat)}$。

运放采用双电源供电时,$+U_{o(sat)}$ 为运放正饱和电压,比正电源电压低 0.5~2 V;$-U_o(sat)$ 为运放负饱和电压,比负电源电压高 0.5~2 V。

部分集成运放在使用时允许单电源供电,与双电源供电相比,单电源供电的电压比较器由于运放只有正电源供电,所以其最低输出电压为零,即:

当 $u_+ > u_-$ 时,电压比较器输出高电平,$u_o = +U_{o(sat)}$。

当 $u_+ < u_-$ 时,电压比较器输出低电平,$u_o = 0$。

本节以运放采用双电源为例进行说明。

1. 过零电压比较器

当参考电压 $U_R = 0$ 时,输入电压与零电压比较,该比较器称为过零比较器,其电路和传输特性如图 3-29 所示。$U_R = 0$ 为参考电压,u_i 经 R_1 输入到反相输入端,由于电路工作在开环状态,放大倍数很大(理想运放电路的放大倍数为∞),只要同相和反相输入端有微小的电压差,电路就会输出饱和电压 $U_{o(sat)}$。即当 $u_i < 0$ 时,$u_o = +U_{o(sat)}$;当 $u_i > 0$ 时,$u_o = -U_{o(sat)}$。从传输特性曲线中可以看出,电压比较器相当于一个开关,要么输出高电平"1",要么输出低电平"0"。

若给过零比较器输入一正弦电压,电路则输出方波电压,如图 3-30 所示。

（a）电路　　　　　　（b）传输特性

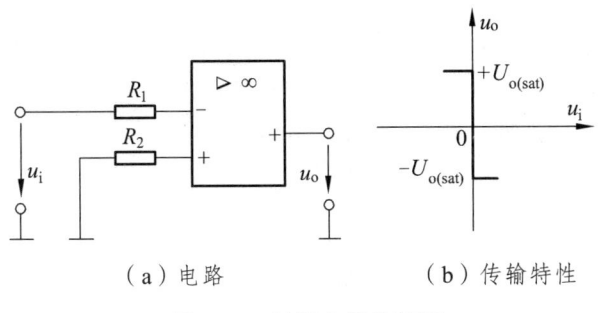

图 3-29　过零电压比较器

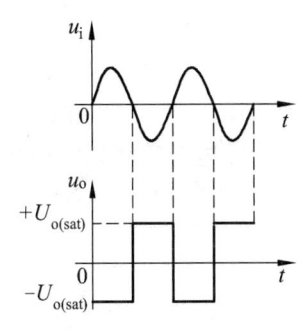

图 3-30　过零比较器的输入输出电压波形

2. 有限幅的过零比较器

在实际应用中，为了使运放的输出电压和负载电压相配合，需要限制运放输出端的电压幅值。图 3-31（a）为一种有限幅的过零比较器，其参考电压提供给反相输入端，双向限幅稳压二极管接在输出端。当 $u_i>0$ 时，输出即为高电平 $u_o = +U_Z$，当 $u_i<0$ 时，输出即为低电平 $u_o = -U_Z$，其电压传输特性如图 3-31（b）所示。

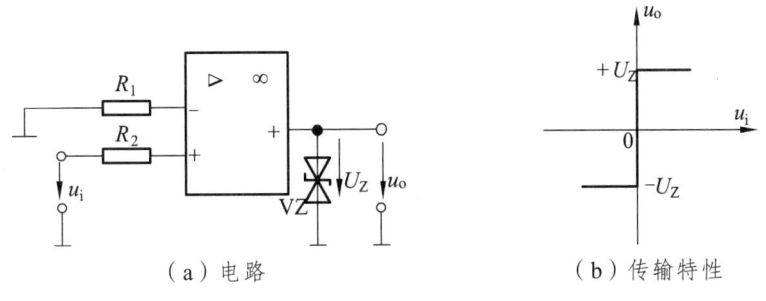

（a）电路　　　　　　（b）传输特性

图 3-31　有限幅的过零比较器

3. 非零电压比较器

如图 3-32（a）所示，U_R 为参考电压，u_i 经 R_1 输入到反相输入端，由于电路工作在开环状态，当 $u_i<U_R$ 时，$u_o = +U_{o(sat)}$；当 $u_i>U_R$ 时，$u_o = -U_{o(sat)}$。图 3-32（b）所示为电压比较器的输入输出传输特性。

（a）电路　　　　　　（b）传输特性

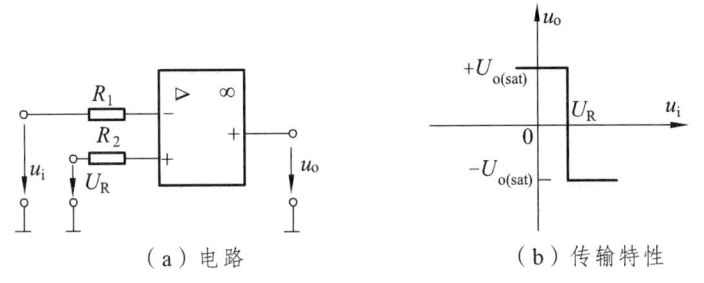

图 3-32　非零电压比较器

4. 滞回电压比较器

前面介绍的比较器，抗干扰能力都较差，因为输入电压在门限电压附近稍有波动，就会使输出电压误动,形成干扰信号。采用滞回电压比较器就可以解决这个问题。

滞回电压比较器又称施密特触发器,将集成运放电路的输出电压通过反馈支路送到同相输入端,形成正反馈,如图3-33(a)所示。当输入电压 u_i 逐渐增大或减小时,对应门限电压不同,传输特性呈现"滞回"现象,如图3-33(b)所示。两门限电压分别为 U'_+ 和 U''_+,两者电压差 ΔU_+ 称为回差电压或门限宽度。

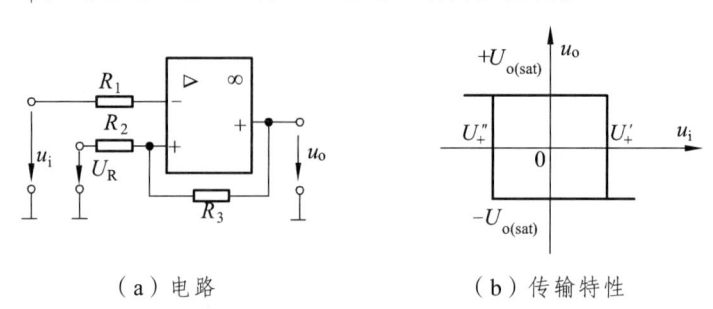

(a)电路　　　　　　(b)传输特性

图 3-33　滞回比较器

设电路开始时输出高电平 $+U_{o(sat)}$,通过正反馈支路加到同相输入端的电压为 $R_2 U_{o(sat)}/(R_2+R_3)$,由叠加原理可得,同相输入端的合成电压为上限门电压 U'_+:

$$U'_+ = \frac{R_3 U_R}{R_2+R_3} + \frac{R_2 U_{o(sat)}}{R_2+R_3}$$

当 u_i 逐渐增大并等于 U'_+ 时,输出电压 u_o 就从 $+U_{o(sat)}$ 跃变到 $-U_{o(sat)}$,输出低电平。同样的分析,可得出电路的下限门电压为

$$U''_+ = \frac{R_3 U_R}{R_2+R_3} - \frac{R_2 U_{o(sat)}}{R_2+R_3}$$

当 u_i 逐渐减小并等于 U''_+ 时,输出电压 u_o 就从 $-U_{o(sat)}$ 跃变到 $+U_{o(sat)}$,输出高电平。由以上两式可知回差电压为

$$\Delta U_+ = U'_+ - U''_+ = \frac{R_2}{R_2+R_3}\{U_{o(sat)}-[-U_{o(sat)}]\}$$

由此可见,回差电压 ΔU_+ 与参考电压 U_R 无关,改变电阻 R_2 和 R_3 的值,可以改变门限宽度。

(二)矩形波发生器

1. 电路结构

矩形波常用于数字电路的信号源,图3-34所示为一矩形波发生器的电路和电压波形图。图中 VZ 为双向稳压管,使输出电压的幅度被限制在 $+U_Z$ 和 $-U_Z$ 之间;R_1 和 R_2 构成分压电路,将输出电压 u_o 分压,在电阻 R_2 上分得电压从运放电路的同相输入端输入,实际就是参考电压 U_R,由分压原理可得

$$U_R = \frac{R_2}{R_1+R_2} \cdot U_Z$$

R_F 和 C 构成充放电电路，电容器两端电压 u_C 从反向输入端输入，u_C 和 U_R 的极性和大小决定了输出电压的极性。R_3 为限流电阻。

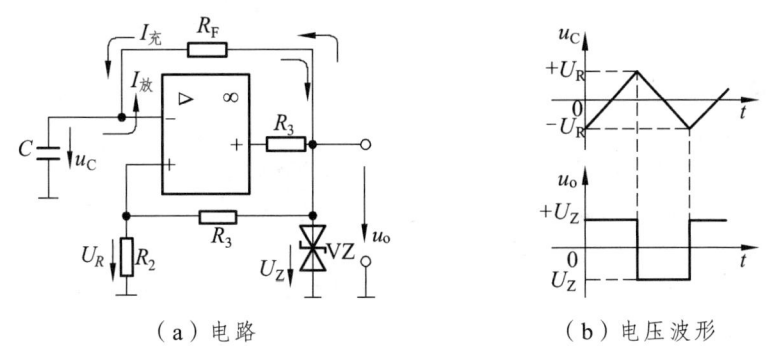

（a）电路　　　　　　（b）电压波形

图 3-34　矩形波发生器

2. 振荡原理

设 $t=0$ 时，$u_o = +U_Z$，电容器 C 上电压 $u_C = -U_R = -U_Z \cdot R_2/(R_1+R_2)$，则 u_o 正电压经 R_F 给 C 充电，充电电流 $I_充$ 如图 3-34（a）所示，u_C 按指数曲线（这里用斜线近似表示）上升。当 $u_C \geq U_R$ 时，输出电压从 $+U_Z$ 跳到 $-U_Z$，这时，电容器放电，u_C 下降，当 $u_C \leq U_R$ 时，输出电压再次跳跃，从 $-U_Z$ 跳到 $+U_Z$。这样循环往复，电路产生自激振荡，输出电压波形为矩形波，波形如图 3-34（b）所示。

3. 振荡周期和频率

u_C 上的充放电电压在 $-U_R$ 到 $+U_R$ 之间变化，根据电容的充放电规律可推出电路的振荡周期公式为

$$T = 2R_F C \ln\left(1 + 2\frac{R_2}{R_1}\right)$$

则

$$f = \frac{1}{T}$$

若选择 $R_2 = 0.859R_1$，则振荡周期可简化为

$$T = 2R_F C, \quad f = \frac{1}{2R_F C}$$

任务六　集成运算放大器使用注意事项

一、选用元器件

集成运算放大器按其技术指标可分通用型、高速型、高阻型、低功耗型、大功率型、高精度型等；按其内部电路可分为双极型和单极型；按每一集成片中运算放大器数目可分为单运放、双运放和四运放。

通常根据实际要求来选用集成运算放大器。如有些放大器的输入信号微弱，它的

第一级应选用高输入电阻、高共模抑制比、高开环电压放大倍数、低失调电压及低温度漂移的运算放大器。选好后，根据引脚图和符号连接外部电路，包括电源、外接偏置电阻、消振电路及调零等。

二、消振

由于运算放大器内部晶体管的极间电容和其他寄生参数的影响，很容易产生自激振荡，破坏正常工作。为此，在使用时要注意消振。通常是外接 RC 消振电路和消振电容，用它来破坏产生自激振荡的条件。是否已消振，可将输入端接"地"，用示波器观察输出端有无自激振荡。目前由于集成工艺水平的提高，运算放大器内部已有消振元件，无须外部消振。

三、调零

由于运算放大器的内部参数不可能完全对称，以至于当输入信号为零时，仍有输出信号。为此，在使用时要外接调零电路。调零时应将电路接成闭环，一种是无输入时调零，即将两个输入端接"地"，调节调零电位器，使输出电压为零；另一种是在输入时调零，即按已知输入信号电压计算输出电压，而后将实际值调整到计算值。

四、保护

（一）输入保护

当输入端所加的差模或共模电压过高时会损坏输入级的晶体管。为此，在输入端接入反向并联的二极管（见图 3-35），将输入电压限制在二极管的正向压降下。

（二）输出端保护

为了防止输出电压过大，可利用稳压二极管来保护。如图 3-36 所示，将两个稳压二极管反向串联，将输出电压限制在（$U_Z + U_D$）的范围内。U_Z 是稳压二极管的稳定电压，U_D 是它的正向压降。

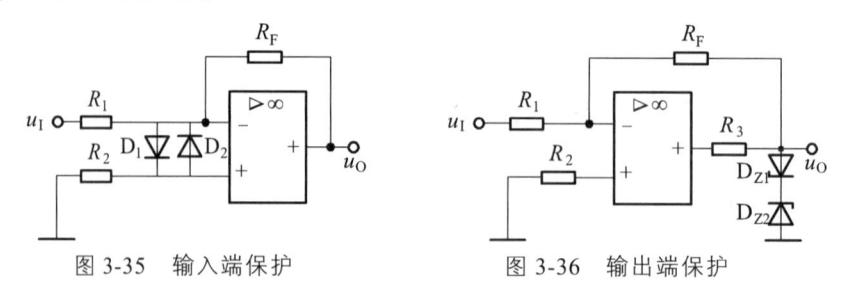

图 3-35　输入端保护　　　图 3-36　输出端保护

（三）电源保护

为了防止正、负电源接反，可用二极管来保护，如图 3-37 所示。

（四）扩大输出电流

由于运算放大器的输出电流一般不大，如果负载需要的电流较大时，可在输出端加接一级互补对称电路，如图 3-38 所示。

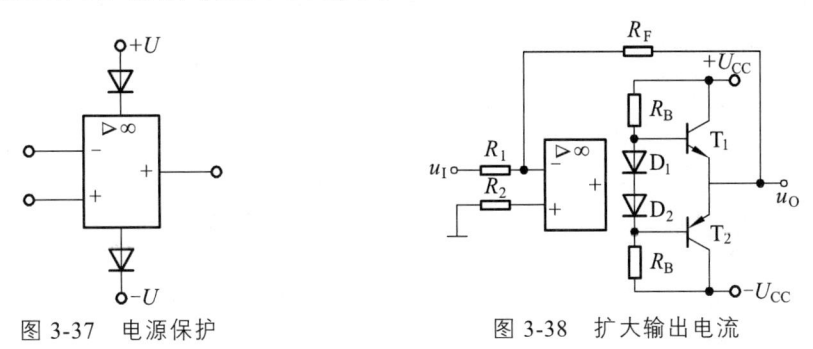

图 3-37 电源保护　　　　图 3-38 扩大输出电流

项目小结

集成运算放大器内部由多级放大电路直接耦合而成。一般的集成运放基本结构均由输入级、中间放大级、输出级和偏置电路四大部分组成。

由于实际运放性能指标很接近理想化条件，因此，实际应用中，将运放当作理想运放对待。根据理想运放的参数，可得出运放在线性放大状态下的两点结论，即"虚短"和"虚断"。

集成运算放大器加入深度负反馈后，可获得非常好的线性特征。集成运放在线性状态下可作为信号运算电路用，如加法运算、减法运算、积分运算等。

电压比较器是将输入电压信号与参考电压信号做比较。由于参考电压的数值不同，可构成过零电压比较器和非零电压比较器。电压比较器中的集成运放工作在开环或正反馈状态，是集成运放的非线性应用。

正弦波振荡器不需要外加信号就能产生一定幅度和一定频率的正弦波。自激振荡的条件有两个：一个是相位平衡条件，一个是幅度平衡条件。

RC 桥式振荡器结构比较简单，适用于低频振荡器，波形失真小，调频范围宽，是应用最广泛的低频振荡器，适用频率一般为几百千赫以下，但其稳定性较差，适用于频率固定的小型低频测试等设备中。

集成运放在使用中需要注意：合理选用集成运放并采取必要的保护措施。集成运放的保护应重点考虑输入保护、输出保护和电源反接保护等。

思考与练习

3-1 选择题

1. 理想运放的开环差模放大倍数 A_{ud} 为（　　），输入电阻为（　　），输出电阻为（　　）。

   A. ∞　　　　　　B. 0　　　　　　C. 不定　　　　　　D. 1

2. 国产集成运放有三种封闭形式，目前国内应用最多的是（   ）。
   A. 扁平式   B. 圆壳式
   C. 双列直插式   D. 塑料封装
3. 由运放组成的电路中，工作在非线性状态的电路是（   ）。
   A. 反相放大器   B. 差分放大器
   C. 电压比较器   D. 同相放大器
4. 理想运放的两个重要结论是（   ）。
   A. 虚短与虚地   B. 虚断与虚短
   C. 断路与短路   D. 虚断与虚地
5. 集成运放一般分为两个工作区，它们分别是（   ）。
   A. 正反馈与负反馈   B. 线性与非线性
   C. 虚断和虚短   D. 截止和饱和
6. （   ）输入比例运算电路的反相输入端为虚地点。
   A. 同相   B. 反相   C. 双端   D. 差动
7. 集成运放的线性应用存在（   ）现象，非线性应用存在（   ）现象。
   A. 虚地   B. 虚断   C. 虚断和虚短   D. 断路和短路
8. 各种电压比较器的输出状态只有（   ）。
   A. 一种   B. 两种   C. 三种   D. 四种
9. 基本积分电路中的电容器接在电路的（   ）。
   A. 反相输入端   B. 同相输入端
   C. 反相端与输出端之间   D. 输出端
10. 分析集成运放的非线性应用电路时，不能使用的概念是（   ）。
    A. 虚地   B. 虚短   C. 虚断   D. 虚断和虚短
11. 按下列要求选择负反馈放大器的组态：
① 某传感器产生的是电压信号（几乎不能提供电流），希望放大器的输出电压与信号成正比，应选（   ）；
② 要得到一个电流控制电流源，应选（   ）；
③ 要得到一个电流—电压转换电源，应选（   ）。
    A. 电压串联负反馈   B. 电流并联负反馈
    C. 电压并联负反馈   D. 电流串联负反馈
④ 为了提高反馈效果，对于串联负反馈应使信号源内阻 R_S（   ）；
    A. 尽可能大   B. 尽可能小   C. 大小适中   D. 无所谓大小
⑤ 为了提高反馈效果，对于并联负反馈应使信号源内阻 R_S（   ）；
    A. 尽可能大   B. 尽可能小   C. 大小适中   D. 无所谓大小
12. 共模抑制比低的运放不能用于下列哪种运算？（   ）。
    A. 反相求和运算   B. 同相求和运算
    C. 积分运算   D. 微分运算
13. 制作频率为 20 Hz～20 kHz 的音频信号发生器，应选用（   ）。
    A. RC 桥式正弦波振荡电路   B. LC 正弦波振荡电路

  C. 石英晶体正弦波振荡电路   D. 以上均不选

14. 当信号频率 $f = f_0$ 时，RC 串并联网络呈（   ）。

  A. 容性   B. 阻性   C. 感性   D. 非线性

3-2 判断题

1. 电压比较器的输出电压只有两种数值。（   ）
2. 集成运放使用时不接负反馈，电路中的电压增益称为开环电压增益。（   ）
3. "虚短"就是两点并不真正短接，但具有相等的电位。（   ）
4. "虚地"是指该点与"地"点相接后，具有"地"点的电位。（   ）
5. 集成运放不但能处理交流信号，也能处理直流信号。（   ）
6. 集成运放在开环状态下，输入与输出之间存在线性关系。（   ）
7. 同相输入和反相输入的运放电路都存在"虚地"现象。（   ）
8. 理想运放构成的线性应用电路，电压增益与运放本身的参数无关。（   ）
9. 各种比较器的输出只有两种状态。（   ）
10. 微分运算电路中的电容器接在电路的反相输入端。（   ）
11. 只要电路引入正反馈，就一定会产生正弦波振荡。（   ）
12. 凡是振荡电路中的集成运放均工作在线性区。（   ）
13. 非正弦波振荡电路与正弦波振荡电路的振荡条件完全相同。（   ）
14. 因 RC 串并联选频网络作为反馈网络时的 $\phi_F = 0°$，单管共集电极放大电路的 $\phi_A = 0°$，满足正弦波振荡的相位条件 $\phi_A + \phi_F = 2n\pi$（ n 为整数），故合理连接它们可以构成正弦波振荡电路。（   ）
15. 在 RC 桥式正弦波振荡电路中，若 RC 串并联选频网络中的电阻均为 R，电容均为 C，则其振荡频率 $f_0 = \dfrac{1}{RC}$。（   ）
16. 电路只要满足 $|\dot{A}F| = 1$，就一定会产生正弦波振荡。（   ）
17. 负反馈放大电路不可能产生自激振荡。（   ）

3-3 简答题

1. 集成运放一般由哪几部分组成？各部分的作用如何？
2. 何谓"虚地"？何谓"虚短"？在什么输入方式下才有"虚地"？若把"虚地"真正接"地"，集成运放能否正常工作？
3. 集成运放的理想化条件主要有哪些？
4. 在输入电压从足够低逐渐增大到足够高的过程中，单门限电压比较器和滞回比较器的输出电压各变化几次？
5. 集成运放的反相输入端为虚地时，同相端所接的电阻起什么作用？
6. 应用集成运放芯片连成各种运算电路时，为什么首先要对电路进行调零？
7. RC 振荡器为什么适用于低频振荡电路？频率过高时 RC 振荡电路有什么问题？

3-4 综合应用题

1. 判断图 3-39 所示电路中哪些元件组成反馈通路？并指出反馈类型。

(a)　　　　　　　　　　　　(b)

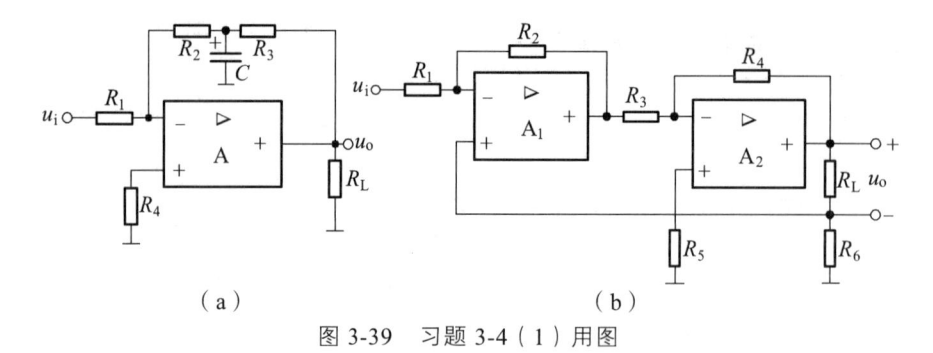

图 3-39　习题 3-4（1）用图

2. 图 3-40 所示各电路中，哪些是交流反馈支路？哪些可以稳定输出电压或输出电流？哪些可以提高或降低输入电阻？哪些可以提高或降低输出电阻？

(a)　　　　　　　　　　　　(b)

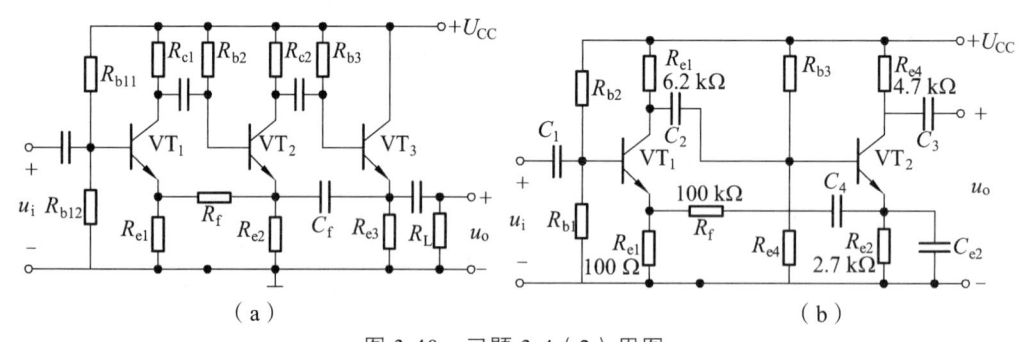

图 3-40　习题 3-4（2）用图

3. 求图 3-41 所示电路的 u_o 与 u_i 的运算关系式。

4. 在图 3-42 所示电路中，已知 $R_F = 2R_1$，$u_i = -2\text{ V}$，试求输出电压 u_o。

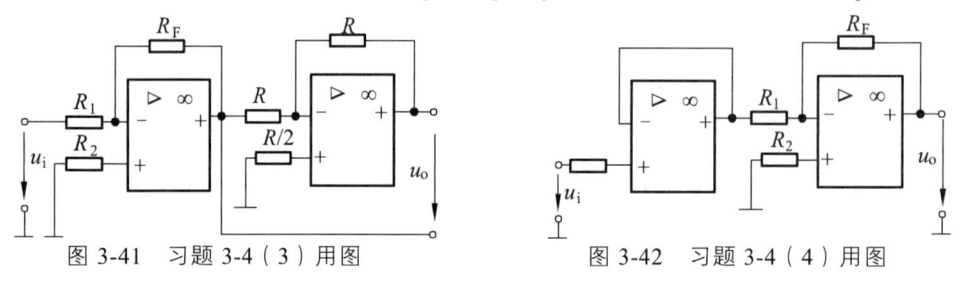

图 3-41　习题 3-4（3）用图　　　　图 3-42　习题 3-4（4）用图

5. 求如图 3-43 所示电路中的输出电压与输入电压的关系式。

6. 如图 3-44 所示为用两个运算放大器构成的差动放大电路，试求 u_o 与 u_{i1}、u_{i2} 的运算关系式。

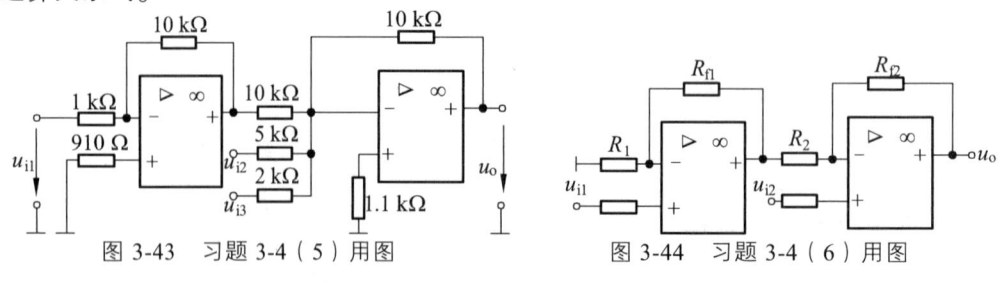

图 3-43　习题 3-4（5）用图　　　　图 3-44　习题 3-4（6）用图

7. 已知 $u_{i1} = 1.5\text{ V}$，$u_{i2} = 1\text{ V}$，计算图 3-45 电路的输出电压 u_o。

8. 在图 3-46 所示的积分电路中，$R_1 = 10\text{ k}\Omega$，$C_F = 1\text{ μF}$，$u_i = -1\text{ V}$，求从 0 V 上升到 10 V（10 V 为电路输出最大电压）所需的时间。超过这段时间后，输出电压呈现怎样的规律？若使电压上升时间增大到 10 倍，可通过改变哪些参数来实现？

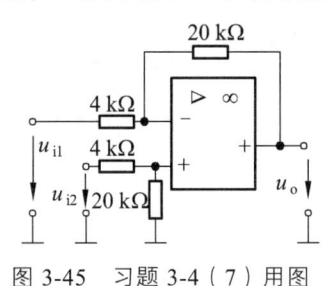

图 3-45　习题 3-4（7）用图　　　图 3-46　习题 3-4（8）用图

9. 在图 3-47 电路中，若 $R_1 = 50\text{ k}\Omega$，$C_F = 1\text{ μF}$，u_i 的波形如图 3-47 所示，试画出输出电压波形。

10. 图 3-48 为一基准电压电路，求其输出电压 u_o 的调节范围。

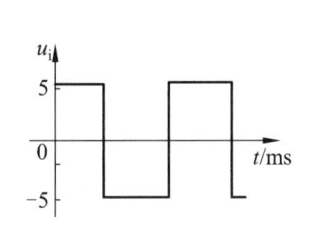

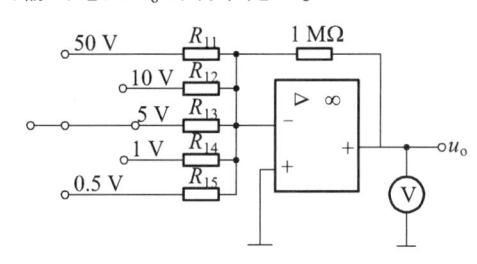

图 3-47　习题 3-5（9）用图　　　图 3-48　习题 3-4（10）用图

11. 如图 3-49 所示，已知电源电压为 12 V，稳压管的稳定电压 $U_Z = 6\text{ V}$，正向压降为 0.7 V，输入电压 $u_i = 6\sin\omega t\text{ V}$，试画出参考电压 U_R 分别为 +3 V 和 −3 V 时的输出电压波形。

12. 图 3-50 所示为一报警装置，可对某一参数（如温度、压力等）进行实时监控，u_i 为传感器送来的信号，U_R 为参考电压，当 u_i 超过正常值时，报警指示灯亮，试说明其工作原理。图中二极管 VZ 和电阻 R_3、R_4 有什么作用？

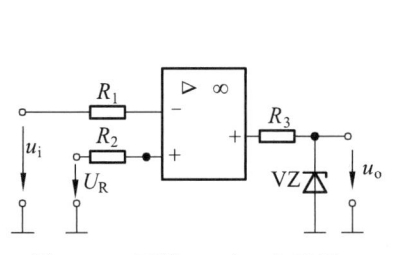

图 3-49　习题 3-4（11）用图　　　图 3-50　习题 3-4（12）用图

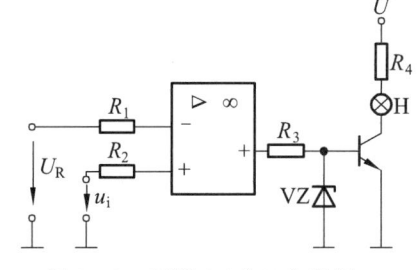

13. 请设计一个振荡频率为 500 Hz 的 RC 桥式振荡器，选频网络中的电容为 0.022 μF。

14. 电路如图 3-51 所示。(1) 为使电路产生正弦波振荡，标出集成运放的"+"和"−"；并说明电路是哪种正弦波振荡电路。

（2）若 R_1 短路，则电路将产生什么现象？
（3）若 R_1 断路，则电路将产生什么现象？
（4）若 R_F 断路，则电路将产生什么现象？
（5）若 R_F 短路，则电路将产生什么现象？

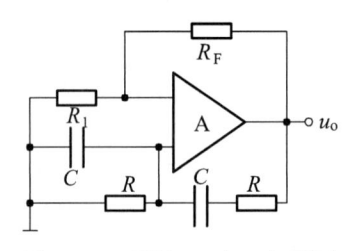

图 3-51　习题 3-4（14）用图

应用实践

集成运算放大器构成的基本运算电路

一、实验目的

（1）熟悉运算放大器的外形及功能。
（2）掌握应用运算放大器组成基本运算电路的方法和技能。
（3）掌握测量和分析运放的输入与输出关系的方法。

二、实验仪器

（1）模拟电路实验箱 1 台。
（2）直流稳压电源 1 台。
（3）数字存储示波器 1 台。
（4）函数信号发生器 1 台。
（5）数字万用表 1 块。

三、实验原理

运算放大器的应用非常广泛，它可以构成各种基本数学运算电路，在许多控制系统和测量电路里都有重要作用。

根据运算放大器的开环放大倍数很大（一般在 $10^4 \sim 10^8$ 数量级）及输入电阻 r_i 很高（一般为数十兆欧）的特点，可推得两条重要的结论：

$$U_+ \approx U_-$$
$$I_+ \approx I_-$$

上式称为"虚短"和"虚断"。利用这个特点，在运算放大器的外部适当配接简单的电路，就可以得到具有如下运算关系的电路。

（一）反相比例运算

如图 1（a）所示，输入输出电压的关系为

$$u_o = -\frac{R_f}{R_1} u_{i1}$$

（二）反相加法运算

如图 1（b）所示，输入输出电压的关系为

$$u_o = -\left(\frac{R_f}{R_1}u_{i1} + \frac{R_f}{R_2}u_{i2}\right)$$

（三）同相比例运算

如图 1（c）所示，输入输出电压的关系为

$$u_o = \left(1 + \frac{R_f}{R_1}\right)u_{i1}$$

（四）减法运算

如图 1（d）所示。输入输出电压的关系为

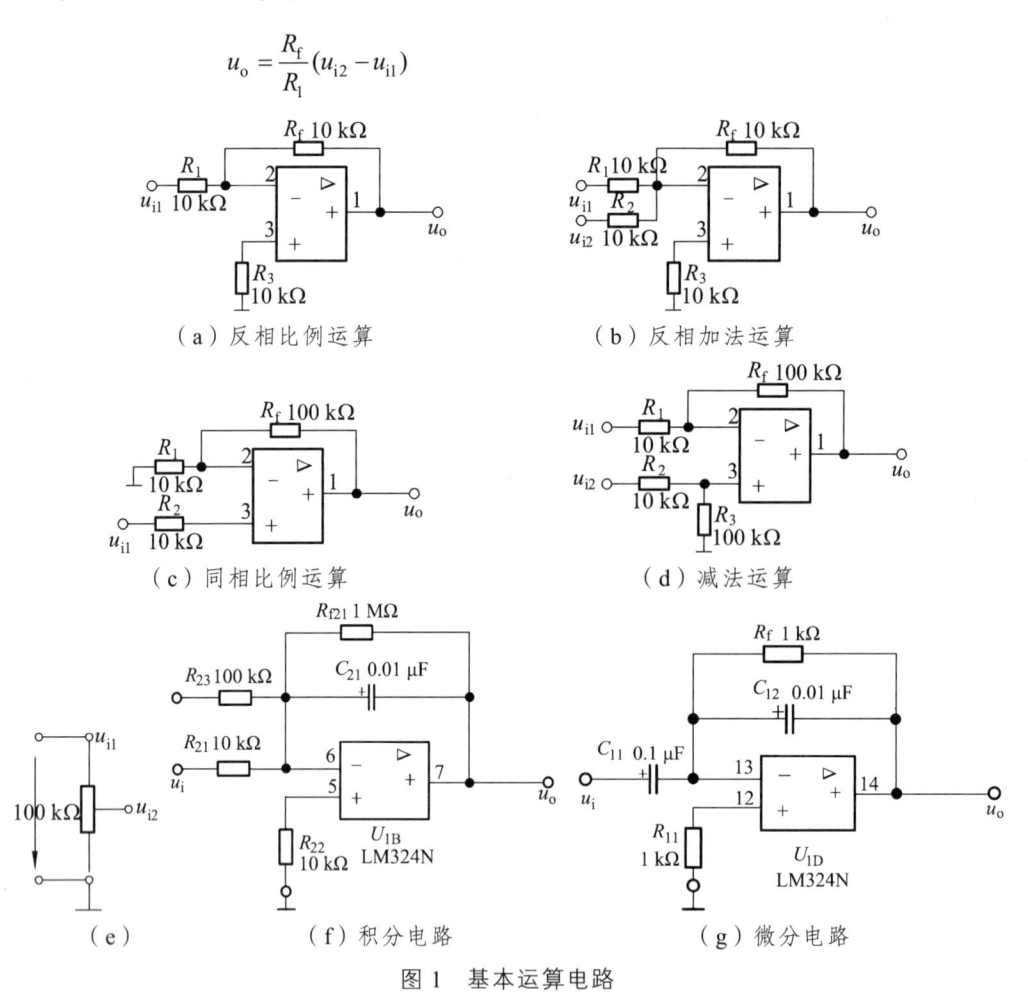

$$u_o = \frac{R_f}{R_1}(u_{i2} - u_{i1})$$

（a）反相比例运算　　　　　（b）反相加法运算

（c）同相比例运算　　　　　（d）减法运算

（e）　　（f）积分电路　　　　（g）微分电路

图 1　基本运算电路

（五）积分电路（三角波发生器）

图 1（f）所示为三角波发生器电路（积分电路），把方波发生器输出的正负对称方波作为三角波发生器的输入信号 u_i，则三角波发生器可产生同频的三角波形（R_{f21} 电阻是外接电路调零用的，此处无用）。

由于集成运放的同相输入端通过 R 接地，$u_P = u_N = 0$，为"虚地"。

输出电压与电容上的电压的关系为

$$u_o = -u_c$$

而电容上电压等于其电流的积分，故

$$u_o = -\frac{1}{C}\int i_C dt = -\frac{1}{RC}\int u_i dt$$

求解 t_1 到 t_2 时间段的积分值：

$$u_o = -\frac{1}{RC}\int_{t_1}^{t_2} u_i dt + u_o(t_1)$$

式中，$u_o(t_1)$ 为积分起始时刻的输出电压，即积分运算的起始值，积分的终值是 t_2 时刻的输出电压。

（六）微分电路

图 1（g）为一微分电路，它是积分的逆运算电路，电路中 C_{12} 起相位补偿作用，防止自激振荡。当输入信号为三角波时，输出应为方波。

电容两端的电压 $u_C = u_i$。因而

$$i_R = i_C = C\frac{du_i}{dt}$$

输出电压

$$u_o = -i_R R = -RC\frac{du_i}{dt}$$

输出电压与输入电压的变化率成比例。

四、实验步骤

（一）熟悉 LM324 集成运放芯片的功能、外引线分布，并判断好坏

（1）LM324 的端子排列如图 2 所示。

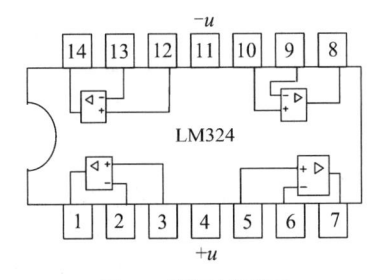

图 2　端子排列图

（2）LM324 的各端子功能如表 1 所示。

表 1　LM324 端子功能表

端子	功能
4	正电源端 $+U$（$+5\sim15$ V）
11	负电源端 $-U$（$0\sim-15$ V）
3、5、10、12	同相输入端 U_+
2、6、9、13	反相输入端 U_-
1、7、8、14	输出端 U_o

　　LM324 是一个由四个基本运算放大器组合的集成芯片，四个运放共用电源，功能各自独立。

　　（2）用万用表粗测 LM324，判断其好坏。

　　先用 $R\times1$ kΩ 挡测 $+U$、$-U$ 两个电源引线，不能是短路；用 $R\times1$ kΩ 挡测各引线之间的阻值，都应足够大，一般阻值在数十千欧以上。

（二）反相比例运算电路的连接和测试

　　（1）将模拟电路实验箱的直流电源的 ±12 V 电源分别接至集成运放的 4 号和 11 号端子，电源地线接至实验板上的地端。

　　（2）按实验描述中的图 1（a）连接电路（使 $R_f=10$ kΩ）。

　　（3）调节函数信号发生器，使其输出为 $f=1$ kHz 的正弦信号，并将其接至反相比例运算电路的输入端，即输入信号 u_{i1}。分别取 u_{i1} 幅值等于 0.1 V 和 0.3 V，测出相应的 u_o 幅值，记入本次实验报告中的表 1。

　　（4）改变反馈电阻阻值，使 $R_f=100$ kΩ，其他各电阻值及输入各量不变，重测 u_o 幅值，记入本次实验报告中的表 1。

（三）反相加法运算电路的连接和测试

　　（1）按实验描述中的图 1（b）连接电路（使 $R_f=10$ kΩ），注意将双路电源的地线连至实验板上的地端，将稳压电源的 ±12 V 电源再分别接至集成块的 4 号和 11 号端子。

　　（2）将函数信号发生器输出端连至实验箱的 100 kΩ 电位器的两端，连接方式如图 1（e）所示，形成 u_{i1} 和 u_{i2} 两个交流信号，分别连至图 1（b）所示电路中。

　　（3）将函数信号发生器信号频率调至 1 kHz，幅度调至 $u_{i1}=0.3$ V，$u_{i2}=0.2$ V。

　　注：这里 u_{i1} 和 u_{i2} 用电位器分压得到，可保证 u_{i1} 和 u_{i2} 两个正弦交流信号完全同频同相，这样可利用电阻毫伏表测出两个正弦信号的有效值，直接进行比例加减运算，若用两个信号发生器来产生 u_{i1} 和 u_{i2}，则不能保证两个信号完全同频同相。尤其当两个信号的相位不同时，只能按相量图计算，不能把两个有效值直接相加。

　　（4）测出相应的 u_o 幅值，记入本次实验报告中的表 2。

　　（5）改变反馈电阻阻值，使 $R_f=100$ kΩ，其他各电阻值及输入各量不变，重测 u_o 幅值，记入本次实验报告中的表 2 中。

（四）同相比例运算电路的测试

（1）按实验描述中图 1（c）连接电路。

（2）调节函数信号发生器，使其输出为 $f=1$ kHz、$u_{i1}=0.3$ V 的正弦信号，将函数信号发生器输出接至电路的输入端，测出 u_o 的有效值，记入本次实验报告中的表 3。

（五）减法运算电路的连接与测试

（1）按图 1（d）连接电路。

（2）调节函数信号发生器，使其输出 $f=1$ kHz 的正弦信号。

（3）再按图 1（e）连接到 100 kΩ 的电位器上，产生两个同频同相的交流信号 u_{i1} 和 u_{i2}，分别接至减法器的两个输入端，幅值分别为 $u_{i1}=0.3$ V，$u_{i2}=0.2$ V，再测出 u_o，记入本次实验报告中的表 4。

（六）积分电路测试

（1）按图 1（f）连接电路，输入信号 u_i 从 $R_{21}=10$ kΩ 处输入。

（2）将方波发生器的输出接至积分电路的输入 u_i，并将 u_i 接至双踪示波器的 CH1 输入端，将积分电路的输出 u_o 接至示波器的 CH2，观察输入、输出电压波形。

（3）输入信号 u_i 从 $R_{23}=100$ kΩ 处输入，观察输入、输出电压波形。

（七）微分电路测试

（1）按图 1（g）接线，将方波信号接至输入端，用双踪示波器观察 u_i 和 u_o 波形。

（2）再输入三角波，用示波器观察输出波形（应为方波）。

五、实验注意事项

（1）爱护实验设备，不得损坏各种零配件。不要用力拉扯连接线，不要随意插拔元件。

（2）实验前应先将稳压电源空载调至所需电压值后，关掉电源再接至电路，实验时再打开电源。改变电路结构前也应将电源断开，应保证电源和信号源不能出现短路。

（3）集成运放的正、负电源不能接反，各管端子必须准确使用。

（4）接元件必须切断电源，不可带电操作。

《集成运算放大器构成的基本运算电路》实验报告

班级_____ 姓名_____ 学号_____ 成绩_____

一、根据实验内容填写下列表格

表 1　反相比例运算电路测试

电路参数 $f = 1$ kHz	u_i/V	u_o/V 测量值	u_o/V 理论计数值
$R_f = 100$ kΩ	0.1 V　1 kHz		
	0.3 V　1 kHz		
$R_f = 10$ kΩ	0.1 V　1 kHz		
	0.3 V　1 kHz		

表 2　反相加法运算电路测试

电路参数	u_i	u_o 测量值	u_o 理论计算值
$R_f = 10$ kΩ	$u_{i1} = 0.3$ V $u_{i2} = 0.2$ V		
$R_f = 100$ kΩ	$u_{i1} = 0.3$ V $u_{i2} = 0.2$ V		

表 3　同相比例运算电路测试

测试条件	u_i	u_o 测量值	u_o 理论计算值
$R_f = 100$ kΩ $R_1 = 10$ kΩ	0.3 V		

表 4　减法运算电路测试

u_i	u_o 测量值	u_o 理论计算值
$u_{i1} = 0.3$ V $u_{i2} = 0.2$ V		

二、根据实验内容完成下列简答题

1. 怎样检测 LM324 集成运放芯片质量的好坏?

2. 使用 LM324 集成运放芯片做实验时,能否将正、负电源接反?

3. 在做反向比例运算实验时发现实验结果和理论值之间不相符,试分析可能出现的问题。

正弦波信号发生器

一、实验目的

（1）验证 RC 选频网络的选频特性。
（2）连接实际电路加深对振荡器的理解。
（3）掌握调试测量正弦波振荡器参数的方法。

二、实验仪器与设备

（1）模拟电路实验箱 1 台。
（2）直流稳压电源 1 台。
（3）数字存储示波器 1 台。
（4）函数信号发生器 1 台。
（5）数字万用表 1 台。

三、实验原理

（一）RC 选频网络

RC 串并联网络如图 1 所示，它具有选频特性，若在网络的两端加上正弦交流信号 u_o，在网络中可输出电压 u_f，则该网络的传输系数 $F = u_f/u_o$。

根据 RC 串并联阻抗的特点，可得

$$F = \frac{\dfrac{R}{1+j\omega RC}}{R + \dfrac{1}{j\omega C} + \dfrac{R}{1+j\omega RC}} = \frac{1}{3 + j\left(\omega RC - \dfrac{1}{\omega RC}\right)}$$

式中，当 $\omega RC = \dfrac{1}{\omega RC}$，即 $\omega = \omega_0 = \dfrac{1}{RC}$ 时，$F = \dfrac{1}{3}$ 为最大值，而且传输系数为实数，即 u_f 与 u_o 同相。此时，输入信号 u 的频率称为中心频率 f_0，$f_0 = \dfrac{\omega_0}{2\pi}$。显然，在此频率信号作用下，输出电压 u_f 幅度最大，说明该网络具有选频特性。

RC 选频网络的特点是适用于较低频率的信号。因其调频不太方便，一般用于频率固定且稳定性要求不高的电路里。

（二）RC 桥式正弦振荡器

由集成运放构成的 RC 桥式正弦振荡器，如图 2 所示。该电路由集成运放组成的同相比例运算电路和 RC 选频网络

微课 RC 振荡器
组成与测试

构成。同相比例电路的负反馈支路，由 R_P 和 R_1 等构成。由 RC 串联支路、RC 并联支路、R_P 支路和 R_1 四条支路分别构成了电桥的四个桥臂。因此该电路也叫文氏电桥振荡电路。

1. 起振条件

当 $f = f_0$ 时，RC 串并联正反馈网络的反馈系数为 $F = \dfrac{1}{3}$，因为振荡器振荡的幅度平衡条件为 $|AF| = 1$，因此只要运放电路的放大倍数 $A = 3$ 即可维持振荡。起振时 A 应大于 3，这是很容易做到的，因为运放的放大倍数 $A = 1 + \dfrac{R_f}{R_1}$（R_f 等于 R_2 加上 R_P），因此，只要 R_f 略大于 $2R_1$ 即可。

由于电路在 $f = f_0$ 时，RC 串并联选频网络的传输系数为纯实数，即运放 6 号端子的输出信号 u_o 与 3 号端子的反馈信号 u_+ 同相，因此也满足相位条件。

2. 振荡频率

$$f_0 = \frac{1}{2\pi RC} = \frac{1}{2\pi \times 10(\text{k}\Omega) \times 0.1(\mu\text{F})} \approx 160(\text{Hz})$$

3. 稳幅措施

当同相比例电路的放大倍数 A 的值远大于 3 时，放大电路工作在非线性区，输出波形将产生严重失真。因此在负反馈支路中加入两个对向并联的二极管 VD_1 和 VD_2，当振荡幅度加大时，二极管正向电阻下降，使负反馈增强，放大倍数下降，起到自动稳幅的作用。

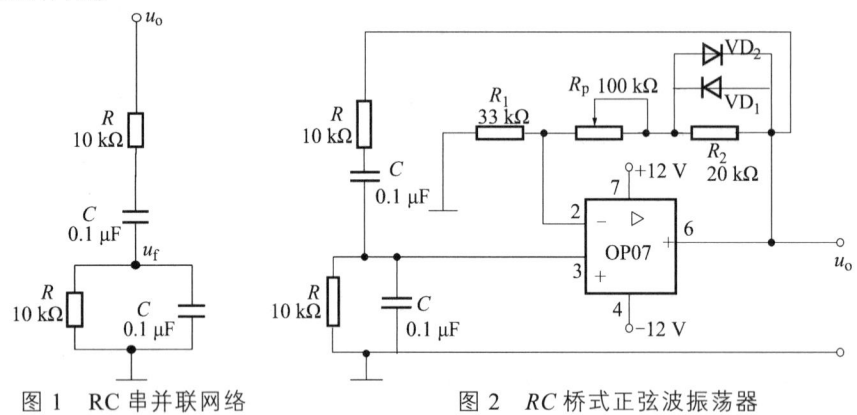

图 1　RC 串并联网络

图 2　RC 桥式正弦波振荡器

四、实验步骤

（一）测量 RC 选频网络的参数

（1）按实验原理中图 1 搭建 RC 串并联网络。

（2）函数信号发生器输出 1 kHz 正弦波信号，将正弦波信号接至 RC 串并联网络

u_o 端，作为串并联网络输入电压 u_o，把网络的输出电压 u_f 接至示波器，反复调信号发生器的频率，直到 u_f 达到最大值为止，记录此频率为串并联网络中心频率 f_0，将测试数据填入本次实验报告中的表 1，根据表 1 数据画出幅频特性曲线。

（3）将串并联网络输入信号 u_o 接至示波器的另一通道，观察 u_f 与 u_o 的幅度关系、相位关系和频率 f_0。

（二）测量放大电路的放大倍数

（1）连接模拟电路实验箱正弦波信号发生器模块的 A_1-A_2。

（2）调整信号发生器的信号频率为 1 kHz，幅度为 0.2 V，将信号源接入 B 点，信号发生器接地点与正弦波信号发生器模块的接地点连接在一起，调节 R_P，使放大电路的放大倍数 A>3。

（3）用示波器测量输入、输出信号的幅度大小，填入本次实验报告中的表 2，根据所测数据计算放大倍数。

（三）调试并测量桥式正弦振荡器

（1）按实验描述中图 2 接线，并将稳压电源的±12 V 电压接入 0P07 的 7 端和 4 端，电源的零端接电路中的地端。

（2）用示波器观察振荡器的输出波形，调节 R_P 使 u_o 为不失真的正弦波。并在示波器上测试电路的振荡频率 f_0，记入本次实验报告中的表 3，再将函数信号发生器的原输出频率在示波器上与振荡器的输出频率相比较，然后将此值与理论值进行比较。将集成运放同相输入端（3 端子）接入示波器，观察波形将截图上传至实验报告中。

（3）调节 R_P 使 u_o 变化，用示波器监视波形不失真。用示波器或者毫伏表测试 u_o 有效值的最大值、最小值。将结果填入本次实验报告中的表 4。分析振荡器的输出电压与负反馈强弱的关系。

（4）断开 VD_1、VD_2，调节 R_P 使 u_o 失真，然后接入 VD_1、VD_2 观察 u_o 波形变化。将变化波形图上传至本次实验报告中。

五、实验注意事项

（1）爱护实验设备，不得损坏各种零配件。不要用力拉扯连接线，不要随意插拔元件。

（2）实验前应先将稳压电源空载调至所需电压值后，关掉电源再接至电路，实验时再打开电源。改变电路结构前也应将电源断开，应保证电源和信号源不能出现短路。

（3）集成芯片的正负电源不要接反，各管脚连接要准确。

（4）在示波器上比较两信号幅度时，要使示波器两个通道的电压衰减器和微调控制器的位置相同。

《正弦波信号发生器》实验报告

班级_____ 姓名_____ 学号_____ 成绩_____

一、根据实验内容填写下列表格

表 1 　RC 串并联选频网络幅频特性

f/Hz	20	40	60	80	100	120	140	160	180	200	220	240	260
u_o/mV													
f_0/Hz													

表 2 　同相比例运算放大电路放大倍数

u_i	u_o	A

表 3 　振荡器参数的测试

u_o 幅度	测试值 f_0	计算值 $f_0' = \dfrac{1}{2\pi RC}$	误差 $\dfrac{f_0' - f_0}{f_0} \times 100\%$

表 4 　u_o 值与负反馈强弱的关系

u_o	u_o/V	负反馈强弱
最大值		
最小值		

二、根据实验内容完成下列简答题

1. 正弦波信号发生器的输出信号频率如何改变?

2. 分析二极管自动稳幅的原理。

3. 分析输出信号频率产生误差的主要原因。

项目四　数字电路基础知识

项目四英文、俄文版本

学习目标

（1）理解数字电子技术和模拟电子技术的概念，掌握数字信号的特点。
（2）掌握十进制、二进制等四种常用数制的表示方法和相互转换方法。
（3）掌握 BCD 码和有权码、无权码的概念。
（4）掌握基本逻辑、复合逻辑的逻辑表达式、逻辑符号及其运算规则。
（5）掌握公式法化简逻辑函数的方法，会用卡诺图法化简逻辑函数。

【引言】

　　数字电路是电子电路的重要组成部分，在现代技术的信号处理中发挥着重要的作用。数字信号是在时间和幅值上离散的信号。由 1 和 0 构成的二值逻辑信号是最常用的数字信号，它既可以代表万物的"有"和"无"，也蕴含了哲学辩证思想中的"对立"和"统一"。任何功能强大的计算机最终都是通过 1 和 0 来实现的。

　　本章讲解了数字电路的基础知识，包括常用的数制、码制、数字信号的表示方法、逻辑关系的分析、逻辑函数的运算等。

任务一　数字电路概述

一、数字电子技术的概念

　　数字电子技术是一项与电子计算机联系密切的科学技术，它是指借助一定的设备将图、文、声、像等各种信息转化为电子计算机能识别的二进制数字"0"和"1"，再进行运算、加工、存储、传送、还原等操作的技术。

　　数字电子技术最典型的应用是计算机和微处理器。数字电子技术的快速发展推动了处理器功能的不断发展和完善，掀起了一场"数字革命"。以电影为例，传统的胶片电影清晰度低，不易保存和传输。而数字电影则是把影像的光信号转换为电信号，将光强度、颜色、位置等都以数字信号的形式进行存储，可以永远保持其质量稳定，方便保存和传输。

　　随着数字电子技术的发展，工业自动化、农业现代化、办公自动化、通信网络化已经成为现实。但物理世界的绝大多数信号是模拟信号，需要把模拟信号采集、转换为数字信号之后才可以用数字电子技术处理，因此数字电子技术并不能完全代替模拟电子技术，实际的电路系统通常是模拟电路和数字电路的结合。

二、模拟信号和数字信号

信号的形式是多种多样的，例如时间、温度、压强、路程等都是在连续的时间范围内有定义且幅度连续变化的信号。如图 4-1（a）所示，这种连续变化的信号称为模拟信号，它在一定的时间范围内可以有无限多个不同的取值，处理模拟信号的电路就是模拟电路。

在时间上和幅值上都离散的信号称为数字信号。用于产生、传输和处理数字信号的电路称为数字电路。数字电路的主要研究对象是电路的输入和输出之间的逻辑关系。数字电路只有两种状态，例如电位的高与低、电流的有与无、开关的通与断等，分别用"1"和"0"表示，而"1"和"0"分别对应着数字电路中的高电平和低电平。如图 4-1（b）所示为数字信号 1110101，图 4-1（c）所示为用高电平代表 1、低电平代表 0 的数字电路的信号波形。

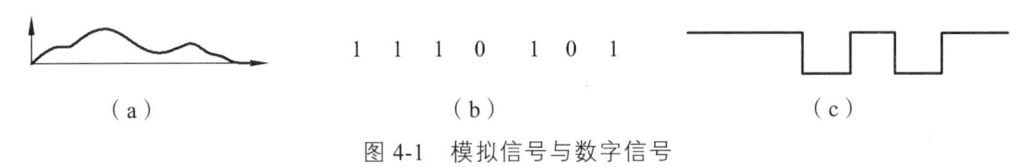

动画 模拟信号与数字信号

图 4-1 模拟信号与数字信号

三、数字信号的特点

微课 数字信号及数字电路

1. 稳定性好

模拟电路中的半导体器件、电阻、电容、运算放大器等的特性会随着温度、湿度的变化而变化，而数字电路只需分辨出信号的有、无以及电压信号的高、低，因此电路的组件参数允许有较大的变化范围。在相同的工作条件下，数字电路较模拟电路更稳定。

2. 精度高

模拟电路中元件的误差较大，如电阻器有 5%的公差，电容器公差在 20%左右；而数字电路中提高 ADC 位数、CPU 字宽和算法均可提高精度，且稳定不受干扰。

3. 可编程性

数字电路只需采用一些标准的集成电路模块单元连接即可实现相应功能，对于非标准的特殊电路还可以使用可编程逻辑阵列电路，通过编程的方法实现任意的逻辑功能。而模拟电路如果要改变电路功能就需要改变硬件设计。

4. 抗干扰

数字电路处理的是二进制信息 0 和 1，分别对应着电路的低电平和高电平，只要外界干扰在电路的噪声允许范围内，电路就可以正常工作，因此数字电路抗干扰能力较强。模拟信号和数字信号的抗干扰性如图 4-2 所示。

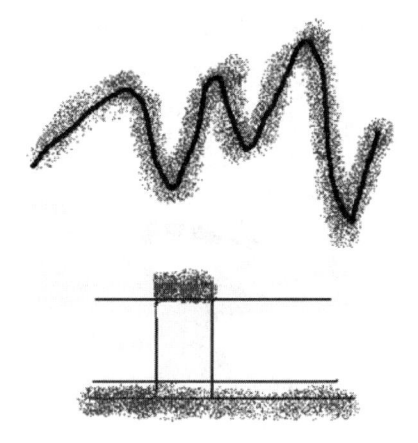

图 4-2　模拟信号和数字信号的抗干扰性

任务二　数制和码制

一、几种常用数制

微课　数制　　　　动画　数制

数制是指计数制，是用一组固定的符号和统一的规则来表示数值大小的方法。常用的数制有十进制、二进制、八进制和十六进制。

（一）十进制

十进制是我们最熟悉的数制，它的每一位用 0～9 十个数字表示。每个数码处在不同数位时所代表的数值是不同的，例如，同样使用 5、6、7 三个数码组成的三位数 567 和 765，大小是不同的，其中 5 这个数字在 567 中表示 5 个 100，而在 765 中则表示 5 个 1。十进制数 756 可表示为

$$(756)_D = 7 \times 10^2 + 5 \times 10^1 + 6 \times 10^0$$

用下标"D"或"10"来表示十进制数，其中 10^2、10^1、10^0 分别为百位、十位、个位的权。位数越高权值越重；相邻间数的关系是"逢十进一"或"借一当十"。

任意一个十进制数都可以表示为按权展开相加的形式：

$$(N)_D = K_n \cdot 10^n + K_{n-1} \cdot 10^{n-1} + \cdots + K_1 \cdot 10^1 + K_0 \cdot 10^0 + K_{-1} \cdot 10^{-1} + \cdots + K_{-m} \cdot 10^{-m}$$

$$= \sum_{i=-m}^{n-1} K_i \cdot 10^i$$

式中，K_i 为十进制基数 10 的 i 次幂的系数，它可取 0~9 中任一个数字。

系数：0、1、2、3、4、5、6、7、8、9；位权：10^i；基数：10。

（二）二进制

在数字电路中应用最广泛的是二进制。二进制数的系数 K_i 只有两个数码"0"和"1"，二进制的基数是 2，权是 2^i，二进制相邻间数的关系是"逢二进一"或"借一当二"。

用下标"B"或"2"来表示二进制数。任意一个二进制数 $(N)_B$ 都能分解成按权展开相加的形式：

$$(N)_B = K_n \cdot 2^n + K_{n-1} \cdot 2^{n-1} + \ldots + K_1 \cdot 2^1 + K_0 \cdot 2^0 + K_{-1} \cdot 2^{-1} + \ldots + K_{-m} \cdot 2^{-m}$$
$$= \sum_{i=-m}^{n-1} K_i \cdot 2^i$$

二进制最突出的优点是简单，只需用 0 和 1 两个数码，在电路中有最简洁的实现方案，即用"开"和"关"两种状态表示。

系数：0、1；位权：2^i；基数：2。

（三）十六进制

二进制所需要的位数较多，不便于书写和记忆，因此在计算机系统中经常使用十六进制数表示。

十六进制采用 0~9、A（对应十进制数 10）、B（11）、C（12）、D（13）、E（14）、F（15）十六个数码作为系数，其基数为 16，权为 16^i，相邻间数的关系是"逢十六进一"或"借一当十六"。

用下标"H"或"16"来表示十六进制数，任意一个十六进制数 $(N)_H$ 可按权展开为

$$(N)_H = \sum_{i=-m}^{n-1} K_i \cdot 16^i$$

系数：0~9，A、B、C、D、E、F；位权：16^i；基数：16。

（四）八进制

八进制数的系数有 0~7 共八个数码，其基数为 8，权为 8^i，相邻间数的关系是"逢八进一"或"借一当八"。

用下标"O"或"8"来表示八进制数，任意一个八进制数 $(N)_O$ 可按权展开为

$$(N)_O = \sum_{i=-m}^{n-1} K_i \cdot 8^i$$

系数：0~7；位权：8^i；基数：8。

二进制、八进制、十进制及十六进制四种不同数制的对照关系如表 4-1 所示。

表 4-1 数制对照表

十进制数	二进制数	八进制数	十六进制数	十进制数	二进制数	八进制数	十六进制数
0	0000	0	0	8	1000	10	8
1	0001	1	1	9	1001	11	9
2	0010	2	2	10	1010	12	A
3	0011	3	3	11	1011	13	B
4	0100	4	4	12	1100	14	C
5	0101	5	5	13	1101	15	D
6	0110	6	6	14	1110	16	E
7	0111	7	7	15	1111	17	F

二、数制之间的转换

（一）二进制、十六进制、八进制转换为十进制

任意进制转换为十进制：把每一位的任意进制数和它的权相乘再相加，便得到相应的十进制数。

【例 4-1】 将二进制数$(11101.11)_B$转换成十进制数。

解： $(11101.11)_B = 1×2^4 + 1×2^3 + 1×2^2 + 0×2^1 + 1×2^0 + 1×2^{-1} + 1×2^{-2} = (29.75)_D$

【例 4-2】 将八进制数$(64.72)_O$转换成十进制数。

解： $(64.72)_O = 6×8^1 + 4×8^0 + 7×8^{-1} + 2×8^{-2} = 48 + 4 + 0.875 + 0.125 = (53)_D$

【例 4-3】 将十六进制数$(1F6.B2)_H$转换成十进制数。

解： $(1F6.B2)_H = 1×16^2 + 15×16^1 + 6×16^0 + 11×16^{-1} + 2×16^{-2}$
$= 256 + 240 + 6 + 0.687\ 5 + 0.007\ 812\ 5 = (502.695\ 312\ 5)_D$

（二）十进制转换为二进制、十六进制、八进制

十进制数转换成二进制数时，要将十进制数的整数部分和小数部分分开进行转换。

1. 整数转换

将十进制数的整数部分除以 2，保存余数，把商再除以 2，保存余数，重复上述过程，逐位保存余数，直至最后商为 0，最后得到的余数为二进制的最高位。

【例 4-4】 将十进制数$(92)_D$转换成二进制数。

解：

```
2 | 92 ……0  ………最低位
2 | 46 ……0  ………次低位
2 | 23 ……1
2 | 11 ……1
2 |  5 ……1
2 |  2 ……0
2 |  1 ……1  ………最高位
     0       最后的商必须为0
```

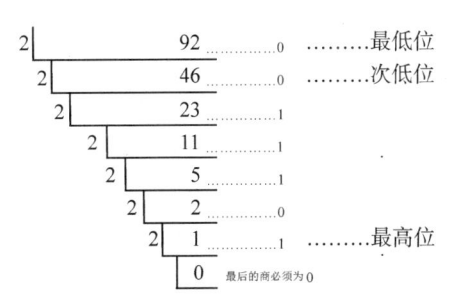

所以$(92)_D = (1011100)_B$

将一个十进制整数转换为十六进制或八进制的方法与上例一致,只需要把整数部分除以 2 改为除以 16 或 8,再由下至上取余数即可。

2. 小数转换

十进制小数部分转换成二进制采用"连乘基数取整法",乘 2,取出整数小数部分再乘以 2,直至最后乘积为 0 或达到某个精度为止,再由上至下读取整数即可。转换误差的估算:取到小数点后第 n 位,转换误差就为 2^{-n}。

【例 4-5】 将十进制小数(0.3721)$_D$ 转换成二进制数(转换误差为:2^{-8})。

解:

```
          0.3721
        ×      2
        ─────────
        (0).7442    B₋₁=0………最高位
        ×      2
        ─────────
        (1).4884    B₋₂=1
        ×      2
        ─────────
        (0).9768    B₋₃=0
        ×      2
        ─────────
        (1).9536    B₋₄=1
        ×      2
        ─────────
        (1).9072    B₋₅=1
        ×      2
        ─────────
        (1).8144    B₋₆=1
        ×      2
        ─────────
        (1).6288    B₋₇=1
        ×      2
        ─────────
        (1).2576    B₋₈=1………最低位
```

所以

$(0.3721)_D = (0.01011111)_B$

转换误差为

$2^{-8} = 1/256 = 0.0039$

将一个十进制小数部分转换为十六进制或八进制,只需要把小数部分乘 16 或 8 再取整数即可。

(三)二进制和十六进制、八进制之间的转换

严格来说,八进制数、十六进制数都可归于二进制数,因此相互转换十分方便且不存在转换误差。如八进制数每位的基数为 $8 = 2^3$,相当于三位二进制数。所以"每一位八进制数相当于三位的二进制数,每三位二进制数相当于八进制数的一位"。

【例 4-6】 将$(115.734)_O$ 转换成二进制数。

解:$(115.734)_O = (001\ 001\ 101.111\ 011\ 100)_B$

【例 4-7】 将$(111\ 001.011\ 101)_B$ 转换成八进制数。

解:$(111\ 001.011\ 101)_B = (71.35)_O$

十六进制数每位的基数为 $16 = 2^4$，相当于 4 位二进制数。因此"十六进制数的每一位相当于四位二进制数；每四位二进制数相当于十六进制数的一位"。

【例 4-8】 将 $(A6D.8F)_H$ 转换成二进制数。

解：$(A6D.8F)_H = (1010\ 0110\ 1101.1000\ 1111)_B$

【例 4-9】 将 $(1001.1011\ 0101\ 0011)_B$ 转换成十六进制数。

解：$(1001.1011\ 0101\ 0011)_B = (9.B53)_H$

将八进制数和十六进制数相互转换时，可借助二进制来完成。

三、几种常用码制

数字系统中 0 和 1 可以表示数值或者特定的信息。当表示数值时，它们代表数量的大小，而表示特定信息时，它们不代表数量大小，仅仅用于区别不同的事物，将其称之为代码。这些代码都是以一定规则编制的，编制的过程称为编码，编制的规则称为码制。

编码的形式有很多，码制也有很多，BCD 码是其中的一类。用 4 位二进制数来表示十进制数中的 0~9 十个数码，称为二-十进制码，简称 BCD（Binary Coded Decimal）码。

当采用不同的编码方案时，可以得到不同形式的 BCD 码。下面介绍几种常用的 BCD 码。

（一）常用 BCD 码

1. 8421BCD 码

8421BCD 码是最基本、最常用的有权 BCD 码，即其 4 位二进制代码中，每位二进制数码都对应有确定的位权值，即 $B_4 = 8$，$B_3 = 4$，$B_2 = 2$，$B_1 = 1$。

例如，8421BCD 码中的 1001 代表：$8 \times 1 + 4 \times 0 + 2 \times 0 + 1 \times 1 = (9)_D$。

应当指明的是，在 8421BCD 码中不允许出现 1010 ~ 1111 这 6 个代码。

2. 2421 码和 5421 码

2421BCD 码和 5421BCD 码也是有权码，它们的 0 和 9、1 和 8、2 和 7、3 和 6、4 和 5 恰好互为反码，这种特性称为自补性，在数字系统的信号传输中是很有用的。

3. 余 3 码

余 3BCD 码，是在每个 8421BCD 代码的基础上加上 $(0011)_B$ 而得到的。余 3 码各位无固定的位权，也称为无权码，用余 3 码进行加减运算比 8421BCD 码方便、快捷。

（二）格雷（Gray）码的特点及应用

代码在形成、传输的过程中，由于偶然因素会产生误码，为了减少这种误码，就要对代码的形式进行筛选，挑选出在实际传输过程中不容易出错的代码，这就是可靠性编码。

可靠性编码有许多种类,其中最突出的是格雷(Gray)码。格雷码又称循环码,它利用了 4 位二进制组成的所有十六种组合,是一种无权码。它的编码特点是任意两组相邻代码间只有一位数码不同,所以在传输过程中易被机器识别而不容易出错,是一种错误最小化代码,因此应用广泛。

常用码制如表 4-2 所示。

表 4-2 常用码制

十进制数	编码				
	有权码			无权码	
	8421BCD	2421 BCD 码	5421BCD 码	余 3 码	格雷码
0	0000	0000	0000	0011	0000
1	0001	0001	0001	0100	0001
2	0010	0010	0010	0101	0011
3	0011	0011	0011	0110	0010
4	0100	0100	0100	0111	0110
5	0101	1011	1000	1000	0111
6	0110	1100	1001	1001	0101
7	0111	1101	1010	1010	0100
8	1000	1110	1011	1011	1100
9	1001	1111	1100	1100	1101
10					1111
11					1110
12					1010
13					1011
14					1001
15					1000

任务三 逻辑代数基础

在数字系统中,当 0 和 1 不表示数值的大小,只代表事物的两种状态时,它们会按照某种特定的因果关系进行逻辑运算。逻辑运算和算数运算规则不同,逻辑运算使用的数学工具是逻辑代数(又叫布尔代数)。逻辑代数的基本运算有"与""或""非"三种。

一、逻辑代数的基本运算

(一)与逻辑和与运算

微课 与逻辑及与门   动画 与逻辑及与门

当决定某事件的全部条件同时具备时,事件才会发生,这种因果关系叫作与逻辑。如图 4-3 所示电路中,只有当开关 A、B(条件)全部闭合时灯 P(事件结果)才能点亮。

因此灯 P 的状态和开关 A、B 的接通是与逻辑关系，可以用逻辑代数中的与运算表示：

$$P=A\cdot B$$

上式称为与逻辑表达式。符号"·"表示"与逻辑"，也称为"与运算"或"逻辑乘"，读作"与"或"乘"，在不致混淆的情况下，"·"可省略，写成：

$$P = AB$$

与逻辑有多个输入变量时可写成：

$$P = A\cdot B\cdot C\cdots$$

通常，把结果发生或条件具备用逻辑 1 表示，结果不发生或条件不具备用逻辑 0 表示。在此电路中，灯亮用 1 表示，灯灭用 0 表示，开关接通用 1 表示，断开用 0 表示，可以得到与运算的运算规则：

$$0\cdot 0 = 0, \quad 0\cdot 1 = 0, \quad 1\cdot 0 = 0, \quad 1\cdot 1 = 1$$

与逻辑的运算规则可归纳为：有 0 得 0，全 1 得 1。

如图 4-4 所示为与逻辑的符号，图中 A、B 叫输入逻辑变量，P 叫输出逻辑变量(即逻辑函数)。

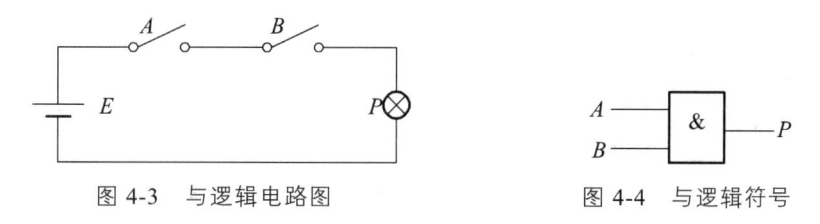

图 4-3 与逻辑电路图　　　　图 4-4 与逻辑符号

（二）或逻辑和或运算

微课　或逻辑及或门　　　　动画　或逻辑及或门

在决定某事件的条件中，只要任一条件具备，事件就会发生，这种因果关系叫作或逻辑。如图 4-5 所示电路中，只要 A、B 中有一个闭合（任一条件具备），灯 P 就会点亮（事件发生）。因此灯 P 的状态和开关 A、B 的接通是或逻辑关系，可以用逻辑代数中的或运算表示：

$$P=A+B$$

当有多个输入变量时：

$$P = A + B + C\cdots$$

符号"+"表示"或逻辑"，也称为"或运算"或"逻辑加"，读作"或"或者"加"。

同样在电路中，灯亮用 1 表示，灯灭用 0 表示，开关接通用 1 表示，断开用 0 表示，可以得到或运算的运算规则：

$$0+0=0, \quad 0+1=1, \quad 1+0=1, \quad 1+1=1$$

或逻辑的运算规则可归纳为：有1得1，全0得0。或逻辑符号如图4-6所示。

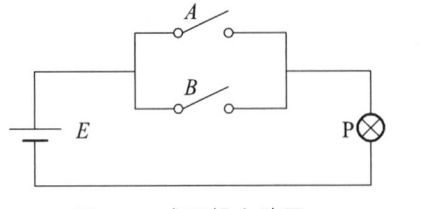

图 4-5 或逻辑电路图

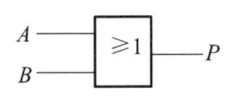

图 4-6 或逻辑符号

必须指出的是二进制运算和逻辑代数有本质的区别，二者不能混淆：
（1）二进制运算中的加法、乘法是数值的运算，所以有进位问题，如 1 + 1 = 10。
（2）"逻辑或"研究的是"0""1"两种逻辑状态的逻辑加，所以有 1 + 1 = 1。

（三）非逻辑和非运算

微课 非逻辑及非门　　　动画 非逻辑及非门

决定某事件的条件只有一个，当条件出现时，事件不发生，而当条件不出现时，事件才发生，这种因果关系叫作非逻辑。如图4-7所示电路中，开关 A 闭合（条件出现），灯 P 熄灭（事件不发生）；开关 A 断开，灯 P 点亮。因此灯 P 的状态和开关 A 的接通是非逻辑关系，可以用逻辑代数中的非运算表示：

$$P = \overline{A}$$

式中，"－"表示"非逻辑"也称"非运算"，读作"非"或者"反"。

非逻辑的基本运算规则为：$\overline{0} = 1$、$\overline{1} = 0$，非逻辑符号如图4-8所示。

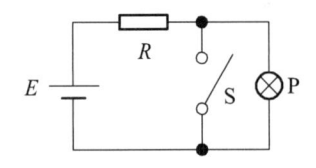

图 4-7 非逻辑电路

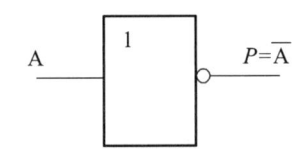

图 4-8 非逻辑符号

二、逻辑代数的复合运算

实际的逻辑问题往往比基本逻辑与、或、非复杂得多，但都可以用与、或、非组合实现，这类逻辑统称为"复合"逻辑。如"与非""或非""与或非""异或""同或"等，如表4-3所示。

微课 复合逻辑门

表 4-3 复合逻辑关系

逻辑关系	与非	或非	与或非	异或	同或
含义	条件 A、B 等都具备，则事件 P 不发生	条件 A、B 中任一具备，则事件 P 不发生	条件 A、B、C、D 中，只要 AB 与 CD 一组同时具备时，则事件 P 不发生	条件 A、B 中只要一个具备，另一个不具备，则事件 P 发生	条件 A、B 同时具备，或者同时不具备时，则事件 P 发生
逻辑表达式	$P=\overline{AB}$	$P=\overline{A+B}$	$P=\overline{AB+CD}$	$P=A\oplus B$ $=\overline{A}B+A\overline{B}$	$P=A\odot B$ $=\overline{AB}+AB$
逻辑口诀	有0得1 全1得0	全0得1 有1得0	先与再或后非	相异得1 相同得0	相同得1 相异得0
逻辑符号	(图)	(图)	(图)	(图)	(图)

国际通用符号和我们常用的逻辑符号不一样，为了方便使用，将常见的逻辑符号在表 4-4 中列出以便对照。

表 4-4 常用逻辑符号对照表

	"与"逻辑	"或"逻辑	"非"逻辑
国家标准	(图)	(图)	(图) $P=\overline{A}$
通用符号	(图)	(图)	(图)

	与非逻辑	或非逻辑	与或非逻辑	异或逻辑	同或逻辑
国家标准	(图)	(图)	(图)	(图)	(图)
通用符号	(图)	(图)	(图)	(图)	(图)

三、逻辑函数及其表示方法

(一) 逻辑函数的概念

逻辑函数像普通代数一样也可以定义自变量和因变量。如图 4-3 所描述的与逻辑电路,由两个开关 A 和 B 来控制灯 P 的亮与灭,每个开关都有两种状态:开和关,灯也有两种状态:亮和灭。灯的状态由开关的状态决定,因此 P 是关于 A 和 B 的函数,可以用记作

$$P = f(A、B)$$

式中 A、B 为自变量,P 为因变量。不同的是,普通代数中变量的取值是任意的,而逻辑变量的取值只有 0 和 1。

任何一个具体事物的因果关系都可以用一个逻辑函数来描述,例如一个三人裁判电路,其中一个主裁判,两个副裁判,规定包括一个主裁判在内的两个裁判同意则裁决结果通过。可定义 A、B、C 三个变量分别代表三个裁判的意见,令 A 为主裁判,B、C 为副裁判,F 为裁决结果。裁决结果是由三个裁判的意见决定的,因此 F 可以表示为关于 A、B、C 的逻辑函数:

$$F = f(A、B、C)$$

(二)逻辑函数的表示方法

逻辑函数的常用表示方法有真值表、逻辑函数表达式和逻辑电路图等。

1. 真值表

真值表表示逻辑事件的输入和输出之间全部可能状态的表格。仍以三人裁判电路为例,A 为主裁判,B、C 为副裁判,用 1 和 0 来代表其同意和不同意,F 为裁决结果,用 1 和 0 代表裁决通过和不通过。根据逻辑关系可以列出真值表,如表 4-5 所示。从这个真值表中可以看出裁决结果和裁判的意见之间的逻辑关系。

表 4-5 裁判电路真值表

A	B	C	F
0	0	0	0
0	0	1	0
0	1	0	0
0	1	1	0
1	0	0	0
1	0	1	1
1	1	0	1
1	1	1	1

2. 逻辑函数表达式

根据逻辑功能可知,两副裁判只需一个同意,但主裁判必须同意裁决结果才能通过。因此,两副裁判之间形成或逻辑关系,副裁判的意见和主裁判的意见之间形成与逻辑函数,则根据与逻辑和或逻辑的定义可以得到:

$$F = A(B+C)$$

3. 逻辑电路图

将逻辑函数式中的与、或、非等各种逻辑关系用相应的逻辑符号表示出来就可以

得到逻辑电路图。式 $F = A(B+C)$ 中，B 和 C 是或逻辑关系，可以连接在同一个或逻辑门的输入端，它们相或的结果和 A 形成了与逻辑，因此或门的输出和 A 再连接与门即可，逻辑电路如图 4-9 所示。

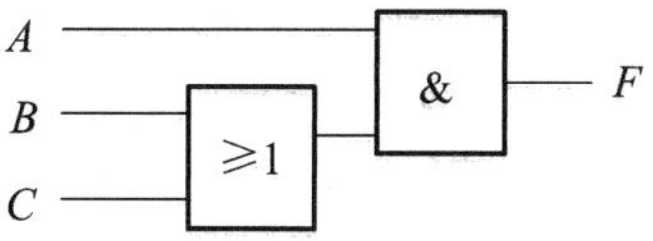

图 4-9　三人裁决逻辑电路图

逻辑函数的各种表达方式之间是可以相互转换的。

任务四　逻辑函数的化简

一、逻辑代数的基本定律和规则

（一）基本定律

表 4-6 给出了逻辑代数中的基本定律。这些定律反映了逻辑代数运算的基本规律，均可作为公式使用。

微课　逻辑代数的基本定律及基本规则

表 4-6　逻辑代数基本规律

定律名称	逻辑代数表达式
重叠律	$A + A = A$；$A \cdot A = A$
交换律	$A \cdot B = B \cdot A$；$A + B = B + A$
互补律	$A \cdot \overline{A} = 0$；$A + \overline{A} = 1$
0-1 律	$A \cdot 1 = A$；$A \cdot 0 = 0$；$A+1=1$；$A+0=A$
结合律	$A \cdot (B \cdot C) = (A \cdot B) \cdot C$；$A + (B + C) = (A + B) + C$
分配律	$A(B + C) = AB + AC$；※ $A + BC = (A + B)(A + C)$
吸收律	$(A+B)(A+\overline{B}) = A$；$AB + A\overline{B} = A$；$A + AB = A$； ※ $A(A + B) = A$；　$A(\overline{A} + B) = AB$；　※ $A + \overline{A}B = A + B$
多余项吸收律 （消除冗余项）	※ $(A + B)(\overline{A} + C)(B + C) = (A + B)(\overline{A} + C)$； ※ $AB + \overline{A}C + BC = AB + \overline{A}C$
反演律 （狄·摩根定律）	※ $\overline{AB} = \overline{A} + \overline{B}$；※ $\overline{A + B} = \overline{A} \cdot \overline{B}$
否定律	※ $\overline{\overline{A}} = A$

注：※ 表示在逻辑代数中特有的定律，使用时需要特别注意。

【例 4-10】　证明 $AB + A\overline{B} = A$。

解：$AB + A\overline{B}$
$= A(B + \overline{B})$
$= A$

【例 4-11】　证明 $A + \overline{A}B = A + B$。

解：$A + \overline{A}B$

$$= A + AB + \overline{A}B$$
$$= A + (A + \overline{A})B$$
$$= A + B$$

在进行逻辑函数的化简的时候，可以使用这些基本公式。

(二) 基本规则

在逻辑代数中有三条重要规则，依据规则能用已知公式推导得到更多的公式，为公式法化简提供便利。

1. 代入规则

在任何一个含有变量 A 的等式中，如果将所有出现变量 A 的地方都用逻辑函数 F 来取代，则等式仍然成立，此规则称为代入规则。

例如，在 $AB + A\overline{B} = A$ 中，用 $F = AC$ 来代替所有的 A，则可得

$$ABC + A\overline{B}C = AC$$

2. 反演规则

对逻辑函数 P 取"非"（即求其反函数 $\overline{P}$）称为"反演"。运用反演规则可很方便地求出逻辑函数的反函数。

反演规则规定：

$$P \begin{cases} \text{运算符} \begin{cases} \cdot \rightarrow + \\ + \rightarrow \cdot \end{cases} \\ \text{变量} \begin{cases} \text{原变量} \rightarrow \text{反变量} \\ \text{反变量} \rightarrow \text{原变量} \end{cases} \\ \text{常量} \begin{cases} 0 \rightarrow 1 \\ 1 \rightarrow 0 \end{cases} \end{cases} \xrightarrow{\text{置换后}} \overline{P}$$

利用反演规则求反函数十分方便，但要注意两点：
（1）置换时要保持原式中的运算优先级次序。
（2）不在"单个"变量上面的"非"号应保持不变。

【例 4-12】 已知 $P = \overline{A}\ \overline{B} + CD$，求 $\overline{P}$。

解：根据反演规则直接求出 $\overline{P} = (A+B)(\overline{C}+\overline{D})$

反演规则实际上是反演律的推广，但反演规则更广泛、更方便。

3. 对偶规则

设 P 是一个逻辑函数表达式，将 P 中所有的

$$P \begin{cases} \text{运算符} \begin{cases} \cdot \rightarrow + \\ + \rightarrow \cdot \end{cases} \\ \text{常量} \begin{cases} 0 \rightarrow 1 \\ 1 \rightarrow 0 \end{cases} \end{cases} \xrightarrow{\text{置换后}} P^*$$

置换后，得到一个新的逻辑函数表达式 P^*，P^* 就是 P 的对偶式。

在置换时要注意两点：

（1）保持原式中的运算优先级次序。

（2）P 的对偶式 P^* 没有原反变量的变换，与反函数 $\bar{P}$ 不同。

【例 4-13】 已知 $P = A \cdot \bar{B} + A(C + 0)$，求 P^*。

解： $P^* = (A + \bar{B})(A + C \cdot 1)$

值得注意的是，如果两个逻辑函数 P 和 G 相等，那么它们的对偶式 P^* 和 G^* 必相等，这就是对偶规则。

例如，$A + \bar{A}B = A + B$ 成立，则它的对偶式 $A(\bar{A} + B) = AB$ 也成立。

二、逻辑函数的公式化简法

（一）逻辑函数的最简形式

同一个逻辑函数的表达式不是唯一的。表达式越简单，它表示的逻辑关系越明显，实现时所需的电子器件就越少。这样既可以降低成本，又可以减少故障源。

逻辑函数的形式不一，但使用最多的是与-或表达式，因此化简的时候常常把逻辑函数化简成最简与-或表达式的形式，也可根据电路和实际情况的需要化简成其他形式。常见逻辑函数的形式如表 4-7 所示。

表 4-7 逻辑函数的形式

表达式	类型
$F = AB + \bar{A}C$	与或型
$F = \overline{A\bar{B}} + \overline{\bar{A}C}$	与或非型
$F = \overline{AB} \cdot \overline{AC}$	与非与非型
$F = (\bar{A} + B)(A + C)$	或与型
$F = \overline{\bar{A} + B} + \overline{A + C}$	或非或非型

例如，对于逻辑函数式：

$$\begin{aligned} P &= AB + \bar{A}C + \bar{B}C \\ &= AB + (\bar{A} + \bar{B})C \\ &= AB + \overline{AB}C \\ &= AB + C \end{aligned}$$

逻辑函数化简前后的电路如图 4-10 所示。

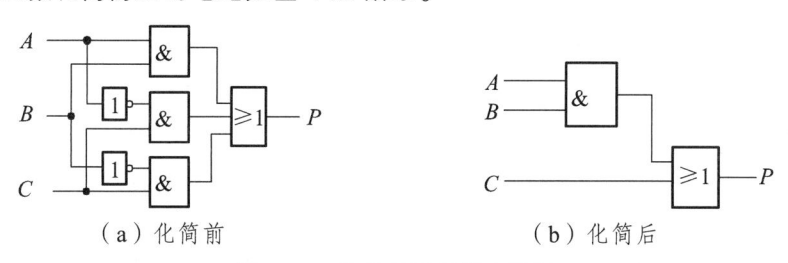

（a）化简前　　　　　　　　（b）化简后

图 4-10 化简前后逻辑电路图

(二)逻辑函数的化简方法

公式化简法是运用逻辑代数的基本定律和常用公式化简逻辑函数的方法,是最常用的化简法之一。使用这种方法需要熟练掌握逻辑函数的基本定律和基本公式。

一般来说,逻辑函数化简的目标是:

(1)函数式中或运算的项不能再减少。

(2)各项中与运算的因子不能再减少。

此时的函数表达式就是一个最简单的与-或表达式。

微课 逻辑函数的公式化简法

逻辑函数中"与"项数最少,则逻辑门数最少,需要的集成电路数量最少;每个"与"项中变量数最少,则集成电路之间连线也最少。

常用的公式化简方法如下:

1. 并项法

利用公式 $A + \bar{A} = 1$,将两项合并,并消去一个变量。

【例4-14】 试用并项法化简下列逻辑函数式。

$$L = A(BC + \bar{B}\,\bar{C}) + A(B\bar{C} + \bar{B}C)$$

解:$L = ABC + A\bar{B}\,\bar{C} + AB\bar{C} + A\bar{B}C$

$\qquad = AB(C + \bar{C}) + A\bar{B}(C + \bar{C})$

$\qquad = A(B + \bar{B}) = A$

2. 吸收法

利用公式 $A + AB = A$,吸收多余的项(冗余项),根据代入规则,A、B 可以是任意一个逻辑函数。

【例4-15】 试用吸收法化简下列逻辑函数:

$$Y = AB + \bar{A}C + BC$$

解:$Y = AB + \bar{A}C + (A + \bar{A})BC$

$\qquad = AB + \bar{A}C + ABC + \bar{A}BC$

$\qquad = AB(1 + C) + \bar{A}C(1 + B)$

$\qquad = AB + \bar{A}C$

3. 消元法

利用公式 $A + \bar{A}B = A + B$,消去多余的变量。

【例4-16】 试用消元法化简下列逻辑函数:

$$L = \overline{AB} + AC + BD$$

解:$L = \bar{A} + \bar{B} + AC + BD$

$\qquad = \bar{A} + \bar{B} + C + D$

4. 配项法

当不能直接利用基本定律时,可先利用基本定律配项后再化简。

【例 4-17】 试用配项法化简下列逻辑函数表达式：
$$L = AB + \bar{A}\bar{C} + B\bar{C}$$
解：$L = AB + \bar{A}\bar{C} + (A+\bar{A})B\bar{C}$
$= AB + \bar{A}\bar{C} + AB\bar{C} + \bar{A}B\bar{C}$
$= (AB + AB\bar{C}) + (\bar{A}\bar{C} + \bar{A}\bar{C}B)$
$= AB + \bar{A}\bar{C}$

【例 4-18】 化简 $Y = ACE + \bar{A}BE + \bar{B}\bar{C}\bar{D} + BCE + DCE + \bar{A}E$
解：$Y = E(AC + \bar{A}B + BC + DC + \bar{A}) + \bar{B}\bar{C}\bar{D}$
$= E(C + B + D + \bar{A}) + \bar{B}\bar{C}\bar{D}$（吸收法、消元法）
$= E(B + C + D) + \bar{A}E + \bar{B}\bar{C}\bar{D}$（分配律）
$= E\overline{\bar{B}\bar{C}\bar{D}} + \bar{A}E + \bar{B}\bar{C}\bar{D}$（反演律）
$= E + \bar{A}E + \bar{B}\bar{C}\bar{D}$（消元法）
$= E + \bar{B}\bar{C}\bar{D}$

思考：$F = \bar{A}BC + A\bar{B}C + AB\bar{C} + ABC$ 如何化简？

逻辑函数化简的途径并不是唯一的，上述方法可以任意组合或综合运用。

三、逻辑函数的卡诺图化简法

（一）最小项

微课 最小项与逻辑函数　　动画 最小项

所谓最小项是这样一个乘积项：该乘积项包含逻辑函数的全部输入变量，每个变量以原变量或反变量的形式出现且仅出现一次。

包含 n 个变量的函数，共有 2^n 个不同的取值组合，所以有 2^n 个最小项。对于三变量 A、B、C 来说，有 $2^3 = 8$ 个最小项。为表达和书写方便，通常用"m_i"表示最小项，表 4-8 列出了三变量的所有最小项。

表 4-8　三变量对应的最小项

A	B	C	对应最小项（m_i）
0	0	0	$\bar{A}\bar{B}\bar{C} = m_0$
0	0	1	$\bar{A}\bar{B}C = m_1$
0	1	0	$\bar{A}B\bar{C} = m_2$
0	1	1	$\bar{A}BC = m_3$
1	0	0	$A\bar{B}\bar{C} = m_4$
1	0	1	$A\bar{B}C = m_5$
1	1	0	$AB\bar{C} = m_6$
1	1	1	$ABC = m_7$

（二）逻辑函数的最小项表达式

由若干个最小项相加构成的"与-或"表达式被称为最小项表达式，也是"与-或"表达式的标准形式，因此也被称为"标准与-或式"。标准与-或式是唯一的。

例如：$P = ABC + AB\overline{C} + \overline{A}BC + \overline{A}\,\overline{B}C$ 可以简写成：

$$P(A、B、C) = m_7 + m_6 + m_3 + m_1 = \sum m(1,3,6,7)$$

【例 4-19】 将 $P = A\overline{B} + AB\overline{C}$ 展开成最小项表达式。

解：依题意列出其真值表，如表 4-9 所示，再由真值表写出最小项表达式为

$$P = A\overline{B}C + A\overline{B}\,\overline{C} + AB\overline{C} = m_4 + m_5 + m_6 = \sum m(4,5,6)$$

表 4-9　例 4-19 的真值表

A	B	C	P
0	0	0	0
0	0	1	0
0	1	0	0
0	1	1	0
1	0	0	1
1	0	1	1
1	1	0	1
1	1	1	0

（三）卡诺图

微课　用卡诺图表示逻辑函数　　　动画　用卡诺图表示逻辑函数

卡诺图是逻辑函数所有最小项按相邻原则排列而成的方块图。

相邻原则：几何上邻接的小方格所代表的最小项，只有一个变量互为反变量，其他变量都相同。

绘制卡诺图，需将逻辑函数所有变量分成纵、横两组，每一组变量取值组合按循环码排列，即相邻两组之间只有一个变量取值不同。例如，两变量的 4 种取值应按 00→01→11→10 排列。要特别注意的是，头、尾两组取值也是相邻的。

下面给出二变量、三变量和四变量卡诺图，如图 4-11 所示。

A\B	0	1
0	m_0	m_1
1	m_2	m_3

A\BC	00	01	11	10
0	m_0	m_1	m_3	m_2
1	m_4	m_5	m_7	m_6

AB\CD	00	01	11	10
00	m_0	m_1	m_3	m_2
01	m_4	m_5	m_7	m_6
11	m_{12}	m_{13}	m_{15}	m_{14}
10	m_8	m_9	m_{11}	m_{10}

（a）二变量卡诺图　　　（b）三变量卡诺图　　　（c）四变量卡诺图

图 4-11　卡诺图

（四）用卡诺图表示逻辑函数

由于任意一个 n 变量的逻辑函数都能变换成最小项表达式，而 n 变量的卡诺图包含了 n 个变量的所有最小项，所以卡诺图与逻辑函数存在一一对应的关系，n 变量的卡诺图可以表示 n 变量的任意一个逻辑函数。

例如，一个三变量的逻辑函数 $F(A、B、C) = \sum m(2,4,5)$，可以在三变量卡诺图的 m_2、m_4、m_5 的小方格中填写 1 来标记，其余各小方格填 0（或者什么也不填），如图 4-12 所示，填"1"格的含义是当函数的变量取值与该小方格代表的最小项相同时，函数值为 1。

A\BC	00	01	11	10
0	0	0	0	1
1	1	1	0	0

图 4-12 三变量函数 F 卡诺图

对于一个非标准的逻辑函数表达式（即不是最小项形式的表达式），通常需要将逻辑函数变换成最小项表达式后再填图。

【例 4-20】 完成逻辑函数 $P = A\bar{B}C + \bar{A}BD + AD$ 的卡诺图。

解： 原式 $= A\bar{B}C(D+\bar{D}) + \bar{A}BD(C+\bar{C}) + AD(B+\bar{B})$
$= A\bar{B}CD + A\bar{B}C\bar{D} + \bar{A}BCD + \bar{A}B\bar{C}D + ABD(C+\bar{C}) + A\bar{B}D(C+\bar{C})$
$= A\bar{B}CD + A\bar{B}C\bar{D} + \bar{A}BCD + \bar{A}B\bar{C}D + ABCD + AB\bar{C}D + A\bar{B}\bar{C}D$
$= \sum m(5,7,9,10,11,13,15)$

将上述表达式填入卡诺图，如图 4-13 所示。

AB\CD	00	01	11	10
00				
01		1	1	
11		1	1	
10		1	1	1

图 4-13 例 4-20 卡诺图

（五）利用卡诺图化简逻辑函数

微课 用卡诺图化简逻辑函数　　动画 用卡诺图化简逻辑函数

用公式法化简逻辑函数时，可以利用公式 $AB + A\bar{B} = A$ 将两个乘积项进行合并。该公式表明两个具有"相邻性"的乘积项，相同部分将保留，而不同部分将被吸收。

在卡诺图中，两个相邻项合并，可以消去一个相异的变量；四个相邻项合并为一项时，可以消去两个相异变量；八个相邻项合并为一项时，可消去三个相异变量，以此类推。由此可得出合并最小项的规律是：2^n 个相邻项合并为一项时，可以消去 n 个相异变量，n 可以取 1、2、3、……正整数。

1. 卡诺图化简的步骤

卡诺图化简方法的关键是圈画最大公因圈。最大公因圈必须按 2^n 个方格来圈画，最大公因圈必须均被"1"填满，否则，应按规定缩小公因圈的圈画范围。

下面以三变量、四变量卡诺图为例，说明卡诺图化简的步骤。

【例 4-21】 试化简 $F(A、B、C、D) = \bar{B}CD + \bar{A}\,\bar{C}D + A\bar{B}C + AB\bar{D} + B\bar{C}$

解：第一步：依题意画出四变量卡诺图，并将逻辑函数填入卡诺图。如图 4-14 所示。

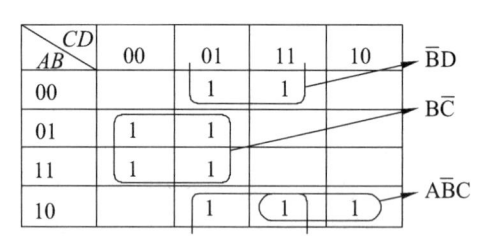

CD AB	00	01	11	10	
00			1	1	— $\bar{B}D$
01	1	1			— $B\bar{C}$
11	1	1			
10		1	1	1	— $AB\bar{C}$

图 4-14 例 4-21 卡诺图

第二步：正确圈画（合并）最小项，如图示可圈画三个公因圈，写出每一公因圈对应的与项。

第三步：将每个公因圈所表示（只找出相同的变量，相异的变量不管）的与项逻辑加，就可得到逻辑函数的最简"与-或"表达式。

得出化简结果为 $F = \bar{B}D + B\bar{C} + AB\bar{C}$

2. 圈画公因圈的原则

（1）公因圈必须要覆盖逻辑函数所有含"1"的最小项。

（2）要保证公因圈的圈数尽可能少，使"与-或"表达式中的与项个数最少。

（3）要保证公因圈尽可能大，以消去更多的变量，使合并后的与项中变量数最少。

（4）每个公因圈中至少有一个最小项是没有被其他公因圈圈画过的（保证每个公因圈都是独立的），避免产生冗余项。

（5）最后剩下没有公共项的孤立的"1"单独画圈。

项目小结

本章学习了数字电路的基本概念、基本逻辑关系和基本逻辑门，重点是数字逻辑关系的功能、逻辑函数的表示方法及逻辑函数的化简方法。

数字信号具有时间和幅值的离散性，数字电子技术是研究数字信号产生和处理的电子技术。

数制和码制是数字电路中表征数字信号的基本体制，必须正确理解数制和码制的概念，并熟练掌握十进制、二进制、十六进制间的转换方法；掌握常用8421BCD码、5421BCD码（有权）、余3BCD码的表示形式；掌握格雷码的特点和表示形式。

事物的"因果"控制关系称为逻辑关系。最基本的逻辑关系有"与""或""非"三种，用来实现三种基本逻辑关系的电路分别称为与门、或门和非门；由它们可以组成常用的复合逻辑门。

逻辑关系可用真值表、逻辑电路图、逻辑表达式、卡诺图等方式描述，它们之间可以相互转换。真值表是描述逻辑关系的常用方法，它以表格的形式表示函数输出和输入逻辑变量之间的逻辑关系，真值表具有直观、明显、唯一性等优点。

常用的逻辑函数简化有两种方法：公式法和卡诺图法。公式法化简的优点是不受任何条件的限制，但必须建立在熟练掌握逻辑代数基本公式和定律的基础上，需要一定灵活运用的技巧，难度较高。卡诺图是逻辑函数最小项的方格图表示法。卡诺图化简的优点是简单、直观、易于掌握。

思考与练习

4-1 填空题

1. $(110010111)_B = ($　　$)_D = ($　　$)_H = ($　　$)_O$
2. $(101011.110)_B = ($　　$)_D = ($　　$)_H = ($　　$)_O$
3. $(45)_D = ($　　$)_B = ($　　$)_H = ($　　$)_O$
4. $(127.815)_D = ($　　$)_B = ($　　$)_H = ($　　$)_O$
5. $(456)_D = ($　　$)_{8421} = ($　　$)_{余3}$
6. $(58.09)_D = ($　　$)_{8421} = ($　　$)_{余3}$
7. $(010000000111)_{8421} = ($　　$)_{BCD} = ($　　$)_{余3}$
8. 数字信号的特点是在_____上和_____上都不是连续变化的，其高电平和低电平常用____和____来表示。
9. 各种数制数码个数被称为____，同一数码在不同数位所代表的____不同。
10. 十进制整数转换成二进制时采用_____法；十进制小数转换成二进制时采用_____法。
11. 在逻辑代数中，有____、____、____三种基本逻辑运算。
12. "只有当一件事的所有条件全部具备，这件事才发生"，这种关系称为____逻辑。
13. 具有"相异得1，相同得0"功能的逻辑门是____门，它的逻辑反是____门。
14. 最简与或表达式是指在表达式中_____最少，且每个与项中____也最少。
15. N变量逻辑函数的最小项有____个。

4-2 选择题

1. 以下代码中是无权码的为（　　）。
   A. 8421BCD码　　B. 5421BCD码　　C. 余三码　　D. 2421BCD码

2. 十进制数 37 转换为二进制数为（   ）。

   A. 100101　　　B. 100100　　　C. 101001　　　D. 100111

3. 一位十六进制数可以用（   ）位二进制数来表示。

   A. 2　　　　　B. 4　　　　　C. 6　　　　　D. 8

4. 具有"有1得0、全0得1"功能的逻辑门是（   ）。

   A. 与非门　　　B. 或非门　　　C. 异或门　　　D. 同或门

5. 与门电路的逻辑功能是（   ）。

   A. 有 0 得 0，全 1 得 1　　　　　B. 有 0 得 1，全 1 得 0
   C. 有 1 得 1，全 0 得 0　　　　　D. 有 1 得 0，全 0 得 1

6. 或门电路的逻辑功能是（   ）。

   A. 有 0 得 0，全 1 得 1　　　　　B. 有 0 得 1，全 1 得 0
   C. 有 1 得 1，全 0 得 0　　　　　D. 有 1 得 0，全 0 得 1

7. 同或门的逻辑功能是（   ）。

   A. 有 0 得 1，全 1 得 0　　　　　B. 有 1 得 0，全 0 得 1
   C. 相同得 1，相异得 0　　　　　D. 相异得 1，相同得 0

8. 在逻辑运算中，不存在的运算是（   ）。

   A. 逻辑加　　　B. 逻辑减　　　C. 逻辑与或　　　D. 逻辑乘

9. 下列各式中哪个是三变量 A、B、C 逻辑函数的最小项（   ）。

   A. $A+B+C$　　　B. $A+BC$　　　C. ABC　　　D. $AB+C$

10. 关于卡诺图化简，以下叙述正确的是（   ）。

    A. 圈越大越好，个数越少越好，同一个"1"方块只允许圈一次
    B. 圈越大越好，个数越少越好，同一个"1"方块允许圈多次
    C. 圈越小越好，个数越多越好，同一个"1"方块允许圈一次
    D. 圈越小越好，个数越多越好，同一个"1"方块允许圈多次

4-3 判断题

1. 凡在数值上和时间上都连续变化的信号是数字信号。　　　　　　　（   ）
2. 逻辑运算是0和1逻辑代码的运算，二进制运算也是0、1数码的运算,这两种运算是一样的。　　　　　　　　　　　　　　　　　　　　　　　　　　（   ）
3. 因为逻辑表达式 $A+B+AB=A+B$ 成立，所以 $AB=0$。　　　　　（   ）
4. 数字电路的研究对象是电路的输入与输出之间的逻辑关系。　　　（   ）
5. 逻辑电路中，必须用1表示高电平，0表示低电平。　　　　　　　（   ）

4-4 综合应用题

1. 写出如图4-15所示逻辑函数的表达式。
2. 画出能描述 $F=AB+AC$ 的逻辑图。
3. 画出能描述 $F = AB + \overline{AC}$ 的逻辑图。
4. 列出下列函数的真值表：

   （1） $P = A\overline{C} + BC + \overline{B}\,\overline{C}$；

   （2） $P = \overline{ABC}$；

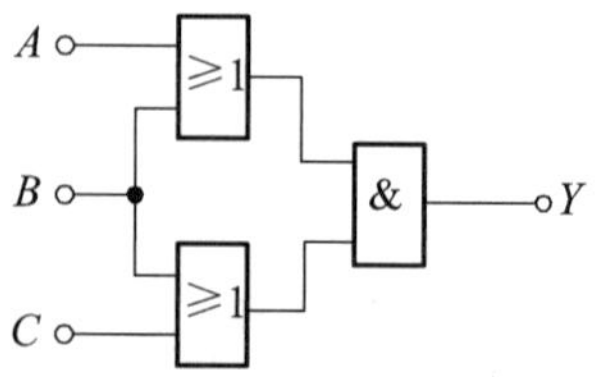

图 4-15　习题 4-4（1）用图

（3） $P = AB + \overline{B}C + AC\overline{D}$ 。

5. 用真值表证明下列等式成立：

（1） $AB + A\overline{B} = A$ ；

（2） $A + AB = A$ ；

（3） $A + \overline{A}B = A + B$ 。

6. 用公式和运算规则证明下列等式成立：

（1） $ABC + \overline{A}BC + A\overline{B}C = AC + BC$ ；

（2） $(A+B)(\overline{A}+C)(B+C+D) = (A+B)(\overline{A}+C)$ 。

7. 用公式法把下列逻辑函数化简为最简与-或式：

（1） $F = ABC + AB\overline{C} + \overline{A}B$ ；

（2） $F = AB + CD + A\overline{B} + \overline{C}D$ ；

（3） $F = \overline{A}\,\overline{B}\,\overline{C} + \overline{A}B\overline{C} + A\overline{B}\,\overline{C} + AB\,\overline{C}$ 。

8. 用卡诺图化简下列函数。

（1） $P = ABC + ABD + \overline{C}\,\overline{D} + \overline{A}BC + \overline{A}C\overline{D} + \overline{A}CD$ ；

（2） $P(A,B,C) = \sum m(0,1,2,5)$ ；

（3） $P(A,B,C,D) = \sum m(0,1,4,7,10,13,14,15)$ 。

项目五　组合逻辑电路

项目五英文、俄文版本

学习目标

（1）掌握二极管、三极管的开关特性。
（2）掌握集成门电路的使用方法和主要性能指标。
（3）掌握组合逻辑电路分析、设计的步骤和方法。
（4）了解集成编码器、数据选择器、加法器、比较器、显示译码器的功能和使用方法。
（5）掌握集成译码器的工作原理和使用集成译码器实现组合逻辑电路的方法。
（6）了解中规模集成电路（MSI）组合逻辑电路的分析方法。

【引言】

数字逻辑电路按其逻辑功能特点可分为两大类：组合逻辑电路和时序逻辑电路。组合逻辑电路是指：电路任意时刻的输出，仅取决于该时刻输入信号的组合，而与信号作用前电路的状态无关。组合逻辑电路中只有输入到输出的通道，不存在从输出到输入的反馈通路，不存在记忆元件或存储电路。

逻辑门电路是构成各种数字电路的基本逻辑单元。每个门电路都有其固定的功能，只有所有功能加在一起，才能构成一套完整的逻辑，"积跬步，至千里"。因此，掌握各种门电路的逻辑功能和电气特性，正确看待"个体"与"整体"的辩证关系，对于使用数字集成电路是十分重要的。

本项目主要介绍集成逻辑门的使用方法和主要性能指标，结合实例着重讨论了小规模集成电路（SSI）构成组合逻辑电路的分析和设计方法以及几种中规模集成组合逻辑器件，如编码器、译码器、数据选择器、加法器和数值比较器等，并讨论了它们在火灾探测、裁决电路、数码显示等方面的应用。

任务一　分立元件门电路

分立元件门电路就是由二极管、三极管、MOS 管构成单元电路。在数字脉冲的作用下，数字电路中的二极管、三极管、MOS 管工作在开关状态，相当于开关的闭合和断开。

一、二极管的开关特性

微课 二极管的开关特性　　动画 二极管的开关特性

硅二极管的伏安特性曲线如图 5-1（a）所示。从曲线可以看出，当外加正向电压大于 0.5 V 时，二极管开始导通。当正向电压大于 0.7 V 时，曲线变得相当陡峭。一般认为二极管正向导通时，正向压降很小，基本上稳定在 0.7 V 左右，其正向导通电阻很小（为几欧姆～几十欧姆）。所以，二极管正向导通时，相当于开关处于闭合状态。

（a）　（b）

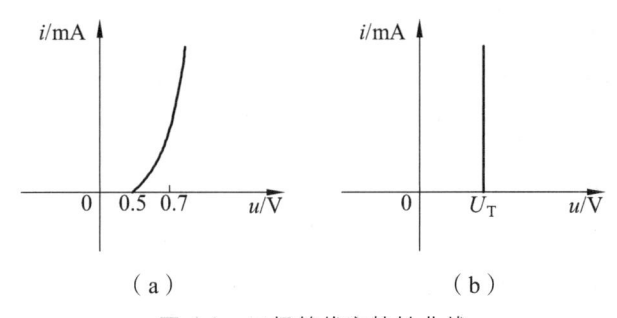

图 5-1　二极管伏安特性曲线

当加在二极管两端的正向电压小于 0.5 V 或者加反向电压时（不考虑反向击穿），二极管截止，反向电流极小，反向电阻很大（几百千欧）。此时，二极管近似于开路，相当于开关处于断开状态。

因为二极管作为开关使用时，大多工作在大信号状态，所以经常将其伏安特性曲线理想化，并用开关等效电路代替。图 5-1（b）所示就是理想化的特性曲线，其中 U_T 为开启电压，硅管约为 0.7 V，锗管约为 0.3 V。二极管的开关等效电路如图 5-2 所示，导通时二极管可等效成一个具有压降 U_D 的闭合开关，截止时二极管可等效为一个断开的开关。

（a）导通时　（b）截止时

图 5-2　二极管的开关等效电路

二、三极管的开关特性

微课 晶体管的开关特性　　动画 晶体管的开关特性

在数字电路中，晶体三极管工作在饱和与截止两种状态，并在这两种状态之间进行快速转换。三极管的电路与输出特性曲线如图 5-3 所示。

(a) 电路　　　　　　　　(b) 输出特性曲线

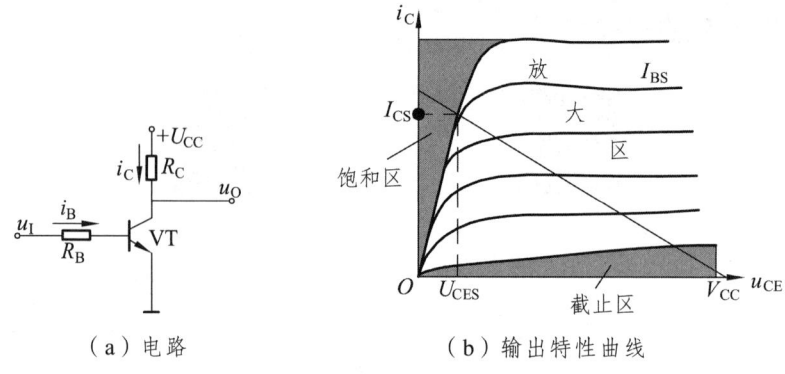

图 5-3　三极管的三种工作状态

（一）截止状态

当发射结和集电结均为反偏时，三极管处于截止状态，三极管的三个极可视为断开，其等效电路如图 5-4（a）所示。

（二）饱和状态

当发射结和集电结均为正偏时，三极管处于饱和状态，三极管无放大能力，集电极和发射极之间的压降 U_{CES} 很小（硅管一般为 0.3 V，锗管一般为 0.1 V），此状态可视为开关闭合，其等效电路如图 5-4（b）所示。

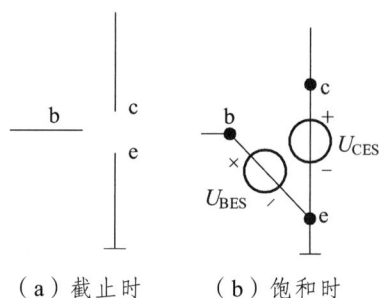

(a) 截止时　　（b) 饱和时

图 5-4　三极管开关等效电路

三、二极管与门电路

图 5-5（a）所示是由二极管组成的与门电路，图 5-5（b）是其逻辑符号。图中的 A、B 是输入端，F 为输出端。输入信号高电平为 3 V，低电平为 0 V，电源电压 U_{CC} 为 +12 V。通过简单的分析就可以得到输入和输出电压之间的关系，如表 5-1 所示。分析时需要注意的是二极管优先导通的特点，即并联的两个二极管中，两端电压差大的优先导通。

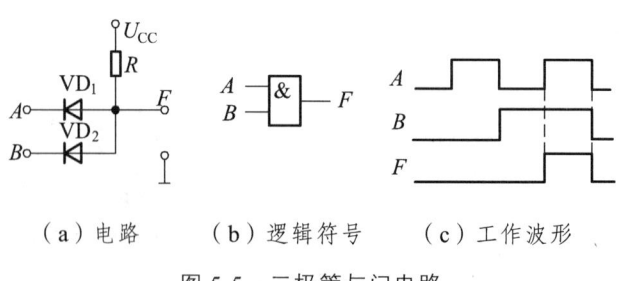

(a) 电路　　（b) 逻辑符号　　（c) 工作波形

图 5-5　二极管与门电路

表 5-1　与门电路输入和输出电压的关系

A	B	F
0 V	0 V	0.7 V
0 V	3 V	0.7 V
3 V	0 V	0.7 V
3 V	3 V	3.7 V

表 5-2　与门电路的逻辑真值表

A	B	F
0	0	0
0	1	0
1	0	0
1	1	1

如果用逻辑 1 表示高电平（+3 V 以上），用逻辑 0 表示低电平（0.7 V 以下），就可以列出与门电路的真值表，如表 5-2 所示。

从表 5-2 中可以看出，图 5-5（a）所示电路可以实现与逻辑功能，其逻辑表达式为 $F = AB$。图 5-5（c）是与门电路的工作波形。

四、二极管或门电路

图 5-6（a）是一个由二极管组成的或门电路，图 5-6（b）是其逻辑符号。按照上面分析与门电路的方法，规定逻辑 1 表示高电平（+3 V 以上），逻辑 0 表示低电平（0.7 V 以下），就可以得到或门电路的真值表，如表 5-3 所示。

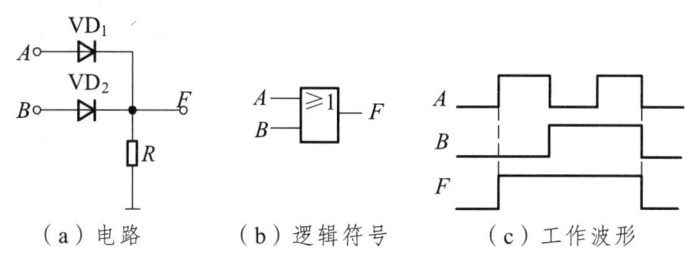

（a）电路　　（b）逻辑符号　　（c）工作波形

图 5-6　二极管或门电路

表 5-3　或门电路的逻辑真值表

A	B	F
0	0	0
0	1	1
1	0	1
1	1	1

五、三极管非门电路

图 5-7（a）所示为一个基本非门（反相器）电路，图 5-7（b）所示为非门的逻辑符号。如果输入信号为高电平，三极管饱和，输出为低电平（约 0.3 V）；输入信号为低电平时，三极管截止，输出为高电平（约为 $+U_{CC}$）。如果规定逻辑 1 表示高电平、逻辑 0 表示低电平，则输入为 1 时，输出为 0，输入为 0 时，输出为 1。电路实现非门（反相器）的逻辑功能，其真值表如表 5-4 所示。

(a)电路　　　　（b）逻辑符号

图 5-7　非门电路图

表 5-4　非门逻辑真值表

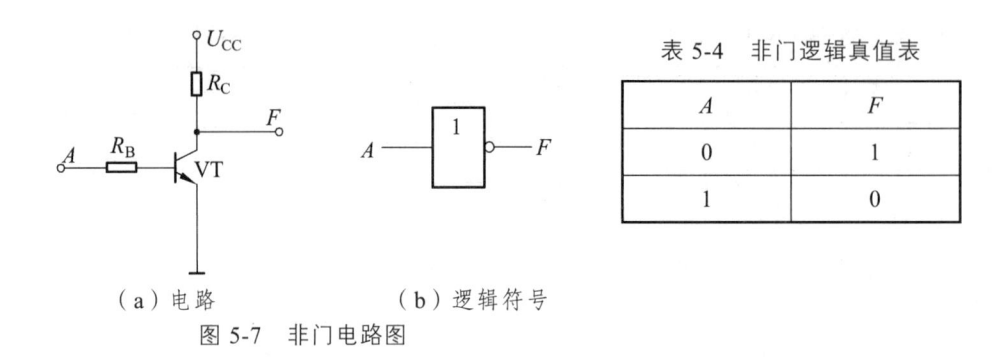

A	F
0	1
1	0

六、高、低电平的概念及状态赋值

前面提到了高电平和低电平的概念，其实电平就是指电位。数字电路中习惯用高、低电平来描述电位的高低。高电平代表一种状态，低电平代表另一种状态。电平代表的是一定的电压范围。TTL 电路中规定低电平额定值为 0.3 V，但 0～0.8 V 都可以算作低电平。

在数字电路中，经常用逻辑 0 和逻辑 1 表示电平的低和高，比如用 0 表示低电平，用 1 表示高电平。这种用逻辑 0 和 1 表示输入、输出电平高低的过程称为逻辑赋值，经过逻辑赋值之后就可以得到逻辑电路的真值表，以便进行逻辑分析。

七、正逻辑和负逻辑的概念

（一）正逻辑的规定

在数字电路中，输入和输出一般都用电平表示。对高低电平进行逻辑赋值时，有两种体制：如果用逻辑 1 表示高电平，逻辑 0 表示低电平，称为正逻辑体制；如果用逻辑 0 表示高电平，逻辑 1 表示低电平，则称为负逻辑体制。

（二）正负逻辑的转换

对于同一个门电路，既可以采用正逻辑，也可以采用负逻辑。但是，逻辑体制确定之后，门的逻辑功能就确定了。同一个门电路，对正、负逻辑而言，其逻辑功能是不同的，比如，正与门相当于负或门，正与非门相当于负或非门。

本书如果没有特殊说明，一律采用正逻辑体制。

任务二　集成门电路

集成电路（IC）是一种在完全半导体材料（通常是硅）构成的微小芯片上制作的电子电路。集成电路较分立元件电路有许多显著的优点，如体积小、耗电省、质量轻、可靠性高等，所以集成电路自一出现就得到迅速发展并被广泛应用。

图 5-8 所示为某 IC 封装的截面图。硅芯片封装在塑料或者陶瓷外壳的内部，上面

集成了逻辑电路，芯片通过细导线与外部的引脚相连。

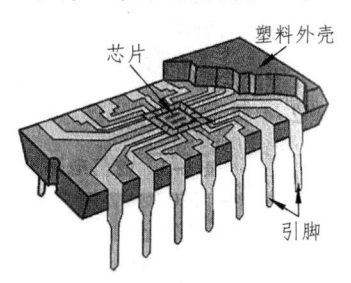

图 5-8　某 IC 封装的截面图

一、概述

集成门电路按照组成其有源器件的不同可分为两大类：一类是双极性晶体管逻辑门，简称 TTL（Transistor-Transistor Logic）电路，是输入端和输出端都采用晶体管的电路；另一类是单极性的绝缘栅场效应管逻辑门，简称 MOS 电路，是用 N 沟道或 P 沟道耗尽型场效应管制成的集成电路，若在一个门电路中使用了 N 沟道或 P 沟道 MOS 管互补电路，则称为 CMOS 门电路。

数字集成电路的封装是多种多样的。最常见的是采用塑料或陶瓷封装技术的双列直插式封装（DIP），这种封装是绝缘密封的，用于直插式印制电路板中。图 5-9（a）所示是 16 脚 DIP 的外形，其引脚垂直向下以便插入印制电路板的通孔，与印制电路板的上下表面连接。

另一种封装是 SMT（Surface-Mount Technology）封装，简称表面贴装。SMT 封装的芯片直接焊接在印制电路板的表面，而无须在印制电路板上穿孔，所以其密度更高，给定区域内可以放置更多的 IC 芯片。图 5-9（b）所示为 16 脚 SMT 的外形。

图 5-10 是集成门电路芯片的引脚标号。使用时要特别注意其引脚配置及排列情况，分清每个门的输入端、输出端、电源端、接地端所对应的引脚，这些信息及芯片中门电路的性能参数都收录在有关产品的数据手册中，因此使用时要养成查数据手册的习惯。

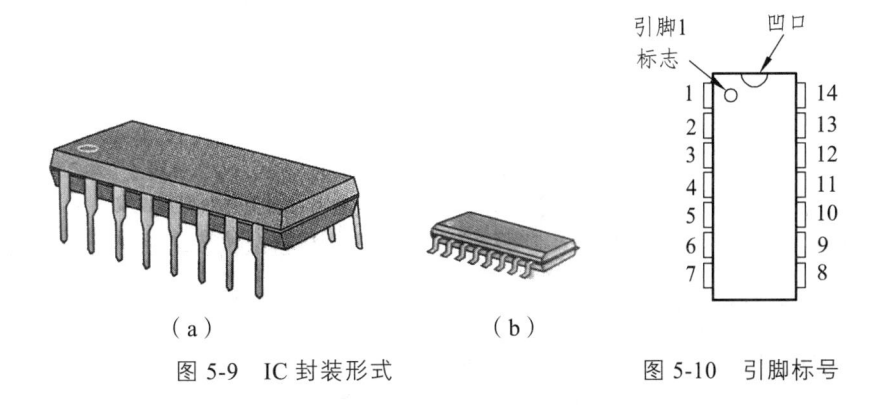

图 5-9　IC 封装形式

图 5-10　引脚标号

微课 常见集成逻辑门芯片介绍

二、TTL 集成门电路

TTL 门电路是由双极型晶体管构成，其特点是速度快、抗静电能力强，但其功耗较大，不适合做成大规模集成电路，目前广泛应用于中、小规模集成电路中。TTL 门电路有 74(民用)和 54（军用）两大系列，每个系列中有若干个子系列。例如 74 系列包含如下基本子系列：74：标准 TTL（Standard TTL）；74L：低功耗 TTL（Low-power TTL）；74S：肖特基 TTL（Schottky TTL）；74AS：先进肖特基 TTL（Advanced Schottky TTL）；74LS：低功耗肖特基 TTL（Low-power Schottky TTL）；74ALS：先进低功耗肖特基 TTL（Advanced low-power Schottky TTL）。

TTL 集成逻辑门可组成各种门电路、编码器、译码器等逻辑器件，国产的 TTL 电路有 CT54/74 标准系列、CT54/74H 高速系列、CT54/74S 肖特基系列、CT54/74LS 低功耗肖特基系列等。

在选择 TTL 子系列时，速度和功耗是主要考虑的两个参数。其速度及功耗的比较如表 5-5 所示。其中 74LS 系列产品具有最佳综合性能，是 TTL 集成电路中应用最广的主流系列。

表 5-5　TTL 系列速度及功耗比较

速度	TTL 系列	功能	TTL 系列
最快 ↓ 最慢	74AS 74S 74ALS 74LS 74 74L	最小 ↓ 最大	74L 74ALS 74LS 74AS 74 74S

下面以 TTL 与非门为例，分析一下 TTL 集成逻辑门的工作原理。

（一）TTL 与非门的基本结构

微课 TTL 与非门　　动画 TTL 与非门

标准 TTL 与非门如图 5-11 所示，电路由输入级、中间倒相级和输出级三部分构成，其中 A、B、C 为输入端，Y 为输出端。

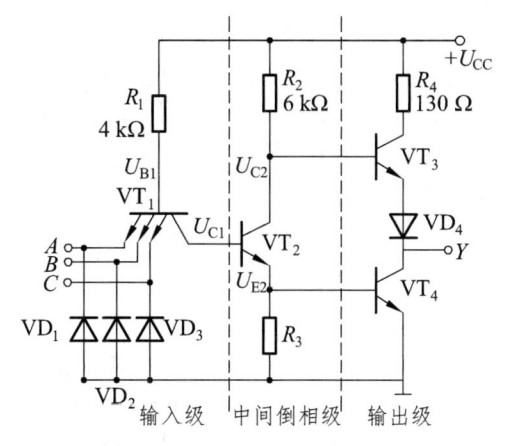

图 5-11 标准 TTL 与非门电路

（1）输入级由多发射极晶体管 VT_1 和电阻 R_1 以及二极管 $VD_1 \sim VD_3$ 构成，完成"与"逻辑功能。多发射极晶体管 VT_1 的等效电路如图 5-12 所示。$VD_1 \sim VD_3$ 是保护二极管，当输入端负电压过大时，二极管导通将输入端点电压钳位在 $-0.7\ V$，保护了输入晶体管。

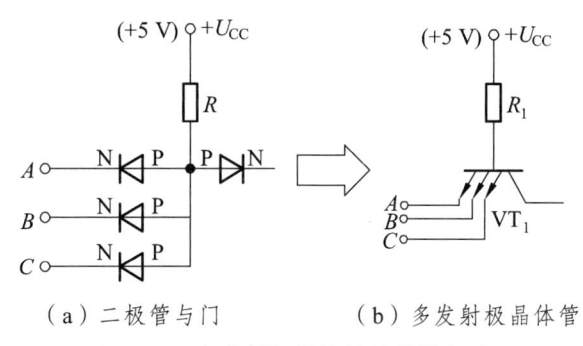

（a）二极管与门　　　　（b）多发射极晶体管

图 5-12 多发射极晶体管的等效电路

（2）中间倒相级由 VT_2 和电阻 R_2、R_3 组成。在电路导通过程中利用 VT_2 的放大作用，为输出管提供较大的基极电流，加速输出管的导通。从 VT_2 的集电极和发射极同时输出两个相位相反的信号，作为 VT_3、VT_4 输出级的驱动信号，使 VT_3、VT_4 始终处于一管导通而另一管截止的工作状态，组成推拉式输出级。

（3）输出级由 VT_3、VD_4、VT_4 和 R_4 电阻构成。由于 VT_3、VT_4 分别受两个互补的信号 U_{C2} 和 U_{E2} 的驱动，所以在稳态时，它们总是一个导通，另一个截止。这种结构被称为推拉式输出结构。

（二）TTL 与非门工作原理

1. 输入全接高电平（3.6 V）时

当输入信号 A、B、C 均为高电平（3.6 V）时，U_{CC} 通过 R_1 和 VT_1 的集电结向三极管 VT_2 和 VT_4 提供基极电流，在电路设计上使 VT_2 和 VT_4 管均能饱和导通。此时，VT_2 管集电极 u_{C2} 为

$$u_{C2} = U_{BE4} + U_{CES2} = 0.7 + 0.3 = 1 \text{ V}$$

三极管 VT_3 和二极管 VD_4 必然处于截止，因此输出电压为

$$U_O = U_{OL} = U_{CES4} = 0.3 \text{ V}$$

此时的状态称为与非门的"开"态。

2. 输入端有低电平（0.3 V）输入时

当输入信号 A、B、C 中至少有一个为低电平（0.3 V）时，多发射极晶体管 VT_1 的相应发射结导通，导通压降 U_{BE1} 约为 0.7 V，VT_1 处于深饱和状态，$u_{CE1} \approx U_{CES1} = 0.1$ V。此时，VT_2 管基极电位 $u_{B2} = u_{C1} = 0.3 \text{ V} + 0.1 \text{ V} = 0.4 \text{ V}$，因此 VT_2、VT_4 均截止。

U_{CC} 通过 R_2 驱动 VT_3 和 VD_1，使 VT_3 和 VD_1 处于导通状态。VT_3 发射结的导通压降与 VD_4 的导通压降均为约 0.7 V，且由于基流 i_{B3} 很小，可以忽略不计，因此输出电压 u_O 为

$$U_O \approx U_{CC} - U_{BE3} - U_{D1} = 5 - 0.7 - 0.7 = 3.6 \text{ V}$$

所以输出为高电平 $U_{OH} = 3.6$ V，此时的状态称作 TTL 与非门的"关"态。

通过以上分析可知输入信号和输出信号之间符合与非逻辑关系，即 $Y = \overline{ABC}$。

图 5-13 所示是 TTL 系列 74LS00 四-二输入与非门集成电路示意图，它包括四个双输入与非门。此类电路多数采用双列直插式封装，封装表面上有一个凹槽，用来标识引脚的排列顺序。引脚标号的判断方法是：把凹槽标志置于左方，引脚向下，逆时针自下往上顺序依次是 1、2、3……。

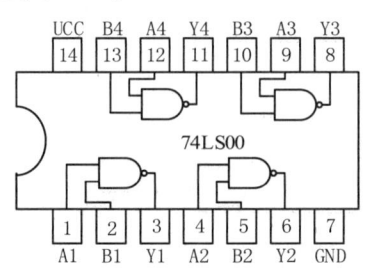

图 5-13 74LS00 电路示意图

（三）TTL 与非门的工作特性及主要参数

微课 TTL 与非门主要参数　　　动画 TTL 与非门主要参数

1. 电压传输特性曲线

TTL 与非门电压传输特性是指输出电压 U_O 随输入电压 U_I 变化的关系曲线。由图 5-14（a）所示测试电路，可得图 5-14（b）所示的电压传输特性曲线。

由图可见，TTL 与非门电压传输特性可分为四个区域：

（1）截止区（AB 段）：$0 \leq U_I < 0.6$ V，与非门处于"关态"，$U_O = 3.6$ V；
（2）线性区（BC 段）：0.6 V $\leq U_I < 1.3$ V，U_O 线性下降；
（3）转折区（CD 段）：1.3 V $\leq U_I < 1.5$ V，U_O 急剧下降；
（4）饱和区（DE 段）：$U_I \geq 1.5$ V，与非门处于"开态"，$U_O = 0.3$ V。

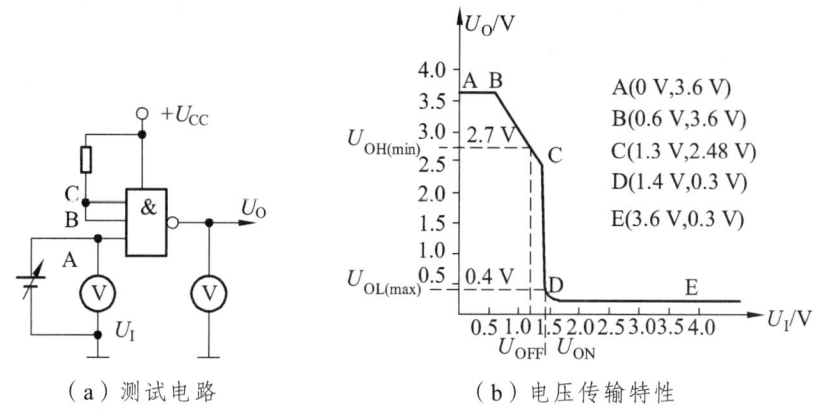

（a）测试电路　　　　（b）电压传输特性

图 5-14　TTL 与非门的电压传输特性

2. TTL 门电路的参数

由 TTL 与非门的电压传输特性曲线，可以定义几个重要的参数：

（1）标准输出高电平 U_{SH}。输出高电平的下限值称为标准输出高电平 U_{SH}，也记作 U_{OH}。54、74LS 系列的 $U_{OH} \geq 2.7$ V，而 54、74H 系列的 $U_{OH} \geq 2.4$ V。

（2）标准输出低电平 U_{SL}。输出低电平的上限值称为标准输出低电平 U_{SL}，也记作 U_{OL}。54、74LS 系列的 $U_{OL} \leq 0.5$ V，而 54、74H 系列的 $U_{OL} \leq 0.4$ V。

由上述规定可以看出，TTL 门电路的输出高低电压都允许在一定的范围内变化，如图 5-15 所示。

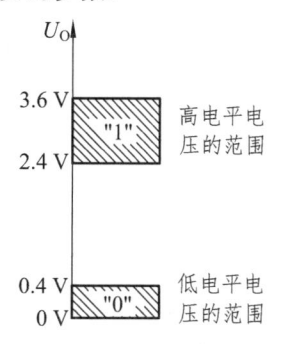

图 5-15　TTL 门电路标准输出高低电平的电压范围

（3）关门电压电平 U_{OFF}。这是指输出电压下降到 $U_{OH(min)}$ 时对应的输入电压。显然只要 $U_I \leq U_{OFF}$，U_O 就是高电平，所以 U_{OFF} 就是输入低电平的最大值，在实际产品中此值要比 0.8 V 稍低。

（4）开门电平 U_{ON}。这是指输出电压下降到 $U_{OL(max)}$ 时对应的输入电压。显然只要 $U_I > U_{ON}$，U_O 就是低电平，所以 U_{ON} 就是输入高电平的最小值，在实际产品中此值要比 2 V 稍高。

（5）阈值电压 U_{TH}。这是指电压传输特性曲线转折区的中点所对应的输入电压值，它是晶体管 VT_4 导通和截止的分界线，也是决定输出高、低电平的分界线。当 $U_I < U_{TH}$ 时，VT_4 截止，输出高电平；当 $U_I > U_{TH}$ 时，VT_4 饱和，输出低电平。U_{TH} 通常被形象地称为门槛电压，其值为 1.3～1.4 V。

（6）噪声容限。TTL 与非门的输出高、低电平并不是一个值，而是一个范围，同样，TTL 与非门的输入高、低电平也是一个范围，噪声容限就是在保证逻辑功能的前提下，在输入信号电平基础上允许叠加的噪声电压的值。

输入高电平噪声容限是指在保证与非门输出为低电平 U_{OL} 时，允许叠加在输入高电平上的最大噪声（或干扰）电压。高电平噪声容限用 U_{NH} 表示，$U_{NH} = U_{IH} - U_{ON}$。

输入低电平噪声容限是指在保证与非门输出为高电平 U_{OH} 时，允许叠加在输入低电平上的最大噪声（或干扰）电压。低电平噪声容限用 U_{NL} 表示，$U_{NL} = U_{OFF} - U_{IL}$。

噪声容限如图 5-16 所示，噪声容限表示门电路的抗干扰能力，噪声容限越大，电路的抗干扰能力越强。

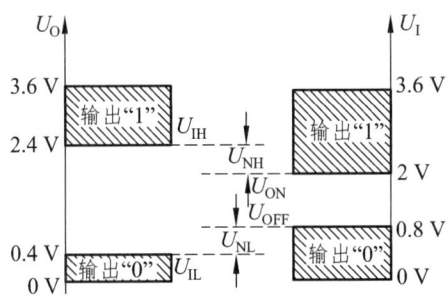

图 5-16 噪声容限

（7）平均传输延迟时间 t_{pd}（pass delay）。由于二极管、晶体三极管开关状态的转换，以及二极管、晶体三极管、电阻及连接线等寄生电容的充、放电都需要时间，所以，理想的矩形电压信号加到 TTL 与非门的输入端时，输出电压的波形总要比输入电压的波形滞后一些，并且波形的上升沿和下降沿也会被破坏。如图 5-17 所示，一般将 U_I 上升沿的中点到 U_O 下降沿的中点之间的时间称为"导通延迟时间 t_{pHL}"，将 U_I 下降沿的中点到 U_O 上升沿的中点之间的时间称为"截止延迟时间 t_{pLH}"。平均延迟时间为它们的平均值，即 $t_{pd} = 1/2 (t_{pHL} + t_{pLH})$。

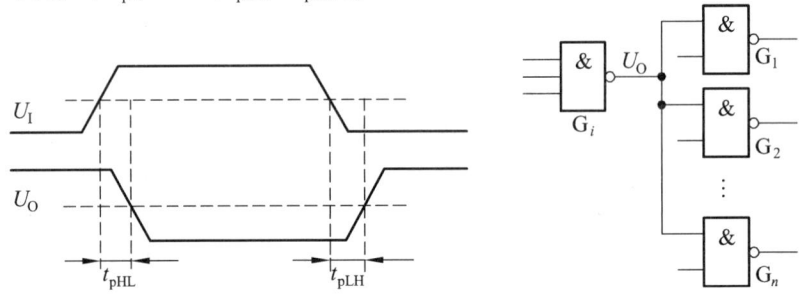

图 5-17 传输延迟时间　　　图 5-18 门电路带负载的情况

平均传输延迟时间是衡量门电路开关速度的重要参数，通常所说的低、中、高、甚高速逻辑门都是以 t_{pd} 的大小来区分的。经过实验测定，CT54/74H 系列的 t_{pd} 为 6～10 ns。

（8）扇出系数 N_O。数字系统中，门电路的输出端一般都要与其他门电路的输入端相连接，这种情况称为带负载，如图 5-18 所示。在正常工作时，一个门电路最多能够驱动同类负载门的个数，就是这个门电路的扇出系数 N_O。

（四）TTL 特殊门电路

常用的 TTL 集成逻辑门除了有与门、或门、非门、与非门、或非门、异或门、同或门等不同功能外，还有几种特殊电路结构的门电路：集电极开路门（OC 门）和三态输出门等。

1. OC（Open Collector）门

微课 OC 门　　动画 OC 门

在实际的使用中，有时需要将两个以上的门电路的输出端直接并联使用，目的是实现与逻辑，这种接线方式称为线与。普通的 TTL 门电路的输出结构决定了它们是无法进行线与的。如果将两个 TTL 与非门的输出端直接连接起来，若一个输出高电平，另一个输出为低电平，流经这两个输出端的电流将远远超过正常的工作电流，使门电路过载，破坏门电路的逻辑功能。

集电极开路门电路是专门用于实现线与的门电路。这种门电路输出管的集电极是悬空的，所以叫集电极开路门电路，又称 OC 门。图 5-19（a）所示是一个典型的集电极开路与非门电路，其逻辑符号如图 5-19（b）所示。

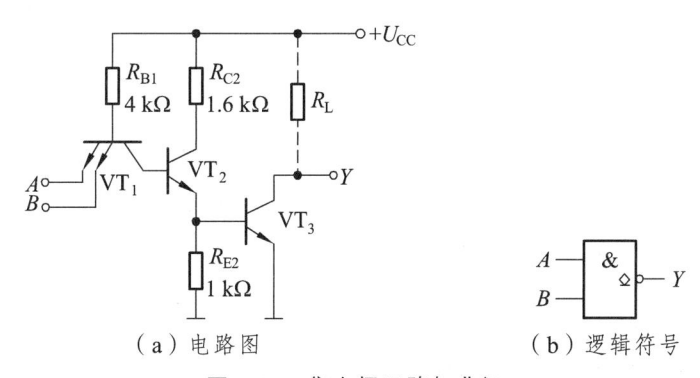

（a）电路图　　（b）逻辑符号

图 5-19　集电极开路与非门

OC 门在使用的时候，必须外接电源 U_{CC} 和负载电阻 R_L 或其他负载（如继电器、发光二极管等）后才能正常工作。通过对图 5-19 分析可得 $Y = \overline{AB}$。

TTL OC 门的集成芯片 74LS03 的引脚排列如图 5-20 所示。

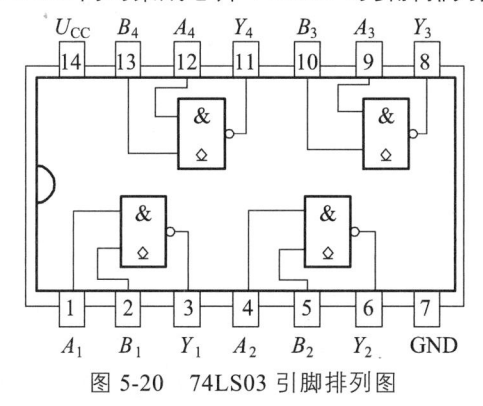

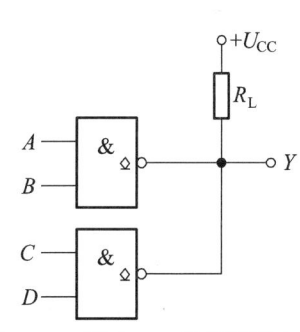

图 5-20　74LS03 引脚排列图　　图 5-21　两个 OC 门实现线与

OC 门的主要应用主要有：

1) 实现"线与"功能

两个 OC 门实现"线与"的电路,如图 5-21 所示。通过分析可知,此时的逻辑关系为

$$Y = \overline{AB} \cdot \overline{CD} = \overline{AB + CD}$$

即在输出实现了与逻辑,通过逻辑变换可转换成与或非运算。

2) 实现电平转换

数字系统中的接口部分(与外部设备相连接的地方)如需电平转换,常使用 OC 门来完成。如图 5-22 所示,把上拉电阻接到 10 V 电源上,OC 门输入普通 TTL 电平,输出的高电平就可以变为 10 V。

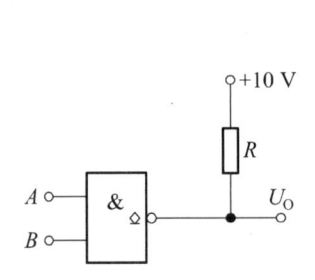

图 5-22　OC 门实现电平转换

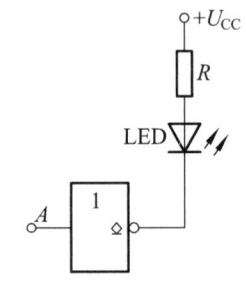

图 5-23　OC 门驱动发光二极管

3) 驱动显示器件和执行机构

一般的 TTL 门电路都需要外接晶体管或其他电气元件后才能驱动大电流执行机构。而使用 OC 门可以直接驱动发光二极管(需要串联限流电阻)、指示灯、继电器和脉冲电压等。如图 5-23 所示,只要电源 U_{CC} 和电阻 R 选择合适,当 $A = 1$ 时,OC 门输出低电平,发光二极管导通发光;当 $A = 0$ 时,OC 门输出高电平,发光二极管截止不发光。

2. 三态输出门

微课　三态门

动画　三态门

三态输出门(three-state output gate)简称三态门,是在普通 TTL 门电路的基础上,附加使能控制端和控制电路构成的,它的输出除了高电平和低电平两种状态外,还有第三种状态——高阻状态(也称为禁止状态)。使能控制端的作用就是控制三态输出门的输出处于常态(高低电平)还是高阻状态。

图 5-24 所示为三态门的电路图和逻辑符号,逻辑符号中的"▽"表示输出为三态。

从图 5-24(a)中可以看出,当控制端 $\overline{EN}$ 为低电平时,P 点为高电平,二极管 VD 截止,电路的工作状态和普通的与非门没有区别,$Y = \overline{AB}$,输出可能是高电平也可能是低电平,输出状态由 A、B 输入的状态而定。而当控制端 $\overline{EN}$ 为高电平时,P 点为低电平,二极管 VD 导通,使得 VT_3 和 VT_4 均截止,输出端呈现高阻状态。这样,门电路的输出就有三种可能出现的状态:高阻、低电平和高电平。因此这种门电路称为三态输出门。

（a）电路

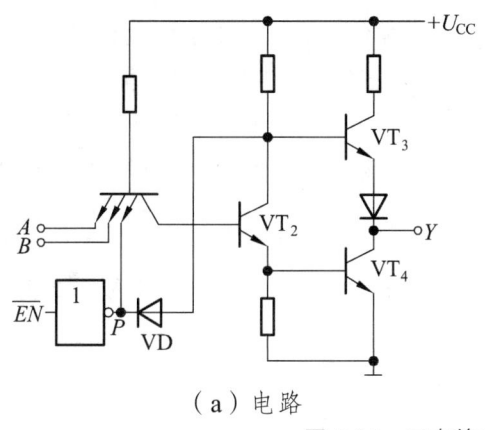

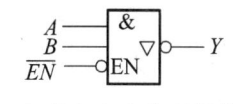

（b）低电平有效逻辑符号

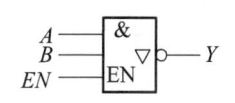

（c）高电平有效逻辑符号

图 5-24　三态输出门电路

因为当控制端 $\overline{EN} = 0$ 时，电路为正常的与非工作状态，所以称控制端低电平有效。图 5-24（b）是图 5-24（a）所示电路的逻辑符号。由于 $\overline{EN}$ 是低电平有效，故在输入端加符号"o"表示。同理，EN 为高电平有效的三态门控制端，当 $EN = 1$ 时，门电路处于正常工作状态，其逻辑符号如图 5-24（c）所示。

三态输出门的主要用途是实现总线传输，如图 5-25 所示。图中 $G_1 \sim G_n$ 均为控制端高电平有效的三态输出与非门。只要保证各门的控制端 EN 轮流为高电平，且在任何时刻只有一个门的控制端为高电平，就可以将各门的输出信号互不干扰地轮流送到公共的传输线——数据总线上。

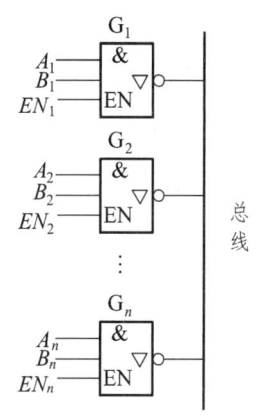

图 5-25　用三态门实现总线传输

（五）TTL 集成逻辑门使用注意事项

（1）TTL 集成电路功耗较大，电源必须保证在 4.75 ~ 5.25 V 之间，建议使用稳压电源供电。

（2）TTL 集成电路的多余输入端如果悬空，相当于高电平，实际使用中悬空会导致电路抗干扰能力差，因此一般不建议采用。与门和与非门的多余引脚应接至固定的高电平，或者并联使用；或门和或非门多余引脚应接地。

（3）TTL 集成电路的输入端不能直接接在高于 5.5 V 或低于 -0.5 V 的低内阻电源，否则会造成器件损坏。

（4）TTL 集成电路的输出端不允许与正电源或地短接，必须通过电阻与正电源或地连接。

微课　集成逻辑门多余输入端处理

三、CMOS 集成门电路

CMOS 集成门是由场效应管构成的一类集成门电路。虽然

微课　数字集成器件的选用原则

TTL 门电路由于速度快和具有更多类型选择而流行多年，但相较于 TTL 门，CMOS 门电路具有静态功耗低、集成度高、抗干扰能力强的优点，特别是随着集成技术的发展，其速度已有很大提高，能够与 TTL 门电路相媲美，因此获得了广泛的应用。但因其输入阻抗较高，因此抗静电能力较差，使用时要特别注意防静电保护。CMOS 集成门电路常用作反相器、传输门使用。

CMOS 集成门电路产品系列较多，主要有 4000（普通）、74HC（高速）、74HCT（与 TTL 兼容）等产品系列，其中 4000 系列品种多、功能全，现在仍被广泛使用。其外形封装和集成 TTL 门电路相同。

CMOS 集成电路主要有以下几类：

1. 标准型 CMOS 电路

4000 系列、4500 系列是标准型 CMOS 电路。

2. 高速型 CMOS 电路

40H××× 系列为高速型 CMOS 电路，它与 TTL74 系列引脚兼容。

3. 新高速型 CMOS 电路

74HC 系列为新型高速型 CMOS 电路，其工作频率与 TTL 相似。

4. 先进的高速型 CMOS 电路

74A 系列为先进的高速型 CMOS 电路，它是一种综合性能良好的 CMOS 产品。

常用的 CMOS 门电路在类型、种类上几乎与 TTL 数字电路相同，其逻辑图、逻辑符号、逻辑表达式、真值表等描述方法也与 TTL 门电路的完全一样，以 TTL 门电路为例介绍的各种应用同样适用于 CMOS 门电路，只是它们的电气参数有所不同，使用方法也有差异。

（一）CMOS 反相器

微课 CMOS 门电路　　动画 CMOS 门电路

1. CMOS 反相器工作原理

CMOS 反相器的电路结构如图 5-26(a)所示。图中 VT_P 是 PMOS 管，VT_N 是 NMOS 管。VT_P 的源极接 $+V_{DD}$，VT_N 的源极接地，VT_P 和 VT_N 的漏极相连作为输出端，两管的栅极相连作为输入端。VT_P 和 VT_N 设的开启电压 $|U_{TP}| = U_{TN}$，并且小于 V_{DD}。通常把 VT_P 称为负载管，VT_N 称为驱动管。

当 $u_I = U_{IL} = 0$ V 时，VT_N 截止，VT_P 导通，$u_O = U_{ON} \approx V_{DD}$；

当 $u_I = U_{IH} = V_{DD}$ 时，VT_N 导通，VT_P 截止，$u_O = U_{ON} \approx 0$ V。

可见，图 5-26（a）所示电路图实现了反相器的功能。

不难看出，u_I 无论是高电平还是低电平，VT_P 和 VT_N 总是一管导通而一管截止，

流过 VT_P 和 VT_N 的静态电流极小（纳安数量级），因此 CMOS 反相器的静态功耗极小。这是 CMOS 电路最突出的优点之一。

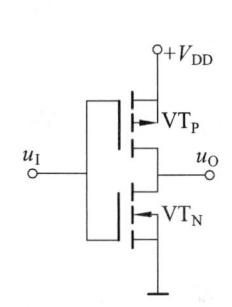

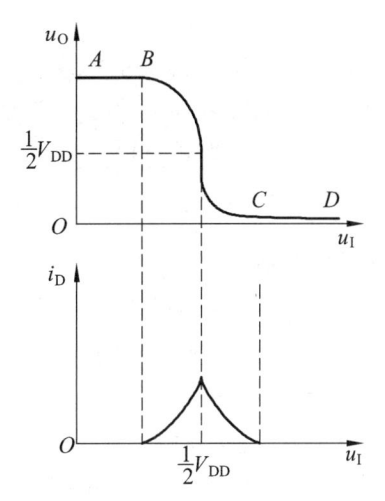

（a）CMOS 反相器结构　　（b）CMOS 反相器电压和电流传输特性

图 5-26　CMOS 反相器

2. 电压传输特性和电流特性

CMOS 管电压传输特性和电流特性如图 5-26（b）所示。

（1）AB 段：$u_I<U_{TN}$，VT_N 截止、VT_P 导通，输出 u_O 为高电平，$U_{ON}≈V_{DD}$。因为驱动管截止，该段称为截止区，该段 $i_D=0$。

（2）BC 段：$U_{TN}<u_I<V_{DD}-|U_{TP}|$，$VT_P$ 和 VT_N 均导通，由于在这一段，VT_P 将从导通变为截止，而 VT_N 将由截止变为导通，因此该段称为转折区。如果两管相对，当输入 $u_I=V_{DD}/2$ 时，输出 $u_O=V_{DD}/2$。因此 CMOS 反相器的阈值电压 $U_{TH}≈V_{DD}/2$。

（3）CD 段：$u_I>V_{DD}-|U_{TP}|$，VT_N 导通、VT_P 截止，输出 u_O 为低电平，$U_{OL}≈0$。因为驱动管导通，该段称为导通区。

从 CMOS 反相器的电压传输特性可以看出，不仅 CMOS 反相器的 $U_{TH}≈V_{DD}/2$ 而且转折区的变化率很大，因此，它非常接近于理想的开关特性。CMOS 反相器的抗干扰能力很强，输入噪声容限可达到 $V_{DD}/2$。

从 CMOS 反相器的电流输出特性可以看出，在 BC 段，由于 VT_P 和 VT_N 同时导通，VT_P 和 VT_N 均有电流 i_D 通过，而且在 $u_I=V_{DD}/2$ 时，i_D 达到最大值，在使用时应尽量避免 CMOS 反相器长期工作在 BC 段。也就是说，在使用 CMOS 反相器时应充分考虑到它的动态功耗，否则会造成电路的损坏。

3. CMOS 电路的优点

（1）功耗小：在静态时，VT_P 和 VT_N 总有一管是截止的，因此 CMOS 电路静态电流很小，约为纳安数量级。虽然 CMOS 电路的动态功耗比静态时高，而且工作频率越高动态功耗越大，但是 CMOS 电路仍比双极型的功耗小得多。

（2）负载能力强：COMS 电路在带同类门的情况下，由于负载门也是 COMS 电路，输入电阻值很高，几乎不从前级取电流，也不会向前级灌电流，若不考虑工作速度，门的载负载能力几乎是无限的。考虑到 MOS 管存在输入电容，CMOS 电路可以带 50 个以上的同类门。

（3）电源电压范围宽：CMOS 电路通常使用的电源电压和 TTL 电路一样为 5 V，但多数 CMOS 电路可在 3～18 V 的电源电压范围内正常工作。CMOS 电路的电源电压范围很宽，给使用上带来许多方便。电源电压低对于减小功耗十分便利，电源电压高可以提高电路的抗干扰能力。

（二）CMOS 传输门和模拟开关

CMOS 传输门是由一个 NMOS 管 VT_N 和一个 PMOS 管 VT_P 组成的，其电路图和逻辑符号如图 5-27 所示。VT_P 的漏极与 VT_N 的源极相连，VT_P 的源极与 VT_N 的漏极相连，两个连接点分别作为输入端和输出端；VT_P 的衬底接 V_{DD}，VT_N 的衬底接地（或电源的负端）。C 和 $\overline{C}$ 是控制端，使用时总是加互补的信号。由于 VT_N 和 VT_P 在结构上对称，所以图中的输入端和输出端可以互换，故又称为双向开关，CMOS 传输门可以传输数字信号，也可以传输模拟信号。

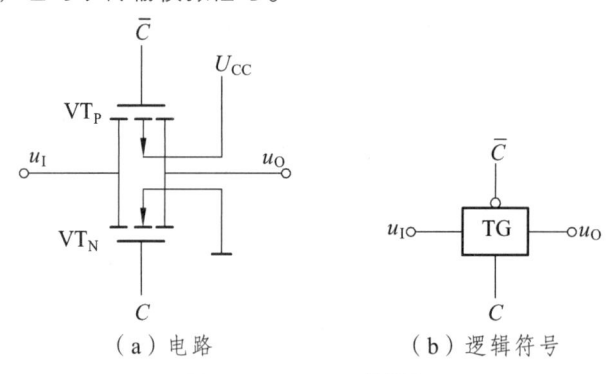

图 5-27　CMOS 传输门

当 $C=1$（接 V_{DD}）、$\overline{C}=0$（接地）：当 $0<u_I<(V_{DD}-|U_T|)$ 时，U_T 为开启电压，VT_N 导通；而当 $|U_T|<u_I<V_{DD}$ 时，VT_P 导通；因此，u_I 在 $0\sim V_{DD}$ 变化时，VT_P 和 VT_N 至少有一管导通，是传输门 TG 导通。

当 $C=0$（接地）、$\overline{C}=1$（接 V_{DD}）：u_I 在 $0\sim V_{DD}$ 变化时，VT_P 和 VT_N 均截止，即传输门 TG 截止。

（三）CMOS 门的应用

图 5-28（a）所示是一个 CMOS 模拟开关，它由两个 CMOS 传输门和一个反相器构成，C 为控制端。当 $C=0$ 时，T_{G1} 导通、T_{G2} 截止，$u_O=u_{I1}$；当 $C=1$ 时，T_{G2} 导通、T_{G1} 截止，$u_O=u_{I2}$。这样实现了单刀双掷开关的功能。

图 5-28（b）所示是一个 CMOS 三态门，它由两个反相器和一个 CMOS 传输门构成。当 $\overline{EN}=0$ 时，TG 导通，$F=\overline{A}$；当 $\overline{EN}=1$ 时，TG 截止，F 为高阻态输出，实现了三态输出。可见图 5-28（b）是一个三态输出的 CMOS 反相器，图 5-28（c）是其逻辑符号。

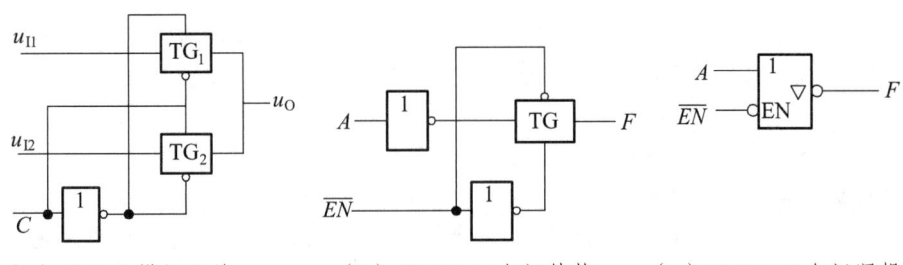

（a）CMOS 模拟开关　　　（b）CMOS 三态门结构　　（c）CMOS 三态门逻辑符号

图 5-28　CMOS 模拟开关和反相器

（四）CMOS 集成电路使用技巧

（1）CMOS 集成电路功耗低，4000 系列的产品电源电压在 4.75～18 V 范围内均可正常工作，建议使用 10 V 电源电压供电。

（2）CMOS 集成电路若有不使用的多余端，其不能悬空。与门和与非门的多余端应接至固定高电平，或门和或非门的多余端应接地。

（3）CMOS 集成电路在存放、组装和调试时，要有一定的防静电措施。

（4）CMOS 集成电路的输出端不允许与正电源或地短接，必须通过电阻与正电源或地连接。

（五）CMOS 门和 TTL 门电路的相互连接

在数字系统中，由于工作速度或者功耗指标的要求，往往需要使用多种逻辑器件，最常见的就是将 TTL 和 CMOS 两种器件混合使用。由于 TTL 和 CMOS 电路的电压和电流参数各不相同，因此，需要采用接口电路进行转换。两种器件混合使用时一般需要考虑两个问题：一是要求电平匹配，即驱动门要为负载门提供符合标准的输出高电平和低电平；二是要求电流匹配，即驱动门要为负载门提供足够大的驱动电流。

微课　CMOS 与 TTL 间的接口电路

1. TTL 门驱动 CMOS 门

首先看电平匹配问题，TTL 门作为驱动门，它的 $U_{OH} \geqslant 2.4$ V，$U_{OL} \leqslant 0.5$ V；CMOS 门作为负载门，它的 $U_{IH} \geqslant 3.5$ V，$U_{IL} \leqslant 1$ V。可见，TTL 门的 U_{OH} 不符合 CMOS 的驱动要求。由于 CMOS 电路输入电流几乎为零，故不存在电流匹配问题。图 5-29（a）所示的电路在 TTL 门电路的输出端外接了一个上拉电阻 R_P，使 TTL 门电路的 $U_{OH} \approx 5$ V，很好地解决了电平匹配问题。

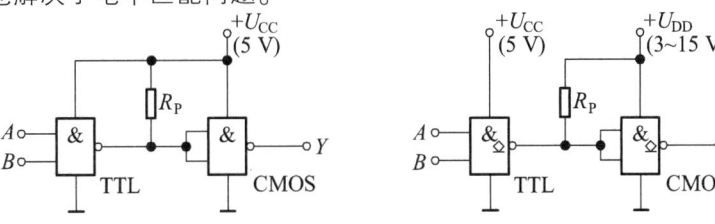

（a）电源电压相同时的接口　　　（b）电源电压不同时的接口

图 5-29　用上拉电阻抬高输出高电平

若电源电压不一致（因为 CMOS 电路的电源电压可选 3～18 V），可选用电平转换电路（如 CC40109）或者采用 TTL 的 OC 门实现电平转换，如图 5-29（b）所示。

2. CMOS 门驱动 TTL 门

CMOS 门电路作为驱动门，它的 $U_{OH} \approx 5$ V，$U_{OL} \approx 0$ V；TTL 门电路作为负载门，它的 $U_{IH} \geq 2$ V，$U_{IL} \leq 0.8$ V，驱动电平符合要求。CMOS 门电路允许的最大灌电流为 0.4 mA，而 TTL 门电路的 $I_{IS} \approx 1.4$ mA，显然驱动电流不足，只要选用缓冲器（如 CC4009，电流可达 4 mA）就可以解决驱动电流不足的问题。

CMOS 电路常用的是 4000 系列，后几位的序号不同，逻辑功能也不同。CMOS 的 54HC/74HC 系列产品可以直接驱动 TTL 电路。

任务三 SSI 组合逻辑电路的分析和设计

小规模集成电路（SSI）指的是包含十个以下门电路的集成芯片。下面介绍由小规模集成逻辑门电路实现的组合逻辑电路的分析和设计方法。

一、组合逻辑电路的分析方法

微课 组合逻辑电路的分析   动画 组合逻辑电路的分析

组合逻辑电路的分析，就是根据给定的逻辑电路图归纳电路的逻辑功能。分析的具体步骤为：

（1）由逻辑电路图写表达式：可从输入到输出逐级推导，写出电路输出逻辑函数表达式。

（2）化简表达式。在需要时，用公式法或卡诺图化简法将逻辑表达式化为最简式。

（3）列出真值表。将输入信号所有可能的取值组合代入化简后的逻辑表达式中进行计算，列出真值表（有时利用画卡诺图求真值表，更为准确方便）。

（4）描述逻辑功能。根据真值表和逻辑函数表达式，对电路进行分析，最后确定电路的逻辑功能。

【例 5-1】 分析图 5-30 所示电路图的逻辑功能。

解：第一步：由逻辑图可以写出输出 F 的逻辑表达式：
$$F = \overline{\overline{AB} \cdot \overline{AC} \cdot \overline{BC}}$$

第二步：根据逻辑函数化简，通过反演律可以变换为
$$F = AB + AC + BC$$

第三步：列出真值表，如表 5-6 所示。

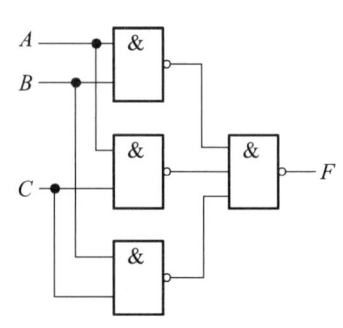

图 5-30 组合逻辑电路图

表 5-6　真值表

A	B	C	F
0	0	0	0
0	0	1	0
0	1	0	0
0	1	1	1
1	0	0	0
1	0	1	1
1	1	0	1
1	1	1	1

第四步：确定电路的逻辑功能，根据真值表可以看出，三个变量输入，只有两个及两个以上变量取值为 1 时，输出才为 1，因此电路可以实现多数表决逻辑功能。

【例 5-2】　分析图 5-31 所示电路图的逻辑功能。

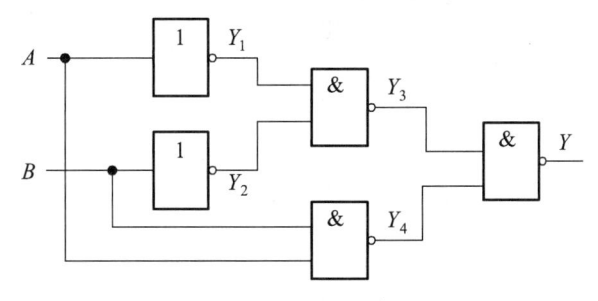

图 5-31　逻辑电路图

解： 第一步：由逻辑图可以写出输出 Y 的逻辑表达式。

通过观察逻辑图的组成，根据逻辑图从输入到输出，逐级写出各个逻辑门的逻辑表达式，最后得出输出端的逻辑表达式。

$$Y_1 = \overline{A}, \quad Y_2 = \overline{B}, \quad Y_3 = \overline{Y_1 Y_2}, \quad Y_4 = \overline{AB},$$
$$Y = \overline{Y_3 Y_4} = \overline{\overline{\overline{A}\ \overline{B}}\ \overline{AB}}$$

第二步：根据逻辑函数化简，通过反演律可以变换为

$$Y = \overline{\overline{\overline{A}\ \overline{B}}\ \overline{AB}}$$
$$= \overline{A}\ \overline{B} + AB$$

第三步：列出真值表如表 5-7 所示。

表 5-7　真值表

A	B	Y
0	0	1
0	1	0
1	0	0
1	1	1

第四步：确定电路的逻辑功能。根据真值表，A、B 相同时输出的 Y 为 1，A、B 不相同时输出的 Y 为 0，实现了"同或"逻辑功能，该电路为"同或"门，是一种由基本"与非"门构成的复合门电路。

二、组合逻辑电路的设计方法

微课 组合逻辑电路的设计　　动画 组合逻辑电路的设计

与分析过程相反，组合逻辑电路的设计是根据给定的实际逻辑问题，求出实现该逻辑功能的最简逻辑电路。组合逻辑电路设计的步骤为：

（1）分析设计要求，确定输入和输出的逻辑变量。

仔细分析设计要求，确定逻辑关系。引起事件的原因作为输入变量，事件的结果作为输出变量。对变量进行赋值，用 0 和 1 表示变量的不同状态。

（2）列真值表。

根据输入和输出的因果关系以及 0、1 表示的意义，列出真值表。

（3）写出逻辑表达式，并进行化简。

根据真值表写出逻辑表达式，或者画出相应的卡诺图，并进行化简，得到最简的逻辑表达式。根据设计的需要，可以将化简结果变换成需要的形式。

（4）画出逻辑电路图。

根据化简的表达式，画出逻辑电路图。

【例 5-3】 有一火灾报警系统，设有烟感、温感、光感三种类型的探测器。为了防止误报警，只有当其中有两个或者两个以上类型的探测器发出火灾检测信号时，报警系统才产生报警控制信号。试设计一个产生报警控制信号的电路。

解：烟感、温感、光感三种类型的火灾探测器为输入信号，系统产生的报警控制信号作为输出变量。

设 A、B、C 分别表示烟感、温感、光感三种类型的火灾探测器发出的检测信号，1 表示检测到相应的信号，0 表示未检测到相应信号；Y 表示报警控制信号，用 1 表示发出火灾报警控制信号，0 表示不发出火灾报警控制信号。

根据分析列出真值表，如表 5-8 所示。

表 5-8　真值表

A	B	C	Y
0	0	0	0
0	0	1	0
0	1	0	0
0	1	1	1
1	0	0	0
1	0	1	1
1	1	0	1
1	1	1	1

根据真值表写出逻辑表达式

$$Y = \overline{A}\overline{B}C + A\overline{B}C + AB\overline{C} + ABC$$

通过化简可以得到最简表达式：

$$Y = AB + BC + AC$$

根据表达式可以画出逻辑电路图，如图 5-32 所示。

可以通过反演律变换使用与非门实现：

$$Y = \overline{\overline{AB} \; \overline{BC} \; \overline{AC}}$$

逻辑电路图如图 5-30 所示。

也可以通过否定律进行变换：

$$Y = \overline{\overline{AB + BC + AC}}$$

逻辑电路如图 5-33 所示。

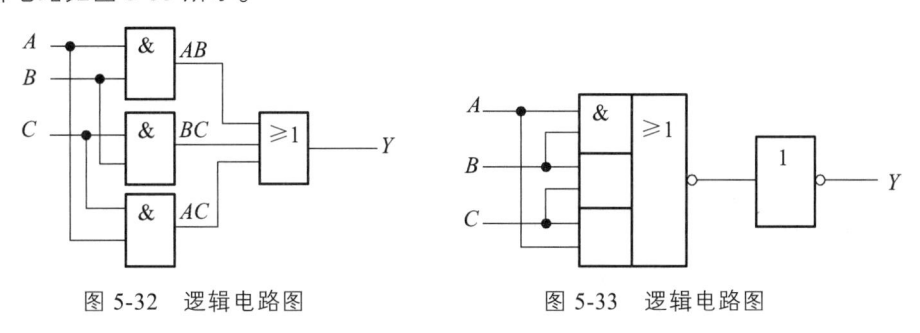

图 5-32　逻辑电路图

图 5-33　逻辑电路图

任务四　编码器和译码器

一、编码器

用二进制代码表示文字、符号或者数码等特定对象的过程，称为编码。实现编码的逻辑电路，称为编码器。一般而言，N 个不同的信号，至少需要 n 位二进制编码。N 和 n 之间满足下列关系：$2^n \geq N$。

（一）普通编码器

目前使用比较广泛的编码器有普通编码器和优先编码器两种。在普通编码器中，任何时刻只允许输入一个编码信号，否则输出将发生混乱。

图 5-34 所示是一个 3 位二进制普通编码器的方框图，它的输入是 $I_0 \sim I_7$ 共 8 个信号，输出是 3 位二进制代码 $Y_2Y_1Y_0$，因此又称为 8 线-3 线编码器。编码器的输入和输出对应的逻辑关系如表 5-9 所示。

微课　二进制编码器

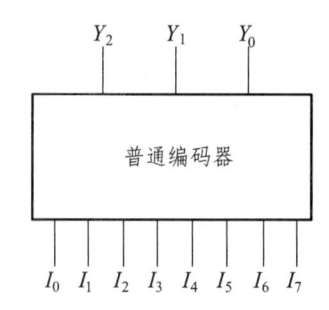

图 5-34 3 位二进制普通编码器方框图

表 5-9 编码器的输入和输出对应逻辑关系

输入								输出		
I_0	I_1	I_2	I_3	I_4	I_5	I_6	I_7	Y_2	Y_1	Y_0
1	0	0	0	0	0	0	0	0	0	0
0	1	0	0	0	0	0	0	0	0	1
0	0	1	0	0	0	0	0	0	1	0
0	0	0	1	0	0	0	0	0	1	1
0	0	0	0	1	0	0	0	1	0	0
0	0	0	0	0	1	0	0	1	0	1
0	0	0	0	0	0	1	0	1	1	0
0	0	0	0	0	0	0	1	1	1	1

通过表 5-9 可以写出编码器的逻辑表达式，并且画出逻辑电路图，读者可以根据学过的组合逻辑电路设计步骤自行分析得到。

(二) 优先编码器

在实际的产品中，均采用优先编码器。图 5-35 所示为 8 线-3 线优先编码器 74LS148 的逻辑符号，表 5-10 是 74LS148 电路的功能表。

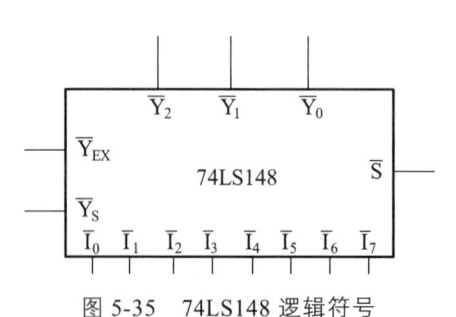

微课 优先编码器

图 5-35 74LS148 逻辑符号

表 5-10　74LS148 电路的功能表

输入									输出				
$\bar{S}$	$\bar{I}_0$	$\bar{I}_1$	$\bar{I}_2$	$\bar{I}_3$	$\bar{I}_4$	$\bar{I}_5$	$\bar{I}_6$	$\bar{I}_7$	$\bar{Y}_2$	$\bar{Y}_1$	$\bar{Y}_0$	$\bar{Y}_S$	$\bar{Y}_{EX}$
1	×	×	×	×	×	×	×	×	1	1	1	1	1
0	1	1	1	1	1	1	1	1	1	1	1	0	1
0	×	×	×	×	×	×	×	0	0	0	0	1	0
0	×	×	×	×	×	×	0	1	0	0	1	1	0
0	×	×	×	×	×	0	1	1	0	1	0	1	0
0	×	×	×	×	0	1	1	1	0	1	1	1	0
0	×	×	×	0	1	1	1	1	1	0	0	1	0
0	×	×	0	1	1	1	1	1	1	0	1	1	0
0	×	0	1	1	1	1	1	1	1	1	0	1	0
0	0	1	1	1	1	1	1	1	1	1	1	1	0

在设计优先编码器时已经将所有输入信号按照优先级次序进行了排队,当几个输入信号同时出现时,只对其中优先级最高的一个进行编码。因此在优先编码器中,允许同时输入两个以上的编码信号。逻辑符号输入端 $\bar{I}_0 \sim \bar{I}_7$ 上面均有"—"号,表示编码输入低电平有效。$\bar{I}_7$ 的优先权最高,$\bar{I}_0$ 的优先权最低,只要 $\bar{I}_7 = 0$,就对 $\bar{I}_7$ 进行编码,而不管其他输入信号为何种状态。

二、译码器

译码是编码的逆过程,是指将编码时赋予代码的特定含义"翻译"出来,故称为译码。实现译码功能的电路称为译码器。译码器可以将输入的代码译成对应的输出信号,以表示其原意。

(一)二进制译码器

微课　二进制译码器　　动画　二进制译码器

二进制译码器的输入是一组二进制代码,输出是一组与输入代码相对应的高、低电平信号,如果输入 n 位二进制代码,输出为 2^n 个电平信号。

3 位二进制译码器的方框图如图 5-36 所示。它的输入是 3 位二进制代码,有 8 种状态,8 个输出端分别对应其中一种输入状态,因此,3 位二进制译码器也称为 3 线-8 线译码器。

74LS138 是常用的中规模集成 3 线-8 线译码器。图 5-37 所示是 74LS138 的内部电路,图 5-38 所示是它的逻辑符号。其功能如表 5-11 所示。

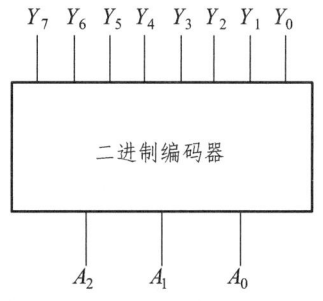

图 5-36　3 位二进制译码器方框图

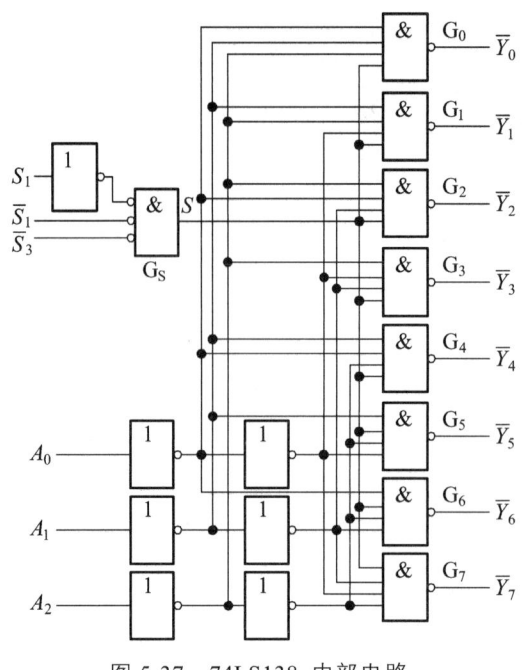

图 5-37 74LS138 内部电路 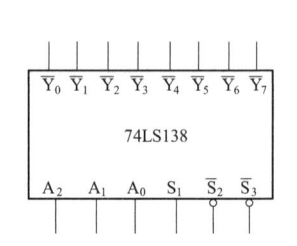　　　图 5-38 74LS138 逻辑符号

表 5-11 74LS138 功能表

输入					输出							
S_1	$\overline{S}_2+\overline{S}_3$	A_2	A_1	A_0	$\overline{Y}_0$	$\overline{Y}_1$	$\overline{Y}_2$	$\overline{Y}_3$	$\overline{Y}_4$	$\overline{Y}_5$	$\overline{Y}_6$	$\overline{Y}_7$
×	1	×	×	×	1	1	1	1	1	1	1	1
0	×	×	×	×	1	1	1	1	1	1	1	1
1	0	0	0	0	0	1	1	1	1	1	1	1
1	0	0	0	1	1	0	1	1	1	1	1	1
1	0	0	1	0	1	1	0	1	1	1	1	1
1	0	0	1	1	1	1	1	0	1	1	1	1
1	0	1	0	0	1	1	1	1	0	1	1	1
1	0	1	0	1	1	1	1	1	1	0	1	1
1	0	1	1	0	1	1	1	1	1	1	0	1
1	0	1	1	1	1	1	1	1	1	1	1	0

1. 74LS138 逻辑功能

从图 5-38 可以看出，74LS138 有 3 个译码输入端（又称为地址输入端）$A_2A_1A_0$，8 个译码输出端 $\overline{Y}_0 \sim \overline{Y}_7$，以及 3 个控制端 S_1、$\overline{S}_2$、$\overline{S}_3$。

译码输入端 $A_2A_1A_0$ 有 8 种二进制代码输入状态。当译码器处于工作状态时，每输入一个二进制代码将使对应的一个输出端为低电平，而其他输出端为高电平，也就是说对应的输出端为低电平时表示被"译中"。所以每个输出端 $\overline{Y}_0 \sim \overline{Y}_7$ 上方具有一个"—"号，代表输出低电平有效。比如，当输入 $A_2A_1A_0$ 为 000 时，输出端 $\overline{Y}_0=0$ 被"译中"；当输入 $A_2A_1A_0$ 为 100 时，输出端 $\overline{Y}_4=0$ 被"译中"。各输出端的逻辑函数表达式分别为

$$\overline{Y}_0 = \overline{\overline{A}_2\overline{A}_1\overline{A}_0}, \quad \overline{Y}_1 = \overline{\overline{A}_2\overline{A}_1 A_0}, \quad \overline{Y}_2 = \overline{\overline{A}_2 A_1 \overline{A}_0}, \quad \overline{Y}_3 = \overline{\overline{A}_2 A_1 A_0}$$

$$\overline{Y}_4 = \overline{A_2\overline{A}_1\overline{A}_0}, \quad \overline{Y}_5 = \overline{A_2\overline{A}_1 A_0}, \quad \overline{Y}_6 = \overline{A_2 A_1 \overline{A}_0}, \quad \overline{Y}_7 = \overline{A_2 A_1 A_0}$$

S_1、$\overline{S}_2$、$\overline{S}_3$是译码器的控制输入端（也称为片选端），当$S_1 = 1$、$\overline{S}_2 + \overline{S}_3 = 0$（$S_1 = 1$，$\overline{S}_2$和$\overline{S}_3$均为0）时，$G_S$门输出为高电平，译码器处于工作状态，否则，译码器被禁止，所有的输出端被封锁在高电平。利用"片选"的功能可以将多片译码器电路连接起来，扩展译码器的功能。

2．译码器的应用

1）实现组合逻辑函数

用3线-8线译码器74LS138可以实现各种组合逻辑函数。如果把地址端作为逻辑函数的输入变量，那么译码器的每个输出端都与一个最小项相对应，只要加上适当的门电路就可以利用译码器实现组合逻辑函数。

【例5-4】 试用74LS138实现逻辑函数：

$$F(A、B、C) = \sum m(1, 3, 5, 6, 7)$$

解：因为 $F(A、B、C) = \sum m(1, 3, 5, 6, 7)$

$$= m_1 + m_3 + m_5 + m_6 + m_7$$
$$= \overline{\overline{m_1} \cdot \overline{m_3} \cdot \overline{m_5} \cdot \overline{m_6} \cdot \overline{m_7}}$$
$$= \overline{\overline{Y}_1 \cdot \overline{Y}_3 \cdot \overline{Y}_5 \cdot \overline{Y}_6 \cdot \overline{Y}_7}$$

所以，将$A_2 A_1 A_0$作为变量A、B、C，使$\overline{Y}_1$、$\overline{Y}_3$、$\overline{Y}_5$、$\overline{Y}_6$、$\overline{Y}_7$经过一个与非门输出，并正确连接控制输入端使译码器处于工作状态，就可以实现组合逻辑函数F，逻辑电路如图5-39所示。

【例5-5】 试用74LS138实现函数 $F = \overline{A}BC + A\overline{B}\,\overline{C} + AB\overline{C}$。

解：将变量A、B、C分别接到74LS138的三个输入端A_2、A_1、A_0，则有

$$F = \overline{A}BC + A\overline{B}\,\overline{C} + AB\overline{C} = \overline{A}_2 A_1 A_0 + A_2\overline{A}_1\overline{A}_0 + A_2 A_1 \overline{A}_0$$
$$= Y_3 + Y_4 + Y_6 = \overline{\overline{Y}_3 \cdot \overline{Y}_4 \cdot \overline{Y}_6}$$

由上述表达式可画出逻辑图，如图5-40所示。

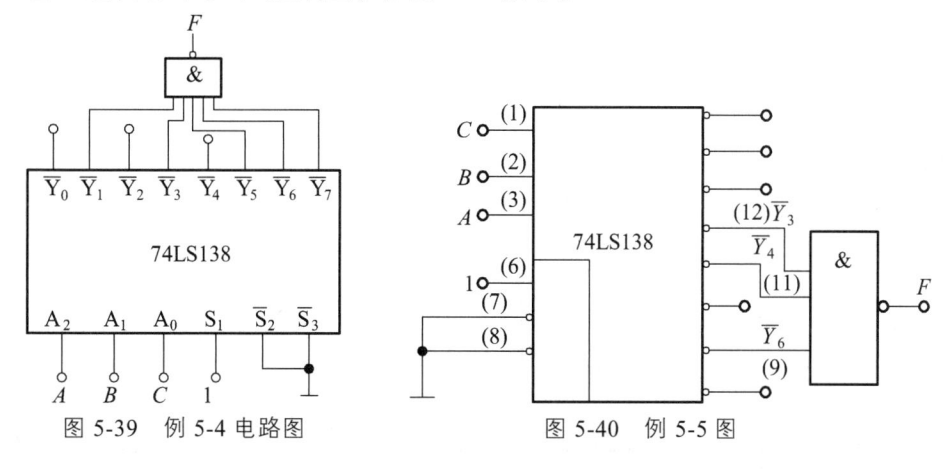

图5-39 例5-4电路图

图5-40 例5-5图

可见，用最小项译码器来实现组合逻辑函数是十分简便的。可先求出逻辑函数所包含的最小项，再将译码器对应的最小项输出端通过门电路组合起来，就可以实现任意组合逻辑函数。

2）功能扩展

用 3 线-8 线译码器 74LS138 扩展成 4 线-16 线译码器，具体的电路如图 5-41 所示。

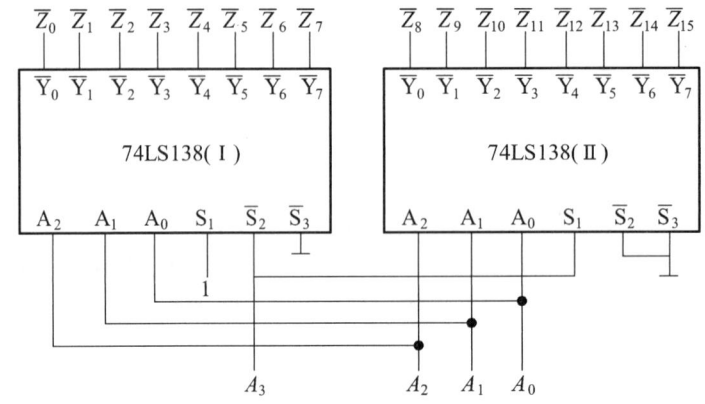

图 5-41 两片 74LS138 扩展成 4 线-16 线译码器

片 Ⅰ 的 8 个输出端作为低位输出，片 Ⅱ 的 8 个输出端作为高位的输出。两片的 A_2、A_1、A_0 分别并联作为 4 线-16 线译码器地址输入端 A_2、A_1、A_0，将片 Ⅰ 的 $\overline{S_2}$ 和片 Ⅱ 的 S_1 并联作为 4 线-16 线译码器地址输入端的高位 A_3。当 $A_3=0$ 时，片 Ⅰ 工作，片 Ⅱ 禁止，此时输出 $\overline{Z_0} \sim \overline{Z_7}$；当 $A_3=1$ 时，片 Ⅰ 禁止，片 Ⅱ 工作，此时输出 $\overline{Z_8} \sim \overline{Z_{15}}$，从而实现了 4 线-16 线译码器。

（二）二-十进制进制译码器

二-十进制译码器的逻辑功能是将输入的 BCD 码译成十个输出信息，其逻辑符号如图 5-42 所示，其功能如表 5-12 所示。

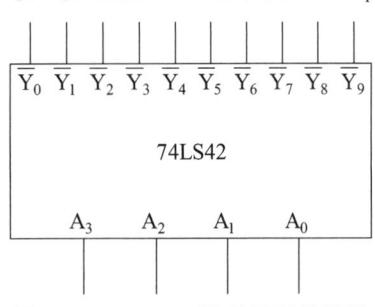

图 5-42 74LS42 译码器逻辑符号

表 5-12 74LS42 译码器功能表

A_3	A_2	A_1	A_0	$\overline{Y_0}$	$\overline{Y_1}$	$\overline{Y_2}$	$\overline{Y_3}$	$\overline{Y_4}$	$\overline{Y_5}$	$\overline{Y_6}$	$\overline{Y_7}$	$\overline{Y_8}$	$\overline{Y_9}$
0	0	0	0	0	1	1	1	1	1	1	1	1	1
0	0	0	1	1	0	1	1	1	1	1	1	1	1
0	0	1	0	1	1	0	1	1	1	1	1	1	1
0	0	1	1	1	1	1	0	1	1	1	1	1	1
0	1	0	0	1	1	1	1	0	1	1	1	1	1
0	1	0	1	1	1	1	1	1	0	1	1	1	1
0	1	1	0	1	1	1	1	1	1	0	1	1	1
0	1	1	1	1	1	1	1	1	1	1	0	1	1
1	0	0	0	1	1	1	1	1	1	1	1	0	1
1	0	0	1	1	1	1	1	1	1	1	1	1	0
1	0	1	0	1	1	1	1	1	1	1	1	1	1
1	0	1	1	1	1	1	1	1	1	1	1	1	1
1	1	0	0	1	1	1	1	1	1	1	1	1	1
1	1	0	1	1	1	1	1	1	1	1	1	1	1
1	1	1	0	1	1	1	1	1	1	1	1	1	1
1	1	1	1	1	1	1	1	1	1	1	1	1	1

从功能表 5-12 可以看出，译码器 74LS42 的输入是 8421BCD 码，输出端译中时是低电平。8421BCD 码以外的代码称为伪码，当译码器输入伪码时，所有输出端均为高电平，可见该译码器具有拒绝伪码的功能。

（三）显示译码器

在数字系统中，经常需要将数字等用十进制直观显示出来，这就需要用到数字显示器和显示译码器。

1. 数字显示器

微课 半导体数码管　　动画 半导体数码管

常用的数字显示器有半导体数码管、液晶数码管和荧光数码管。这里只介绍半导体数码管（又称 LED 数码管）。它由 7 个发光二极管按分段式结构封闭而成，如图 5-43（a）所示。选择不同段的二极管发光，就可以显示不同的字形。如当 a、b、c、d、e、f、g 段全发光时显示"8"字形；b、c 段发光时，显示"1"字形。显示结果如图 5-43（b）所示。

（a）　　　　　（b）

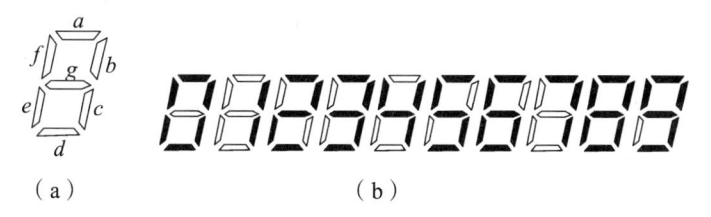

图 5-43　七段数码管及字形显示

LED 数码管中的 7 个发光二极管有共阴极和共阳极两种接法，如图 5-44 所示。共阴极数码管中，当某一段接高电平时，该段发光；共阳极数码管中，当某一段接低电平时，该段发光，因此使用哪种数码管一定要与使用的七段显示译码器相配合。

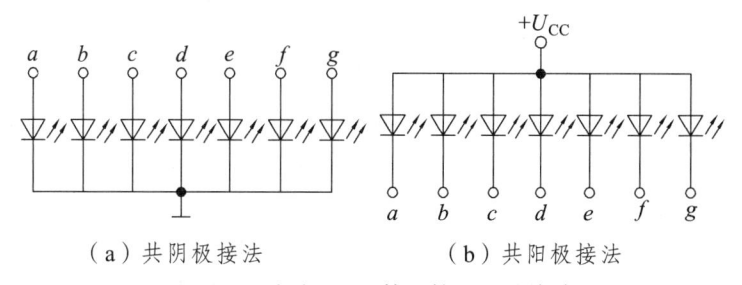

（a）共阴极接法　　　　（b）共阳极接法

图 5-44　七段 LED 数码管的两种接法

LED 数码管的优点是工作电压较低（1.5～3 V）、体积小、寿命长、亮度高、响应速度快、工作可靠性高；缺点是工作电流大，每个字段的工作电流约为 10 mA。

2. 七段显示译码器

七段显示译码器的功能是把输入的 BCD 码翻译成驱动七段 LED 数码管各对应段所需的电平。74LS49 是常用的共阴极七段显示译码器，其逻辑符号如图 5-45 所示，功能表如表 5-13 所示。

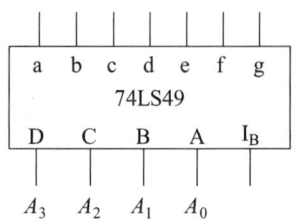

图 5-45　74LS49 的逻辑符号

表 5-13　七段显示译码器 74LS49 的功能表

输入					输出							字形
I_B	D	C	B	A	a	b	c	d	e	f	g	
1	0	0	0	0	1	1	1	1	1	1	0	0
1	0	0	0	1	0	1	1	0	0	0	0	1
1	0	0	1	0	1	1	0	1	1	0	1	2
1	0	0	1	1	1	1	1	1	0	0	1	3
1	0	1	0	0	0	1	1	0	0	1	1	4
1	0	1	0	1	1	0	1	1	0	1	1	5
1	0	1	1	0	0	0	1	1	1	1	1	6
1	0	1	1	1	1	1	1	0	0	0	0	7
1	1	0	0	0	1	1	1	1	1	1	1	8
1	1	0	0	1	1	1	1	0	0	1	1	9
1	1	0	1	0	0	0	0	1	1	0	1	
1	1	0	1	1	0	0	1	1	0	0	1	
1	1	1	0	0	0	1	0	0	0	1	1	
1	1	1	0	1	1	0	0	1	0	1	1	
1	1	1	1	0	0	0	0	1	1	1	1	
1	1	1	1	1	0	0	0	0	0	0	0	暗
0	×	×	×	×	0	0	0	0	0	0	0	暗

从图中可以看出，74LS49 有 4 个译码输入端 D、C、B、A，1 个控制输入端 I_B，7 个输出端 a、b、c、d、e、f、g。

译码输入端 D、C、B、A 为 8421BCD 码，某段输出为高电平时该段点亮，用以驱动共阴极的七段显示 LED 数码管。如果译码输入为 8421BCD 码的禁用码 1010～1110，数码管则显示相应的符号；如果译码输入为 1111，数码管各段均不发光，处于灭灯状态。

灭灯控制端 I_B：当 $I_B=1$ 时，译码器处于正常译码工作状态；如果 $I_B=0$，不管译

码输入端 D、C、B、A 为什么信号，译码管各输出端均为低电平，处于灭灯状态。利用 I_B 信号，可以控制数码管按照要求显示或熄灭，实现闪烁、熄灭首位多余的 0 等功能。

图 5-46 所示是一个七段显示译码器 74LS49 驱动共阴极 LED 数码管的实用电路。

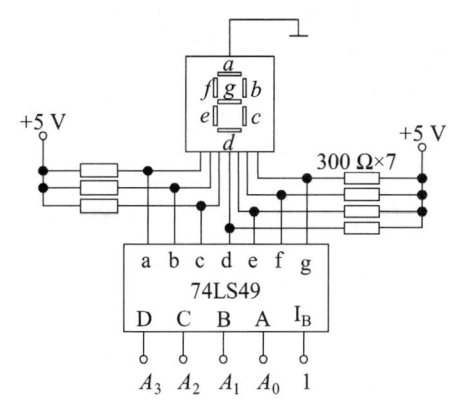

图 5-46　74LS49 驱动共阴极 LED 数码管的实用电路

任务五　数据选择器和选择分配器

在多路数据传输过程中，经常需要将其中一路信号挑选出来进行传输，这就需要用到数据选择器，其作用相当于多路开关。在数据选择器中通常用地址输入信号来完成挑选数据的任务。如一个 4 选 1 的数据选择器，需要两个地址输入端，共有 $2^2=4$ 种不同的组合，每一种组合可选择对应的一路输入数据输出。同理，对一个 8 选 1 的数据选择器，应有 3 个地址输入端，其余类推。而数据分配器的功能正好和数据选择器相反，它是根据地址码不同，将一路数据分配到相应的一个输出端输出。

一、数据选择器

根据地址码的要求，从多路输入数据中选择其中一路输出的电路，称为数据选择器。

（一）4 选 1 数据选择器

微课　数据选择器　　　动画　数据选择器

4 选 1 数据选择器的逻辑电路如图 5-47 所示。图中 $D_3 \sim D_0$ 为数据输入端，A_1、A_0 为地址输入端，Y 为数据输出端，$\overline{ST}$ 为低电平有效的使能端，又称为选通端。4 选 1 数据选择器功能如表 5-14 所示。

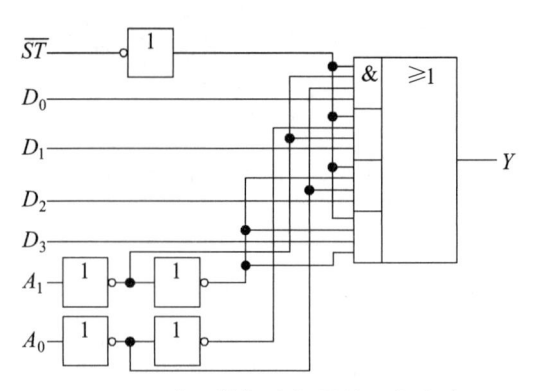

图 5-47　4 选 1 数据选择器的逻辑电路图

表 5-14　4 选 1 数据选择器功能表

输入			输入				输出
$\overline{ST}$	A_1	A_0	D_3	D_2	D_1	D_0	Y
1	×	×	×	×	×	×	0
0	0	0	×	×	×	D_0	D_0
0	0	1	×	×	D_1	×	D_1
0	1	0	×	D_2	×	×	D_2
0	1	1	D_3	×	×	×	D_3

通过图 5-47 和功能表 5-14 可以写出其逻辑函数表达式：

$$Y = \overline{(\overline{A_1}\overline{A_0}D_0 + \overline{A_1}A_0D_1 + A_1\overline{A_0}D_2 + A_1A_0D_3)\overline{ST}}$$

当 $\overline{ST} = 1$ 时，输出 $Y = 0$，数据选择器不工作；当 $\overline{ST} = 0$ 时，数据选择器工作。其输出为

$$Y = \overline{A_1}\overline{A_0}D_0 + \overline{A_1}A_0D_1 + A_1\overline{A_0}D_2 + A_1A_0D_3$$

（二）8 选 1 数据选择器

图 5-48 为 TTL 8 选 1 数据选择器 CT74LS151 的逻辑功能示意图。

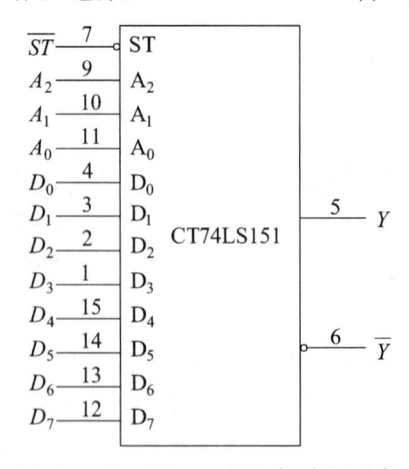

图 5-48　CT74LS151 的逻辑功能示意图

图中 $D_7 \sim D_0$ 为数据输入端，$A_2 \sim A_0$ 为地址输入端，Y 和 $\overline{Y}$ 为数据输出端，$\overline{ST}$ 为使能端，输入低电平有效。其功能如表 5-15 所示。

表 5-15　8 选 1 数据选择器 CT74LS151 的功能表

输入					输出	
$\overline{ST}$	D	A_2	A_1	A_0	Y	$\overline{Y}$
1	×	×	×	×	0	1
0	D_0	0	0	0	D_0	$\overline{D}_0$
0	D_1	0	0	1	D_1	$\overline{D}_1$
0	D_2	0	1	0	D_2	$\overline{D}_2$
0	D_3	0	1	1	D_3	$\overline{D}_3$
0	D_4	1	0	0	D_4	$\overline{D}_4$
0	D_5	1	0	1	D_5	$\overline{D}_5$
0	D_6	1	1	0	D_6	$\overline{D}_6$
0	D_7	1	1	1	D_7	$\overline{D}_7$

通过表 5-15 可以写出 8 选 1 数据选择器的输出逻辑函数表达式：

$$Y = \overline{(\overline{A}_2\overline{A}_1\overline{A}_0 D_0 + \overline{A}_2\overline{A}_1 A_0 D_1 + \overline{A}_2 A_1 \overline{A}_0 D_2 + \overline{A}_2 A_1 A_0 D_3 + A_2 \overline{A}_1 \overline{A}_0 D_4 + A_2 \overline{A}_1 A_0 D_5 + A_2 A_1 \overline{A}_0 D_6 + A_2 A_1 A_0 D_7)\overline{ST}}$$

当 $\overline{ST} = 1$ 时，输出 $Y = 0$，数据选择器不工作；当 $\overline{ST} = 0$ 时，数据选择器工作，其输出为

$$Y = \overline{A}_2\overline{A}_1\overline{A}_0 D_0 + \overline{A}_2\overline{A}_1 A_0 D_1 + \overline{A}_2 A_1 \overline{A}_0 D_2 + \overline{A}_2 A_1 A_0 D_3 + A_2 \overline{A}_1 \overline{A}_0 D_4 + A_2 \overline{A}_1 A_0 D_5 + A_2 A_1 \overline{A}_0 D_6 + A_2 A_1 A_0 D_7$$

（三）数据选择器的应用

1. 功能扩展

使用 2 片 8 选 1 数据选择器扩展成的 16 选 1 数据选择器，具体电路如图 5-49 所示。电路的工作原理比较简单，读者可以自行分析。

微课　数据选择器通道扩展

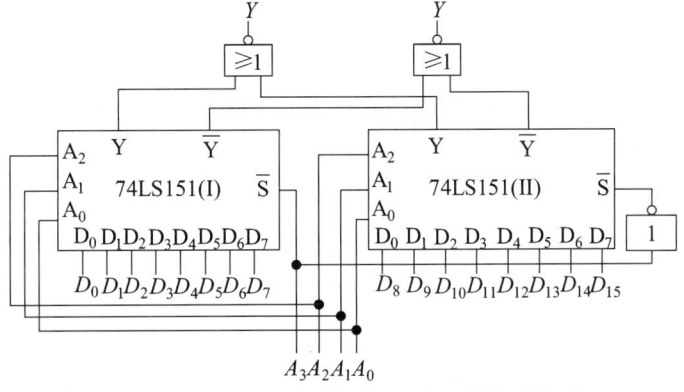

图 5-49　用 74LS151 构成 16 选 1 数据选择器

2. 实现组合逻辑函数

【例 5-6】 用 8 选 1 数据选择器实现下述组合逻辑函数：

$$F = \bar{A}\,\bar{B}\,\bar{C} + \bar{A}BC + A\bar{B}C + ABC$$

解：要实现的函数为三变量逻辑函数，只需要将 A、B、C 分别连接数据选择器的地址输入端 A_2、A_1、A_0，把 Y 端作为输出 F。

由于逻辑表达式中的各乘积项均为最小项，故可以改写为

$$F(A，B，C) = m_0 + m_3 + m_5 + m_7$$

根据 8 选 1 的电路功能，将上式与 8 选 1 数据选择器的表达式进行对比，只要令

$$D_0 = D_3 = D_5 = D_7 = 1$$
$$D_1 = D_2 = D_4 = D_6 = 0$$
$$\bar{S} = 0$$

就可以用 8 选 1 数据选择器实现 F 的逻辑功能，具体的电路如图 5-50 所示。

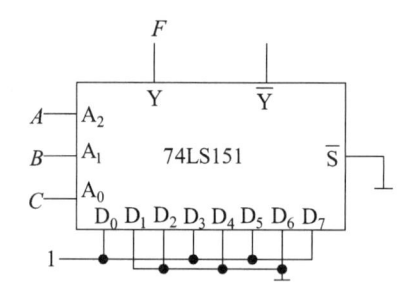

图 5-50 例 5-6 逻辑电路图

二、数据分配器

数据分配器也称为多路分配器，其逻辑功能与数据选择器刚好相反。数据分配器可以把从同一信号源的数据送到不同的输出端，但在同一时刻，只能把数据送到一个特定的输出端，而这个特定的输出端是由选择输入信号的不同组合所控制的。

任务六 加法器和数值比较器

一、加法器

（一）半加器

只考虑两个一位二进制数的相加，而不考虑来自低位进位的加法电路，称为半加器。

设两个一位二进制分别为加数 A 和加数 B，没有来自低位的进位输入，相加的本位和为 S，向高位的进位输出为 C。如输入 A、B 都为 1，它们相加的本位和 S 为 0，向高位的进位输出 C 为 1；当 A 和 B 不同时，相加后的本位和 S 为 1,没有进位数，即 $C=0$。可见，半加器应有本位和 S 及向高位的进位 C 两个输出。半加器的真值表如表 5-16 所示。

表 5-16 半加器的真值表

输	入	输	出
A	B	S	C
0	0	0	0
0	1	1	0
1	0	1	0
1	1	0	1

根据真值表可以写出其输出函数表达式为

$$\begin{cases} S = \overline{A}B + A\overline{B} \\ C = AB \end{cases}$$

通过表达式可知，半加器由一个异或门和一个与门组成，逻辑电路如图 5-51（a）所示。图 5-51（b）所示是其逻辑符号，框中的"Σ"为加法器总限定符号，"CO"为进位输出的限定符号。

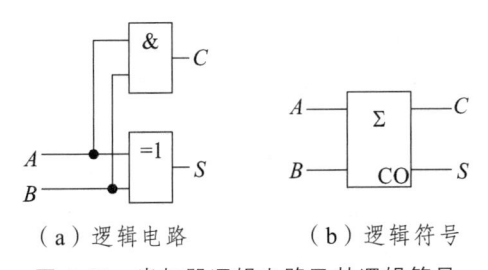

（a）逻辑电路　　　　（b）逻辑符号

图 5-51　半加器逻辑电路及其逻辑符号

（二）全加器

不仅考虑两个一位二进制加数，还要考虑来自低位进位的加法电路，称为全加器。

如在第 i 位二进制数相加时，被加数、加数和来自低位的进位数分别为 A_i、B_i 和 C_{i-1}，输出本位和为 S_i，向相邻高位的进位数输出为 C_i。根据全加器逻辑功能可列出真值表，如表 5-17 所示。

根据表 5-17 可以写出全加器输出逻辑表达式为

表 5-17　全加器真值表

输		入	输	出
A_i	B_i	C_{i-1}	S_i	C_i
0	0	0	0	0
0	0	1	1	0
0	1	0	1	0
0	1	1	0	1
1	0	0	1	0
1	0	1	0	1
1	1	0	0	1
1	1	1	1	1

$$S_i = \overline{A}_i\overline{B}_iC_{i-1} + \overline{A}_iB_i\overline{C}_{i-1} + A_i\overline{B}_i\overline{C}_{i-1} + A_iB_iC_{i-1}$$
$$= \overline{(A_i \oplus B_i)}C_{i-1} + (A_i \oplus B_i)\overline{C}_{i-1} = A_i \oplus B_i \oplus C_{i-1}$$
$$C_i = \overline{A}_iB_iC_{i-1} + A_i\overline{B}_iC_{i-1} + A_iB_i\overline{C}_{i-1} + A_iB_iC_{i-1}$$
$$= A_iB_i + (A_i \oplus B_i)C_{i-1}$$
$$= \overline{\overline{A_iB_i + (A_i \oplus B_i)C_{i-1}}}$$

根据表达式可以画出全加器的逻辑电路图，如图 5-52（a）所示，图 5-52（b）所示是其逻辑符号。

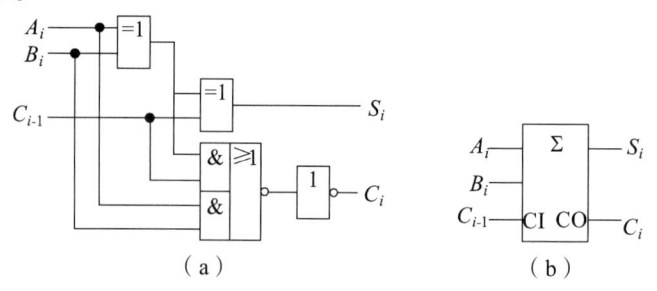

图 5-52 全加器逻辑电路图和逻辑符号

（三）加法器

实现多位加法运算的电路，称为加法器，又叫多位全加器。

1. 串行进位加法器

图 5-53 所示为由 4 个全加器（两片 CC74HC183）组成的 4 位串行进位全加器。低位全加器输出的进位信号 CO 依次送到相邻高位全加器的进位输出端 CI。最低位全加器没有进位输入信号，其 CI 端接地。显然，高位的相加结果必须等到低一位产生的进位信号送来相加后才能建立起来。因此串行进位加法器的运算速度比较慢。为了提高运算速度，可采用超前进位加法器。

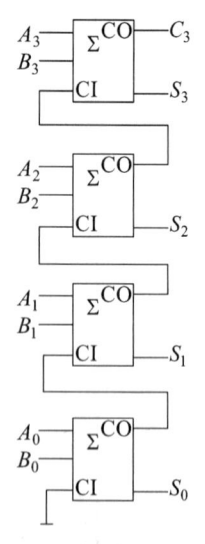

图 5-53 4 位串行进位全加器

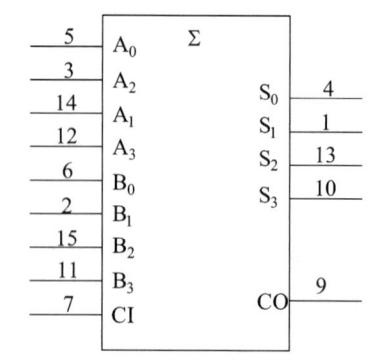

图 5-54 CC74HC283 的逻辑功能示意图

2. 超前进位加法器

为了克服串行进位加法器运算速度慢的缺点，可采用超前进位加法器。它在进行加法运算时，各位全加器的进位信号同时由输入的二进制加数直接产生，这比逐位进位的串行进位加法器的运算速度要快得多。图 5-54 所示的就是超前进位加法器 CC74HC283 的逻辑功能示意图，$A_3 \sim A_0$ 和 $B_3 \sim B_0$ 为两组二进制数的输入端；CI 为进位输入端；CO 为进位输出端；$S_3 \sim S_0$ 为和数输出端。

加法器除可进行二进制加法运算外，还可用来实现组合逻辑函数。

二、数值比较器

用于比较两个数大小的电路，称为数值比较器。

微课 数值比较器

（一）1 位数值比较器

当两个一位二进制数 A 和 B 比较时，其结果有以下三种情况：$A>B$、$A<B$ 和 $A=B$。比较结果分别用 $F_{A>B}$、$F_{A<B}$、$F_{A=B}$ 表示。设 $A>B$ 时，$F_{A>B}=1$；设 $A<B$ 时，$F_{A<B}=1$；$A=B$ 时，$F_{A=B}=1$。因此可以把真值表列出来如表 5-18 所示。

表 5-18 一位数值比较器真值表

输入		输出		
A	B	$F_{A>B}$	$F_{A<B}$	$F_{A=B}$
0	0	0	0	1
0	1	0	1	0
1	0	1	0	0
1	1	0	0	1

根据表 5-18 可以写出函数逻辑表达式为

$$F_{A>B} = A\overline{B}$$

$$F_{A<B} = \overline{A}B$$

$$F_{A=B} = \overline{A}\,\overline{B} + AB = A \odot B = \overline{\overline{AB} + A\overline{B}}$$

根据逻辑表达式，可以画出一位数值比较器的逻辑电路，如图 5-55 所示。

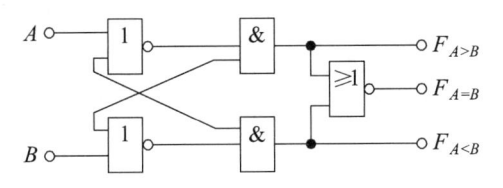

图 5-55 一位数值比较器逻辑图

（二）四位数值比较器

如有两个四位二进制数 $A = A_3A_2A_1A_0$ 和 $B = B_3B_2B_1B_0$ 进行比较，则需要从高位到低位逐位进行比较，只有在高位数相等时，才用进行低位数的比较。当比较到某一位数值不等时，其结果便为两个四位数的比较结果。如若 $A_3 > B_3$，则 $A > B$；$A_3 < B_3$，则 $A < B$；$A_3 = B_3$，$A_2 > B_2$，则 $A > B$；若 $A_3 = B_3$，$A_2 < B_2$，则 $A < B$。其余以此类推，直到比较出结果为止。

微课 多位数值比较器

图 5-56 所示为 74LS85 的逻辑符号，$A_3 \sim A_0$、$B_3 \sim B_0$ 为两组数据输入端，三个扩

展输入端 $I_{A>B}$、$I_{A=B}$、$I_{A<B}$ 是为了实现两片 74LS85 的级联而设置的，$F_{A>B}$、$F_{A=B}$、$F_{A<B}$ 为比较器的比较输出。其功能表如表 5-19 所示。

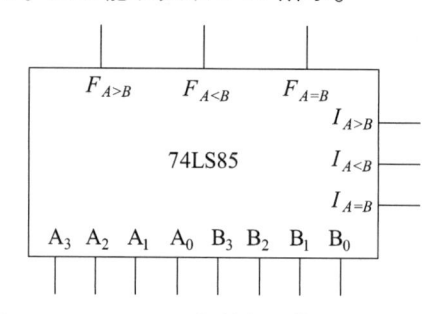

图 5-56　74LS85 四位数值比较器的逻辑符号

表 5-19　四位数值比较器 74LS85 的功能表

比较输入				级联输入			输出		
$A_3\ B_3$	$A_2\ B_2$	$A_1\ B_1$	$A_0\ B_0$	$I_{A>B}$	$I_{A<B}$	$I_{A=B}$	$F_{A>B}$	$F_{A<B}$	$F_{A=B}$
$A_3>B_3$	×	×	×	×	×	×	1	0	0
$A_3<B_3$	×	×	×	×	×	×	0	1	0
$A_3=B_3$	$A_2>B_2$	×	×	×	×	×	1	0	0
$A_3=B_3$	$A_2<B_2$	×	×	×	×	×	0	1	0
$A_3=B_3$	$A_2=B_2$	$A_1>B_1$	×	×	×	×	1	0	0
$A_3=B_3$	$A_2=B_2$	$A_1<B_1$	×	×	×	×	0	1	0
$A_3=B_3$	$A_2=B_2$	$A_1=B_1$	$A_0>B_0$	×	×	×	1	0	0
$A_3=B_3$	$A_2=B_2$	$A_1=B_1$	$A_0<B_0$	×	×	×	0	1	0
$A_3=B_3$	$A_2=B_2$	$A_1=B_1$	$A_0=B_0$	1	0	0	1	0	0
$A_3=B_3$	$A_2=B_2$	$A_1=B_1$	$A_0=B_0$	0	1	0	0	1	0
$A_3=B_3$	$A_2=B_2$	$A_1=B_1$	$A_0=B_0$	×	×	1	0	0	1
$A_3=B_3$	$A_2=B_2$	$A_1=B_1$	$A_0=B_0$	1	1	0	0	0	0
$A_3=B_3$	$A_2=B_2$	$A_1=B_1$	$A_0=B_0$	0	0	0	1	1	0

项目小结

　　门电路是构成各种复杂数字电路的基本单元，掌握各种门电路的逻辑功能和电气特性，对于正确使用数字集成电路是十分必要的。

　　TTL 电路由晶体管组成，具有速度高、带负载能力强、抗干扰性能好的等优点。CMOS 电路是由 PMOS 管和 NMOS 管组成的互补 MOS 电路，具有功耗低、集成度高、扇出数大（指带同类门负载）、抗干扰能力强等优点，有取代 TTL 门电路的优势。

　　组合逻辑电路是数字系统中常见的一类电路，其特点是电路的输出仅与该时刻电路输入的逻辑值有关，而与逻辑电路前一时刻的输入、输出逻辑值无关，电路中没有反馈回路。

组合逻辑电路分析目的在于找出电路的输出与输入之间的逻辑关系，确定电路的逻辑功能。

组合逻辑电路的设计是根据实际问题的要求，找出一个能满足逻辑功能的逻辑电路。设计是分析的逆过程，其中的关键是如何把实际问题抽象为逻辑问题，确定输入逻辑变量、输出逻辑变量，建立它们之间的逻辑关系并用逻辑电路来实现。

本项目重点介绍了集成门电路和编码器、译码器、数据选择器、数值比较器、加法器等一些具有特定功能的常见组合逻辑单元电路，讨论了这些电路的工作原理、逻辑功能、特点以及相应的中规模集成组件的应用。

思考与练习

5-1 填空题

1. 数字集成逻辑器件可分为_____和_____两大类。

2. TTL 与非门是_____极型集成电路，由_____管组成，电路工作在_____状态；CMOS 逻辑门是_____极型集成电路，由_____管组成，电路工作在_____状态。

3. 试根据表 5-20 所示状态表，写出输出函数 S、L 的逻辑表达式

表 5-20 习题 5-1（3）用表

输入		输出	
A	B	S	L
0	0	0	0
0	1	1	0
1	0	1	0
1	1	0	1

$S = $_____；
$L = $_____。

表 5-21 习题 5-1（4）用表

A	B	C	Y_1	Y_2
0	0	0	1	0
0	0	1	0	1
0	1	0	0	1
0	1	1	0	1
1	0	0	0	1
1	0	1	0	1
1	1	0	0	1
1	1	1	0	1

4. 已知表 5-21 中，A、B、C 为输入变量，Y_1、Y_2 为两种门的输出状态，根据输入与输出的逻辑关系：Y_1 是_____门电路；Y_2 是_____门电路。

5. TTL 与非门多余输入端的处理方法是_____；TTL 或非门多余输入端的处理方法是_____。

6. 在数字电路中，晶体三极管通常工作在_____和_____两种工作状态。

7. OC 门也称为_____，在使用时必须在_____之间接一电阻，其应用主要有_____、_____、_____。

8. 使用_____个两输入端的与非门可以实现或门逻辑，如果实现异或逻辑门电路需要_____个两输入端的与非门。

9. 写出如图 5-57 所示的逻辑门的表达式：$Y_1 = $_____；$Y_2 = $_____；$Y_3$

= _____ ; Y_4 = _____ 。

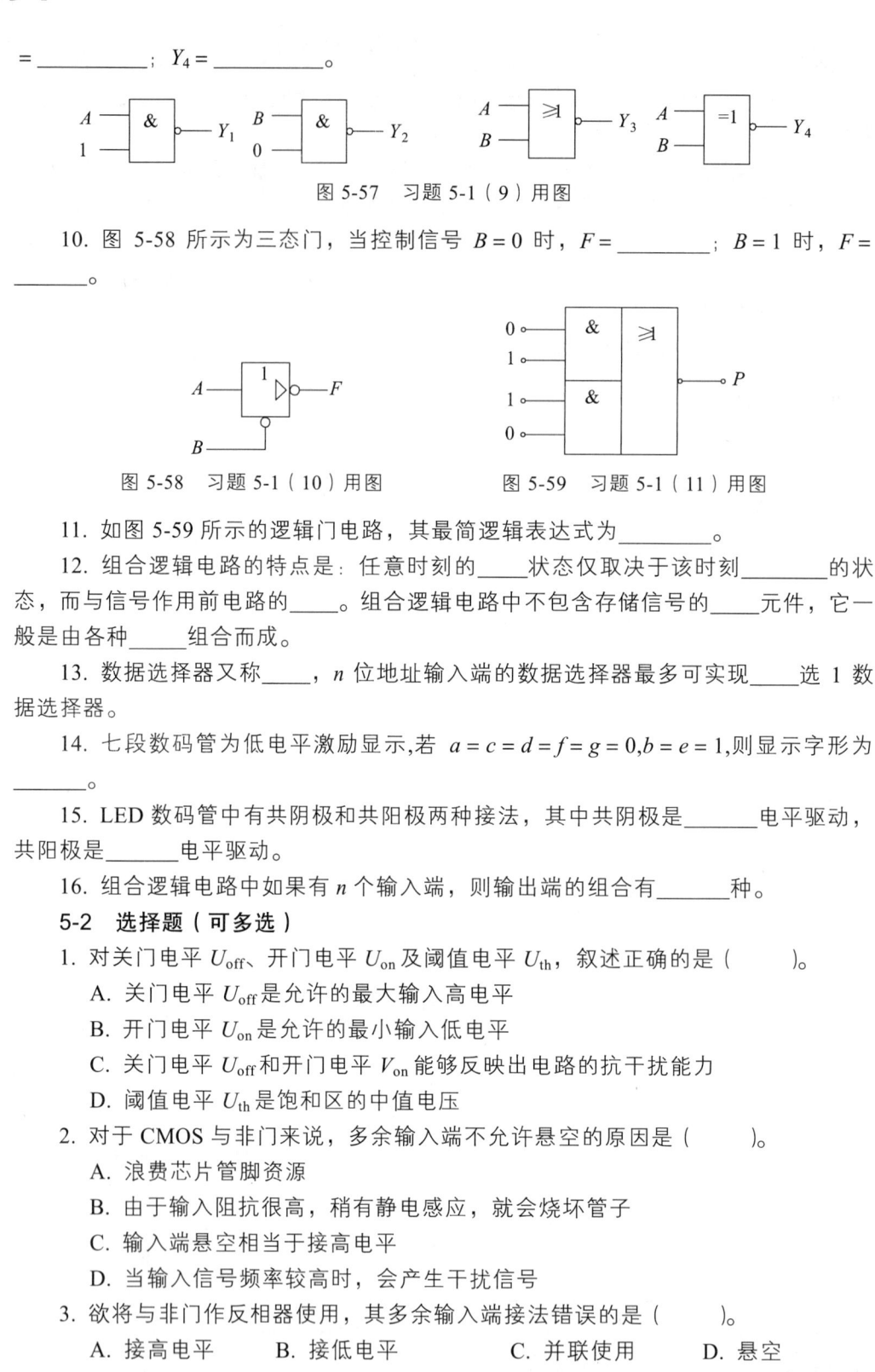

图 5-57　习题 5-1（9）用图

10. 图 5-58 所示为三态门，当控制信号 $B=0$ 时，$F=$ _____；$B=1$ 时，$F=$ _____ 。

图 5-58　习题 5-1（10）用图　　图 5-59　习题 5-1（11）用图

11. 如图 5-59 所示的逻辑门电路，其最简逻辑表达式为_____。

12. 组合逻辑电路的特点是：任意时刻的____状态仅取决于该时刻_____的状态，而与信号作用前电路的____。组合逻辑电路中不包含存储信号的____元件，它一般是由各种____组合而成。

13. 数据选择器又称____，n 位地址输入端的数据选择器最多可实现____选 1 数据选择器。

14. 七段数码管为低电平激励显示，若 $a=c=d=f=g=0, b=e=1$，则显示字形为_____。

15. LED 数码管中有共阴极和共阳极两种接法，其中共阴极是_____电平驱动，共阳极是_____电平驱动。

16. 组合逻辑电路中如果有 n 个输入端，则输出端的组合有_____种。

5-2　选择题（可多选）

1. 对关门电平 U_{off}、开门电平 U_{on} 及阈值电平 U_{th}，叙述正确的是（　　）。
   A. 关门电平 U_{off} 是允许的最大输入高电平
   B. 开门电平 U_{on} 是允许的最小输入低电平
   C. 关门电平 U_{off} 和开门电平 V_{on} 能够反映出电路的抗干扰能力
   D. 阈值电平 U_{th} 是饱和区的中值电压

2. 对于 CMOS 与非门来说，多余输入端不允许悬空的原因是（　　）。
   A. 浪费芯片管脚资源
   B. 由于输入阻抗很高，稍有静电感应，就会烧坏管子
   C. 输入端悬空相当于接高电平
   D. 当输入信号频率较高时，会产生干扰信号

3. 欲将与非门作反相器使用，其多余输入端接法错误的是（　　）。
   A. 接高电平　　　B. 接低电平　　　C. 并联使用　　　D. 悬空

4. 欲将或非门作反相器使用，其输入端接法不对的是（　　）。

A. 将逻辑变量接入某一输入端，多余端子接电源
B. 将逻辑变量接入某一输入端，多余端子接地
C. 将逻辑变量接入某一输入端，多余输入端子并联使用

5. 异或门作反相器使用时，其输入端接法应为（   ）。

A. 将逻辑变量接某一输入端，多余端子接地
B. 将逻辑变量接入某一输入端，多余端接高电平
C. 将逻辑变量接入某一输入端，多余端子并联使用

6. 一个两输入端的门电路，当输入为 1 和 0 时，输出不是 1 的门是（   ）。
   A. 与非门   B. 或门
   C. 或非门   D. 异或门

7. TTL 与非门闲置的输入端的处理不正确的是（   ）。
   A. 接电源   B. 通过电阻 3 kΩ 接电源
   C. 接地   D. 与有用的输入端并联

8. 对于 TTL 或非门闲置的输入端的处理正确的是（   ）。
   A. 接电源   B. 通过电阻 3 kΩ 接电源
   C. 接地   D. 与有用的输入端并联

9. 如图 5-60 所示的电路，其输出逻辑表达式为（   ）。

   A. $P = A+B$ B. $P = A \cdot B$
   C. $P = A \oplus B$ D. $P = A \odot B$

10. 与 TTL 数字集成电路相比 CMOS 数字集成电路突出的优点是（   ）。
    A. 功耗低   B. 高速度
    C. 抗干扰能力强   D. 电源范围宽

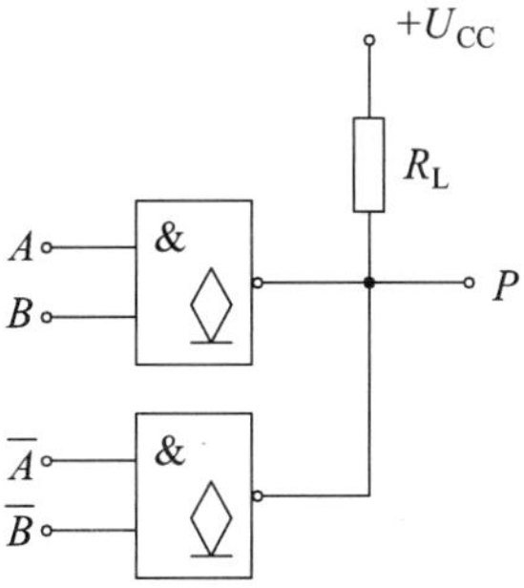

11. 4 个输入端的与非门，他的输出有（   ）种状态。

图 5-60 习题 5-2（9）用图

    A. 2   B. 4   C. 8   D. 16

12. 组合逻辑电路通常由（   ）组合而成。
    A. 门电路   B. 触发器
    C. 计数器   D. 寄存器

13. 在下列逻辑电路中，不是组合逻辑电路的有（   ）。
    A. 译码器   B. 编码器
    C. 全加器   D. 寄存器

14. a_1、a_2、a_3 是三个开关，设它们闭合时为逻辑 1，断开时为逻辑 0，电灯 $F = 1$ 时表示灯亮，$F = 0$ 时表示灯灭。若在三个不同的地方控制同一个电灯的灭亮，逻辑函数 F 的表达式是（   ）。

    A. $a_1 a_2 a_3$ B. $a_1+a_2+a_3$
    C. $a_1 \oplus a_2 \oplus a_3$ D. $a_1 \odot a_2 \odot a_3$

15. 设 A_1、A_2 为四选一数据选择器的地址码，$X_0 \sim X_3$ 为数据输入，Y 为数据输

出，则输出 Y 与 X_i 和 A_i 之间的逻辑表达式为（   ）。

A. $\bar{A}_1 \cdot \bar{A}_0 \cdot X_0 + \bar{A}_1 \cdot \bar{A}_0 \cdot X_1 + A_1 \cdot \bar{A}_0 \cdot \bar{X}_2 + A_1 \cdot A_0 \cdot X_3$

B. $A_1 \cdot A_0 \cdot X_0 + A_1 \cdot \bar{A}_0 X_1 + \bar{A}_1 \cdot A_0 \cdot X_2 + \bar{A}_1 \cdot \bar{A}_0 \cdot X_3$

C. $\bar{A}_1 \cdot A_0 \cdot X_0 + \bar{A}_1 \cdot \bar{A}_0 \cdot X_1 + A_1 \cdot A_0 \cdot X_2 + A_1 \cdot A_0 \cdot \bar{X}_3$

D. $A_1 \cdot \bar{A}_0 \cdot X_0 + A_1 \cdot A_0 \cdot X_1 + \bar{A}_1 \cdot A_0 \cdot X_2 + \bar{A}_1 \cdot A_0 \cdot X_3$

16. 十六路数据选择器，其地址输入（选择控制输入）端有（   ）个。

　　A. 16 个　　　　B. 2 个　　　　C. 4 个　　　　D. 8 个

17. 要使 3 线-8 线译码器（74LS138）正常工作，使能控制端 ST_A、$\overline{ST}_B$、$\overline{ST}_C$ 的电平信号应是（   ）。

　　A. 100　　　　B. 111　　　　C. 011　　　　D. 000

18. 3 线-8 线译码器（74LS138）的输出有效电平是（   ）电平。

　　A. 高　　　　B. 低　　　　C. 三态　　　　D. 任意

19. 8421BCD 码译码器的数据输入线与译码输出线组合是（   ）。

　　A. 4∶16　　　　B. 1∶10　　　　C. 4∶10　　　　D. 2∶4

20. 8 线-3 线优先编码器（74LS148），8 条数据输入线 $\bar{I}_0 \sim \bar{I}_7$ 同时有效时，优先级最高的为 $\bar{I}_7$ 线，则输出线 $Y_2Y_1Y_0$ 的值应是（   ）。

　　A. 000　　　　B. 010　　　　C. 101　　　　D. 111

21. 采用四位比较器（74LS85）对两个四位数比较时，先比较（   ）位。

　　A. 最低　　　　B. 次高　　　　C. 次低　　　　D. 最高

22. 七段显示译码器，当译码器七个输入端状态 $abcdefg = 0110011$ 时（高电平有效），输入定为（   ）。

　　A. 0011　　　　B. 0110　　　　C. 0100　　　　D. 0011

5-3　综合应用题

1. 输入信号的波形如图 5-61（a）所示，试写出图 5-61（b）$Y_1 \sim Y_6$ 表达式并画出其波形图（不考虑门电路的传输延迟时间）。

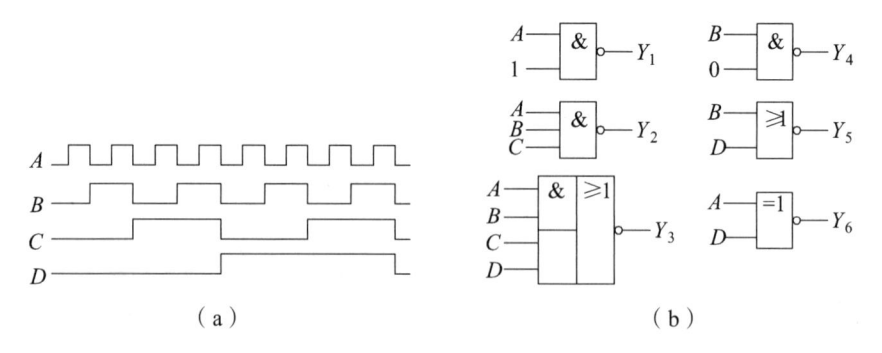

图 5-61　习题 5-3（1）用图

2. 指出图 5-62 中门电路的输出是什么状态（高电平、低电平或高阻状态）。已知这些门电路均为 74 系列 TTL 门电路。

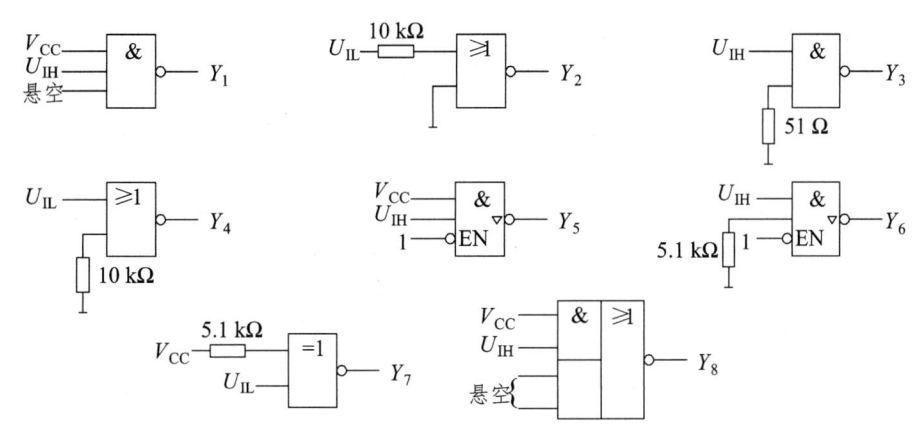

图 5-62 习题 5-3（2）用图

3. 试说明下列各种门电路中哪些可以将输出端并联使用（输入端的状态不一定相同）:
（1）具有推拉式输出级的 TTL 电路；
（2）TTL 电路的 OC 门；
（3）TTL 电路的三态输出门；
（4）普通的 CMOS 门；
（5）CMOS 电路的三态输出门。

4. 要实现图 5-63 中多个 TTL 门电路输出端所示的逻辑关系，各门电路的接法是否正确？如果不正确，请予以改正。

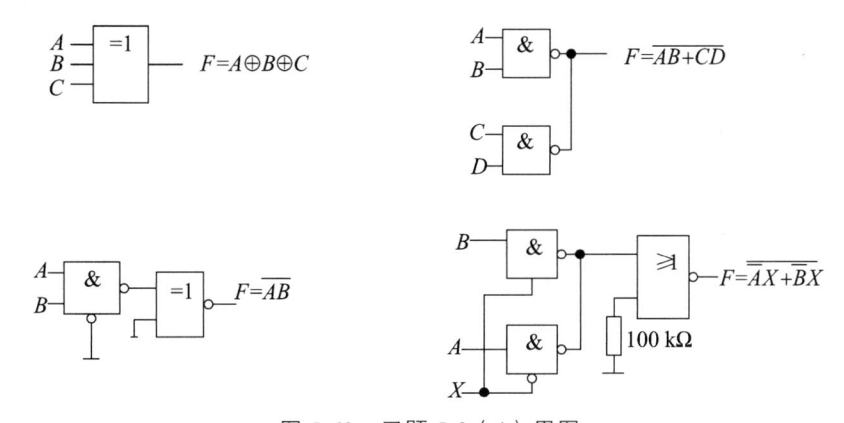

图 5-63 习题 5-3（4）用图

5. 分析图 5-64 所示电路的逻辑功能。

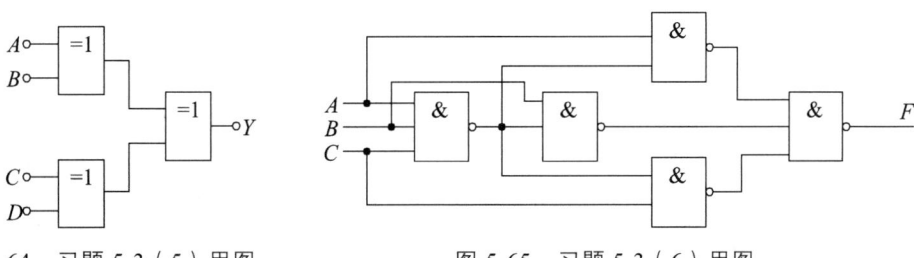

图 5-64 习题 5-3（5）用图   图 5-65 习题 5-3（6）用图

6. 分析图 5-65 的逻辑功能。

7. 设计一个由三个输入端、一个输出端组成的判奇电路，其功能为：当奇数个输入信号为高电平时，输出为高电平，否则为低电平。要求写出分析过程，并使用基本逻辑门和 74LS138 两种方法实现。

8. 试用 3 线-8 线译码器 74LS138 和门电路实现下列逻辑函数：

（1）$Y_1 = \overline{A}\,\overline{C} + BC + A\overline{B}\,\overline{C}$；　　（2）$Y_2 = (A+B)(\overline{A}+\overline{C})$；

（3）$Y_3 = AB + BC$；　　　　（4）$Y_4 = ABC + A\overline{C}$。

9. 用红、黄、绿三个指示灯表示三台设备的工作情况：绿灯亮表示全部正常；红灯亮表示有一台不正常；黄灯亮表示两台不正常；红、黄灯全亮表示三台都不正常。列出控制电路真值表，写出各灯点亮时的逻辑函数表达式，并选用合适的集成电路来实现。要求使用两种方法实现逻辑电路。

10. 三个车间，每个车间各需 1 kW 电力。这三个车间由两台发电机组供电，一台是 1 kW，另一台是 2 kW。三个车间经常不同时工作，有时只一个车间工作，也可能有两个车间或三个车间同时工作。为了节省能源，又保证电力供应，请设计一个逻辑电路，能自动完成配电任务。要求使用两种方法实现逻辑电路。

11. 设计一个交通灯监测电路。正常工作时红、绿、黄三只灯种只能一只灯亮，否则，将会发出检修信号。

应用实践

TTL 与非门的测试及功能转换

一、实验目的

（1）掌握 TTL 与非门逻辑功能的测试方法。
（2）掌握用与非门组成其他功能逻辑门电路的方法。
（3）熟悉数字电路实验系统的使用方法。

二、实验仪器与器材

（1）数字电路实验板。
（2）万用表 1 块。
（3）74LS00 四 2 输入与非门。
（4）74LS20 双 4 输入与非门 1 片。
（5）示波器 1 台。

三、实验原理

（一）与非门逻辑功能

二输入端与非门：$F = \overline{AB}$；四输入端与非门：$F = \overline{ABCD}$。

（二）与非门逻辑功能的转换

按照逻辑代数的变换规则，用与非逻辑可以实现其他逻辑关系。因此，用与非门也可构成其他逻辑门电路，如或门、非门、异或门等。

四、实验步骤

（一）与非门逻辑功能测试

1. 74LS00 逻辑功能测试

74LS00 四 2 输入与非门的端子排列如图 1 所示。将逻辑电平开关接入某一与非门的各输入端，与非门输出接至逻辑电平显示器，测试与非门的逻辑功能。结果记录于本次实验报告表 1 中。

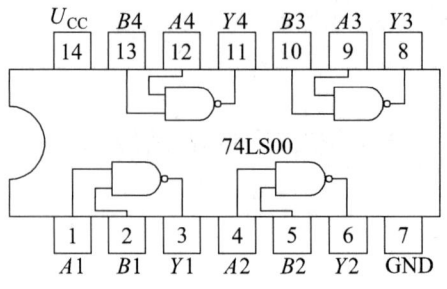

图 1　74LS00 端子排列图

2. 74LS20 逻辑功能测试

74LS20 双 4 输入与非门的端子排列图如图 2 所示。将逻辑电平开关分别接入某一与非门的各输入端，与非门输出接至逻辑电平显示器，测试与非门的逻辑功能。结果记录于本次实验报告表 2 中。

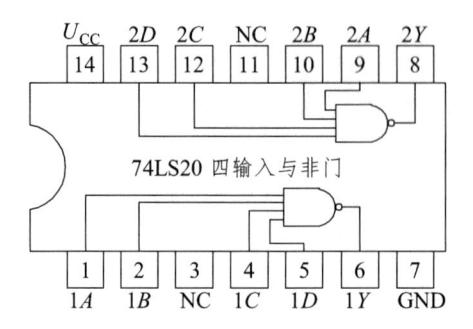

图 2　74LS20 端子排列图

（二）与非门逻辑功能转换

（1）用 74LS00 组成 2 输入端的或门，测其逻辑功能（见图 3），结果记录于本次实验报告表 3 的第一栏中。

$$F = A + B = \overline{\overline{A+B}} = \overline{\overline{A} \cdot \overline{B}}$$

图 3　74LS00 组成二输入端的或门

（2）用 74LS00 组成异或门，测其逻辑功能（见图 4），结果记录于本次实验报告表 3 的第二栏中。

$$F = \overline{A}B + A\overline{B} = \overline{\overline{\overline{A}B + A\overline{B}}} = \overline{\overline{\overline{A}B} \cdot \overline{A\overline{B}}}$$

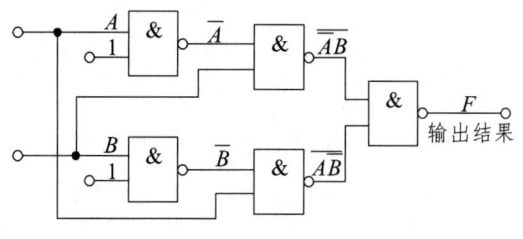

图 4　74LS00 组成二输入端异或门

五、注意事项

（1）确认本次实验须使用的集成器件型号，并确认其管脚。

（2）两个 TTL 逻辑门的输出端切忌直接相连；门电路的输出端也不可与逻辑开关直接相连。

（3）为便于测试与非门的逻辑功能，实验系统上 74LS00 芯片的电源端未接时，应就近取 +5 V 电源。

（4）接插线为一次性的，插孔具有自锁紧功能，使用时请捏紧插销体旋入旋出，爱护实验设备。

《TTL 与非门的测试及功能转换》实验报告

班级_____ 姓名_____ 学号_____ 成绩_____

一、根据实验内容填写下列表格

表 1   74LS00 逻辑功能测试

输入		输出
A	B	F
0	0	
0	1	
1	0	
1	1	

表 2   74LS20 逻辑功能测试

输入				输出
A	B	C	D	F
0	0	0	0	
0	0	0	1	
0	0	1	0	
0	0	1	1	
0	1	0	0	
0	1	0	1	
0	1	1	0	
0	1	1	1	
1	0	0	0	
1	0	0	1	
1	0	1	0	
1	0	1	1	
1	1	0	0	
1	1	0	1	
1	1	1	1	

表 3　与非门逻辑功能转换

输入		输出	
		用与非门实现或门	用与非门实现异或门
A	B	F	F
0	0		
0	1		
1	0		
1	1		
逻辑关系			

二、根据实验内容完成下列思考题

1. TTL 数字集成电路的电源电压是多少？

2. 为什么普通集成 TTL 逻辑门输出端不可以直接并联？

3. 如何检测逻辑电平开关、逻辑电平指示灯、插接线？

4. 描述在实验中遇到的故障现象，并简述排除故障的方法。

组合逻辑电路的设计与测试

一、实验目的

（1）熟练掌握组合逻辑电路设计和功能检测的基本方法。
（2）掌握用基本数字集成电路连接电路、合理布线的方法。
（3）学习简单故障的检测和排除方法。

二、实验仪器与器材

（1）数字电路实验板。
（2）万用表 1 块。
（3）集成数字器件：74LS00、74LS04、74LS51、74LS86、74LS20、74LS08、74LS32。

三、实验原理

（1）组合逻辑电路设计的一般步骤如图 1 所示。

实际问题设置逻辑变量 → 真值表 → 逻辑表达式 → 化简 → 逻辑电路

图 1　组合逻辑电路设计步骤

逻辑化简是组合逻辑电路设计的基本要求之一，为了使电路结构简单，往往要求逻辑表达式尽量简化。一般来说，在保证速度、稳定可靠与逻辑清楚的前提下，尽量使用最少的器件，以降低成本并减少故障源。

（2）三人表决器和全加器的逻辑表达式：

三人表决器：$Y = \overline{\overline{AB}\ \overline{BC}\ \overline{AC}}$；

全加器：$S_i = A_i \oplus B_i \oplus C_{i-1}$；

$$C_i = (A_i \oplus B_i)C_{i-1} + A_i B_i = \overline{\overline{A_i B_i} + \overline{(A_i \oplus B_i)C_{i-1}}}$$

（3）当电路有故障时，要冷静仔细地检查，查找并排除故障。
（4）常用逻辑器件的端子排列如图 2 所示。

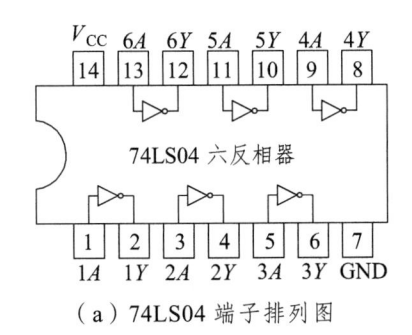

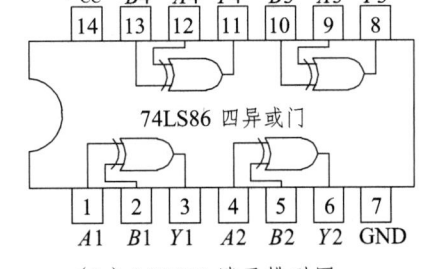

（a）74LS04 端子排列图　　　（b）74LS86 端子排列图

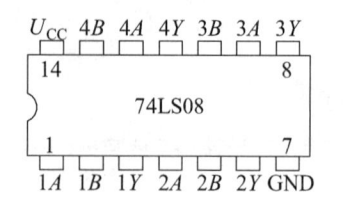

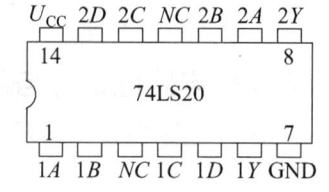

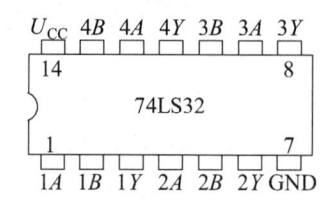

（c）74LS08 四 2 输入正与门端子排列图　　（d）74LS20 双 4 输入正与非门端子排列图　　（e）74LS32 四 2 输入正或门端子排列图

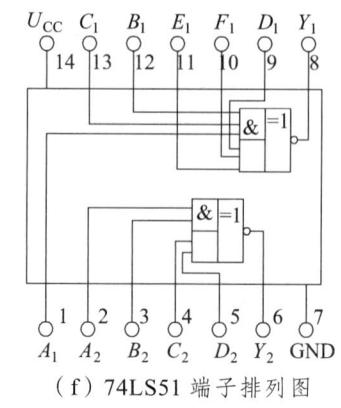

（f）74LS51 端子排列图

图 2　常用逻辑器件的端子排列图

四、实验步骤

（1）检测门电路的功能和导线、开关和指示灯性能。

（2）按事先设计好的逻辑图搭接逻辑电路，如图 3、图 4 所示。

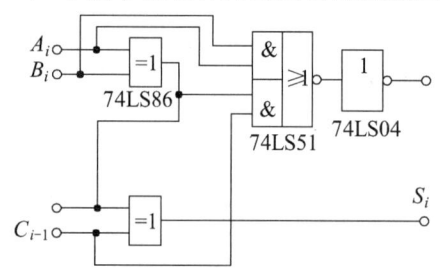

图 3　一位全加器逻辑电路图　　图 4　与非门实现三输入表决电路

（3）测试所连接逻辑电路的逻辑功能，是否符合设计要求。

（4）若不符合，查找故障并排除，完成实验报告。

五、注意事项

（1）接插线为一次性的，插孔具有自锁紧功能，使用时请捏紧插捎体旋入旋出，爱护实验设备，切勿用力拉扯连线，不要随意插拔元件。

（2）确认本次实验须使用的集成器件型号，并确认其管脚。

（3）为便于测试逻辑门的逻辑功能，实验系统上芯片的电源端未接时，应就近取 +5 V 电源。

（4）两个 TTL 逻辑门的输出端切忌直接相连，门电路的输出端也不可与逻辑开关直接相连。

《组合逻辑电路的设计与测试》实验报告

班级_____ 姓名_____ 学号_____ 成绩_____

一、根据实验内容填写下列表格

表 1　一位全加器电路逻辑功能测试

A_i	B_i	C_{i-1}	C_i	S_i
0	0	0		
0	0	1		
0	1	0		
0	1	1		
1	0	0		
1	0	1		
1	1	0		
1	1	1		

表 2　三人表决电路功能测试

A	B	C	F
0	0	0	
0	0	1	
0	1	0	
0	1	1	
1	0	0	
1	0	1	
1	1	0	
1	1	1	

二、根据实验内容完成下列思考题

1. 整理测试数据，对实训中发生的故障现象做分析。

2. 总结测试组合逻辑电路的体会，画出集成逻辑器件的实际接线图。

3. 数字电路实验箱上的逻辑开关能否接到逻辑门的输出端？为什么？

集成译码器的测试和应用

一、实验目的

（1）学习集成译码器逻辑功能的测试方法。
（2）了解中规模集成译码器的功能、外引线排列，掌握其逻辑功能。
（3）掌握用集成译码器组成组合逻辑电路的方法。

二、实验仪器与器材

（1）数字电路实验板。
（2）74LS138 3 线-8 线译码器 1 块。
（3）74LS20 双 4 输入与非门 1 块。
（4）74LS04 六反相器 1 块。

三、实验原理

74LS138 是集成 3 线-8 线译码器，在数字系统中应用广泛。图 1 所示是 74LS138 的外端子排列图和逻辑符号，其中，S_A、$\overline{S}_B$、$\overline{S}_C$ 为片选输入端（或称为控制端）；A_2、A_1、A_0 为数码输入端；$\overline{Y}_7 \sim \overline{Y}_0$ 为译码器输出端，低电平有效。

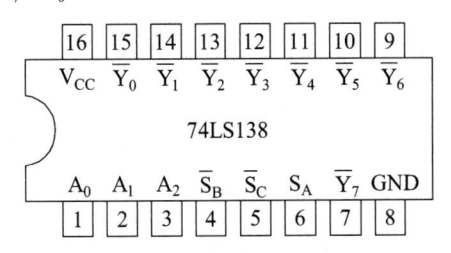

图 1 74LS138 外端子排列图

1. 工作原理

当 $S_A = 1, \overline{S}_B + \overline{S}_C = 0$ 时，电路完成译码功能，输出低电平有效。

2. 译码器应用

全加器逻辑表达式：

$$S_i = \overline{A}_i \overline{B}_i C_{i-1} + \overline{A}_i B_i \overline{C}_{i-1} + A_i \overline{B}_i \overline{C}_{i-1} + A_i B_i C_{i-1} = \overline{\overline{Y}_1 \cdot \overline{Y}_2 \cdot \overline{Y}_4 \cdot \overline{Y}_7}$$

$$C_i = \overline{A}_i B_i C_{i-1} + A_i \overline{B}_i C_{i-1} + A_i B_i \overline{C}_{i-1} + A_i B_i C_{i-1} = \overline{\overline{Y}_3 \cdot \overline{Y}_5 \cdot \overline{Y}_6 \cdot \overline{Y}_7}$$

四、实验步骤

（一）集成译码器 74LS138 控制端功能测试

按如图 2 所示连接测试电路。先将 A_2、A_1、A_0 端开路，在端接入逻辑开关 $S_{K3} \sim S_{K1}$，按本次实验报告中表 1 所示条件输入 $S_{K3} \sim S_{K1}$ 开关状态，观察并记录译码器输出状态（红灯为"1"，绿灯为"0"）。

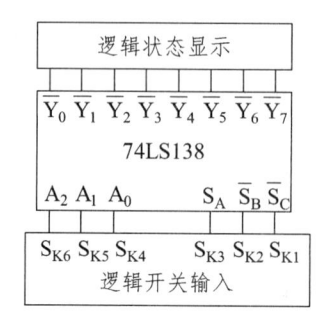

图 2 74LS138 控制端功能测试电路

（二）逻辑功能测试

仍按图 2 所示连接测试线路，将 S_A、$\overline{S}_B$、$\overline{S}_C$ 分别置"1""0""0"，将 A_2、A_1、A_0 连接至 $S_{K6} \sim S_{K4}$，按本次实验报告表 2 所示改变 A_2、A_1、A_0 的组合值，观察并记录 $\overline{Y}_7 \sim \overline{Y}_0$ 的状态。

（三）用集成译码器组成一位全加器

如果设 A_2 为第 i 位加数，A_1 为第 i 位被加数，A_0 为第 $(i-1)$ 位的进位，则第 i 位全加器的逻辑图如图 3 所示，测试该全加器的功能并记录于本次实验报告的表 3 中。

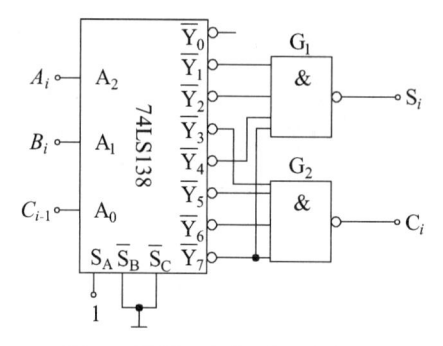

图 3 用译码器组成的全加器

《集成译码器的测试和应用》实验报告

班级_____ 姓名_____ 学号_____ 成绩_____

一、根据实验内容填写下列表格

表1　3线-8线译码器74LS138控制端功能测试

控制信号			地址输入信号			译码输出信号							
S_A	$\overline{S}_B$	$\overline{S}_C$	A_2	A_1	A_0	$\overline{Y}_0$	$\overline{Y}_1$	$\overline{Y}_2$	$\overline{Y}_3$	$\overline{Y}_4$	$\overline{Y}_5$	$\overline{Y}_6$	$\overline{Y}_7$
0	×	×	×	×	×								
1	1	0	×	×	×								
1	0	1	×	×	×								
1	1	1	×	×	×								

表2　3线-8线译码器74LS138功能测试

控制信号			地址输入信号			译码输出信号							
S_A	$\overline{S}_B$	$\overline{S}_C$	A_2	A_1	A_0	$\overline{Y}_0$	$\overline{Y}_1$	$\overline{Y}_2$	$\overline{Y}_3$	$\overline{Y}_4$	$\overline{Y}_5$	$\overline{Y}_6$	$\overline{Y}_7$
1	0	0	0	0	0								
1	0	0	0	0	1								
1	0	0	0	1	0								
1	0	0	0	1	1								
1	0	0	1	0	0								
1	0	0	1	0	1								
1	0	0	1	1	0								
1	0	0	1	1	1								

表3　利用74LS138实现的全加器功能测试

$A_2(A_i)$	$A_1(B_i)$	$A_0(C_{i-1})$	C_i	S_i
0	0	0		
0	0	1		
0	1	0		
0	1	1		
1	0	0		
1	0	1		
1	1	0		
1	1	1		

二、根据实验内容完成下列思考题

1. 如何对译码器74LS138进行逻辑功能测试？如何对译码器74LS138的控制端进行赋值（2种方案）？

2. 在译码器组成的全加器实验中为什么译码器输出端要加74LS00或74LS20？如果没有这两种芯片而只有74LS08和74LS04，你该如何实现逻辑功能？

项目六　时序逻辑电路

项目六英文、俄文版本

学习目标

（1）了解时序逻辑电路的特点。
（2）掌握触发器的逻辑功能和描述方法。
（3）掌握各种触发方式的特点和脉冲工作特性。
（4）掌握时序逻辑电路的基本分析方法。
（5）掌握寄存器的功能及应用。
（6）掌握计数器的工作原理和逻辑功能。
（7）掌握集成计数器的功能和应用。

【引言】

本项目介绍数字系统中另外一个重要的组成部分——时序逻辑电路。数字系统中除组合逻辑电路外，还包含具有记忆功能的时序逻辑电路，触发器是构成时序逻辑电路的基本单元。时序逻辑电路的输出不仅取决于电路输入，也与电路的初始状态有关，所谓"不忘初心"，指的就是时序逻辑电路的这个特点。时序逻辑电路状态的有序变化，很大程度上依赖于时钟信号的控制作用，"无规矩，不方圆"，因此，电路的任何变化都不是绝对的"自由"，而总是与"规则"相互依存。

本项目首先从电路结构和逻辑功能两方面对组成时序逻辑电路的各种触发器进行了介绍，然后介绍了时序逻辑电路的一般分析方法，最后重点分析了计数器时序功能电路的工作原理及几种中规模集成时序部件的应用。

在数字系统中一些较为复杂的应用场合，有时需要根据电路原来的状态来决定电路的输出。因此，除了前面介绍过的各种逻辑门和组合逻辑电路之外，还需要具有记忆功能的电路，即时序逻辑电路。

组合逻辑电路和时序逻辑电路是数字系统的两大组成部分。两者的区别主要体现在：

第一，从逻辑功能上来看，组合逻辑电路任意时刻的输出信号，仅取决于电路此时的输入，与电路原来的状态无关；而时序逻辑电路任意时刻的输出信号不仅取决于当时的输入信号，还取决于电路原来的状态，时序逻辑电路是具有记忆功能的电路。

第二，从电路结构上来讲，时序逻辑电路由组合逻辑电路和具有存储记忆功能的电路共同构成。组合逻辑电路至少有一个输出反馈到存储电路的输入端，存储电路的状态至少有一个作为组合电路的输入，与其他输入信号共同决定电路的输出。因此，时序逻辑电路的结构如图 6-1 所示。

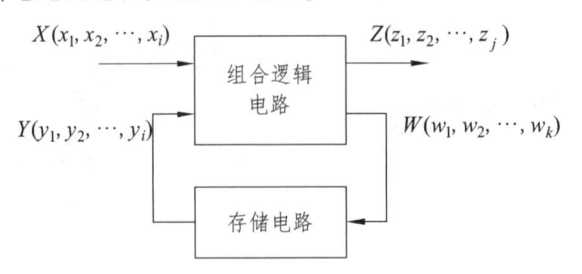

图 6-1 时序逻辑电路结构框图

触发器是具有存储记忆功能的单元电路，也是最简单的时序逻辑电路。

任务一　触发器的基本形式

一、触发器的基本概念

（一）触发器的定义

在数字电路中，把能够存储一位二进制数字信息的逻辑单元电路称为触发器。触发器是组成时序逻辑电路的基本单元。

（二）触发器的基本性质

为了实现记忆一位二值数字信息的功能，触发器应具备以下基本性质：

（1）触发器具有两个稳定的输出状态，用来表示逻辑状态的 1 和 0，或二进制数的 1 和 0。

触发器的基本模型如图 6-2 所示，每个触发器都有 Q 和 $\bar{Q}$ 两个状态相反的输出端，通常我们用 Q 的状态表示触发器的输出状态，例如，$Q=1$，$\bar{Q}=0$ 时，表示触发器处于 1 状态；如果 $Q=0$，$\bar{Q}=1$，则表示触发器处于 0 状态。

图 6-2　触发器基本模型

（2）触发器的状态可更新。触发器在一定的外加信号作用下，可以从一个稳态变为另一个稳态，称为触发器的状态翻转。为了将触发器的状态描述清楚，通常将触发信号作用前的状态称为初态，用 Q^n 表示；将触发信号作用后的状态称为次态，用 Q^{n+1} 表示。

（3）触发器具有记忆功能。当外部信号消失后，触发器能将获得的新状态保存下来。

（三）触发器的分类

触发器的种类繁多，按照其电路结构和逻辑功能的不同，可以将触发器分成各种不同的类型，如图 6-3 所示。

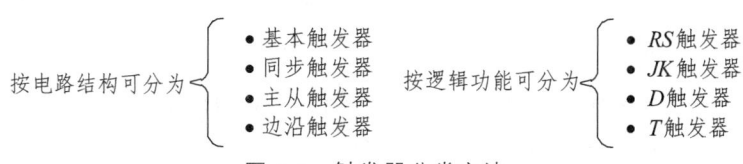

$$
\text{按电路结构可分为}\begin{cases} \bullet\ \text{基本触发器} \\ \bullet\ \text{同步触发器} \\ \bullet\ \text{主从触发器} \\ \bullet\ \text{边沿触发器} \end{cases} \qquad \text{按逻辑功能可分为}\begin{cases} \bullet\ RS\ \text{触发器} \\ \bullet\ JK\ \text{触发器} \\ \bullet\ D\ \text{触发器} \\ \bullet\ T\ \text{触发器} \end{cases}
$$

图 6-3　触发器分类方法

按照触发器的电路结构不同，可以将触发器分为基本触发器、同步触发器、主从触发器和边沿触发器等。不同的电路结构，带来了触发器不同的动作特点。

按照逻辑功能的不同特点，又可以将触发器分为 RS 触发器、JK 触发器、T 触发器和 D 触发器等几种类型。不同的逻辑功能，可以用不同的功能描述方法进行描述。

需要注意的是，逻辑功能和电路结构之间并没有确定的对应关系。同一种逻辑功能可以用不同的电路结构实现，反之，同一种电路结构形式也可以实现不同逻辑功能的触发器。下面，先来学习触发器的基本形式。

二、基本 RS 触发器

基本 RS 触发器是各种触发器中电路结构最简单的一种，也是构成各种触发器的基本单元。

微课　基本 RS 触发器　　　动画　基本 RS 触发器

（一）电路结构

基本 RS 触发器可以由两个与非门交叉耦合组成，也可以由两个或非门交叉耦合组成。图 6-4 所示是由两个与非门交叉连接组成的基本 RS 触发器。

G_1 和 G_2 是两个与非门，它们可以是 TTL 门，也可以是 CMOS 门。两个与非门的输出分别作为基本 RS 触发器的两个输出信号 Q 和 $\overline{Q}$。正常情况下，这两个输出端应始终保持互补的逻辑关系。同时，这两个输出端又反馈作了另外一个与非门的输入，两个与非门各有一个输入接外部输入信号 $\overline{S}$ 和 $\overline{R}$。其中 $\overline{S}$ 称为置 1 端（或置位端），$\overline{R}$ 称为置 0 端（或复位端）。

图 6-4（b）所示为基本 RS 触发器的逻辑符号，图中 $\overline{S}$ 和 $\overline{R}$ 文字符号上的"—"号，与输入端加的符号"○"一样，都表示输入信号低电平有效。

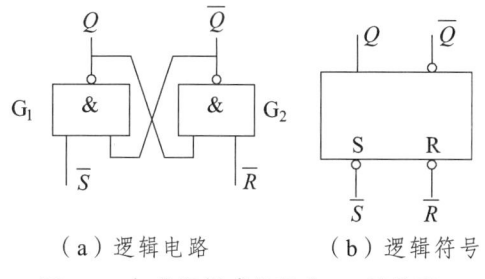

（a）逻辑电路　　（b）逻辑符号　　　　（a）逻辑图　　（b）逻辑符号

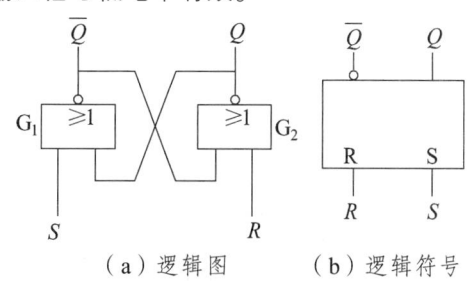

图 6-4　与非门组成的基本 RS 触发器　　图 6-5　或非门组成的基本 RS 触发器

（二）工作原理

按照 $\bar{S}$ 和 $\bar{R}$ 两个外部输入信号的四种不同的组合，触发器的输出与输入之间的逻辑关系分成以下四种情况讨论：

当 $\bar{S}=0$，$\bar{R}=1$ 时，由于门 G_1 的输入端有 0，其输出端 $Q=1$，而与非门 G_2 的输入端全 1，使输出 $\bar{Q}=0$，这种情况被称为触发器置 1；

当 $\bar{S}=1$，$\bar{R}=0$ 时，由于门 G_2 的输入端有 0，其输出端 $\bar{Q}=1$，而与非门 G_1 的输入端全 1，使输出 $Q=0$，这种情况被称为触发器置 0；

当 $\bar{S}=1$，$\bar{R}=1$ 时，无论触发器处于哪种状态，都能维持原状态不变，具有保持功能；

当 $\bar{S}=0$，$\bar{R}=0$ 时，两个与非门 G_1 和 G_2 的输出将同时等于 1，即 $Q=\bar{Q}=1$，这显然破坏了两个输出端的逻辑互补关系。如果在此之后，$\bar{S}$ 和 $\bar{R}$ 同时由 0 变为 1，则两个与非门的输入端将全部变为 1，两个门的输出都有变 0 的可能，但哪一个先变为 0 则无法预先确定，也就是出现了所谓的"不确定状态"。所以，在正常工作时，为了避免进入不确定状态，基本 RS 触发器的两个输入端 $\bar{S}$ 和 $\bar{R}$ 不允许同时等于 0。

由以上分析可见，基本 RS 触发器具有置 0、置 1 及保持功能，因此，其又被称为置 0 置 1 触发器，或置位-复位触发器。

两个或非门交叉耦合构成的基本 RS 触发器如图 6-5 所示，它与图 6-4 所示的电路具有同样的功能，只是输入信号为 R 和 S，高电平有效。

（三）逻辑功能

触发器是组成时序逻辑电路的基本单元，其逻辑功能有的显著特征是，它的输出状态不仅跟当时的输入有关，还与之前的输出也有关系。因此，触发器的逻辑功能描述应不仅包括输入信号与输出状态之间的关系，还应包含输出的次态与原态之间的关系。描述触发器逻辑功能的方式有状态表、特征方程、状态转换图、激励表和时序图五种。

1. 状态表

描述触发器输出的次态 Q^{n+1} 与初态 Q^n 及输入信号之间逻辑关系的真值表，称为状态转移真值表，也称状态表。由以上分析可以得到由与非门组成的基本 RS 触发器的状态表，如表 6-1 所示。

表 6-1 与非门组成的基本 RS 触发器状态表

$\bar{R}$	$\bar{S}$	Q^n	Q^{n+1}	功能说明
0	0	0	×	不稳定状态
0	0	1	×	
0	1	0	0	置 0（复位）
0	1	1	0	
1	0	0	1	置 1（置位）
1	0	1	1	
1	1	0	0	保持原状态
1	1	1	1	

对以上的表格做一个简化，就可以得到它的逻辑功能表，如表 6-2 所示。

表 6-2 与非门组成的基本 RS 触发器功能表

$\bar{R}$	$\bar{S}$	Q^{n+1}	状态（功能）
1	1	Q^n	保持
0	1	0	置 0
1	0	1	置 1
0	0	×	不定

2. 特征方程

描述触发器逻辑功能的函数表达式称为特征方程，或称为状态转移方程，简称状态方程。由表 6-1 可得到如图 6-6 所示的卡诺图。

通过对卡诺图化简，可得基本 RS 触发器的特征方程为

$$\begin{cases} Q^{n+1} = S + \bar{R}Q^n \\ \bar{S} + \bar{R} = 1 (约束条件) \end{cases} \quad (6-1)$$

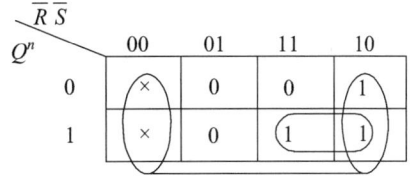

图 6-6 基本 RS 触发器卡诺图

这里需要注意的是，基本 RS 触发器的状态方程其实是一个方程组，它带了一个 $\bar{S} + \bar{R} = 1$ 的约束条件，这是因为，当两个输入端同时为 0 又同时恢复为 1 时，会使基本 RS 触发器工作在不确定状态，因此，两个输入信号中必须至少有一个等于 1。

3. 状态转换图

描述触发器的逻辑功能还可以采用状态转移图的形式，这是一种将状态的变化与控制输入之间的关系以图形形式表示出来的方法。图 6-7 所示为基本 RS 触发器的状态转移图。

表 6-3 基本 RS 触发器激励表

状态转移		激励输入	
Q^n	$\rightarrow Q^{n+1}$	$\bar{R}$	$\bar{S}$
0	0	×	1
0	1	1	0
1	0	0	1
1	1	1	×

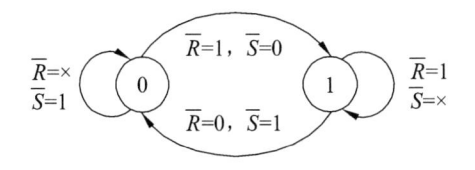

图 6-7 基本 RS 触发器状态转移图

触发器的状态转移图包含三个基本的要素：

小圆圈——用圆圈表示触发器所有可能的输出状态，对于触发器来说，其输出端有输出 0 和输出 1 两种状态，因此，可以用两个小圆圈将这两个状态表示出来；

箭头——用箭头表示在输入信号的作用下触发器所有可能的状态转移方向；

箭头旁边的标注——代表要发生如箭头所示的状态转移，需要何种外部输入信号作为条件。

例如，要使触发器的输出状态由 1 转移为 0，需要触发器的外部输入信号 $\bar{S} = 1$、$\bar{R} = 0$，使触发器工作在"置 0"状态才能实现；若触发器的初态是 1，次态也

是 1，则会用一个指向自身的箭头来表示由 1 到 1 的转移，可以通过让基本 RS 触发器工作在"保持"和"置 1"两个功能来实现，因此，$\bar{S}=1$、$\bar{R}=1$ 和 $\bar{S}=0$、$\bar{R}=1$ 两组输入都可以完成这个转移，将这两组输入信号合并起来，箭头旁边的标注就可以写成 $\bar{S}=×$、$\bar{R}=0$。

把该触发器所有可能的输出转移方向及标注完成之后，就可以得到完整的状态转换图。

4. 激励表

以表格的形式描述了触发器由初态转移到次态时对输入信号的要求。表 6-3 所示为基本 RS 触发器的输入激励表。

基本 RS 触发器的输出状态有两个，因此其状态的转移形式只可能有四种，将发生转移所需要的外部输入激励信号列写在表格的右边，即可得到该触发器的激励表。

不难看出，激励表左边列出的状态转移方向就是状态转移图中的箭头方向，激励表右边的输入激励信号就是状态转移图中箭头旁边的标注，因此，激励表其实是状态转移图的一种表格描述形式。另外，如果将激励表的左右内容互换，就变成了该触发器的状态转移表，可见，激励表也是状态转移表的派生形式。

5. 时序图

能够以时间顺序反映控制输入及触发器输出状态对应关系的工作波形图称为时序图。这种逻辑功能描述形式可以清晰地表明输出与输入之间、输出的次态和初态之间的即时关系。通过这种方式，可以直观地观察到输出状态在输入激励的控制下，随着时间变化的规律，充分体现了电路"时序"的特点，是时序逻辑电路较常用的描述方式之一。

【例 6-1】 由与非门组成的基本 RS 触发器如图 6-4（a）所示，设初始状态为 0，已知输入信号 $\bar{S}$ 和 $\bar{R}$ 波形如图 6-8 所示，试画出 Q 和 $\bar{Q}$ 的输出时序波形。

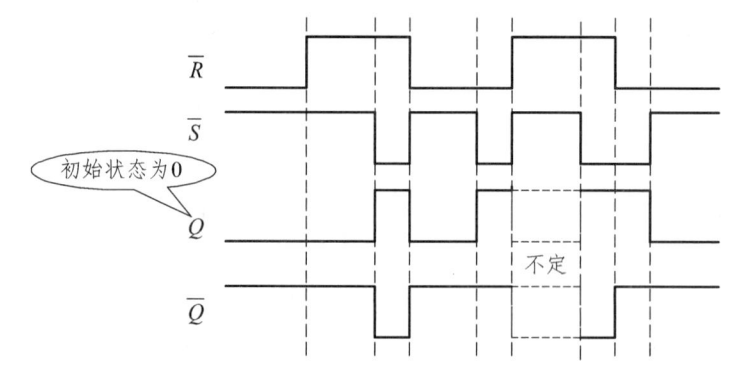

图 6-8 例 6-1 时序波形图

解： 根据外部输入激励信号 $\bar{S}$ 和 $\bar{R}$ 的取值，可画出输出波形如图 6-8 所示。图中虚线部分表示输出状态不确定。需要注意的是，图中的不确定状态并非出现在 $\bar{S}$ 和 $\bar{R}$ 同时等于 0 的时刻。当两个输入同时为 0 时，两输出端 Q 和 $\bar{Q}$ 同时等于 1，只有两输入端同时由 0 变为 1，才会引起输出不确定。所以，图中的不确定状态出现在输入信号同时由 0 变为 1 的时刻。

以上五种逻辑功能描述方式，不仅适用于基本触发器，也适用于所有时序逻辑电路。五种描述方式是等价的，可进行互换。

（四）应用举例

基本 RS 触发器是各种复杂功能触发器的基本组成部分，除此之外，还可以用它组成一些简单的应用电路。

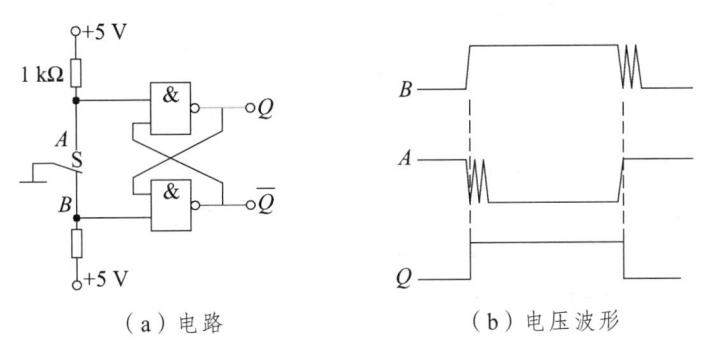

（a）电路　　　　　　　　（b）电压波形

图 6-9　利用基本 RS 触发器消除机械开关的抖动

图 6-9 所示为利用基本 RS 触发器实现的机械开关消抖电路。由于存在机械振动，机械开关在接通和断开的瞬间，其输出电压会产生"毛刺"。利用基本 RS 触发器的记忆功能可以消除这种影响。设单刀双掷开关原来接在 B 点，此时触发器输出状态为 0。当开关由 B 拨向 A 时，B 点输入由 0 变为 1，A 点由 1 变为 0，尽管波形产生了毛刺，但并不影响触发器置 1。同理，当开关由 A 拨向 B 时，B 端出现的毛刺也不影响触发器置 0。于是，得到的 Q 端输出不会产生毛刺现象。

（五）动作特点

基本 RS 触发器属于直接触发方式的触发器，对输入信号的要求并不严格，只要负脉冲的持续时间大于两个门的传输延迟时间即可生效。同时，由于输入信号直接加到了输出门上，所以输入信号在全部作用时间内，都能直接改变输出端 Q 的状态，如果输入信号发生了变化，触发器的输出状态就会跟随输入激励的变化发生相应的改变。这不仅使电路的抗干扰能力下降，也不便于多个触发器同步工作。

任务二　时钟触发器

基本 RS 触发器的输出状态会跟随输入信号的变化而变化，这种变化既无时间上的限制，也无法进行统一控制。在实际的数字系统中，通常希望触发器的状态变化能在统一的时间节拍控制下完成，输入信号仅作为状态变化的转移条件。因此，需要在输入端设置一个控制信号，来实现各部分协调工作。这个信号被称为时钟脉冲信号，简称时钟信号，用 CP（Clock Pulse）表示。具有时钟脉冲信号控制的触发器，被称为时钟触发器。根据时钟信号的控制方式不同，可将时钟触发器分为同步触发器、主从触发器和边沿触发器。

一、同步触发器

微课 同步 RS 触发器　　动画 同步 RS 触发器

（一）电路结构

在基本触发器的基础上加触发导引电路，就可以构成同步触发器。以 RS 功能为例，同步 RS 触发器是在基本 RS 触发器前面增加 R、S、CP 信号以及两个与非门构成的，如图 6-10 所示。门 G_1 和 G_2 组成基本 RS 触发器，门 G_3 和 G_4 组成触发导引电路。R 和 S 为触发信号输入端，CP 为时钟脉冲输入端，简称钟控端。

在使用同步 RS 触发器的过程中，常常需要在 CP 信号到来之前将触发器的输出预先设置为指定的状态，因此，在同步 RS 触发器的电路中还设置了专门的异步复位端（直接置 0 端）$\overline{R}_d$ 和异步置位端（直接置 1 端）$\overline{S}_d$，两个信号都为低电平有效，且不受 CP 脉冲的控制，完成直接置 0 和置 1 功能。触发器正常工作时，应使 $\overline{R}_d = \overline{S}_d = 1$。

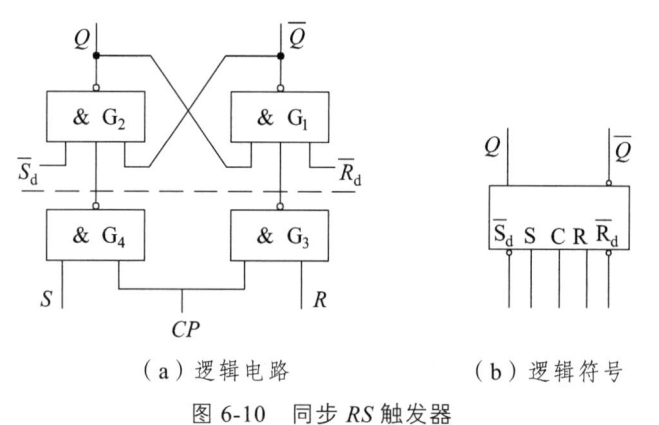

（a）逻辑电路　　（b）逻辑符号

图 6-10　同步 RS 触发器

（二）工作原理

由图 6-10（a）电路可知，CP 信号同时控制着触发导引电路的两个与非门，因此，当 $CP = 0$ 期间，无论输入触发信号 R、S 如何变化，门 G_3 和 G_4 输出均为 1，门 G_1 和 G_2 组成的基本 RS 触发器保持原状态不变。

当 $CP = 1$ 期间，R、S 端的信号经门 G_3 和 G_4 反相后被引导到基本 RS 触发器的输入端，此时的输出有以下四种情况：

$R = 0$、$S = 0$ 时，触发器保持原状态不变；
$R = 0$、$S = 1$ 时，触发器被置为 1 状态；
$R = 1$、$S = 0$ 时，触发器被置为 0 状态；

$R=1$、$S=1$ 时，触发器的输出端 $Q=\bar{Q}=1$，且如果此后 R 和 S 同时由 1 返回 0，则触发器的输出不确定。

（三）逻辑功能

由以上分析可知，当 $CP=0$ 期间，触发器状态保持不变；$CP=1$ 期间，触发器具有保持、置 0、置 1 和不确定状态，符合 RS 触发器的功能表，是一个高电平有效的 RS 触发器。因此，下面讨论同步 RS 触发器的逻辑功能是在 $CP=1$ 这个前提下进行的。

1. 状态表

表 6-4　同步 RS 触发器状态表

CP	R	S	Q^n	Q^{n+1}	功能
0	×	×	×	Q^n	$Q^{n+1}=Q^n$（保持）
1	0	0	0	0	$Q^{n+1}=Q^n$（保持）
1	0	0	1	1	
1	0	1	0	1	$Q^{n+1}=1$（置 1）
1	0	1	1	1	
1	1	0	0	0	$Q^{n+1}=0$（置 0）
1	1	0	1	0	
1	1	1	0	×	不允许
1	1	1	1	×	

表 6-4 所示为同步 RS 触发器的状态表，可以看出，同步 RS 触发器的状态转换分别由 R、S 和 CP 控制，其中，R、S 控制状态转换的方向，即"如何转换"；CP 控制状态转换的时刻，即"何时转换"。表 6-5 所示为 $CP=1$ 时，简化后的功能表。

表 6-5　同步 RS 触发器功能表

S	R	Q^{n+1}	$\overline{Q^{n+1}}$	状态（功能）
0	0	Q^n	$\overline{Q^n}$	保持
0	1	0	1	置 0
1	0	1	0	置 1
1	1	1	1	不定 ×

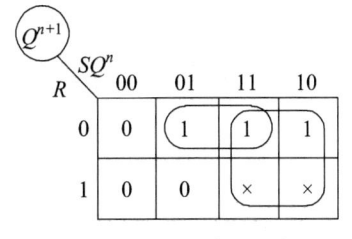

图 6-11　同步 RS 触发器卡诺图

2. 特征方程

根据 RS 触发器的状态表，可以得到同步 RS 触发器的卡诺图，如图 6-11 所示。对其化简，可以得到同步 RS 触发器的状态方程为

$$\begin{cases} Q^{n+1} = S + \bar{R}Q^n \\ RS = 0 (约束条件) \end{cases} \qquad (6\text{-}2)$$

由功能表可知，同步 RS 触发器的输入信号 R = S = 1 时，同步触发器存在输出不确定状态，因此，要避免这种情况，需要满足 RS = 0 这个约束条件。

3. 状态转换图

在时钟脉冲的作用下，同步 RS 触发器的状态转换图如图 6-12 所示。

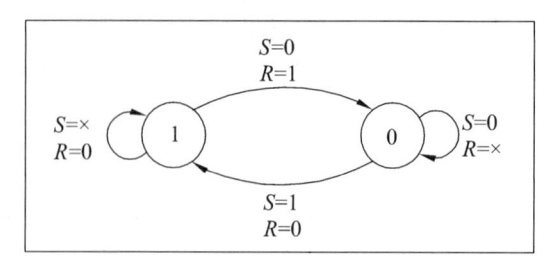

图 6-12 同步 RS 触发器状态图

4. 激励表

将图 6-12 所示的状态图转换为表格的形式，即可得到表 6-6 所示的同步 RS 触发器的激励表。

表 6-6 同步 RS 触发器激励表

$Q^n \rightarrow Q^{n+1}$		R	S
0	0	×	0
0	1	0	1
1	0	1	0
1	1	0	×

5. 时序图

根据以上分析可知，触发器状态的改变时间是由受时钟信号 CP 控制的，只有 CP = 1 期间，触发器的状态才由 R 和 S 来决定。

【例 6-2】同步 RS 触发器如图 6-10（a）所示，设初始状态为 0，已知输入信号 R、S 和 CP 的波形如图 6-13 所示，试画出 Q 和 $\bar{Q}$ 的输出时序图。

解： 根据表 6-5，可画出 Q 和 $\bar{Q}$ 的输出时序波形，如图 6-13 所示。

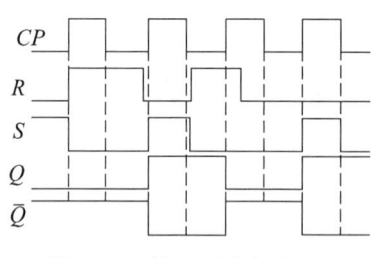

图 6-13 例 6-2 时序图

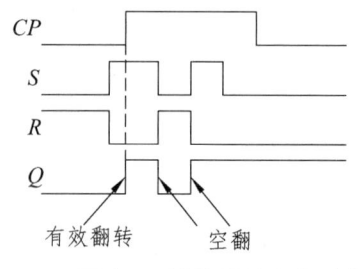

图 6-14 同步 RS 触发器的空翻时序图

（四）动作特点

上面分析的同步触发器属于电位（电平）触发方式，其显著特点是，当时钟信号

CP 为低电平（$CP=0$）时，触发器不接收输入激励信号，状态保持不变；当时钟信号 CP 为高电平（$CP=1$）时，触发器接收输入激励信号的变化，状态发生转移。

这种由时钟信号 CP 电平的高或低来控制触发器动作时间的方式，在一定程度上克服了直接触发方式中输出状态随输入频繁翻转的缺点，但如果 $CP=1$ 的持续时间较长，且在此期间输入信号发生了变化，触发器的输出仍有可能发生多次翻转，如图 6-14 所示。这种在一个 CP 脉冲周期内，触发器状态翻转两次以上的现象称为"空翻"。它导致了触发器抗干扰能力的下降，使得时序电路不能按照时钟节拍统一工作，易造成系统的误动作。因此在使用同步触发器的过程中，通常要求在 CP 脉冲作用期间，输入激励信号（R、S）不发生变化，此外还需满足 CP 的脉冲宽度不能太宽的要求。显然，这在某种程度上限制了同步触发器的使用。

二、主从触发器

为了克服同步触发器可能产生的空翻现象，提高触发器工作的可靠性，在同步触发器的基础上设计出了主从结构的触发器。

（一）主从 RS 触发器

1. 电路结构

仍以 RS 功能为例，图 6-15 所示为主从 RS 触发器的电路结构和逻辑符号。它由两个同步 RS 触发器级联而成，采用一对互补的信号作为两级触发器的时钟信号。门 G_5、G_6、G_7、G_8 构成主触发器，时钟信号为 CP，输入信号为 R 和 S；门 G_1、G_2、G_3、G_4 构成从触发器，时钟信号为 $\overline{CP}$，输入为主触发器的输出 $Q_主$ 和 $\overline{Q}_主$，从触发器的输出 Q 和 $\overline{Q}$ 为整个触发器的输出。

（a）电路结构　　（b）逻辑符号

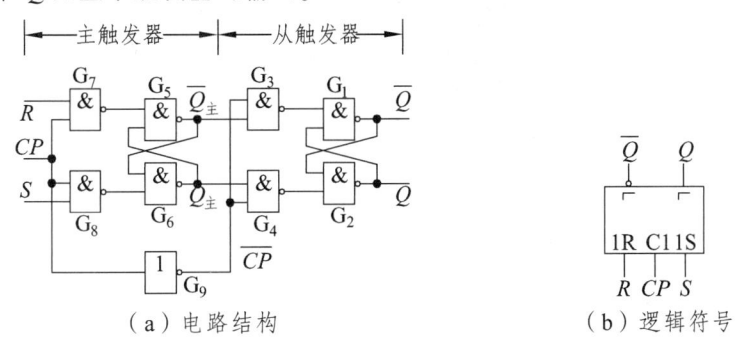

图 6-15　主从 RS 触发器

2. 工作原理

由于主触发器的时钟信号 CP 和从触发器的时钟信号 $\overline{CP}$ 相位相反，因此主从触发器的工作是分两步进行的。

第一步，当 CP 由 0 正向跳变至 1 以及 $CP=1$ 期间，主触发器接收输入激励信号，状态随 R、S 的变化而变化，此时，由于 $\overline{CP}$ 由 1 变为 0，从触发器被封锁，因此主从

触发器的输出 Q 状态保持不变，这一步称为准备阶段。

第二步，当 CP 由 1 负向跳变至 0 以及 $CP = 0$ 期间，主触发器被封锁，状态保持不变，而从触发器时钟信号 $\overline{CP}$ 由 0 变为 1，接收这一时刻主触发器的状态，使主从触发器的输出 Q 状态发生变化。在此期间，主触发器不再接收输入激励信号，因此也不会引起触发器输出 Q 的状态发生两次以上的翻转。

由以上分析可知，在 CP 一个完整变化的周期内，$CP = 1$ 时接收输入信号，CP 由 1 变为 0 时，输出状态才发生改变。图 6-15（b）逻辑符号中的"⌐"表示从触发器相较于主触发器的"延迟输出"。

主从触发器这种分步工作的方式使得触发器的输出状态只可能在 CP 由 1 变 0 时刻改变一次，一旦 CP 变为 0 之后，主触发器被封锁，状态不再受 R、S 影响，因此很好地克服了同步触发器的多次翻转现象。

3. 逻辑功能

主从 RS 触发器符合 RS 逻辑功能的特点，其逻辑功能的描述与基本 RS 触发器、同步 RS 触发器的描述一致，这里不再赘述。

（二）主从 JK 触发器

下面以 JK 功能为例，介绍主从 JK 触发器的逻辑功能。图 6-16 所示为主从 JK 触发器的电路结构和逻辑符号。

微课 主从型 JK 触发器　　　动画 主从 JK 触发器的主从结构

由图可知，将主从 RS 触发器的输出端 Q 和 $\overline{Q}$ 作为一对附加控制信号接回到输入端，就实现了主从 JK 触发器的功能。因此，主从 JK 触发器的逻辑功能与主从 RS 触发器的功能类似，不同之处在于 JK 触发器没有约束条件，输入激励 J 和 K 的四种取值都可以使触发器有确定的输出状态。将 J、K 的全部取值代入电路，得到主从 JK 触发器的功能如下。

（a）电路组成　　　（b）逻辑符号

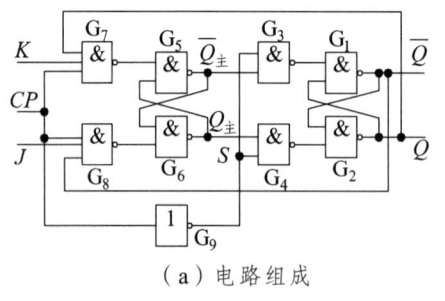

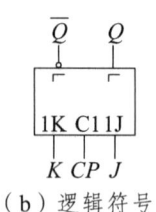

图 6-16　主从 JK 触发器

1. 状态表

表 6-7 所示为主从 JK 触发器的状态表，表 6-8 所示为其简化后的功能表。

表 6-7 主从 JK 触发器状态表

CP	J	K	Q^n	Q^{n+1}	功能
×	×	×	×	Q^n	保持
⎍	0	0	0	0	保持
⎍	0	0	1	1	
⎍	0	1	0	0	置0
⎍	0	1	1	0	
⎍	1	0	0	1	置1
⎍	1	0	1	1	
⎍	1	1	0	1	翻转
⎍	1	1	1	0	

表 6-8 JK 触发器简化功能表

J	K	功能
0	0	保持
0	1	置0
1	0	置1
1	1	翻转

由状态表可知，JK 触发器具有保持、翻转、置 0、置 1 功能，它克服了 RS 触发器的禁用状态，且不受约束条件的限制。

2. 特征方程

将 JK 触发器的状态表填入卡诺图化简，可得到其特征方程为

$$Q^{n+1} = J\overline{Q^n} + \overline{K}Q^n \qquad (6\text{-}3)$$

3. 状态转换图

图 6-17 所示为 JK 触发器的状态转换图。

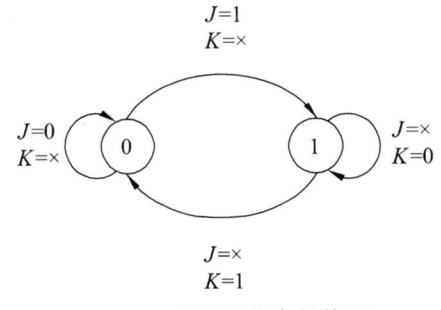

表 6-9 JK 触发器激励表

Q^n	→	Q^{n+1}	J	K
0		0	0	×
0		1	1	×
1		0	×	1
1		1	×	0

图 6-17 JK 触发器状态转换图

4. 激励表

将状态转换图转换成表格形式，可得到表 6-9 所示的 JK 触发器激励表。

微课 主从型 JK 触发器的
一次翻转和抗干扰能力
更强的触发器

5. 主从 JK 触发器的一次翻转现象

主从 JK 触发器的一次翻转，指的是在 CP = 1 期间主触发器只会随着输入激励 J、K 的变化翻转一次的现象，此后若 J、K 又发生了变化，主触发器的状态也一直保持不变。这是由电路结构本身所造成的，当输入激励信号多次变化的时候，主触发器只

能发生一次翻转,这就有可能导致转移结果与功能描述的不一致。因此,它降低了主从 JK 触发器的抗干扰能力。为避免这类情况出现,在使用时,要求 J、K 信号应在 $CP=1$ 期间保持不变。

图 6-18 所示为主从 JK 触发器的一次翻转现象波形图。

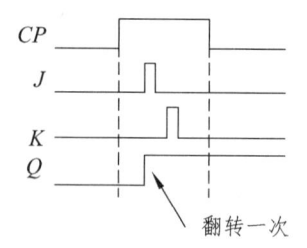

图 6-18 主从 JK 触发器的一次翻转现象时序图

(三)动作特点

通过以上分析,主从结构触发器有两个共同的动作特点:

(1)触发器的翻转分两步动作。第一步称为准备阶段,主触发器的输出在 $CP=1$ 期间接收输入激励信号,被置成相应的状态,从触发器保持不变;第二步,CP 下降沿到来时,从触发器按照主触发器的状态翻转,改变 Q 和 $\bar{Q}$ 的状态。

(2)主触发器为同步 RS 触发器,所以在 $CP=1$ 的全部时间,输入信号都将对主触发器起到控制作用。

由于存在以上两个动作特点,使得主从结构触发器在 CP 下降沿到达时,从触发器的状态并不一定按照此刻输入信号的状态翻转。因此,主从结构触发器的抗干扰能力尚有待进一步提高。

三、边沿触发器

为了尽可能提高触发器工作的可靠性,增强抗干扰能力,通常希望触发器的状态变化仅发生在 CP 脉冲上升沿或者下降沿到达的时刻,而在此前和此后,输入信号的变化对触发器的状态没有影响。边沿触发器就是满足这一要求的触发器,它不仅可以克服电位触发方式的空翻现象,也避免了主从结构的一次翻转问题。边沿触发器有 CP 上升沿(前沿)触发和 CP 下降沿(后沿)触发两种形式。

微课 D 触发器和 T 触发器

(一)电路结构

维持阻塞型触发器是边沿触发器的一种结构形式,图 6-19 所示为维持阻塞型 D 触发器的电路组成和逻辑符号。它是在同步 D 触发器的基础上增加了①、②、③、④四根反馈线构成的,D 为单端输入的外部激励信号,CP 为时钟信号,Q 和 $\bar{Q}$ 为触发器输出。

(a) 电路　　　　　　(b) 逻辑符号

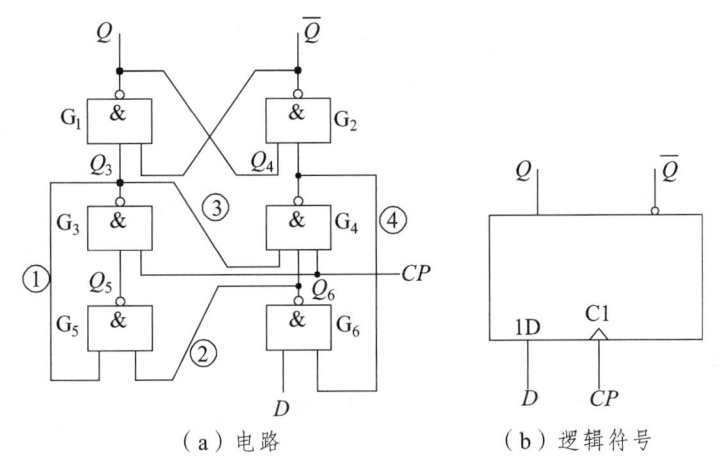

图 6-19　维持阻塞边沿 D 触发器

(二) 工作原理

根据电路结构，可以从以下三种情况分析其工作原理：

当 $CP=0$ 时，与非门 G_3、G_4 被封锁，输出均为 1，无论输入信号 D 如何变化，由与非门 G_1、G_2 组成的基本 RS 触发器保持原状态不变。

当 CP 信号由 0 变 1 时，触发器 G_3、G_4 被打开，输出由 G_5、G_6 决定。这个瞬间，如果 $D=0$，则使得 $G_3=1$、$G_4=0$，触发器输出 Q 被置 0；如果 $D=1$，则使得 $G_3=0$、$G_4=1$，触发器输出 Q 被置 1。可见，在 CP 由 0 变 1 时，触发器的输出状态由 CP 上升沿到来那一瞬间 D 的取值决定。

当 CP 信号由 0 变为 1 之后，虽然 $CP=1$，门 G_3、G_4 是打开的，但由于①、②、③、④四根反馈线的维持阻塞作用，使得输入信号 D 的变化不会影响触发器的输出状态。

综上所述，该触发器只在 CP 脉冲上升沿到达的时刻，接收输入激励信号 D，使输出发生变化。除此之外，在 CP 的其他任何时刻，触发器都将保持状态不变。由于状态翻转是发生在 CP 上升沿到来的时刻，因此，维持阻塞 D 触发器又被称为上升沿触发的 D 触发器。图 6-19（b）所示逻辑符号中，CP 端的"∧"符号即表示有效的时钟信号为 CP 脉冲上升沿。

(三) 逻辑功能

1. 维持阻塞 D 触发器

由上面的分析可知，D 触发器在 CP 脉冲作用下，具有置 0 和置 1 两个功能，如表 6-10 所示。

表 6-10　维持阻塞 D 触发器状态表

D	CP	Q^n	Q^{n+1}	功能
0	⎍	0	0	置 0
0	⎍	1	0	置 0
1	⎍	0	1	置 1
1	⎍	1	1	置 1

由功能表可以看出，触发器的次态总是与输入激励信号 D 保持一致，而与触发器的现态无关，因此可以直接列写出其特征方程为

$$Q^{n+1} = D \qquad (6-4)$$

这个状态转移的规律只发生在有效时钟 CP 上升沿到来的时刻，有时也将其特征方程写成

$$Q^{n+1} = [D] \cdot CP\uparrow \qquad (6-5)$$

图 6-20 所示为 D 触发器的状态转换图。

【例 6-3】维持阻塞型 D 触发器如图 6-19(b) 所示，设初始状态为 0，已知输入的 D 和 CP 脉冲波形如图 6-21 所示，试画出 Q 的时序波形图。

图 6-20 D 触发器状态转换图

解：由表 6-10 可画出 Q 的时序波形图，如图 6-21 所示。

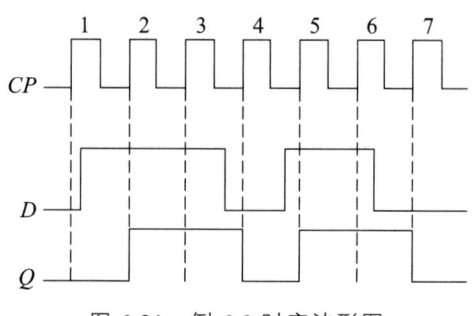

图 6-21 例 6-3 时序波形图

2. 下降沿触发的 T 触发器和 T' 触发器

除了上升沿触发的边沿触发器，还有一类边沿触发器，其有效时钟为 CP 脉冲的下降沿（后沿）。下面以 T 和 T' 功能为例，介绍下降沿触发的 T 触发器和 T' 触发器。

T 触发器是在时钟脉冲 CP 作用下具有翻转和保持功能的触发器。单端输入激励 $T = 1$ 时，触发器翻转，$T = 0$，触发器保持。T' 触发器则是当 T 触发器的输入激励信号 $T = 1$ 时实现的触发器，即只有翻转功能的触发器。图 6-22 所示为 CP 下降沿触发的 T 触发器和 T' 触发器的逻辑符号。图中 CP 端的小圆圈"o"代表该触发器的有效时钟为 CP 信号下降沿。

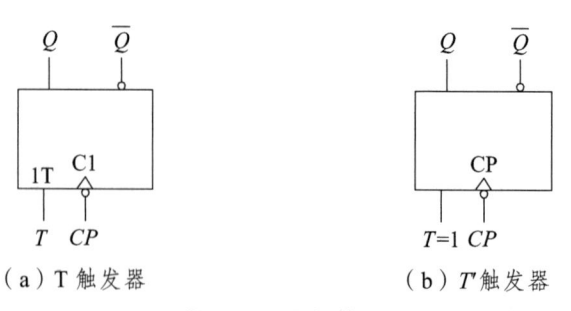

（a）T 触发器 　　　　（b）T' 触发器

图 6-22 逻辑符号

T 触发器的功能如表 6-11 所示，T' 触发器的功能如表 6-12 所示。

表 6-11　T 触发器功能表

T	Q^{n+1}	功能
0	Q^n	保持
1	$\overline{Q^n}$	翻转

表 6-12　T' 触发器功能表

T	Q^n	Q^{n+1}	功能
1	0	1	翻转
1	1	0	

根据 T 触发器的功能表，可以列出其特征方程为

$$Q^{n+1} = T\overline{Q^n} + TQ^n = T \oplus Q^n \tag{6-6}$$

将 $T = 1$ 代入特征方程，即可得到 T' 触发器的特征方程为

$$Q^{n+1} = \overline{Q^n} \tag{6-7}$$

当 $T = 1$ 时，每来一个 CP 脉冲，触发器的状态就翻转一次，因此 T' 触发器也被称为翻转型触发器或计数型触发器。

使用它可以很方便地实现计数或分频的功能。

【例 6-4】 T' 触发器如图 6-22（b）所示，设初始状态为 0，已知输入的 CP 脉冲波形如图 6-23 所示，试画出 Q 和 $\overline{Q}$ 的时序波形图。

解：将给定的 CP 脉冲接至 T' 触发器的时钟信号输入端，在每个时钟信号下降沿，输出状态翻转一次，输出波形如图 6-23 所示。

由图可见，输出 Q 的周期是 CP 脉冲的两倍，频率则是 CP 信号的二分之一，因此实现了对 CP 信号的二分频。

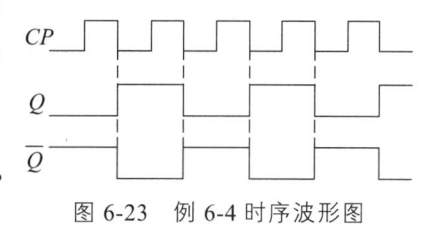

图 6-23　例 6-4 时序波形图

（四）动作特点

上面介绍的边沿触发器属于脉冲触发方式，虽然逻辑功能不同，但它们具有共同的动作特点，这就是触发器的次态仅取决于 CP 信号的上升沿或下降沿到达时刻输入激励信号的逻辑状态，而在 CP 信号的其他时刻，输入信号的变化对触发器的状态没有影响，触发器输出均处于保持状态。这种动作特点有效地提高了触发器的抗干扰能力和电路的工作可靠性，因而边沿触发器在寄存器、计数器电路中得到了广泛的应用。

任务三　触发器逻辑功能的转换

触发器的功能转换，就是将一种类型的触发器通过外接一定的电路，转换成另外一种逻辑功能的触发器，以满足使用的需要。功能转换的目标是找出转换逻辑电路输入与输出之间的逻辑关系。具体步骤如下：

（1）列出已有触发器和待实现触发器的特性方程。

（2）将待实现触发器的特性方程进行变换，使之与已有触发器的特性方程形式一致。

（3）将已有触发器和待实现触发器的特性方程进行对比，通过让两方程相等找出转换逻辑。

（4）根据求出的转换逻辑画出转换电路。

逻辑功能转换的方法可用于任意两种逻辑功能的触发器之间。由于 JK 触发器的功能最为完善，D 触发器使用起来最方便，因此，接下来主要介绍利用这两种触发器进行功能转换的方法。

一、JK 触发器转换为其他逻辑功能触发器

（一）JK 触发器转换为 D 触发器

已知 JK 触发器的特性方程为

$$Q^{n+1} = J\overline{Q^n} + \overline{K}Q^n$$

而 D 触发器的特性方程为

$$Q^{n+1} = D$$

为了将 J、K 用 D 来表示，需要将 D 触发器的特性方程变换成与 JK 触发器一致的形式，即

$$Q^{n+1} = D(Q^n + \overline{Q^n}) = D\overline{Q^n} + DQ^n$$

将上式与 JK 触发器的特性方程进行对比，若使

$$J = D, K = \overline{D}$$

就能使两触发器的特性方程相等，得到 D 触发器，完成功能转换。转换电路如图 6-24 所示。

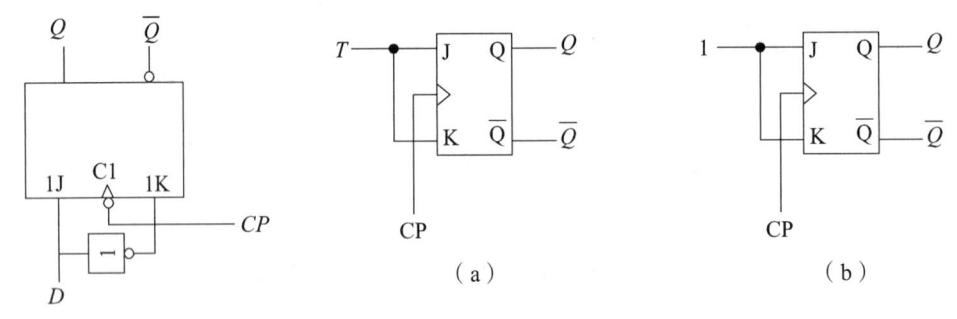

图 6-24 JK 触发器转换为 D 触发器

图 6-25 JK 触发器转换为 T 触发器、T'触发器

（二）JK 触发器转换为 T、T'触发器

因为 T 触发器的特性方程为 $Q^{n+1} = T\overline{Q^n} + \overline{T}Q^n$，对比 JK 触发器的特性方程，只要

使 $J=K=T$，即可得到 T 触发器，电路连接如图 6-25（a）所示。

T' 触发器是 $T=1$ 时的 T 触发器的特殊形式，因此，只需取 $T=1$，即 $J=K=1$，就可以将 JK 触发器转换为 T' 触发器的功能。电路连接方法如图 6-25（b）所示。

二、D 触发器转换为其他逻辑功能触发器

（一）D 触发器转换为 JK 触发器

已知 D 触发器的特性方程为

$$Q^{n+1} = D$$

而 JK 触发器的特性方程为

$$Q^{n+1} = J\overline{Q^n} + \overline{K}Q^n$$

因此，只要使 D 触发器的输入信号满足

$$D = J\overline{Q^n} + \overline{K}Q^n$$

即可将 D 触发器转换为 JK 触发器。转换逻辑可以用图 6-26 所示的组合逻辑电路实现。

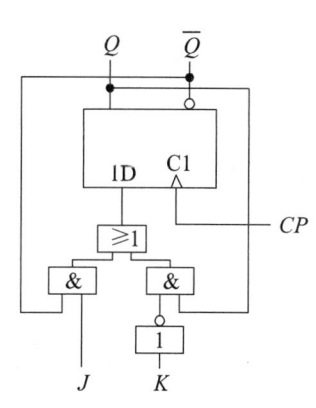

图 6-26 D 触发器转换为 JK 触发器

（二）D 触发器实现 T 触发器、T' 触发器

T 触发器的特性方程为

$$Q^{n+1} = T\overline{Q^n} + \overline{T}Q^n$$

因此，与 D 触发器的特性方程对比可知，只需满足

$$D = T\overline{Q^n} + \overline{T}Q^n \qquad (6-8)$$

即可实现将 D 触发器转换为 T 触发器。连接电路如图 6-27（a）所示。

而对于 T' 触发器来说，将 $T=1$ 代入式（6-8），得到

$$D = \overline{Q^n}$$

即，将 $\overline{Q^n}$ 接回到 D 端，就可以将 D 触发器转换为 T' 触发器。连接电路如图 6-27（b）所示。

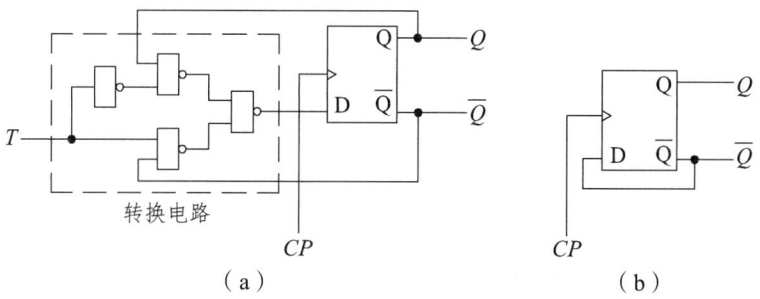

图 6-27 D 触发器转换为 T 触发器、T' 触发器

任务四　集成触发器及其应用

数字电路中，集成触发器的种类繁多，不仅有不同的逻辑功能，各种功能又可具有不同的电路结构。因此，熟悉各种集成触发器的逻辑功能和动作特点对于触发器的选择和应用是十分必要的。

微课　触发器使用注意事项

一、集成触发器的逻辑符号和定义

逻辑符号是识别触发器类型的重要依据。常用触发器的逻辑符号如表 6-13 所示。

表 6-13　触发器的逻辑符号

触发器类型	逻辑符号	符号定义
基本 RS 触发器（或非门构成）	S—S　Q R—R　$\overline{Q}$	输入激励 R、S 高电平有效； 约束条件 $RS=0$； 具有置 0、置 1、保持功能； 无时钟脉冲 CP 信号
基本 RS 触发器（与非门构成）	$\overline{S}$—S　Q $\overline{R}$—R　$\overline{Q}$	输入激励 $\overline{R}$、$\overline{S}$ 低电平有效（输入端有"o"）； 约束条件 $\overline{S}+\overline{R}=1$； 具有置 0、置 1、保持功能； 无时钟脉冲 CP 信号
同步 RS 触发器	S—1S　Q CP—C1 R—1R　$\overline{Q}$	输入激励 R、S 高电平有效； 约束条件 $RS=0$； 具有置 0、置 1、保持功能； $CP=1$ 时触发器状态翻转
主从 JK 触发器	J—1J　Q CP—C1 K—1K　$\overline{Q}$	输入激励 J、K 无约束条件； 具有置 0、置 1、保持、翻转功能； $CP=1$ 时主触发器接收输入激励； CP 由 1 变为 0 时，从触发器状态改变（Q 和 $\overline{Q}$ 端的符号"⌐"表示从触发器延迟输出）
边沿 D 触发器（上升沿触发）	D—1D　Q CP—▷C1 　　　　$\overline{Q}$	单端输入激励 D 无约束条件； 具有置 0、置 1 功能； CP 信号上升沿到来时刻触发器状态翻转； CP 端"▷"符号表示上升沿触发
边沿 JK 触发器（下降沿触发）	J—1J　Q CP—▷C1 K—1K　$\overline{Q}$	输入激励 J、K 无约束条件； 具有置 0、置 1、保持、翻转功能； CP 信号下降沿到来时刻触发器状态翻转； CP 端"▷"符号前加"o"表示下降沿触发

二、集成触发器及其应用

在集成触发器产品中，JK 触发器和 D 触发器的应用最为广泛，因此目前最为常见的集成触发器为集成 JK 触发器和集成 D 触发器。

(一) 集成 JK 触发器及其应用

74LS112 为下降沿触发的双 JK 触发器。由两个 TTL 下降沿 JK 触发器组成，采用双列直插 16 脚封装。其引脚定义和逻辑符号如图 6-28 所示。

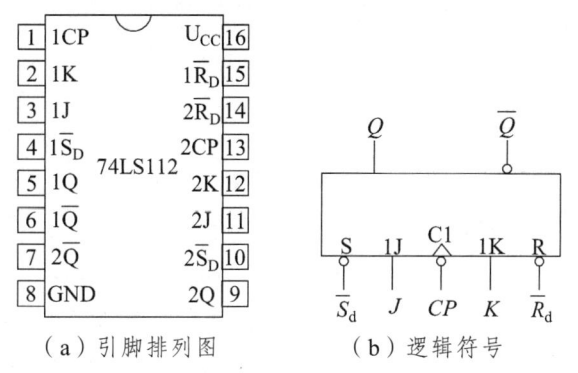

图 6-28 集成 JK 触发器 74LS112

图中，$\overline{S}_d$ 和 $\overline{R}_d$ 分别为异步置 1 端和异步置 0 端，用于直接将触发器置 1 或置 0，两者均不受 CP 信号的影响，低电平有效。因此，当 $\overline{S}_d$ 和 $\overline{R}_d$ 都为高电平时，触发器正常工作。其功能表如表 6-14 所示。

表 6-14 集成 JK 触发器 74LS112 功能表

CP	$\overline{S}_d$	$\overline{R}_d$	J	K	Q^n	Q^{n+1}	功能
×	0	0	×	×	×	1*	状态不定
×	0	1	×	×	×	1	异步置 1
×	1	0	×	×	×	0	异步置 0
⎍↓	1	1	0	0	0	0	保持
⎍↓	1	1			1	1	
⎍↓	1	1	0	1	0	0	置 0
⎍↓	1	1			1	0	
⎍↓	1	1	1	0	0	1	置 1
⎍↓	1	1			1	1	
⎍↓	1	1	1	1	0	1	翻转
⎍↓	1	1			1	0	

【例 6-5】 集成 74LS112 如图 6-28 所示，设初始状态为 0，已知 CP、J、K 以及 $\overline{S}_d$ 和 $\overline{R}_d$ 的波形，试画出该触发器的输出时序波形图。

解：由于边沿 JK 触发器的 $\overline{S}_d$、$\overline{R}_d$ 信号低电平有效，且不受 CP 信号的控制，所以在这两个信号出现低电平时，触发器的输出状态只由 $\overline{S}_d$ 或 $\overline{R}_d$ 决定。只有当 $\overline{S}_d = \overline{R}_d = 1$ 时，触发器的状态由 CP 下降沿到达时刻 J、K 端的状态决定。根据表 6-14 所示，画出其输出时序波形图，如图 6-29 所示。

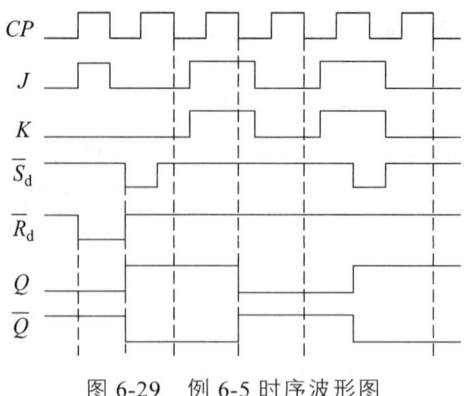

图 6-29 例 6-5 时序波形图

图 6-30 所示为利用 74LS112 实现的多路控制照明电路。电路中，74LS112 中 JK 触发器的 J、K 端与+5 V 相连接，构成了翻转型触发器，即为每来一个时钟信号，状态翻转一次的触发器。每按下 $S_0 \sim S_n$ 中的一个开关，就会为该 JK 触发器提供一个时钟脉冲下降沿，触发器状态翻转一次。输出端 Q 经三极管 V 驱动继电器 K，利用继电器触点的吸合与断开，控制电路中照明灯的亮灭，实现开关对照明灯的多路控制。

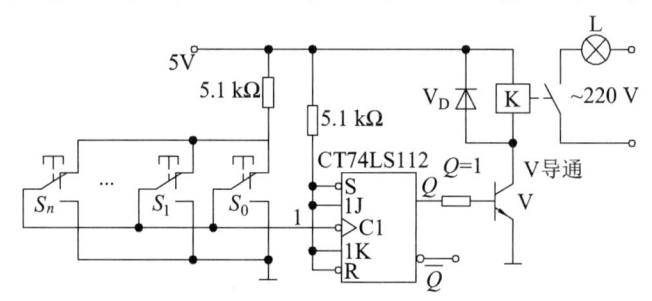

图 6-30 74LS112 实现的多路控制照明电路

（二）集成 D 触发器及其应用

集成 D 触发器的种类很多。74LS74 为上升沿触发的双 D 触发器。其引脚定义与逻辑符号如图 6-31 所示。它由两个独立的 TTL 边沿 D 触发器组成，采用双列直插 14 脚封装。

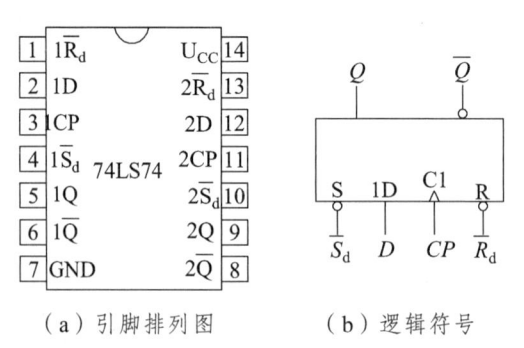

（a）引脚排列图　　（b）逻辑符号

图 6-31 集成 JK 触发器 74LS74 时序波形图

功能如表 6-15 所示。

表 6-15 集成 D 触发器 74LS74 功能表

D	$\overline{R}_d$	$\overline{S}_d$	CP	Q^{n+1}	功能
0	1	1	↑	0	置 0
1	1	1	↑	1	置 1
×	0	1	×	0	直接置 0
×	1	0	×	1	直接置 1
×	0	0	×	1*	不定状态

【例 6-6】 集成 74LS74 如图 6-31 所示，设初始状态为 0，已知 CP、D 以及 $\overline{S}_d$ 和 $\overline{R}_d$ 的波形，试画出该触发器的输出时序波形图。

解： 根据功能表，优先考虑 $\overline{S}_d$ 和 $\overline{R}_d$ 是否有效，只有当 $\overline{S}_d = \overline{R}_d = 1$ 时，触发器的状态由 CP 上升沿到达时刻 D 端的状态决定。根据表 6-15，画出其输出时序波形图，如图 6-32 所示。

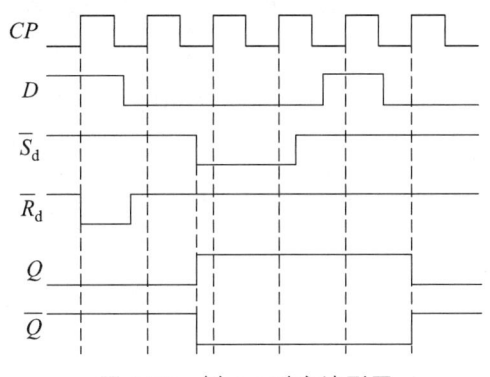

图 6-32 例 6-6 时序波形图

图 6-33 是利用 74LS74 构成的同步单脉冲发生电路。两个上升沿触发的 D 触发器前后级联，输出端 Q_1 和 Q_2 的输出信号相差一个时钟周期，$\overline{Q}_1$ 和 Q_2 通过与非门的输出 Q 作为电路的输出。当开关 S 按下之后，会在 Q 端产生一个脉冲宽度等于 CP 脉冲周期的负脉冲，这个脉冲信号与 CP 脉冲严格同步，且与机械开关 S 产生的"毛刺"无关，因此，这个电路可用于设备的启动或系统的调试。

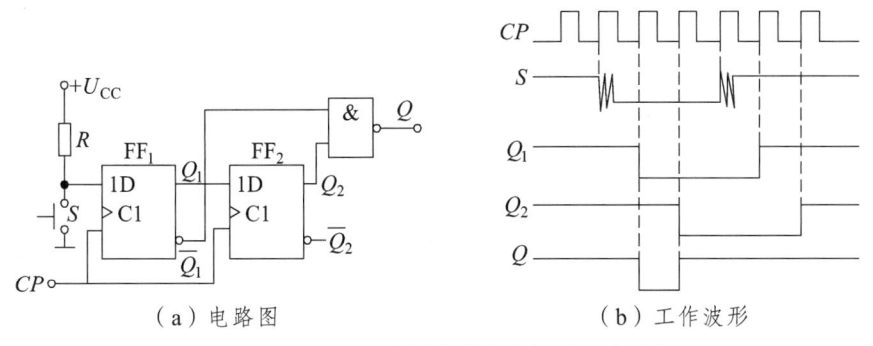

（a）电路图　　（b）工作波形

图 6-33 74LS74 实现的同步单脉冲发生电路

任务五 寄存器

能够暂存二进制数码（或指令代码）的电路称为寄存器。寄存器由具有存储记忆功能的触发器和具有控制作用的门电路组合而成。一个触发器能存储一位二进制数码，存放 n 位二进制数码则需要 n 个触发器。根据寄存器的用途和功能不同，可将寄存器分为数码寄存器和移位寄存器两大类。

一、数码寄存器

数码寄存器具有接收、寄存和输出二进制数码的功能。图 6-34 所示为由 D 触发器实现寄存 1 位数码的寄存单元电路。存数指令控制 D 触发器的时钟脉冲输入信号，上升沿有效。在上升沿到来的时刻，若输入数据 $D_1=0$，则 $Q^{n+1}=0$，若 $D_1=0$，则 $Q^{n+1}=1$。即在存数指令的控制下，将输入的数码 D_1 存入到了 D 触发器中。

微课　寄存器

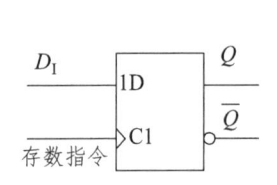

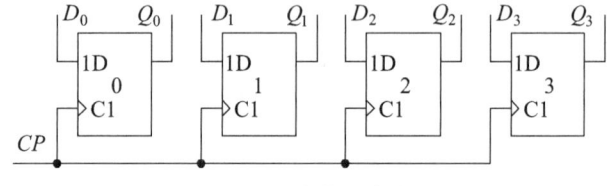

图 6-34　1 位数寄存单元　　　图 6-35　4 位数码寄存器

同理，如需寄存多位数码，只要增加寄存器的个数即可。图 6-35 所示为由 D 触发器组成的 4 位数码寄存器。

$D_3 \sim D_0$ 为数码输入端，$Q_3 \sim Q_0$ 为输出端，各触发器的 CP 端连在一起，作为存数指令输入端。将待寄存的数码分别加在各触发器输入端，在存数指令（CP 上升沿）的统一控制下，4 个 D 触发器同时将输入端的数码存入触发器中，即

$$Q_3 = D_3, \quad Q_2 = D_2, \quad Q_1 = D_1, \quad Q_0 = D_0$$

存入的 4 位数码可以同时从各触发器的 Q 端输出，因此称其为"并行输入、并行输出"的寄存器。其优点是存储时间短、速度快，可用来当高速缓冲存储器。

二、移位寄存器

移位寄存器是具有移位功能的寄存器。所谓移位功能，指的是寄存器里存储的数码能够在移位指令脉冲的作用下逐位向左或者向右移动。根据数码移动的方向，可将移位寄存器分为单向移位寄存器和双向移位寄存器两种。

（一）单向移位寄存器

仅具有左移功能或右移功能的移位寄存器称为单向移位寄存器。

微课　单向移位寄存器

器。

1. 右移移位寄存器

图 6-36 所示为由 D 触发器实现的 4 位右移移位寄存器。各触发器的前一级输出 Q 依次接入下一级的数据输入 D 端，只有第一级触发器 FF_0 的 D 端接收输入数据。四个触发器的时钟脉冲信号受同一个 CP 信号的控制，各触发器的置 0 端 $\overline{R}_D$ 连在一起，可对触发器清零。

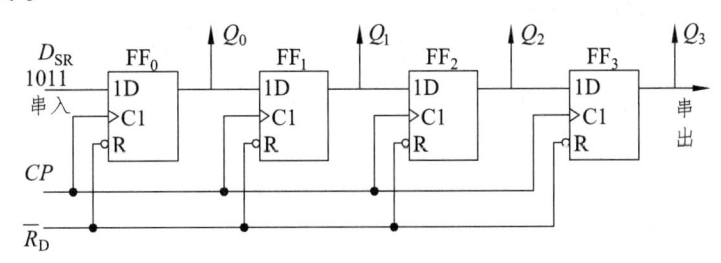

图 6-36 D 触发器实现的 4 位右移移位寄存器

例如，设寄存器各触发器初始状态 $Q_3Q_2Q_1Q_0$ 为 0000，在移位脉冲 CP 上升沿作用下，数码由右移输入端 D_{SR} 依次按照 "1-1-0-1" 的顺序输入 FF_0 的数据输入端 D_0。当第一个移位脉冲 CP 的上升沿到来时，第一位 "1" 送入 FF_0 的 Q_0 端，与此同时，后面的每个触发器原来的状态也依次向右送入下一个触发器的 D 端。当第 4 个 CP 脉冲作用后，数码 1101 全部送入寄存器中。此时，从触发器的输出端 $Q_3Q_2Q_1Q_0$ 可同时得到并行输出的 1101。若将最右边 FF_3 的 Q_3 作为输出端，则经过 4 个 CP 脉冲之后，数码 1101 可依次通过该输出端串行输出。可见，右移移位寄存器可实现数据的"串行输入、并行输出"和"串行输入、串行输出"功能。

上述工作过程可由表 6-16 描述。其时序波形如图 6-37 所示。

表 6-16 4 位右移移位寄存器状态表

顺序 CP	输入	输出			
	D_{SR}	Q_0	Q_1	Q_2	Q_3
0	1	0	0	0	0
1	1	1	0	0	0
2	0	1	1	0	0
3	1	0	1	1	0
4	0	1	0	1	1
5	0	0	1	0	1
6	0	0	0	1	0
7	0	0	0	0	1
8	0	0	0	0	0

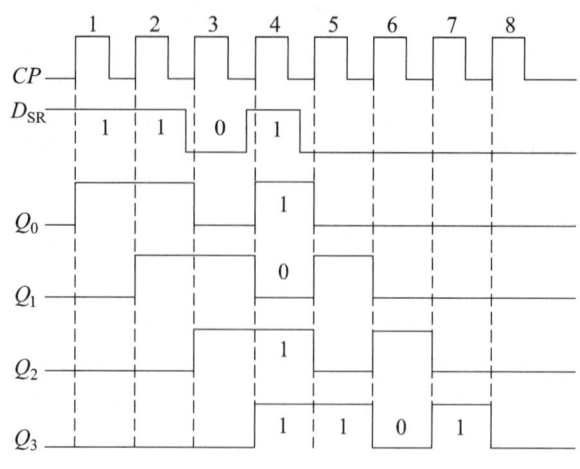

图 6-37　4 位右移移位寄存器时序图

2. 左移移位寄存器

图 6-38 所示为由 D 触发器实现的 4 位左移移位寄存器。将各触发器后一级的输出 Q 依次接到前一级的数据输入端 D，触发器 FF_3 的输入端 D 接收数据。

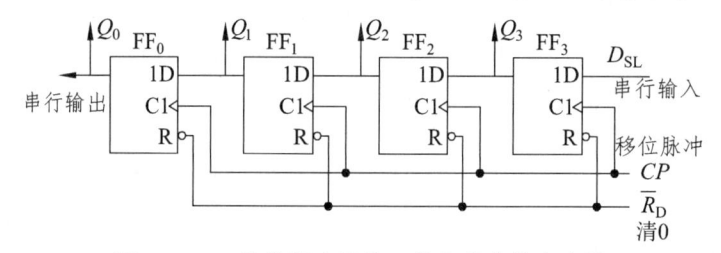

图 6-38　D 触发器实现的 4 位左移移位寄存器

它与 4 位右移移位寄存器的原理相同，只是在移位时钟 CP 的控制下，寄存器中的数码依次由 D_{SL} 送入并逐位向左移动。工作状态如表 6-17 所示，时序波形如图 6-39 所示。

表 6-17　4 位左移移位寄存器状态表

CP 顺序	输入	输出			
	D_{SL}	Q_0	Q_1	Q_2	Q_3
0	1	0	0	0	0
1	0	0	0	0	1
2	1	0	0	1	0
3	1	0	1	0	1
4	0	1	0	1	1
5	0	0	1	1	0
6	0	1	1	0	0
7	0	1	0	0	0
8	0	0	0	0	0

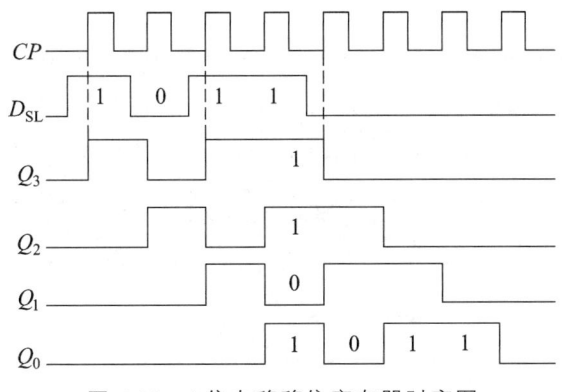

图 6-39 4 位左移移位寄存器时序图

（二）双向移位寄存器

既能够实现左移也能够实现右移的移位寄存器称为双向移位寄存器。它是在一般移位寄存器的基础上加左、右移控制信号和门控电路实现的。

74HC194 是由四个触发器构成的集成 4 位双向移位寄存器，如图 6-40 所示。

微课 集成移位寄存器及其应用　　　动画 移位寄存器 74HC194 的功能

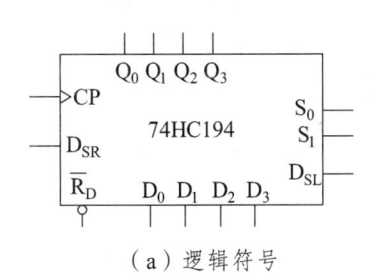

（a）逻辑符号　　　　　　　　　　（b）引脚定义

图 6-40 集成 4 位双向移位寄存器 74HC194

其中，D_{SR} 为右移串行数据输入端，D_{SL} 为左移串行数据输入端，$D_3 \sim D_0$ 为并行数据输入端，$Q_3 \sim Q_0$ 为并行输出端，S_1、S_0 为工作模式选择控制端，$\overline{R}_D$ 为低电平有效的异步清零端。74HC194 的功能如表 6-18 所示。

表 6-18 集成 4 位双向移位寄存器 74HC194 功能表

输入											输出				工作模式
清零	控制		串行输入		时钟	并行输入									
$\overline{R}_D$	S_1	S_0	D_{SL}	D_{SR}	CP	D_0	D_1	D_2	D_3	Q_0	Q_1	Q_2	Q_3	
0	×	×	×	×	×	×	×	×	×	0	0	0	0	异步清零
1	0	0	×	×	×	×	×	×	×	Q_0^n	Q_1^n	Q_2^n	Q_3^n	保持
1	0	1	×	1	↑	×	×	×	×	1	Q_0^n	Q_1^n	Q_2^n	右移，D_{SR} 为串行输入，Q_3 为串行输出
1	0	1	×	0	↑	×	×	×	×	0	Q_0^n	Q_1^n	Q_2^n	

续表

输入										输出				工作模式
清零	控制		串行输入		时钟	并行输入								
$\overline{R_D}$	S_1	S_0	D_{SL}	D_{SR}	CP	D_0	D_1	D_2	D_3	Q_0	Q_1	Q_2	Q_3	
1	1	0	1	×	↑	×	×	×	×	Q_1^n	Q_2^n	Q_3^n	1	左移，D_{SL}为串行输入，Q_0为串行输出
1	1	0	0	×	↑	×	×	×	×	Q_1^n	Q_2^n	Q_3^n	0	
1	1	1	×	×	↑	D_0	D_1	D_2	D_3	Q_0^n	Q_1^n	Q_2^n	Q_3^n	并行置数

当 $\overline{R_D} = 0$ 时，输出 $Q_3 \sim Q_0$ 即刻清零，与其他输入和 CP 无关。

当 $\overline{R_D} = 1$ 时，S_1、S_0 共有四种取值组合，分别对应 74HC194 的四种工作方式：

（1）当 $S_1S_0 = 00$ 时，各触发器状态保持不变，与 CP 信号无关。

（2）当 $S_1S_0 = 01$ 时，在 CP 上升沿作用下，数码由 D_{SR} 输入，依次经 $Q_0 \to Q_1 \to Q_2 \to Q_3$ 由低位向高位逐位移动，实现右移功能。

（3）当 $S_1S_0 = 10$ 时，在 CP 上升沿作用下，数码由 D_{SL} 输入，依次经 $Q_3 \to Q_2 \to Q_1 \to Q_0$ 由高位向低位逐位移动，实现左移功能。

（4）当 $S_1S_0 = 11$ 时，在 CP 上升沿作用下，将 $D_3 \sim D_0$ 的 4 位数码置入触发器输出端 $Q_3 \sim Q_0$，实现并行置数功能，即 $D_3 \to Q_3$，$D_2 \to Q_2$，$D_1 \to Q_1$，$D_0 \to Q_0$。

由以上分析可见，74HC194 具有清零、保持、左移、右移和并行置数功能，是功能齐全、使用灵活的时序逻辑器件。在数字系统中，可以利用它实现诸如数据的串并变换、计数器、序列检测和脉冲信号发生器等功能。

【例 6-7】 试分析图 6-41（a）所示由 74HC194 构成的电路功能。

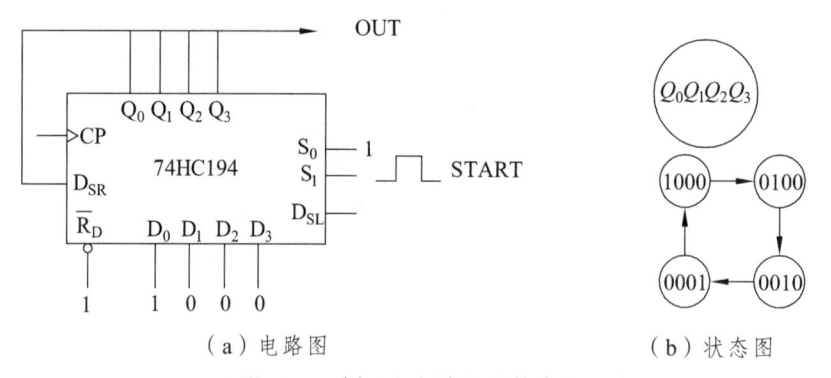

图 6-41 例 6-7 电路图及状态图

解：当正脉冲启动信号 START 到来时，$S_1S_0 = 11$，此时，在 CP 脉冲作用下 74HC194 执行并行置数功能，使得 $Q_3Q_2Q_1Q_0 = D_3D_2D_1D_0 = 0001$。当 START 由 1 变为 0 之后，$S_1S_0 = 01$，在 CP 脉冲作用下移位寄存器执行右移功能，对刚刚置入的数据"0001"按照由低位到高位的顺序逐位右移。在第 4 个 CP 到来时，$Q_3 = D_{SR} = 1$，在此脉冲作用下，$Q_3Q_2Q_1Q_0 = 0001$，返回到初始状态，完成一次状态循环，如图 6-41（b）所示。OUT 输出的信号为 Q_3 端的状态，在连续 CP 脉冲的作用下，OUT 依次输出

000100010001……，每隔 4 位重复一次 0001。这种在连续时钟脉冲 CP 作用下，按照一定周期循环产生一组串行二进制信号的电路，称为序列脉冲信号发生器。本例中的 74HC194 实现了 4 位序列信号发生器功能，其 OUT 输出端能够周期性地产生 0001 序列信号。

任务六 计数器

  计数器是用来累计时钟脉冲（CP）个数的时序逻辑电路。它是数字系统中应用最广泛的基本部件之一。除具有计数功能外，计数器还可用于定时、分频以及数字运算等。

  计数器的种类繁多，根据不同的方法，可以将计数器分成很多不同的类型：

  （1）按照计数器中各触发器 CP 脉冲的控制方式不同，可将计数器分为同步计数器和异步计数器两类。

  ① 同步计数器：计数脉冲引到所有触发器的时钟脉冲输入端，计数器状态转换时所有需要翻转的触发器同时翻转。

  ② 异步计数器：计数脉冲没有加到所有触发器的 CP 端，当计数脉冲到来时，各触发器的翻转时刻不同。

  这种分类方法不仅适用于计数器，也适用于其他时序逻辑电路。

  （2）按照计数状态的增减趋势，计数器可分为加法计数器、减法计数器和可逆计数器三类。

  ① 加法计数器：每来一个有效的时钟脉冲 CP，计数器的状态累加计数。

  ② 减法计数器：每来一个有效的时钟脉冲 CP，计数器的状态递减计数。

  ③ 可逆计数器：在 CP 脉冲作用下，计数器可按加法规律计数，也可按减法规律计数，通常由控制端决定。

  （3）按照计数进制不同，可将计数器分为二进制计数器和非二进制计数器两类。

  ① 二进制计数器：按照二进制规律计数。

  ② 非二进制计数器：将除二进制以外的计数器统称为非二进制计数器，其中最常用的为按照 BCD 码规律计数的十进制计数器。

  无论哪种类型的计数器，都具有相同的特征，那就是在连续时钟脉冲的作用下，其状态的变化总是按照固定的规律循环往复的，以实现对时钟脉冲的个数进行累计。

  计数器是数字系统中使用频率较高的时序逻辑电路之一，因此，对它的分析应按照一般时序逻辑电路的分析方法和步骤来进行。具体如下：

  （1）列写方程。根据给定的时序逻辑电路，写出电路中各触发器的"三方程"：

  时钟方程：各触发器的时钟信号表达式。

  驱动方程：每一个触发器输入端的函数表达式。

  次态方程：将各触发器的驱动方程代入相应触发器的特征方程所得到的触发器状态方程。

  （2）状态表。假定一个状态作为初始状态，将其代入次态方程计算触发器的次态，将得到的次态再作为初态，代入状态方程计算次态，以此类推。列出所有状态之间的转换关系。

（3）画状态转换图。将状态表中的状态转移关系用图的形式表示。

（4）画时序图。根据状态表、状态转换图和触发器的时钟信号画出输出的时序波形。

（5）总结归纳电路功能。根据输出状态的变化规律，用文字概括描述电路的逻辑功能。

一、二进制计数器

二进制计数器是结构最简单的计数器，下面分别以异步二进制计数器和同步二进制计数器两种类型为例，讨论二进制计数器的工作原理和计数规律。

（一）异步二进制计数器

异步二进制计数器通常由计数型触发器连接而成，由于各触发器的翻转时刻不同，因此分析异步计数器时，应特别注意区分各触发器的有效时钟信号。

微课 异步二进制计数器

1. 异步二进制加法计数器

图 6-42 所示为由 CP 下降沿触发的 JK 触发器组成的异步 3 位二进制加法计数器。JK 触发器的输入激励信号 J、K 接高电平，因此 3 个触发器均被转换成了 T' 触发器，工作在翻转状态。计数脉冲 CP 作为最低位触发器 FF_0 的时钟信号，低位触发器的输出端 Q 依次接入相邻高位触发器的时钟端，为高位触发器提供时钟脉冲信号。

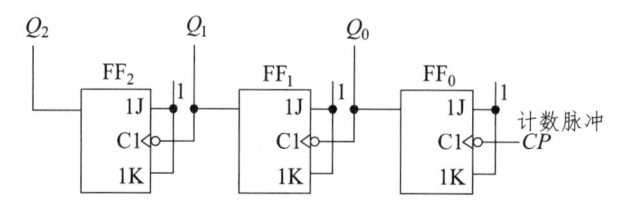

图 6-42 异步 3 位二进制加法计数器

按照前面介绍的一般分析步骤对其进行分析：

（1）由图可知，三个触发器的时钟方程为

$$CP_0 = CP \downarrow$$
$$CP_1 = Q_0 \downarrow$$
$$CP_2 = Q_1 \downarrow$$

驱动方程分别为

$$J_0 = K_0 = 1$$
$$J_1 = K_1 = 1$$
$$J_2 = K_2 = 1$$

将其分别代入 JK 触发器的特征方程，得到电路的次态方程为

$$Q_0^{n+1} = \overline{Q_0^n}$$
$$Q_1^{n+1} = \overline{Q_1^n}$$
$$Q_2^{n+1} = \overline{Q_2^n}$$
（6-9）

即电路工作时每输入一个 CP 计数脉冲，FF_0 的状态翻转一次，FF_1 的状态翻转发生在 Q_0 输出由 1 变为 0 的时刻，而 FF_2 的状态翻转发生在 Q_1 输出由 1 变为 0 的时刻。

（2）列状态真值表。设触发器的初始状态为 $Q_2Q_1Q_0 = 000$，将其代入式（6-9）所示的次态方程，得到次态 $Q_2Q_1Q_0 = 001$，将 001 再作为初态代入方程计算次态，以此类推，将所得到的状态按时间先后顺序列出，即可得到该电路的状态表，如表 6-19 所示。

表 6-19　3 位二进制加法计数器状态表

CP 顺序	Q_2	Q_1	Q_0	等效十进制数
0	0	0	0	0
1	0	0	1	1
2	0	1	0	2
3	0	1	1	3
4	1	0	0	4
5	1	0	1	5
6	1	1	0	6
7	1	1	1	7
8	0	0	0	0

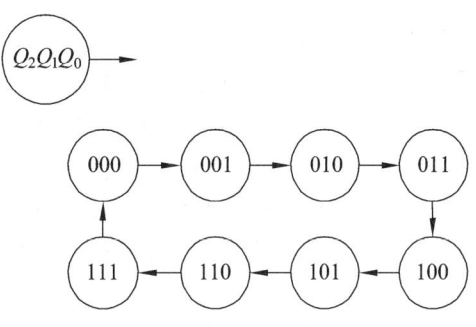

图 6-43　3 位二进制加法计数器状态转换图

（3）根据状态表的状态变化规律，不难画出如图 6-43 所示的状态转换图。

（4）图 6-44 所示为 3 位二进制加法计数器的时序图。

（5）归纳功能。由以上分析可知，如果电路输出 $Q_2Q_1Q_0$ 从 000 状态开始变化，在第 8 个时钟脉冲输入后，电路的输出状态又重新回到了 000 状态，即状态每循环一次，对应 8 个时钟脉冲。所以，电路工作状态的变化规律是以 8 为基数循环且递增变化的，因此该电路能够完成计数功能，且为一个八进制加法计数器，或称模值为 8 的加法计数器，简称模 8 加法计数器。

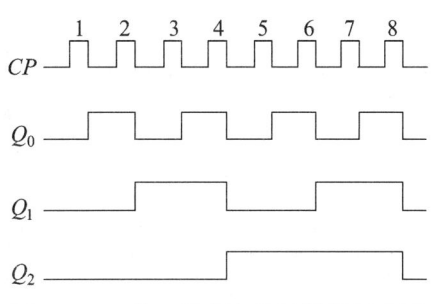

图 6-44　3 位二进制加法计数器时序图

由时序波形图可知，输出信号 Q_0 的周期是时钟脉冲信号 CP 的两倍，每隔 2 个时钟脉冲，Q_0 的状态循环一次。所以，计数型触发器 FF_0 实际上是一个模 2 计数器。FF_1 和 FF_2 与 FF_0 的结构一样，都实现了二进制计数器的功能。可见，图 6-42 所示的八进制计数器是由 3 个二进制计数器级联构成的，即 $8 = 2^3$。因此，当多个计数器级联时，其模值等于各计数器模值之乘积。如果构成计数器的 N 个计数器都为二进制计数器，则总的计数模值等于 2^N。

此外，如果计数脉冲 CP 的频率为 f_0，那么 Q_0、Q_1、Q_2 输出波形的频率分别为 $\frac{1}{2}f_0$、

$\frac{1}{4}f_0$、$\frac{1}{8}f_0$,也就是说,Q_0、Q_1 和 Q_2 分别对 CP 信号实现了二分频、四分频和八分频,即每经过一级 T' 触发器输出脉冲的频率就被二分频。这说明,计数器除计数功能之外,还具有分频功能。

2. 异步二进制减法计数器

图 6-45 所示为由 CP 下降沿触发的 JK 触发器组成的异步 3 位二进制减法计数器。

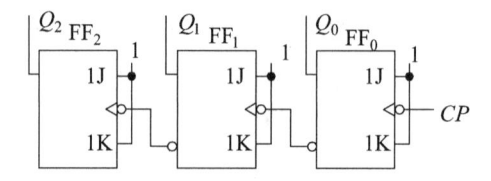

图 6-45 异步 3 位二进制减法计数器

与图 6-42 所示的异步二进制加法计数器一样,JK 触发器仍然接成了计数型的触发器,计数脉冲 CP 作为最低位触发器 FF_0 的时钟脉冲。不同的是,低位触发器的 $\overline{Q}$ 输出端依次接到相邻高位触发器的时钟端。当低位触发器的 $\overline{Q}$ 端由 0 变为 1(Q 由 1 变为 0)时,高位触发器状态翻转。由于各触发器的驱动方程与异步二进制加法计数器相同,此处不再列出。时钟方程与次态方程可表示为以下形式:

$$\begin{aligned} Q_0^{n+1} &= [\overline{Q_0^n}] \cdot CP\downarrow \\ Q_1^{n+1} &= [\overline{Q_1^n}] \cdot \overline{Q}_0\downarrow \\ Q_2^{n+1} &= [\overline{Q_2^n}] \cdot \overline{Q}_1\downarrow \end{aligned} \quad (6\text{-}10)$$

仍取各触发器的初始状态 $Q_2Q_1Q_0 = 000$,代入式(6-10)所示的状态方程进行计算,即可得到如表 6-20 所示的状态表和如图 6-46 所示的状态转换图。

表 6-20 3 位二进制减法计数器状态表

CP 顺序	Q_2	Q_1	Q_0	等效十进制数
0	0	0	0	0
1	1	1	1	7
2	1	1	0	6
3	1	0	1	5
4	1	0	0	4
5	0	1	1	3
6	0	1	0	2
7	0	0	1	1
8	0	0	0	0

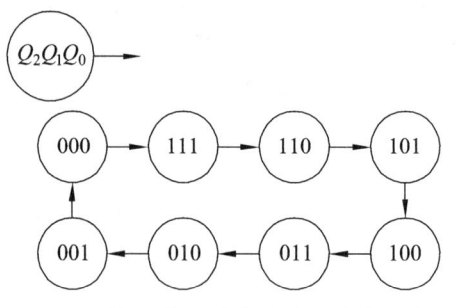

图 6-46 3 位二进制减法计数器状态转换图

根据状态转移图,画出其时序波形如图 6-47 所示。

由以上分析可知,该计数器的特点是,每输入一个计数脉冲 CP,$Q_2Q_1Q_0$ 的计数状态递减 1,当输入 8 个 CP 脉冲后,$Q_2Q_1Q_0$ 回到初始状态 000,完成一轮状态的循环。

因此，该电路实现了异步八进制减法计数器。

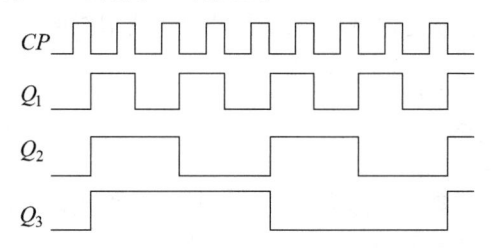

图 6-47　3 位二进制减法计数器时序图

综上所述，异步二进制计数器具有以下特点：

（1）N 位异步二进制计数器可由 N 个计数型触发器级联组成，模值为 2^N。

（2）电路结构简单，但高位触发器的状态翻转必须在相邻触发器产生进位（加法计数）或者借位（减法计数）之后才能实现，因此工作速度较低。

（二）同步二进制计数器

同步计数器中，各个触发器的时钟端均由同一个时钟脉冲信号控制，各触发器的状态转换是同时发生的。图 6-48 所示为由下降沿触发的 JK 触发器构成的同步 3 位二进制加法计数器。

微课　同步二进制计数器

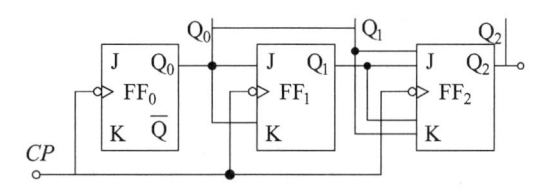

图 6-48　同步 3 位二进制加法计数器

图中三个 JK 触发器已转换为 T 触发器使用，时钟端连接在一起，由 CP 信号统一控制。其时钟方程为

$$CP_0 = CP_1 = CP_2 = CP$$

驱动方程和次态方程分别为

$$T_0 = 1 \qquad Q_0^{n+1} = \overline{Q_0^n}$$
$$T_1 = Q_0 \qquad Q_1^{n+1} = Q_0\overline{Q_1^n} + \overline{Q_0}Q_1^n$$
$$T_2 = Q_1Q_0 \qquad Q_2^{n+1} = Q_0Q_1\overline{Q_2^n} + \overline{Q_0Q_1}Q_2^n$$

选择 000 作为三个触发器的初态，代入特征方程计算，可得到与表 6-19 和图 6-43 相同的状态转移规律。由此可见，该电路实现了与图 6-42 所示电路一样的功能，即 3 位二进制加法计数功能。所不同的是，图 6-48 所示电路采用了同步结构，使得组成计数器的三个触发器在时钟脉冲 CP 到来时同时动作，计数速度高于异步计数器，同时不存在中间过渡状态，提高了计数器的稳定性。

将图 6-48 中的 $\overline{Q}$ 端接入相邻高位触发器的数据输入端，则可得到同步 3 位二进制减法计数器。其状态转移的规律同表 6-20 和图 6-46 所示。

同步计数器具有计数速度高、过度干扰脉冲小的优点，但因为所有触发器由同一个时钟脉冲信号控制，因此对时钟脉冲源信号功率要求较高。

二、十进制计数器

虽然二进制计数器电路结构简单，运算方便，但在大部分应用场合，人们仍然习惯使用十进制计数。下面以十进制为例，介绍非二进制计数器的电路结构和工作原理。

十进制计数器需要有 10 个稳定的状态，分别对应十进制 0~9 共 10 个数码。根据前面的分析可知，组成计数器的触发器个数为 N 时，可实现的计数器最大模值为 2^N。因此，要实现十进制计数，则至少需要 4 个触发器级联构成。4 位二进制计数器共有 16 个状态，这意味着，我们需要从 16 个状态中选择 10 个作为计数器的有效状态。BCD 码是用一组 4 位二进制数码表示 1 位十进制数的编码方法，因此，常用的十进制计数器多以 BCD 码作为计数的有效状态。

图 6-49 给出了两个由 JK 触发器构成的异步十进制计数器。各触发器的时钟不受同一个脉冲控制。两个计数器均由一个计数型触发器构成的二进制计数器 FF_0 和一个由 FF_1、FF_2、FF_3 构成的异步五进制计数器级联而成。因此，为了简化分析过程，我们将计数器分成 FF_0 和 FF_1、FF_2、FF_3 两部分讨论。

（a）5421BCD 码模 10 计数器

（b）8421BCD 码模 10 计数器

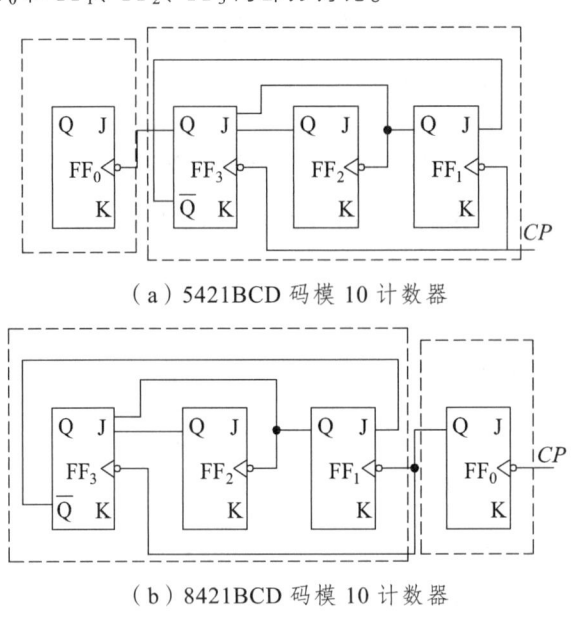

图 6-49　异步十进制计数器

二进制计数器和五进制计数器级联时，得到的计数器模值为两者之乘积，即十进制计数器。因此两个电路都能实现异步十进制计数的功能。不同之处在于，图 6-49（a）中，外部计数时钟脉冲 CP 接五进制计数器，再由五进制计数器的 Q_3 给二进制计数器 FF_0 提供时钟信号，因此，实现了 $2 \times 5 = 10$ 的十进制计数器；而图 6-49（b）所示的电路中，外部计数脉冲先驱动 FF_0 实现二进制计数，再由 Q_0 驱动五进制计数器的时钟信号，实现了 $5×2=10$ 的十进制计数器。这使得两个十进制计数器的状态转移规律完全不同。图 6-49（a）所示的输出状态为 $Q_0Q_3Q_2Q_1$，按照 5421BCD 码的规律计数，状态转移表如表 6-21 所示。图 6-49（b）所示的输出状态为 $Q_3Q_2Q_1Q_0$，按照 8421BCD 码的规律计数，状态转移表如表 6-22 所示。

表 6-21 5421BCD 十进制计数器状态转换表

计数脉冲 CP	触发器状态				对应十进制数
	Q_0	Q_3	Q_2	Q_1	
0	0	0	0	0	0
1	0	0	0	1	1
2	0	0	1	0	2
3	0	0	1	1	3
4	0	1	0	0	4
5	1	0	0	0	5
6	1	0	0	1	6
7	1	0	1	0	7
8	1	0	1	1	8
9	1	1	0	0	9
10	0	0	0	0	0

表 6-22 8421BCD 十进制计数器状态转换表

计数脉冲 CP	触发器状态				对应十进制数
	Q_3	Q_2	Q_1	Q_0	
0	0	0	0	0	0
1	0	0	0	1	1
2	0	0	1	0	2
3	0	0	1	1	3
4	0	1	0	0	4
5	0	1	0	1	5
6	0	1	1	0	6
7	0	1	1	1	7
8	1	0	0	0	8
9	1	0	0	1	9
10	0	0	0	0	0

由状态转换表可以画出两个计数器的状态转换图，如图 6-50 所示。

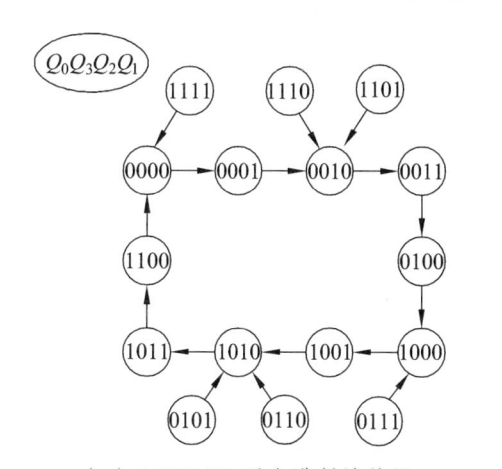

（a）5421BCD 码十进制计数器　　　（b）8421BCD 码十进制计数器

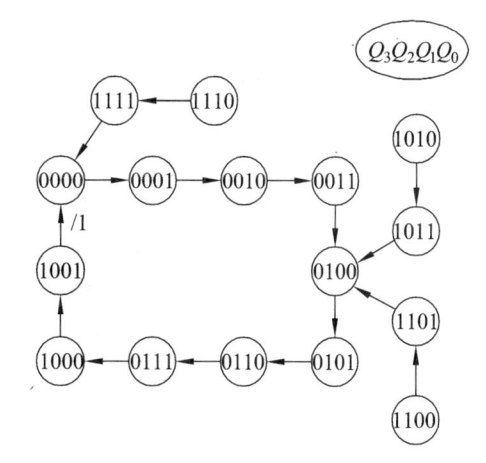

图 6-50 异步十进制计数器状态转换图

图中除包含 10 个有效计数状态之外，还将 6 个无效的状态也一并画出，这样的状态转换图被称为全状态转换图。两个状态转换图虽然选择的有效状态不同，但都符合十进制计数器的计数规律。6 个无效的状态虽然不参与计数状态的循环，但其最终都指向了 10 个有效计数状态中的一个，并能在经历一至两个时钟之后使电路的工作状态返回到有效的计数循环之中，这样的电路称为具有自启动功能的电路。可见，图 6-49 所示的两个异步十进制计数器都具有自启动特性，避免了计数器工作时误入偏离状态所带来的影响，提高了计数器工作的可靠性。

任务七　集成计数器及其应用

前面介绍的计数器是由小规模的集成触发器组成的，随着集成技术的发展，规格多样、功能更加完善的集成计数器已被大量生产并被广泛使用。所谓集成计数器，就是将整个计数器电路全部集成在一块芯片上。集成计数器属于中规模集成电路，其种类繁多，同时附加了辅助控制端，可进行功能扩展，应用十分方便。下面以两个常用集成计数器为例来说明它们的功能及应用。

一、集成异步加法计数器 74LS290

微课　异步集成计数器 74LS290 逻辑功能　　　动画　异步计数器 74LS290 的结构和功能

（一）电路结构

74LS290 为异步二-五-十进制加法计数器，其外部引脚定义和逻辑符号如图 6-51 所示。

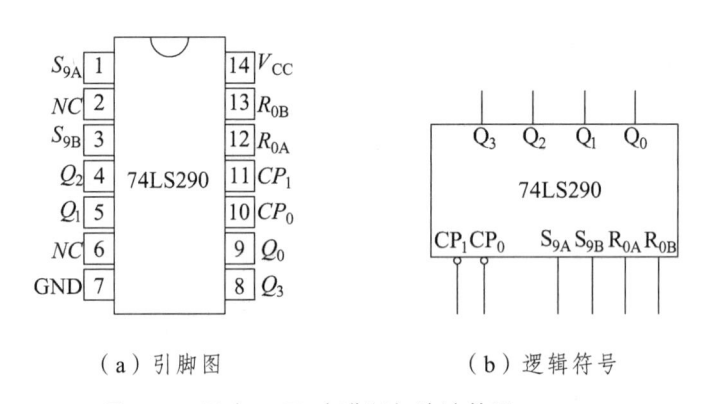

（a）引脚图　　　　　　　　（b）逻辑符号

图 6-51　异步二-五-十进制加法计数器 74LS290

74LS290 内部包含 4 个下降沿触发的 JK 触发器 $FF_0 \sim FF_3$ 和一些控制逻辑门电路。这 4 个触发器实现了两个相互独立的计数器：FF_0 有独立的时钟输入端 CP_0（下降沿有效）和输出端 Q_0，构成二进制计数器，对 CP_0 计数；其余 3 个触发器 FF_3、FF_2、FF_1 构成异步五进制计数器，对其时钟输入 CP_1（下降沿有效）计数，计数状态输出端为 $Q_3Q_2Q_1$。

（二）逻辑功能

74LS290 的功能如表 6-23 所示。

表 6-23　74LS290 功能表

复位输入		置位输入		时钟	输出				工作模式
R_{0A}	R_{0B}	S_{9A}	S_{9B}	CP	Q_3	Q_2	Q_1	Q_0	
1	1	0	×	×	0	0	0	0	异步置 0
1	1	×	0	×	0	0	0	0	异步置 0
×	×	1	1	×	1	0	0	1	异步置 9
×	0	1	1	×	1	0	0	1	异步置 9
0	×	0	×	↓	计数				加法计数
0	×	×	0	↓	计数				加法计数
×	0	0	×	↓	计数				加法计数
×	0	×	0	↓	计数				加法计数

1. 异步清零

当复位输入端 R_{0A}、R_{0B} 均为高电平，置 9 输入端 S_{9A}、S_{9B} 中至少有一个为低电平时，计数器输出端被清零。

2. 异步置 9

当置 9 输入端 S_{9A}、S_{9B} 均为高电平，复位输入端 R_{0A}、R_{0B} 中至少有一个为低电平时，计数器输出端直接被置 "9"。

3. 计数功能

当置 9 输入端 S_{9A}、S_{9B} 中至少有一个为低电平，且复位输入端 R_{0A}、R_{0B} 中至少有一个为低电平时，计数器可实现计数功能。

（三）工作模式

74LS290 内部包含一个独立的二进制计数器和一个独立的五进制计数器，在正常计数状态，74LS290 可工作于以下几种模式：

1. 二进制计数

外部计数脉冲由 CP_0 输入，计数状态由 Q_0 输出，即实现一位二进制计数器，如图 6-52（a）所示。

2. 五进制计数

外部计数脉冲由 CP_1 输入，计数状态由 $Q_3Q_2Q_1$ 输出，即实现五进制计数器，如图 6-52（b）所示。

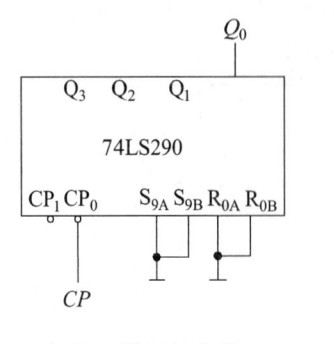

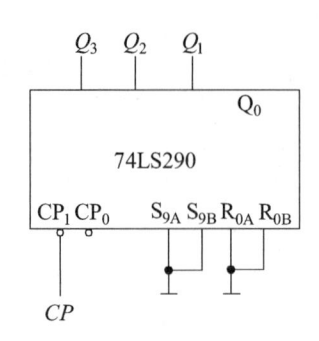

（a）二进制计数器　　　　　　　　（b）五进制计数器

图 6-52　74LS290 实现二进制、五进制计数器

3. 十进制计数

将二进制计数器和五进制计数器级联使用，即可实现十进制计数器。若将外部计数脉冲 CP 由二进制计数器的时钟脉冲输入端 CP_0 输入，Q_0 与五进制计数器的时钟脉冲输入端 CP_1 相连，则先进行二进制计数，再进行五进制计数，实现的计数器为 8421BCD 码十进制计数器，如图 6-53（a）所示；反之，若将外部计数脉冲 CP 由 CP_1 输入，Q_3 与 CP_0 相连，则先进行五进制计数，再进行二进制计数，实现的计数器为 5421BCD 码十进制计数器，如图 6-53（b）所示。

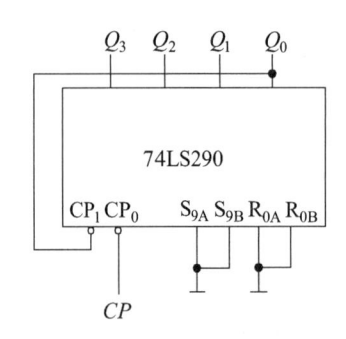

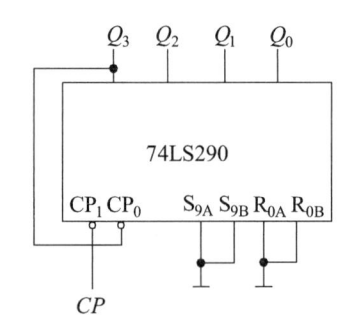

（a）8421BCD 码十进制计数器　　　　（b）5421BCD 码十进制计数器

图 6-53　74LS290 实现十进制计数器

（四）功能扩展

利用 74LS290 的辅助控制端子和少量逻辑门，通过不同的外部连接，可在二-五-十进制计数器的基础上，构成任意进制的计数器。

微课　集成计数器 74LS290 功能扩展

1. 利用 74LS290 实现任意十进制以内的计数器

实现任意模值小于 10 的计数器时，可先使 74LS290 工作在十进制计数模式下，再利用异步清零端和直接置 9 端，跳过一些无效的状态，达到修改模值的目的。

【例 6-8】用 74LS290 实现七进制计数器。

(a) 逻辑电路 (b) 状态转换图

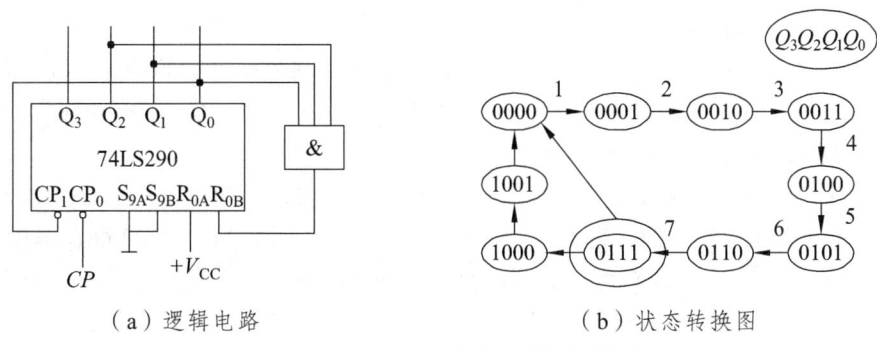

图 6-54　74LS290 实现七进制计数器

解：(1) 将 74LS290 连接为十进制计数模式。将外部计数脉冲 CP 从 CP_0 接入，Q_0 接 CP_1，使 74LS290 实现 8421BCD 码十进制计数。

(2) 利用控制端子跳过无效状态。根据计数器的定义，若选择 0000 为 $Q_3Q_2Q_1Q_0$ 的初始状态，七进制计数器应在第 7 个时钟脉冲结束之后返回到 0000 这个初始状态，完成一轮循环。但按照 74LS290 的计数规律，当第 7 个时钟到来时，计数器的状态会由 0110 转移到下一个状态 0111，不可能返回至 0000。因此需要利用异步清零端子 R_{0A}、R_{0B} 有效，跳过后面的无效状态 0111～1001，让输出状态提前回到 0000，即将状态由 0111 引回 0000。R_{0A}、R_{0B} 是高电平有效的异步清零信号，因此，只需要将 0111 中的高电平 "1" 拿来提供给这两个控制端子，即可实现将输出端立刻回 0000 的目的。由于 0111 中的 "1" 有三位，所以可通过一个与门实现逻辑控制，如图 6-54 所示。

2. 利用 74LS290 实现任意大于十进制的计数器

单片 74LS290 最大可实现十进制计数器，要得到十进制以上的计数器，则需要通过多片级联来实现。

【例 6-9】 用 74LS290 实现二十四进制计数器。

解：由于要实现的计数器模值二十四大于单片 74LS290 所能实现的最大模值计数器，因此需要将多片 74LS290 级联，如图 6-55 所示。

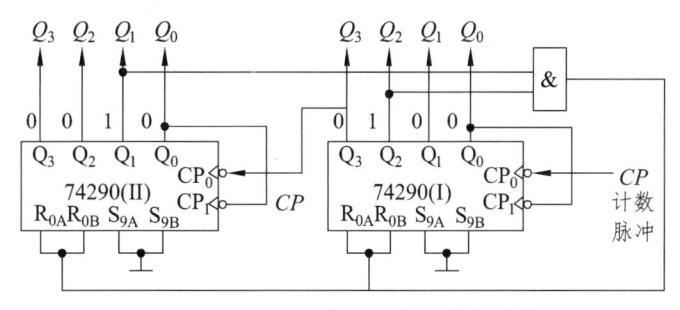

图 6-55　74LS290 实现二十四进制计数器

(1) 确定芯片数量。单片 74LS290 最大可实现十进制计数器，两片 74LS290 级联则最大可实现 10×10＝100 进制的计数器，因此，实现二十四进制计数器需要两片 74LS290 级联。芯片 I 为个位，芯片 II 为十位。

(2) 将两片 74LS290 分别接成十进制计数器模式。将两片 74LS290 的 Q_0 接各自

的 CP_1，实现 8421BCD 码十进制计数器。

（3）将两片 74LS290 级联，实现百进制计数器。将外部计数脉冲 CP 接在芯片Ⅰ的 CP_0 端，将芯片Ⅰ的最高位输出 Q_3 端接在芯片Ⅱ的 CP_0 端，负责由个位向十位传递进位，实现 $10×10=100$ 的计数功能。

（4）利用控制端子跳过无效状态，实现模值修改。二十四进制的有效计数范围为 $0 \sim 23$，当计数至"24"时，芯片Ⅰ（个位）的输出状态为"4"（$Q_3Q_2Q_1Q_0 = 0100$），芯片Ⅱ（十位）的输出状态为"2"（$Q_3Q_2Q_1Q_0 = 0010$），此时利用与逻辑门将输出端子中为"1"的位提供给高电平有效的异步清零端 R_{0A}、R_{0B}，可跳过后面的无效状态，让计数器提前归零，实现二十四进制计数器。

利用以上的步骤和方法，只需改变产生清零信号的输出状态，就可以实现任意 100 以内进制的计数器。以此类推，若使用 3 片 74LS290 级联，则可实现任意 1 000 以内进制计数器。通过对 74LS290 进行功能扩展可以灵活地组成各种进制的计数器。

（五）应用实例

图 6-56 所示为由 74LS290 与译码显示电路组成的数字钟"秒"计数、译码、显示电路。图中，两片 74LS290 级联实现六十进制计数器，片 1 为个位，连接成 8421BCD 码十进制加法计数器，片 2 为十位，连接成 8421BCD 码六进制加法计数器。石英晶体振荡器经分频后产生一个周期为 1 s 的 CP 信号送给个位计数器。个位计满 10 后复位到 0，同时向十位计数器的 CP_0 端送出进位信号，使十位计数器加 1 计数。当计数到 59 时，再来一个时钟脉冲，两片计数器同时复位到 0，即有效计数状态为 00～59，并通过片 2 的最高位输出一个向"分"的进位信号，实现"秒"计数功能。

译码、显示电路的作用是将计数输出的信号进行译码并显示出来。7448 为 BCD 七段显示译码器，内部带有驱动缓冲器和上拉电阻，输出高电平有效，负责将计数器输出的 8421BCD 码转换成七段显示码，显示电路选择共阴极数码管 BS201，负责接收 7448 送来的七段码并显示相应的数码。

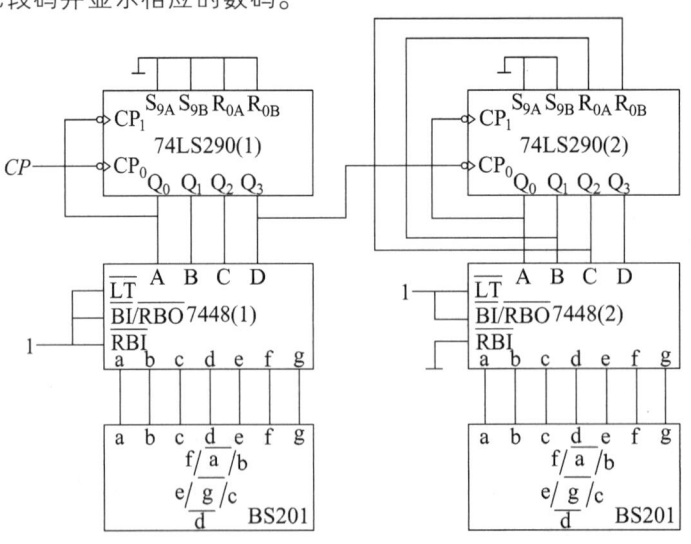

图 6-56 数字钟"秒"计数、译码、显示电路

二、集成同步加法计数器 74LS161

（一）电路结构

微课 同步集成计数器 74LS161 逻辑功能　　动画 同步计数器 74LS161 的结构与功能

74LS161 是集成同步 4 位二进制加法计数器，因此，它是按照二进制的计数进位规律进行计数的。它内部由 4 个触发器和一些辅助控制电路组成，计数模值为 $2^4 = 16$。其外部引脚和逻辑符号如图 6-57 所示。

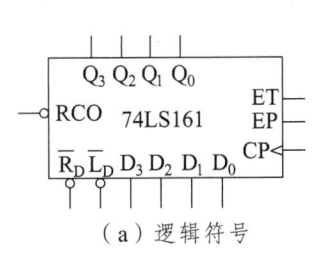

图 6-57　集成同步计数器 74LS161

图 6-57 中，$D_3 \sim D_0$ 为并行数据输入端，$Q_3 \sim Q_0$ 为计数状态输出端，ET、EP 为计数使能端，CP 为上升沿有效的时钟输入端，RCO 为进位输出端，$\overline{R_D}$ 为低电平有效的异步清零端，$\overline{L_D}$ 为低电平有效的同步置数端。

（二）逻辑功能

74LS161 的功能如表 6-24 所示。

表 6-24　74LS161 功能表

置 0	预置	使能		时钟	预置数据输入				输出				工作模式
$\overline{R_D}$	$\overline{L_D}$	EP	ET	CP	D_3	D_2	D_1	D_0	Q_3	Q_2	Q_1	Q_0	
0	×	×	×	×	×	×	×	×	0	0	0	0	异步清零
1	0	×	×	↑	d_3	d_2	d_1	d_0	d_3	d_2	d_1	d_0	同步置数
1	1	0	×	×	×	×	×	×	保持				数据保持
1	1	×	0	×	×	×	×	×	保持				数据保持
1	1	1	1	↑	×	×	×	×	计数				加法计数

由表可知，74LS161 具有以下功能及特点：

1. 异步清零

当异步清零端 $\overline{R_D}$ 为低电平时，无论其他输入端的状态如何，各触发器输出均被置"0"，即输出状态为 0000。

2. 同步置数

当异步清零端 $\overline{R_D}$ 为高电平，同步置数端 $\overline{L_D}$ 为低电平时，在 CP 脉冲上升沿的作用下，数据输入端 $D_3 \sim D_0$ 上的数据被送至计数状态输出端 $Q_3 \sim Q_0$，即 $Q_3Q_2Q_1Q_0 = D_3D_2D_1D_0$。若改变 $D_3 \sim D_0$ 端的预置数，就可以将计数器的输出设置为 0000~1111 以内的任意状态。

3. 数据保持

ET 和 EP 是计数功能使能端，若两者中至少有一个为低电平时，计数器保持原状态不变。

4. 加法计数

$\overline{R_D}$、$\overline{L_D}$、ET 和 EP 同时为高电平时，计数器处于计数状态，每输入一个 CP 上升沿，执行一次加法计数，其状态转换如图 6-58 所示。当计数状态由 1111 加 1 至 0000 时，进位端 RCO 输出一个宽度为一个时钟周期的高电平脉冲，作为超前进位输出。

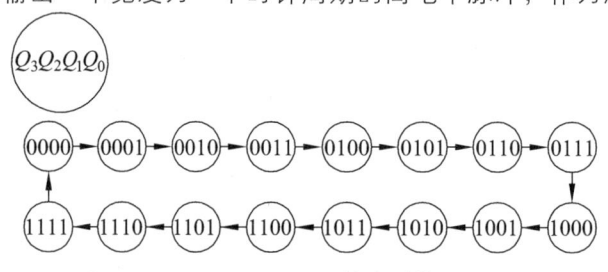

图 6-58 74LS161 状态转换图

（三）功能扩展

74LS161 是可预置的集成同步 4 位二进制计数器，即模 16 计数器，利用一片 74LS161 可以实现任意模值小于 16 的计数器。可通过 74LS161 的异步清零端或同步置数端，迫使计数器在正常计数的过程中跳过无效状态，实现所需的进制。

1. 反馈复位法

利用异步清零端低电平有效，使 74LS161 的计数输出状态提前归零，从而达到跳过无效状态改变模值的目的。

微课 集成计数器 74LS161 功能扩展

【例 6-10】用"反馈复位法"使 74LS161 实现十进制计数器。

（a）电路图　　　（b）状态转换图

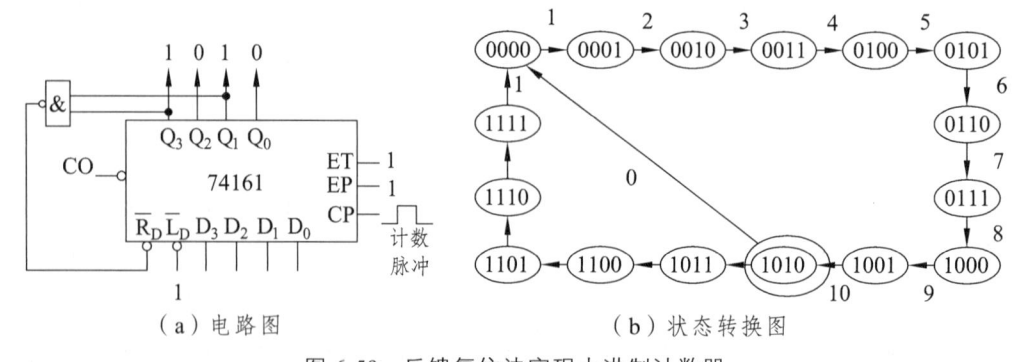

图 6-59 反馈复位法实现十进制计数器

解：若选择 0000 为 $Q_3Q_2Q_1Q_0$ 的初始状态，十进制计数器应在第 10 个时钟脉冲结束之后返回到 0000 这个初始状态。因此需要利用异步清零端 $\overline{R_D}$ 有效，跳过后面的无效状态，让输出状态提前回到 0000。$\overline{R_D}$ 是低电平有效的异步清零信号，因此，只需要用 1010 中的高电平 "1" 产生 $\overline{R_D}$ 所需要的 "0"，即可实现使计数状态立刻回 0000 的目的。可通过一个与非门实现逻辑控制，如图 6-59 所示。

这种方法被称为反馈复位法。只需改变产生清零信号的状态，就可实现十六以内任意进制的计数器。

2. 反馈预置法

利用同步置数端 $\overline{L_D}$，通过反馈使计数器返回至预置的初态，也能构成任意进制的计数器。

【例 6-11】 用 "反馈预置法" 使 74LS161 实现十进制计数器。

（a）电路图　　　　　　　　（b）状态转换图

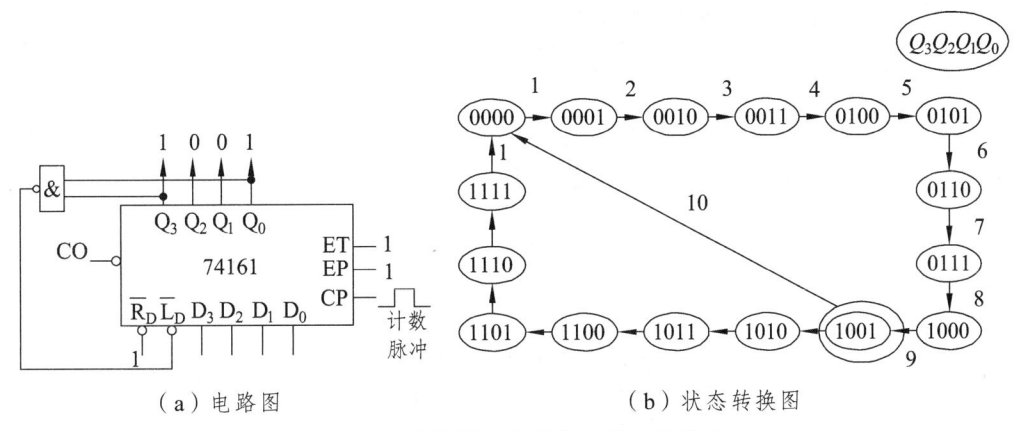

图 6-60　反馈预置法实现十进制计数器

解：如图 6-60 所示，$D_3D_2D_1D_0 = 0000$，当计数器完成同步置数后，计数状态会从 $Q_3Q_2Q_1Q_0 = 0000$ 开始。由于同步置数端 $\overline{L_D}$ 需要一个时钟同步，因此计到第 9 个时钟脉冲，即 $Q_3Q_2Q_1Q_0 = 1001$ 时就需要产生低电平有效的 $\overline{L_D}$ 信号，以便在第 10 个时钟时，计数状态能够提前返回到预置的 0000 状态。将 "1001" 中的 "1" 作为标志位产生 $\overline{L_D}$ 所需要的 "0"，即可实现将计数模值修改为十的目的。可通过与非门实现控制逻辑。

这种方法被称为反馈预置法。只需要改变产生同步置数端有效信号的状态，就可以实现十六以内任意进制的计数器。

另外，利用进位输出端 RCO 也可实现反馈预置法构成任意进制的计数器。

例如，将 74LS161 的初态预置成 $D_3D_2D_1D_0 = 0110$，利用进位输出形成反馈预置控制 $\overline{L_D}$。当计数器状态 $Q_3Q_2Q_1Q_0 = 1111$ 时，$RCO = 1$，此时 $\overline{L_D} = 0$ 低电平有效，在 CP 脉冲上升沿到来时，计数器状态将置为 0110，之后又从 0110 开始计数，往复循环。可以看出，计数器的状态是按照 0110～1111 的转移规律实现十进制计数的，如图 6-61（b）所示。同理，改变预置数输入端 $D_3D_2D_1D_0$ 的值，也可以实现其他进制的计数器。

(a) 电路图　　　　　　　　　　(b) 状态转换图

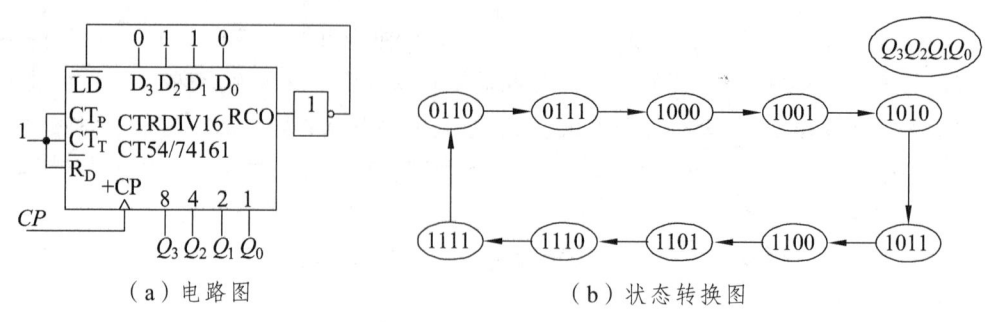

图 6-61　利用进位输出端实现十进制计数器

综上所述，改变集成计数器的模值可以使用反馈复位法，也可以使用反馈预置法。前者结构简单，后者使用灵活。但需要注意的是，不管使用哪种方法，都应首先区分清楚所选用集成器件的清零端或置位端是同步还是异步的工作方式。同步控制端需要有效的 CP 脉冲，异步控制端不需要时钟脉冲 CP 而直接影响输出。因此，需要根据不同的工作方式选择合适的清零或置数信号。

（四）应用实例

图 6-62 所示为由 74LS161 实现的交通信号灯控制电路。时钟脉冲输入信号 CP 的周期为 10 s，电路输出 R、Y、G 分别为红灯、黄灯和绿灯的控制逻辑信号。

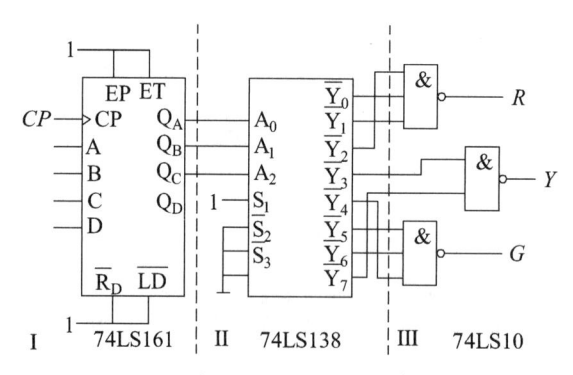

图 6-62　交通信号灯控制电路原理图

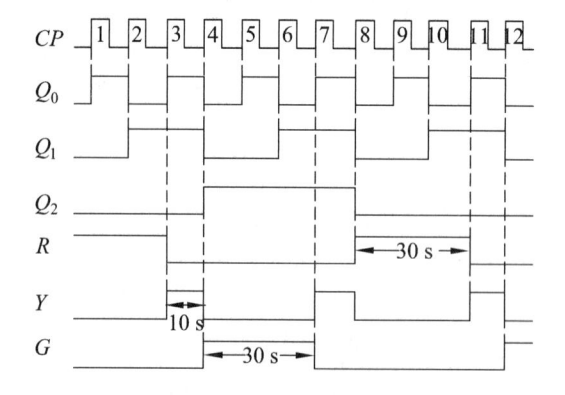

图 6-63　交通信号灯控制电路工作时序图

由图可见，电路由三部分组成：

（1）模块 I 为 74LS161 实现的计数器。74LS161 为同步 4 位二进制加法计数器，模值为 16，在连续 CP 脉冲的作用下，低三位输出 $Q_CQ_BQ_A$ 按照 000～111 的规律递增变化，实现八进制计数器。

（2）模块 II 为 74LS138 实现的译码电路。它接收计数器输出的状态作为地址译码输入，在 $A_2A_1A_0$ 由 000 变到 111 的过程中，以低电平有效的形式从 $\overline{Y}_0 \sim \overline{Y}_7$ 输出译码信号。

（3）模块 III 由 3 个与非门实现译码输出。根据与非运算法则，只要输入信号有一个为低电平"0"，输出就为"1"。

因此，在连续 CP 脉冲的作用下，计数器循环计数，驱动译码器的输出 $\overline{Y}_0 \sim \overline{Y}_7$ 依次为"0"，经过与非逻辑运算，可以推算出 R 信号为高电平的持续时间为三倍的时钟周期，即 30 s，Y 信号持续 10 s，G 信号持续 30 s，且周而复始地循环，实现交通信号灯的控制逻辑。其工作波形如图 6-63 所示。

但需要注意的是，这个控制逻辑与实际电路还有较大差距，只作为原理介绍。实际交通灯系统中红、黄、绿灯点亮的时间与本例差别较大，读者可根据原理自行设计实现。

项目小结

时序逻辑电路任何时刻的输出不仅与当时的输入信号有关，而且还与电路原来的状态有关。时序逻辑电路由组合逻辑电路和具有存储记忆功能的电路组成。

触发器是具有存储记忆功能的单元电路，一个触发器能存储一位二进制信息。触发器是组成时序逻辑电路的基本逻辑单元。

根据逻辑功能的差别，触发器可分为 RS、JK、D、T、T' 等几种类型。RS 功能在使用时带约束条件，JK 触发器是双端输入触发器中功能最完善的，D 触发器具有置 0 和置 1 功能，使用最方便，T 触发器和 T' 触发器是 JK 触发器的特殊形式，T' 触发器可实现计数型触发器。这些逻辑功能可以用特性表、特征方程、状态转移图、激励表和时序图描述，5 种描述方式是等价的。

按照时钟脉冲触发方式不同可分为电平触发、主从触发和脉冲触发的触发器三种。

按照电路结构又可以把触发器分为基本触发器、同步触发器、主从触发器和边沿触发器，不同的电路结构带来了触发器不同的动作特点。基本触发器结构最简单；同步触发器由电平触发，存在空翻现象；主从触发器由主触发器和从触发器两级构成，可以克服空翻，但存在一次翻转现象；边沿触发器只在时钟脉冲的边沿状态翻转，可以有效克服空翻和一次翻转，具有更强的抗干扰能力。

寄存器分为数码寄存器和移位寄存器两种，除具有暂存数码的功能外，还具有对数据左移或者右移的功能。集成移位寄存器功能齐全，可实现数据的串并变换、计数器及序列信号发生器等功能。

计数器是累计输入时钟脉冲个数的数字部件，是时序逻辑电路中最常见的功能电路。除计数外，还可广泛应用于分频、定时、产生脉冲节拍等功能中。计数器种类繁多，按时钟信号引入的方式可分为同步计数器和异步计数器；按照计数状态变化趋势可分为加法计数器、减法计数器和可逆计数器；按照进制不同又可分为二进制计数器和十进制计数器等。

中规模集成计数器功能完善，可以通过功能扩展方便地构成任意进制的计数器，还可通过多片级联扩大计数容量。主要方法有反馈复位法和反馈置位法两种。

对各种集成时序逻辑部件，应重点掌握其逻辑功能和引脚定义，并在熟悉其功能的基础上加以充分利用。

思考与练习

6-1 填空题

1. 触发器逻辑功能描述有_____、_____、_____、_____、_____五种方式。
2. 按触发方式不同，触发器可分为_____、_____、_____三种。
3. 使用时带约束条件的触发器是_____，只具有翻转功能的是_____触发器。
4. TTL 集成 JK 触发器工作时，它的 $\overline{R}_d$ 端和 $\overline{S}_d$ 端应接_____电平。
5. 图 6-64 所示逻辑符号上的小圆圈代表的含义有三种：

（1）图（a）中或非门输出端的小圆圈，其含义为_____。

（2）图（b）中 RS 触发器逻辑符号上，$\overline{R}_d$ 端和 $\overline{S}_d$ 端的小圆圈，其含义为_____。

（3）图（b）中，CP 端小圆圈其含义为_____。

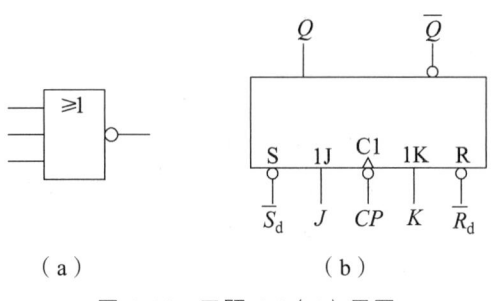

图 6-64 习题 6-1（5）用图

6. 触发器有两个输出端 Q 和 $\overline{Q}$，它们的状态是_____的，我们用_____来表示触发器的状态。
7. 同步触发器在 $CP = 1$ 期间，输出随输入多次翻转的现象称为_____。
8. 将图 6-65 所示的 D 触发器的状态转换图填写完整。
9. 要使图 6-66 所示的触发器正常工作，需要 $\overline{S}_d =$ ____、$\overline{R}_d =$ ____；输出状态方程为_____，该触发器工作在_____状态。

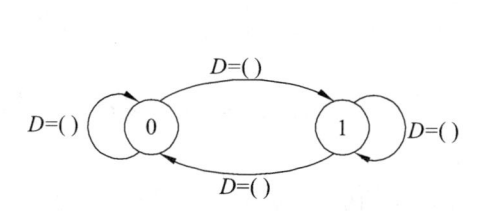

图 6-65 习题 6-1（8）用图　　　图 6-66 习题 6-1（9）用图

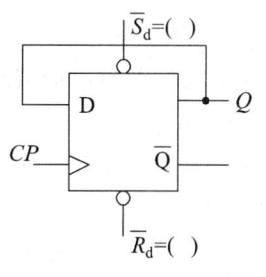

10. 三位二进制计数器的计数模值为_____；十进制计数器需要_____个触发器级联实现。

11. 能够暂存数码的数字部件称为_____，不仅能实现数码的暂存，还能对数码进行移位的寄存器称为_____。

12. 同步 4 位二进制加法计数器 74LS161 是模_____计数器，可实现_____、____、____、____功能。

13. 如图 6-67 所示的计数器，如果 CP 的频率为 f，则输出端 Q_0、Q_1、Q_2 的频率分别为_____、_____、_____。

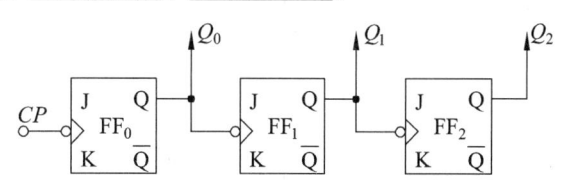

图 6-67 习题 6-1（13）用图

14. 计数器输出状态如表 6-25 所示，此计数器为____进制计数器。

表 6-25 习题 6-1（14）用表

触发器状态		
Q_2	Q_1	Q_0
0	0	0
1	1	1
1	1	0
1	0	1
1	0	0
0	1	1
0	1	0
0	0	1
0	0	0

15. 按照组成计数器的各个触发器的动作步调是否一致可将计数器分为____计数器和____计数器两大类。

16. 集成移位寄存器 74LS194 在正常工作时，可由 S_1S_0 的四种取值组合来选择芯片的工作状态在保持、_____、_____和_____之间切换。

17. 按照累计数值的增减趋势可将计数器分为_____计数器、_____计数器和可逆计数器三种。

18. 某计数器时序如图 6-68 所示，该计数器为_____进制计数器，完成表 6-26 所示的状态表。

表 6-26 习题 6-1（18）用表

CP	Q_3	Q_2	Q_1	Q_0	Z	CP	Q_3	Q_2	Q_1	Q_0	Z
1						6					
2						7					
3						8					
4						9					
5						10					

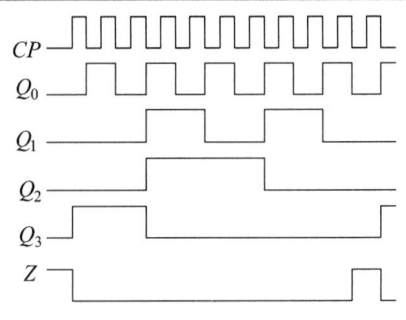

图 6-68 习题 6-1（18）用图

19. 计数器的状态转换图如图 6-69 所示，它是_____进制计数器，计数状态采用的编码为_____码。

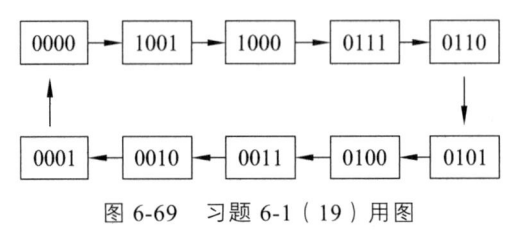

图 6-69 习题 6-1（19）用图

6-2 选择题

1. 以下触发器中，不需要 CP 时钟信号的触发器是（　　）。
   A. 边沿 JK 触发器　　　　　　　　B. 主从 JK 触发器
   C. 同步 D 触发器　　　　　　　　D. 基本 RS 触发器

2. 下列数字电路中，属于时序逻辑电路的是（　　）。
   A. 全加器　　B. 译码器　　C. 数值比较器　　D. JK 触发器

3. 时序逻辑电路可由（　　）组成。
   A. 门电路　　　　　　　　　　　　B. 触发器或门电路
   C. 触发器或触发器和门电路的组合　　D. 反馈电路

4. 时序逻辑电路输出状态的改变（   ）。
    A. 与该时刻输入信号的状态有关   B. 与时序逻辑电路的原状态有关
    C. 与 A 和 B 都有关系   D. 与 A 和 B 都无关系
5. 电路的记忆功能是指当输入信号消失后，输出端有维持新状态的功能。对于门电路和触发器的记忆功能，下列各说法中正确的是（   ）。
    A. 二者都有   B. 二者都没有
    C. 门电路有，触发器无   D. 门电路无，触发器有
6. 将 D 触发器改造成 T 触发器，如图 6-70 所示电路中的虚线框中应是（   ）。

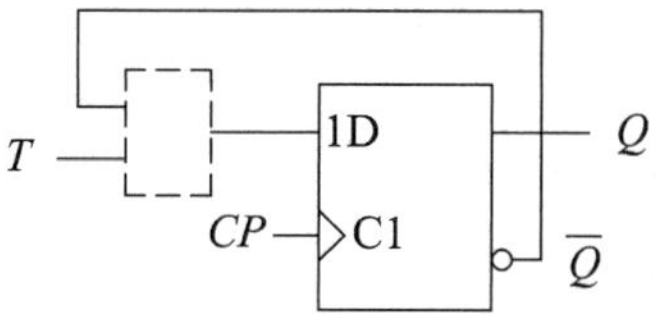

图 6-70　习题 6-2（6）用图

    A. 或非门   B. 与非门   C. 异或门   D. 同或门
7. 下列电路中属于时序逻辑电路的是（   ）。
    A. 移位寄存器   B. 译码器   C. 加法器   D. 数据选择器
8. 计数器除了可以计数还可以作为（   ）。
    A. 译码器   B. 寄存器   C. 分频器   D. 全加器
9. 数码可以串行输入、串行输出的寄存器有（   ）。
    A. 数码寄存器   B. 移位寄存器   C. 二者皆可
10. 按计数器的进位制或循环模数分类，计数器可分为（   ）计数器。
    A. 加法、减法及加减可逆   B. 同步和异步
    C. 二、十和 M 进制   D. 以上皆正确
11. 将模值分别为 M_1 和 M_2 的两个计数器级联，可构成模值为（   ）的计数器。
    A. M_1+M_2 B. M_1-M_2 C. $M_1 \times M_2$ D. $M_1 \div M_2$
12. 用 n 个触发器组成计数器，其最大计数模为（   ）。
    A. n B. $2n$ C. n^2 D. 2^n
13. 下列触发器中，（   ）不能构成移位寄存器。
    A. 基本 RS 触发器   B. JK 触发器
    C. 同步 RS 触发器   D. T 触发器
14. 同步时序逻辑电路和异步时序逻辑电路区别在于异步时序逻辑电路（   ）。
    A. 没有触发器   B. 没有统一的时钟脉冲控制
    C. 没有稳定状态   D. 没有记忆功能
15. 构成同步二进制计数器一般应选用的触发器是（   ）。
    A. 同步 D 触发器   B. 基本 RS 触发器
    C. 同步 RS 触发器   D. 边沿 JK 触发器
16. 既可作为加法计数器又可作为减法计数器的叫作（   ）。
    A. 同步计数器   B. 异步计数器   C. 可逆计数器   D. 环形计数器

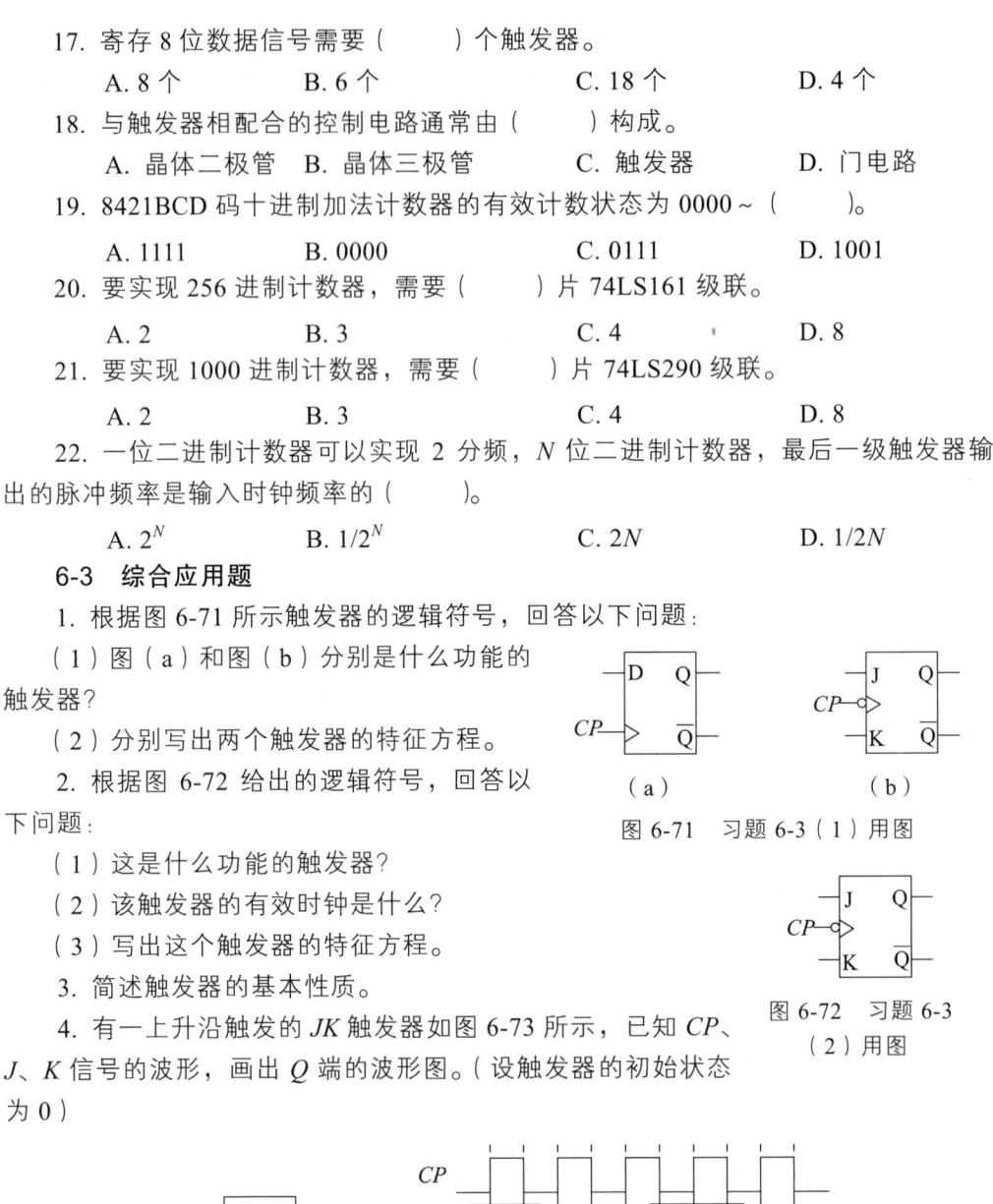

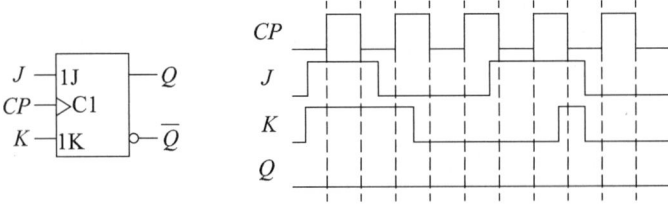

17. 寄存 8 位数据信号需要（　　）个触发器。

　　A. 8 个　　　　B. 6 个　　　　C. 18 个　　　　D. 4 个

18. 与触发器相配合的控制电路通常由（　　）构成。

　　A. 晶体二极管　　B. 晶体三极管　　C. 触发器　　　　D. 门电路

19. 8421BCD 码十进制加法计数器的有效计数状态为 0000～（　　）。

　　A. 1111　　　　B. 0000　　　　C. 0111　　　　D. 1001

20. 要实现 256 进制计数器，需要（　　）片 74LS161 级联。

　　A. 2　　　　　B. 3　　　　　C. 4　　　　　D. 8

21. 要实现 1000 进制计数器，需要（　　）片 74LS290 级联。

　　A. 2　　　　　B. 3　　　　　C. 4　　　　　D. 8

22. 一位二进制计数器可以实现 2 分频，N 位二进制计数器，最后一级触发器输出的脉冲频率是输入时钟频率的（　　）。

　　A. 2^N　　　　B. $1/2^N$　　　　C. $2N$　　　　D. $1/2N$

6-3　综合应用题

1. 根据图 6-71 所示触发器的逻辑符号，回答以下问题：

（1）图（a）和图（b）分别是什么功能的触发器？

（2）分别写出两个触发器的特征方程。

2. 根据图 6-72 给出的逻辑符号，回答以下问题：

（1）这是什么功能的触发器？

（2）该触发器的有效时钟是什么？

（3）写出这个触发器的特征方程。

3. 简述触发器的基本性质。

4. 有一上升沿触发的 JK 触发器如图 6-73 所示，已知 CP、J、K 信号的波形，画出 Q 端的波形图。（设触发器的初始状态为 0）

图 6-71　习题 6-3（1）用图

图 6-72　习题 6-3（2）用图

图 6-73　习题 6-3（4）用图

5. 如图 6-74 所示的简单时序逻辑，试写出当 $C=0$ 和 $C=1$ 时，电路的状态方程 Q^{n+1}，并说出各自实现的功能。

6. 如图 6-75 所示电路中，试画出在 CP 和 A、B 信号作用下触发器 Q 端的波形（设初态为 0）。

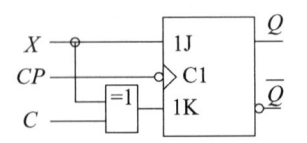

图 6-74　习题 6-3（5）用图

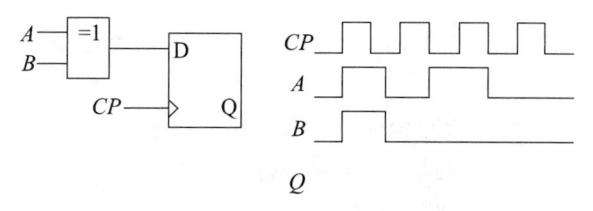

图 6-75　习题 6-3（6）用图

7. 设同步 JK 触发器初始状态为 1，J，K 和 CP 端输入信号如图 6-76 所示，画出相应的 Q 和 $\overline{Q}$ 的波形。

8. 如图 6-77 所示触发器，初始状态为 0，试画出 Q 端波形。

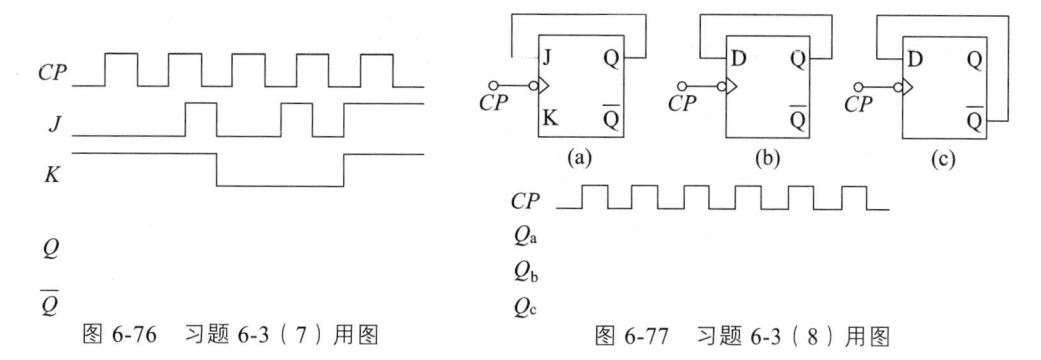

图 6-76　习题 6-3（7）用图　　图 6-77　习题 6-3（8）用图

9. 根据表 6-27 给出的集成计数器 74LS161 的功能表，完成以下内容：

（1）说明 74LS161 是集成同步计数器还是集成异步计数器；

（2）说明控制端 $\overline{R_D}$ 和 $\overline{L_D}$ 的功能和有效电平；

（3）利用图 6-78 给出的 74LS161 和适当的与非门实现一个模值为六的计数器，完成电路连线（方法自选）；

（4）画出该六进制计数器的状态转移图。

表 6-27　74LS161 功能表

清零	预置	使能		时钟	预置数据输入				输出				工作模式
$\overline{R_D}$	$\overline{L_D}$	EP	ET	CP	D_3	D_2	D_1	D_0	Q_3	Q_2	Q_1	Q_0	
0	×	×	×	×	×	×	×	×	0	0	0	0	异步清零
1	0	×	×	↑	D_3	D_2	D_1	D_0	D_3	D_2	D_1	D_0	同步置数
1	1	0	×	×	×	×	×	×	保	持			数据保持
1	1	×	0	×	×	×	×	×	保	持			数据保持
1	1	1	1	↑	×	×	×	×	计	数			加法计数

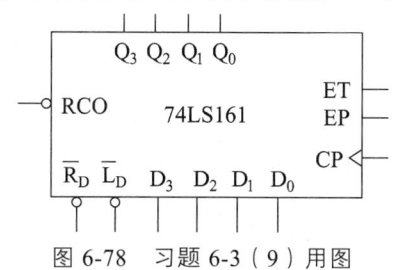

图 6-78　习题 6-3（9）用图

10. 根据表 6-28 给出的计数器 74LS290 真值表，分析图 6-79 所示的电路，完成以下内容：

（1）说明 74LS290 是集成同步计数器还是集成异步计数器；

（2）说明 R_{0A} 和 R_{0B} 的功能以及 S_{9A} 和 S_{9B} 的功能；

（3）分析该电路实现的计数器的模值；

（4）画出该计数器的状态转移图。

表 6-28 74LS290 功能表

复位输入		置位输入		时钟	输出				工作模式
R_{0A}	R_{0B}	S_{9A}	S_{9B}	CP	Q_3	Q_2	Q_1	Q_0	
1	1	0	×	×	0	0	0	0	异步置 0
1	1	×	0	×	0	0	0	0	
×	×	1	1	×	1	0	0	1	异步置 9
×	0	1	1	×	1	0	0	1	
0	×	0	×	↓	计数				加法计数
0	×	×	0	↓	计数				
×	0	0	×	↓	计数				
×	0	×	0	↓	计数				

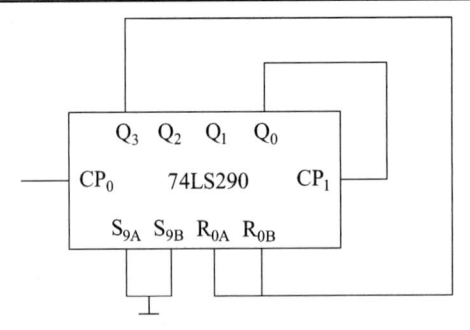

图 6-79 习题 6-3（10）用图

11. 电路如图 6-80 所示，设各个触发器的初始状态为 0。画出在输入信号的作用下，对应的输出 Q_0Q_1 的波形，并描述电路实现的功能。

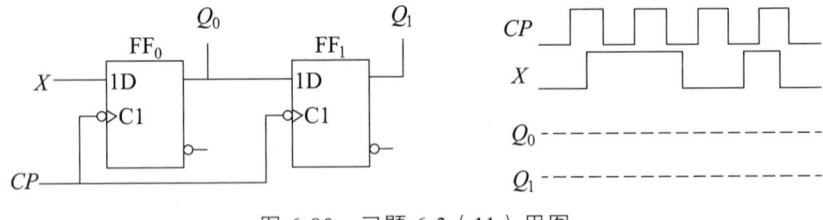

图 6-80 习题 6-3（11）用图

12. 图 6-81 所示为利用 74HC194 实现的环形计数器，试画出计数器的状态转换图，指出计数器的模值。

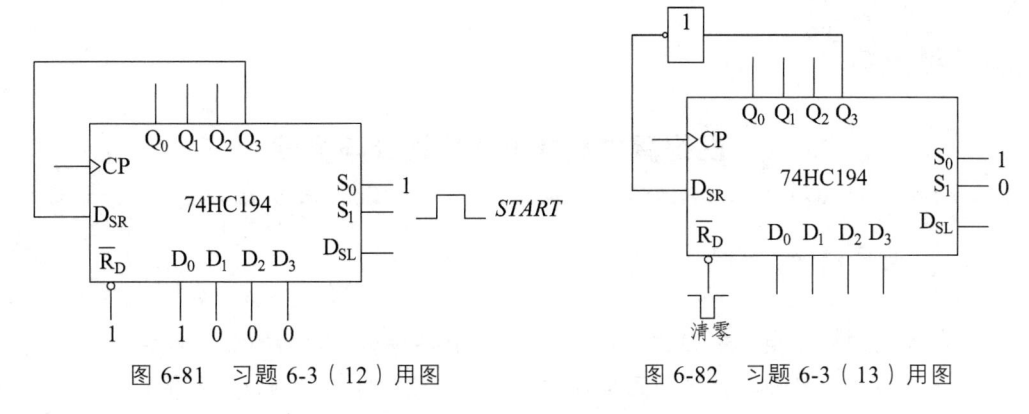

图 6-81　习题 6-3（12）用图　　　　图 6-82　习题 6-3（13）用图

13. 图 6-82 所示为利用 74LS194 实现的扭环形计数器，试画出计数器的状态转换图，指出计数器的模值。

应用实践

四组智力竞赛抢答器设计与测试

一、实验目的

（1）学习对数字电路中 D 触发器、CP 时钟脉冲等单元电路的综合运用。
（2）掌握抢答器逻辑电路的完整设计过程，并能设计简单的数字电路。
（3）掌握数字电路的正确连接和合理布线方法，并能进行数字电路的故障检测和排除。

二、实验仪器与器材

（1）数字电路实验板。
（2）万用表 1 块。
（3）74LS21 四输入与门 1 块。
（4）74LS08 二输入与门 1 块。
（5）74LS74 双 D 触发器 2 块。

三、实验原理

集成芯片端子如图 1 所示。智力抢答器电路如图 2 所示，其是由集成 D 触发器 74LS174，74LS21，74LS08 组成的。图中 74LS174 是具有公共置 0 端和公共 CP 端的双 D 触发器，74LS21 为双 4 输入与门，74LS08 为四 2 输入与门，CP 为 1 kHz、5 V 的矩形脉冲波。

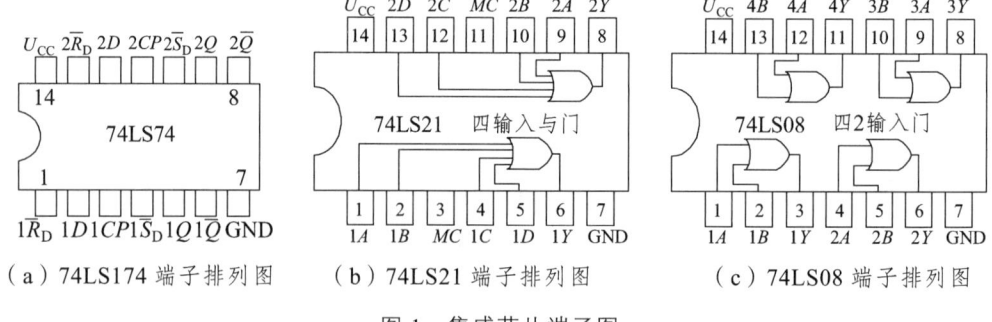

（a）74LS174 端子排列图　　（b）74LS21 端子排列图　　（c）74LS08 端子排列图

图 1　集成芯片端子图

抢答开始时，由主持人按下复位开关 K 时（即两片 74LS74 的 $1\overline{R}_D = 2\overline{R}_D = 0$，两片 74LS174 输出的 Q_2Q_1 均为 0），对应的 4 个 LED 发光二极管均熄灭（即数字电路实验板上绿灯亮）；当主持人宣布"抢答开始"后，松开开关 K 时（即 $1\overline{R}_D = 2\overline{R}_D = 1$），两片 74LS174 输出的 Q_2Q_1 均为 1，对应的 4 个 LED 发光二极管均亮（即数字电路实验板上红灯亮）。紧接着，当四位抢答者立即按下形状，假如其中任意一位抢答者 S_X 抢到了，其对应输出端 $Q_X = 0$，相应的发光二极管灭（即数字电路实验板上相应的绿灯亮），此时通过 74LS21 与门送出信号锁存住其余三位抢答者的电路，不再接受其他信号，直到主持人再次清除信号为止。

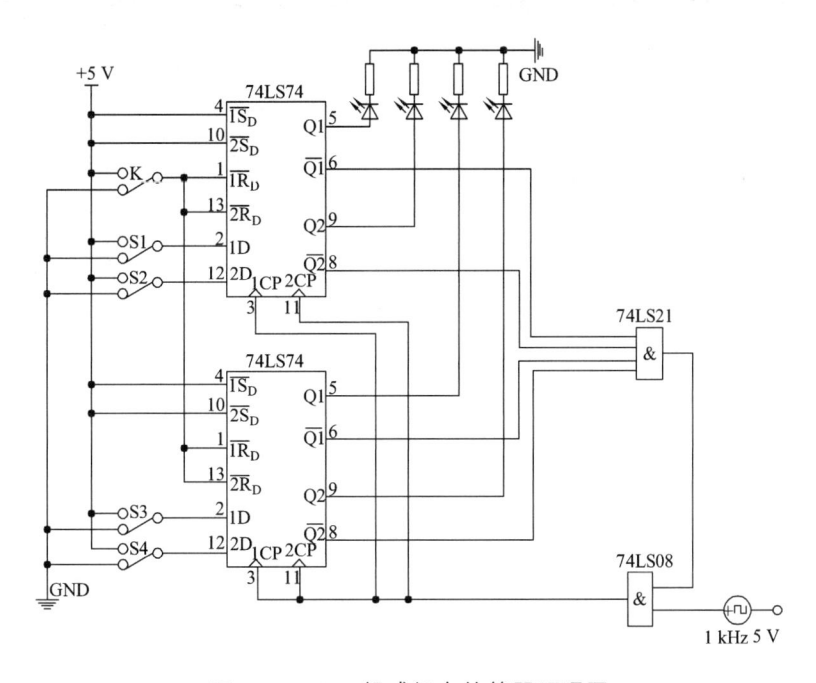

图 2　74LS74 组成智力抢答器原理图

四、实验步骤

（一）芯片功能测试

1. 集成双 D 触发器 74LS74 的功能测试

1）复位、置位功能测试

将 D、CP 端开路，将 $\overline{R}_D$、$\overline{S}_D$ 端分别接到逻辑开关 S1 和 S2 对应的插孔。在 $\overline{R}_D$、$\overline{S}_D$ 端取本次实验报告表 1 中的值时，观察 Q 端显示的电平值的高低（红灯亮为高电平，绿灯亮为低电平），转换成逻辑状态填入本次实验报告的表 1 中，并用万用表测试 Q 端电平电位加以验证。

2）D 触发器逻辑功能测试

将 $\overline{R}_D$、$\overline{S}_D$ 端置高电平，将 D 端接至逻辑电平输入插孔，将 CP 端接至实验系统的单脉冲插孔。先将 D 触发器初始状态分别预置成 0 或 1，再按本次实验报告表 1 改变 CP、D 的状态，观察 Q 显示，填入表 1 中。

（二）智力竞赛抢答器功能测试

按图 2 连接电路，确认无误后打开电源，按下列要求调试，将测试结果填入表 2 中。

（1）测试主持人按键 K 的功能与 LED 发光二极管显示。

（2）测试抢答选手按键 S1~S4 的功能与 LED 发光二极管显示。

（3）测试抢答器功能是否出现多路显示问题。

《四组智力竞赛抢答器设计与测试》实验报告

班级_____ 姓名_____ 学号_____ 成绩_____

一、根据实验内容填写下列表格

表1 集成双 D 触发器 74LS74 功能测试

输入				输出	
$\overline{R}_D$	$\overline{S}_D$	CP	D	Q^n	Q^{n+1}
0	1	×	×	×	
1	0	×	×	×	
1	1	↑	0	0	
1	1	↑	0	1	
1	1	↑	1	0	
1	1	↑	1	1	

表2 抢答器功能测试

开关状态	各触发器输出				LED 发光二极管的状态			
	Q_4	Q_3	Q_2	Q_1	D_4	D_3	D_2	D_1
主持人按键 K 按下								
主持人按键 K 松开								
S_1 按下								
S_2 按下								
S_3 按下								
S_4 按下								
抢答功能测试：先 S_1 按下，再按 S_2								

二、根据实验内容完成下列简答题

1. 本实验中，脉冲由 4 个 Q 非端通过与门 74LS21 以及与门 74LS08 控制，简述其目的。

2. 如果使用集成 74LS175 芯片（集成 4D 触发器）实现本电路功能，需要几个芯片，为什么？

3. 简述本电路中两个与门的主要功能。

移位寄存器的功能测试及应用

一、实验目的

（1）掌握移位寄存器的工作原理及电路组成。
（2）测试中规模集成电路 74LS194 四位双向移位寄存器的逻辑功能。

二、实验仪器与器材

（1）数字电路实验板。
（2）74LS74 双 D 触发器 2 块。
（3）74LS194 四位双向移位寄存器 1 块。
（4）万用表 1 块。

三、实验原理

74LS194 引脚功能介绍：
CP —— 时钟脉冲输入端；
$\overline{CR}$ —— 清零端（低电平有效）；
$D_0 \sim D_3$ —— 并行数据输入端；
D_{SL} —— 左移串行数据输入端；
D_{SR} —— 右移串行数据输入端；
M_0、M_1 —— 工作方式控制端；
$Q_0 \sim Q_3$ —— 输出端。
图 1 所示为外引线端子排列图。

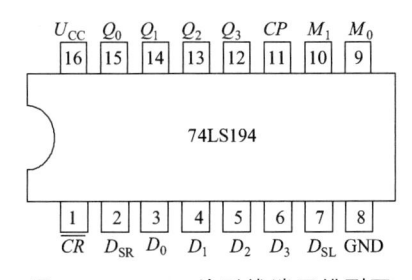

图 1　74LS194 外引线端子排列图

当清除端 $\overline{CR}$ 为低电平时，输出端 $Q_0 \sim Q_3$ 均为低电平，当工作方式控制端 M_0、M_1 均为高电平时，在时钟 CP 上升沿作用下，并行数据 $D_0 \sim D_3$ 被送入相应的输出端 $Q_0 \sim Q_3$，此时串行数据被禁止。

当 M_0 高电平，M_1 低电平时，CP 上升沿作用下进行右移操作，数据由 D_{SR} 送入。

当 M_0 低电平，M_1 高电平时，CP 上升沿作用下进行左移操作，数据由 D_{SL} 送入。
当 M_0 和 M_1 均为高电平时，CP 被禁止，寄存器保持原状态不变。

四、实验步骤

（1）将 74LS194 插入实验系统板面上的 16 端空插座中，插入时应将集成块上的缺口对准插座缺口。

（2）按图 2 接线。

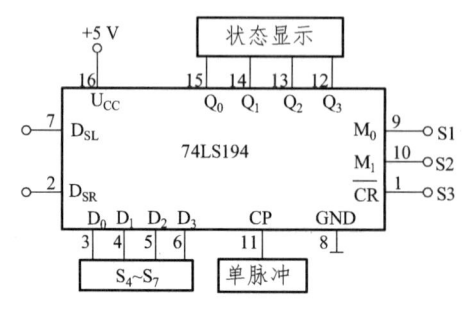

图 2　74LS194 测试电路图

（3）置数（并行输入）接通电源，将 $\overline{CR}$ 接低电平使寄存器清零，观察 $Q_0 \sim Q_3$ 的状态应为全 0。清零后将 $\overline{CR}$ 端置高电平。

令 $M_0 = 1$、$M_1 = 1$，在 0000～1111 中任选几组二进制数，由输入端 $D_0 \sim D_3$ 输入，在 CP 脉冲作用下，观察输出端 $Q_0 \sim Q_3$ 显示是否正确。将结果填入实验报告表 1 中。

（4）右移：将 Q_3 接 D_{SR}（即将 12 管脚与 2 管脚连接），先清零，再令 $M_0 = 1$、$M_1 = 1$，置数使 $Q_3Q_2Q_1Q_0 = 0001$；然后令 $M_0 = 1$，$M_1 = 0$，连续发出四个 CP 脉冲，观察 $Q_0 \sim Q_3$ 状态显示，记入实验报告表 2 中。

（5）左移：将 Q_0 接 D_{SL}（即将 15 端子与 7 端子连接），先将寄存器清零，再令 $M_0 = 1$、$M_1 = 1$，并行数为 $Q_3Q_2Q_1Q_0 = 1000$，然后令 $M_0 = 0$、$M_1 = 1$，连续发出 4 个 CP 脉冲，观察 $Q_0 \sim Q_3$ 状态显示，并记录于实验报告表 3 中。

（6）保持：清零后送入一组 4 位二进制数。例如 $Q_3Q_2Q_1Q_0 = 0101$。然后令 $M_0 = 0$，$M_1 = 0$，连续发出 4 个 CP 脉冲，观察 $Q_0 \sim Q_3$ 状态显示，并记入表 4 中。

《移位寄存器的功能测试及应用》实验报告

班级_____ 姓名_____ 学号_____ 成绩_____

一、根据实验内容填写下列表格

表1 74LS194 置数功能测试

序	输入				输出			
	D_0	D_1	D_2	D_3	Q_0	Q_1	Q_2	Q_3
0	0	0	0	0				
1	1	0	0	0				
2	1	0	1	0				
3	0	1	0	1				
4	1	1	1	1				

表2 74LS194 右移功能测试

输入	输出			
CP 脉冲数	Q_0	Q_1	Q_2	Q_3
0	1	0	0	0
1				
2				
3				
4				

表3 74LS194 左移功能测试

输入	输出			
CP 脉冲数	Q_0	Q_1	Q_2	Q_3
0	0	0	0	1
1				
2				
3				
4				

表4 74LS194 保持功能测试

输入	输出			
CP 脉冲数	Q_0	Q_1	Q_2	Q_3
0	0	1	0	0
1				
2				
3				
4				

二、根据实验内容完成下列问答题

1. 74LS194 实现置位操作时,是否需要时钟脉冲 CP 同步?

2. 根据功能测试结果,整理出功能选择端 M_1、M_0 的取值与 74LS194 功能之间的对应关系?

计数、译码、显示综合应用

一、实验目的

（1）进一步掌握计数、译码、显示电路的工作原理。
（2）熟悉中规模集成计数器的逻辑功能及使用方法。
（3）熟悉中规模集成译码器及数字显示器件的逻辑功能及使用方法。
（4）掌握计数、译码、显示电路综合应用的方法。

二、实验仪器与器材

（1）数字电路实验板。
（2）万用表 1 块。
（3）集成四位二进制计数器 74LS161 1 片。
（4）共阳型数码管 1 块。
（5）74LS47 BCD 七段译码器/驱动器 1 块。

三、实验原理

（一）计数器

计数器是常用的数字部件之一，是能够累计输入脉冲个数的数字电路，是一种记忆系统。

集成芯片 74LS161 是同步的可预置四位二进制加法计数器。图 1 分别是其逻辑电路图和引脚图，其中 $\overline{R}_D$ 是异步清零端，$\overline{L}_D$ 是同步预置数字控制端，都为低电平有效。EP、ET 是使能控制端，CP 是时钟脉冲输入端，RCO 是进位输出端，它的设置为多片集成计数器的级联提供了方便。$D_3 D_2 D_1 D_0$ 为并行数据输入端，$Q_3 Q_2 Q_1 Q_0$ 是输出端。

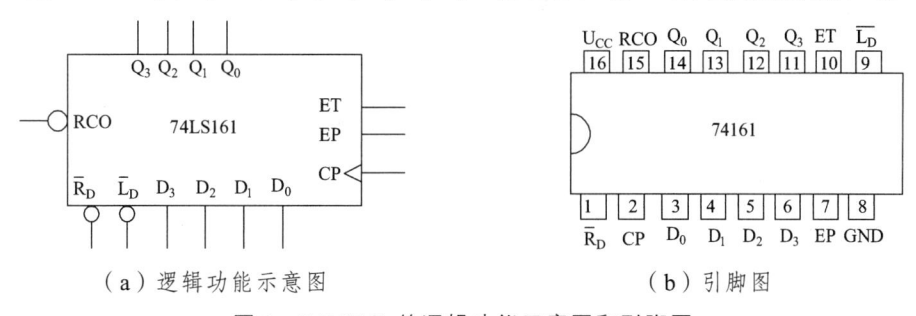

（a）逻辑功能示意图　　　（b）引脚图

图 1　74LS161 的逻辑功能示意图和引脚图

（二）译码器

译码器也叫解码器。本次实验项目中使用的是 74LS47 BCD 七段译码器/驱动器，输出低电平有效，可直接驱动共阳型 LED 数码管。它不仅能完成译码功能，还具有一些辅助控制与测试功能，其外引线端子排列如图 2 所示。

（三）发光二极管数码显示器

本次实验项目中使用的数码管显示器为共阳极接法，要求译码器/驱动器输出低电平。各显示段才点亮，其驱动电路如图 3 所示。

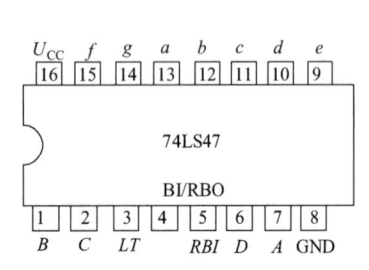

图 2 74LS74 外引线端子排列图　　图 3 半导体数码管驱动电路

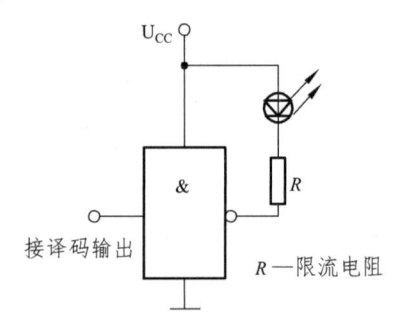

四、实验步骤

（一）计数器的逻辑功能测试

1. 连接线路

U_{CC} 接+5 V，GND 接地，D_0、D_1、D_2、D_3、$\overline{R_D}$、$\overline{LD}$ 接 $S_{K1} \sim S_{K10}$ 中任意 6 个，Q_0、Q_1、Q_2、Q_3 接发光二极管 0-1 显示电路，CP 接单脉冲输出插孔，ET、EP 接高电平。

2. 测试 74LS161 的清除、置入、保持功能

$\overline{R_D}$、$\overline{LD}$、CP、D_0、D_1、D_2、D_3 分别按实验报告表 1 中清除、预置、保持的功能输入电平，观察输出 Q_0、Q_1、Q_2、Q_3 的状态，并将其记录在实验报告表 4 中，检测 74LS161 的清零、预置、保持功能。

红灯亮表示 Q 的状态为"1"，绿灯亮表示 Q 为"0"。

3. 测试 74LS161 的加计数功能

清零：将 $\overline{R_D}$ 输入低电平，$\overline{L_D}$ 输入高电平，观察输出 Q_0、Q_1、Q_2、Q_3 是否为 0000。

清零后：将 $\overline{R_D}$ 输入高电平，保持 $\overline{L_D}$ 输入高电平，从 CP 端按实验报告表 2 要求依次输入计数脉冲，观察 Q_0、Q_1、Q_2、Q_3 的输出状态，并记录在实验报告表 2 中。

（二）BCD 七段译码器/驱动器逻辑功能测试

1. 由 74LS47/74LS247 七段译码器和共阳极数码管构成的译码器显示电路

如图 4 所示，其中芯片间连线已在实验箱内接好，无须再接，按图 1 所示的端子连接线路。

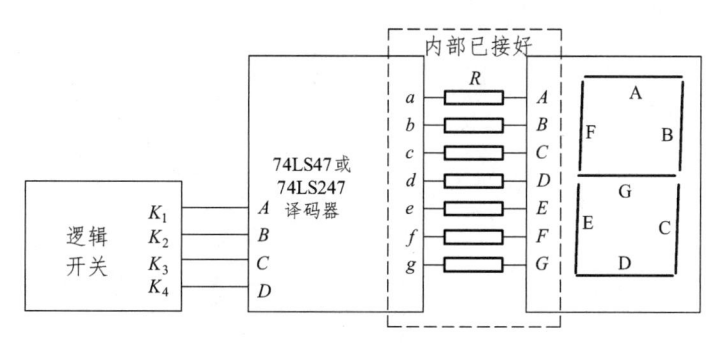

图 4　74LS47 功能测试

2. 用逻辑开关作为 74LS47 的输入信号

按 8421 码方式改变逻辑开关状态（0000～1111），观察数码管显示的字形，并记录于实验报告表 3 中。

需注意的是：74LS47 是 8421BCD 码七段译码器，当 74LS47 的输入信号为 6 个无效状态时（1010～1111），段输出是固定的，因此仍有字形显示，其字形虽不规则却有规律。

（三）组成一位的计数-译码-显示电路

使用 74LS161 组成一位十进制的计数-译码-显示电路：
（1）用"反馈复位法"，将 74LS161 构成 10 进制计数器，如图 5 所示。
（2）将 74LS161 计数器、74LS47 译码器/驱动器、数码管按图 3 连接。
（3）将计数器清零，然后由 CP 送入计数脉冲。

观察由 0-1 显示的计数器输出状态及数码管显示的字形，将结果记录于实验报告表 4 中。

重复上述步骤，用"反馈预置法"将 74LS161 构成十进制计数器，如图 6 所示，将结果记录于实验报告表 4 中。

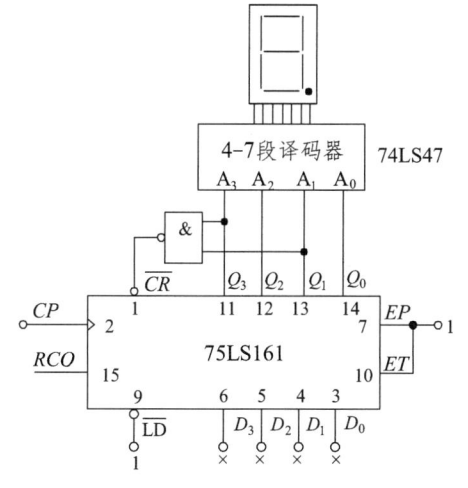

图 5　反馈复位法组成一位十进制计数　　图 6　反馈预置法组成一位十进制计数
　　　　译码显示电路　　　　　　　　　　　　　译码显示电路

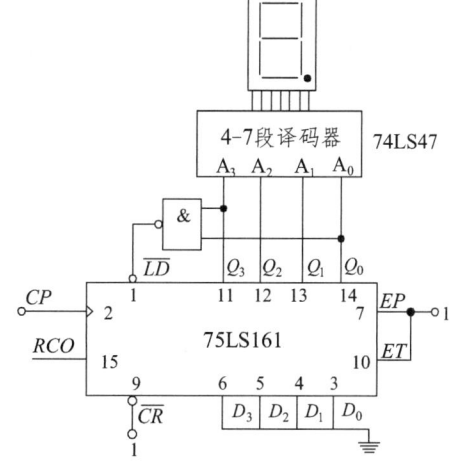

《计数、译码、显示综合应用》实验报告

班级_____ 姓名_____ 学号_____ 成绩_____

一、根据实验内容填写下列表格

表 1 74LS161 清零、预置、保持功能测试

输入							输出			
$\overline{R}_D$	$\overline{LD}$	CP	D_0	D_1	D_2	D_3	Q_0	Q_1	Q_2	Q_3
0	×	×	×	×	×	×				
1	0	↑	d_0	d_1	d_2	d_3				
0	1	×	×	×	×	×				

表 2 74LS161 计数功能测试

计数脉冲 CP	计数器逻辑状态				十进制数
	Q_3	Q_2	Q_1	Q_0	
0					
1					
2					
3					
4					
5					
6					
7					
8					
9					
10					
11					
12					
13					
14					
15					

表3　七段译码和显示功能测试

K_4	K_3	K_2	K_1	数码管显示字形	K_4	K_3	K_2	K_1	数码管显示字形
0	0	0	0		1	0	0	0	
0	0	0	1		1	0	0	1	
0	0	1	0		1	0	1	0	
0	0	1	1		1	0	1	1	
0	1	0	0		1	1	0	0	
0	1	0	1		1	1	0	1	
0	1	1	0		1	1	1	0	
0	1	1	1		1	1	1	1	

表4　用74LS161组成十进制计数器的计数-译码-显示综合测试

计数脉冲 CP	计数器逻辑状态（反馈清零法）					计数器逻辑状态（反馈预置法）				
	Q_3	Q_2	Q_1	Q_0	数码管显示字形	Q_3	Q_2	Q_1	Q_0	数码管显示字形
0										
1										
2										
3										
4										
5										
6										
7										
8										
9										

二、根据实验内容完成下列问答题

1. 试比较 74LS161 用反馈清零法、反馈预置法构成十进制计数器的电路区别。

2. 共阴极数码管和共阳极数码管的驱动电平分别是什么？

3. 除了反馈清零法、反馈预置法，试使用第三种方法通过 74LS161 实现十进制计数器。

项目七　脉冲产生与波形变换

项目七英文、俄文版本

学习目标

（1）了解555定时器芯片的电路结构、主要功能和工作原理。

（2）熟练掌握施密特触发器、单稳态触发器、多谐振荡器的逻辑功能、特点及应用。

（3）掌握基于555定时器的波形整形电路的工作原理及电路的调试方法、简单故障的检测与排除等。

（4）了解D/A转换器和A/D转换器的基本概念和基本原理。

【引言】

能够产生或处理脉冲信号的电路统称为脉冲单元电路。本项目首先介绍了基于555定时器的三种常用脉冲单元电路——施密特触发器、单稳态触发器和多谐振荡器，结合实际应用场景，从脉冲整形、温度报警、智能延时开关等方面阐述了脉冲电路的工作原理和典型应用；其次，介绍了模拟信号和数字信号的相互转换。本项目综合了课程内容中的模拟系统和数字系统，利用大量实例将原理性的理论知识应用到了日常实践之中，"知者行之始，行者知之成"。

任务一　555定时器电路

555定时器是目前使用较多的时间基准电路（time basic circuit）之一，广泛应用于控制电路、仪器仪表、家用电器等领域。芯片内部有由三个误差极小的5 kΩ电阻串联构成的分压电路，因此，不同厂家的定时器芯片均保留阿拉伯数字555作为其功能型号。结合不同的外围电路，555定时器可以方便地构成施密特触发器、单稳态触发器和多谐振荡器等应用电路。

一、555定时器的电路结构

微课　集成555定时器　　动画　集成555定时器内部电路结构

定时器电路主要包括串联分压电路、电压比较器 C_1 和 C_2、基本 RS 触发器以及集电极开路输出的泄放开关 VT 等。TTL555 定时器的电路结构和功能引脚如图 7-1（a）所示，DIP 封装形式的芯片实物图如图 7-1（b）所示。

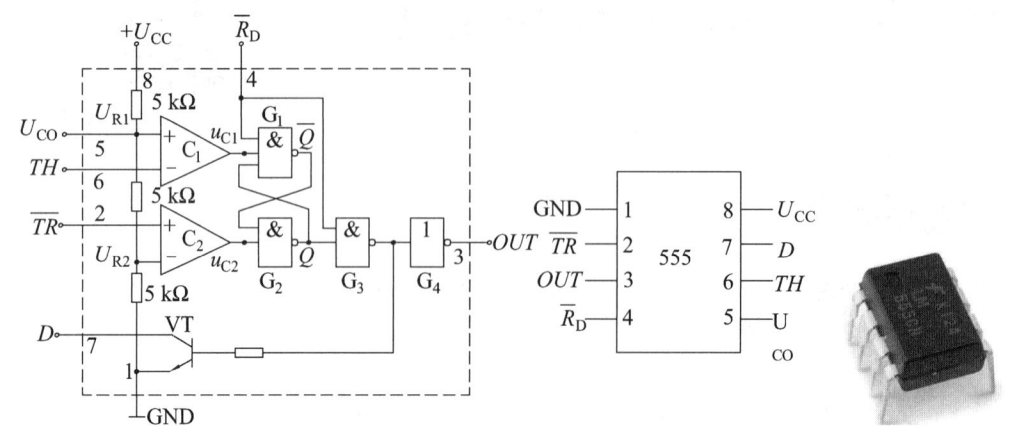

（a）555 的逻辑电路图　　　　　（b）555 定时器芯片实物图

图 7-1　555 定时器电路结构图和芯片图

（一）分压器

3 个 5 kΩ 精密电阻串联构成串联分压器，为电压比较器 C_1 和 C_2 提供参考电压。当控制电压输入端 U_{CO} 悬空时，$U_{R1}=\dfrac{2}{3}U_{CC}$，$U_{R2}=\dfrac{1}{3}U_{CC}$。

（二）电压比较器 C_1 和 C_2

两个工作在开环状态下的高增益运算放大器构成比较器，当同相输入端电压大于反相输入端电压时，运放输出为高电平 1；反之，则输出为低电平 0。两个比较器的输出 u_{C1}、u_{C2} 分别连接基本 RS 触发器的复位端 R 和置位端 S。

（三）基本 RS 触发器

与非门 G_1 和 G_2 组成基本 RS 触发器，该触发器为低电平输入有效。

（四）泄放开关 VT

泄放管 VT 的集电极处于开路状态，基本 RS 触发器置 1 时，三极管 VT 截止；基本 RS 触发器置 0 时，三极管 VT 导通。

（五）缓冲器 G_3

为了提高电路带负载的能力，在输出端设置了缓冲器 G_3。

二、逻辑功能

在图 7-1（a）中，TH 是比较器 C_1 的输入端（也称阈值端），

动画　555 定时器逻辑功能

$\overline{TR}$ 是比较器 C_2 的输入端（也称触发端），$\overline{R}_D$ 为复位端。只要复位端 $\overline{R}_D$ 出现低电平，输出 OUT = 0；当 $\overline{R}_D$ 端为高电平时，输出 OUT 取决于 TH 和 $\overline{TR}$ 的状态。

当 $TH > \frac{2}{3}U_{CC}$，$\overline{TR} > \frac{1}{3}U_{CC}$ 时，比较器 C_1 的输出 $u_{C_1} = 0$，比较器 C_2 的输出 $u_{C_2} = 1$，基本 RS 触发器被置 0，输出 OUT = 0。

当 $TH < \frac{2}{3}U_{CC}$，$\overline{TR} > \frac{1}{3}U_{CC}$ 时，比较器 C_1 的输出 $u_{C_1} = 1$，比较器 C_2 的输出 $u_{C_2} = 1$，故基本 RS 触发器实现保持功能。

当 $TH < \frac{2}{3}U_{CC}$，$\overline{TR} < \frac{1}{3}U_{CC}$ 时，比较器 C_1 的输出 $u_{C_1} = 1$，比较器 C_2 的输出 $u_{C_2} = 0$，故基本 RS 触发器被置 1，输出 OUT = 1。555 定时器的逻辑功能如表 7-1 所示。

表 7-1 555 定时器的逻辑功能表

输 入			输 出	
TH	$\overline{TR}$	$\overline{R}_D$	OUT	VT
×	×	0	0	导通
$> \frac{2}{3}U_{cc}$	$> \frac{1}{3}U_{cc}$	1	0	导通
$< \frac{2}{3}U_{cc}$	$> \frac{1}{3}U_{cc}$	1	保持不变	保持不变
$< \frac{2}{3}U_{cc}$	$< \frac{1}{3}U_{cc}$	1	1	截止

注：×代表任意状态，阈值电压 U_{R1}、触发电平 U_{R2} 取决于控制端电压，U_{CO} 外接固定电压时，则 $U_{R1} = U_{CO}$，$U_{R2} = \frac{1}{2}U_{CO}$。

任务二 施密特触发器及其应用

一、施密特触发器的输入输出特性

电子学中，施密特触发器（schmitt trigger）是包含正反馈的比较器电路，输入输出特性曲线表现为回差特性，常用于波形变换、波形整形等，其逻辑符号如图 7-2（a）所示，其输入输出特性曲线如图 7-2（b）所示。当输入信号高于 U_{T+} 时，电路输出低电平 U_{OL}，当输入信号低于 U_{T-} 时，电路输出高电平 U_{OH}。其中 U_{T+} 称为正向阈值，U_{T-} 称为负向阈值。

由图可知两个阈值 U_{T+}、U_{T-} 不相等，二者之差称为回差电压。不同阈值下施密特触发器翻转输出状态的特性称为回差特性，如图 7-2（c）所示。该电路有两个稳定的输出状态，高电平 U_{OH} 和低电平 U_{OL}。输出状态依赖于输入信号 u_i 的大小，且没有记忆功能。

（a）施密特触发器符号

（b）施密特触发器输入输出波形

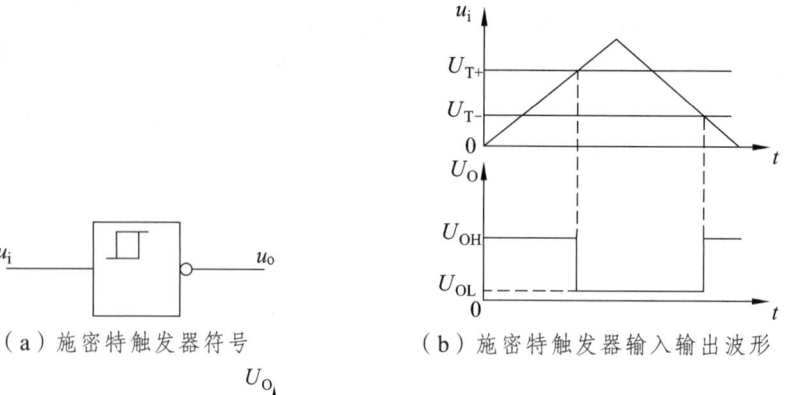

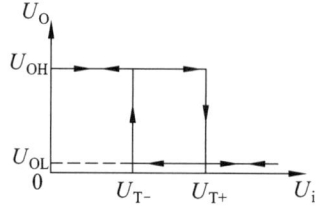

（c）施密特触发器输入输出特性（回差特性）

图 7-2　施密特触发器

二、555 定时器构成的施密特触发器

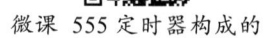

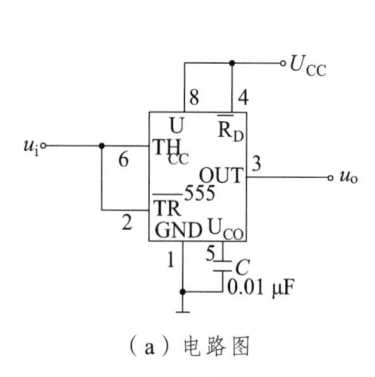

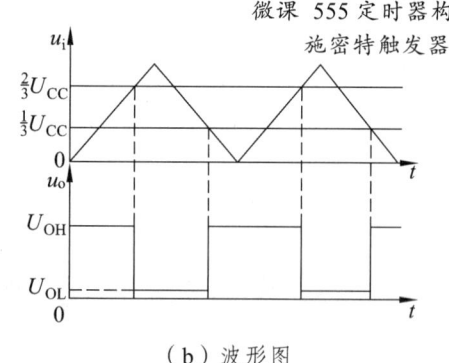

（a）电路图

（b）波形图

图 7-3　用 555 定时器接成的施密特触发器

将 TH 与 $\overline{TR}$ 引脚短接在一起作为电路输入端，OUT 作为电路的输出端，为使电路稳定将 5 引脚通过电容接地，即可构成如上图 7-3（a）所示的施密特触发器电路。

因为比较器 C_1 和 C_2 的参考电压不同，所以基本 RS 触发器的置 0 信号和置 1 信号必然发生在输入信号的不同电平时刻。此外，输出电压由高变低和由低变高所对应的输入电压亦不相同，对应的波形如图 7-3（b）所示。

三、施密特触发器的应用

（一）波形变换

利用施密特触发器状态转换过程中的正反馈作用，可以把边沿变化缓慢的周期性信号变换成矩形波。图 7-4 中输入信号是由直流分量和正弦分量叠加而成的，当输入信号的幅度大于 U_{T+}，即可在施密特触发器的输出端得到同频率的矩形脉冲信号。

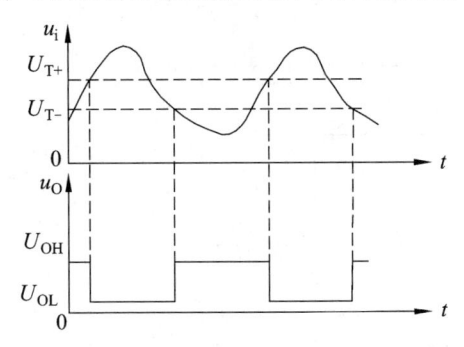

图 7-4 用施密特触发器实现波形变换

（二）波形整形

数字系统中，信号经传输后往往发生波形畸变，常见情况如图 7-5 所示。

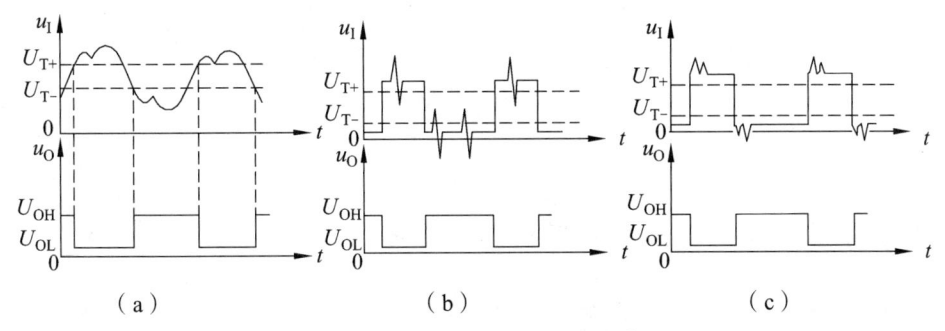

图 7-5 施密特触发器用于脉冲整形

当传输线上的电容较大时，波形的前后沿将明显变坏，如图 7-5（a）所示；当传输线较长，且接收端的阻抗与传输线的阻抗不匹配时，在波形的上升沿和下降沿将产生振荡现象，如图 7-5（b）所示；当其他脉冲信号通过导线之间的分布电容或公共电源线叠加到矩形脉冲上时，信号上将出现附加的噪声，如图 7-5（c）所示。利用施密特触发器的回差特性，均可对上述波形进行整形。

（三）脉冲鉴幅

将不规则的脉冲信号作用在施密特的输入端，通过设置施密特触发器的阈值电压 U_{T+}、U_{T-}，即可选择出幅值在阈值范围外的脉冲信号，实现脉冲鉴幅，典型波形图如图 7-6 所示。

（四）光敏施密特触发器

如图 7-7 所示为光敏施密特触发电路，R_o 为负温度系数的光敏电阻，J 为 12 V 继电器。当光照增强时，R_o 阻值变小，对应 2 引脚上的分压减小，小于 $\frac{1}{3}U_{CC}$ 时 555 输出高电平，继电器不动作；当光照减弱时，R_o 阻值增大，对应 2 引脚的分压增大，大

于 $\frac{2}{3}U_{CC}$ 时 555 输出低电平，继电器线圈得电吸合。

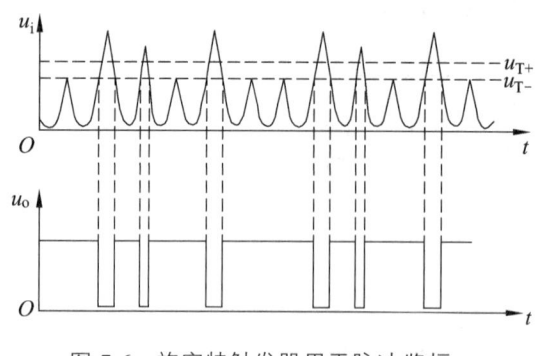

图 7-6 施密特触发器用于脉冲鉴幅

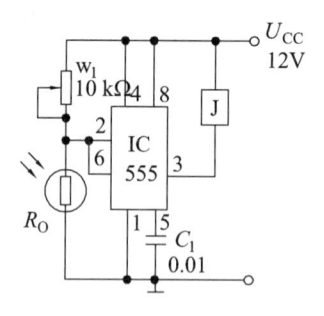

图 7-7 光施密特触发器电路

任务三 单稳态触发器及其应用

单稳态触发器有稳态和暂稳态两个工作状态。暂稳态维持一定时间后，自动返回稳态；在外界触发脉冲作用下，能从稳态翻转到暂稳态；暂稳态的持续时间决定于时间常数。

一、用 555 定时器构成的单稳态触发器

由 555 定时器构成的单稳态触发器如图 7-8（a）所示。

微课 555 定时器构成的单稳态触发器

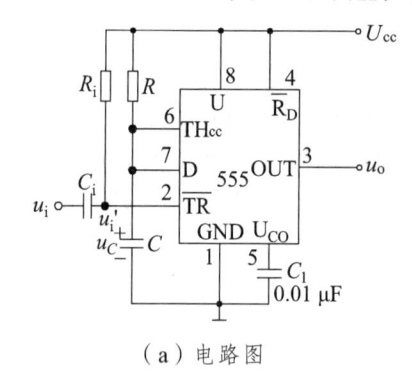

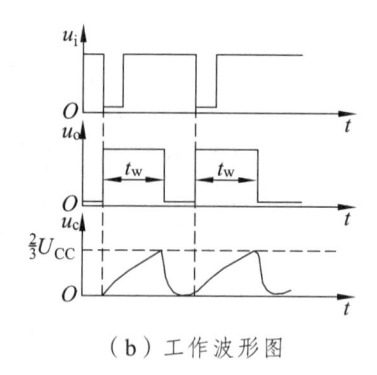

（a）电路图　　（b）工作波形图

图 7-8 555 定时器构成的单稳态触发器

当触发脉冲 u_i 下降沿到来时，$\overline{TR}<\frac{1}{3}U_{CC}$ 时，泄放管 VT 导通，$TH=0$，$OUT=1$，电路进入暂稳态，泄放管 VT 截止，此时，电容 C 开始充电。当 $TH>\frac{2}{3}U_{CC}$ 时，$OUT=0$，进入稳态，电路进入稳态后，泄放管 VT 导通，电容 C 通过 VT 放电，并重复以上过程，波形如图 7-8（b）所示。

二、单稳态触发器的应用

（一）脉冲整形

利用单稳态触发器可产生一定宽度的脉冲，可把过窄或过宽的脉冲整定为固定宽度的脉冲，如图 7-9 所示。

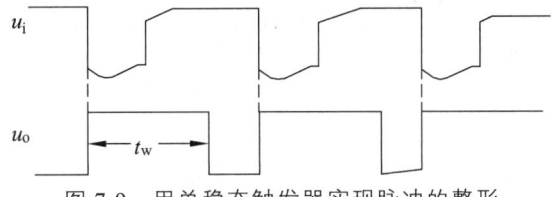

图 7-9 用单稳态触发器实现脉冲的整形

（二）脉冲延迟

脉冲延迟电路一般要用两个单稳触发器完成，其原理图如图 7-10（a）所示，图 7-10（b）是输入 u_i 的波形和延迟后的输出 u_o 的波形。假设第一个单稳输出脉宽整定在 t_{w1}，则输入脉冲 u_i 被延迟 t_{w1}，输出脉宽则由第二个单稳态触发器定时值 t_{w2} 决定。

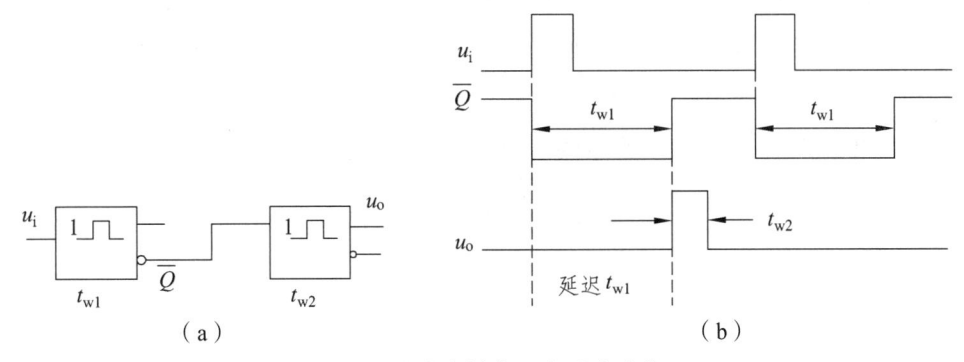

图 7-10 用单稳态触发器实现脉冲的延迟

（三）定时

由于单稳态电路产生的脉冲宽度是固定的，因此可用于定时电路。

任务四　多谐振荡器及其应用

多谐振荡器也称无稳态振荡器，其输出端只有两个状态，且在时间轴上交替呈现。与单稳态触发器不同的是，多谐振荡器不需要外界激励信号，其振荡周期通常由电路的时间常数决定。

一、用 555 定时器构成的多谐振荡器

由 555 定时器构成的多谐振荡器如图 7-11（a）所示。当

接通电源以后,因为电容 C 上的初始电压为零,所以 U_{CC} 经过 R_1 和 R_2 向电容 C 充电。当电容 C 充电到 $u_C > \frac{2}{3} U_{CC}$ 时,555 定时器置 0,输出跳变为低电平;同时,555 内部的泄放开关(VT)导通,放电回路为电容 $C \rightarrow$ 电阻 $R_2 \rightarrow D \rightarrow$ 地。

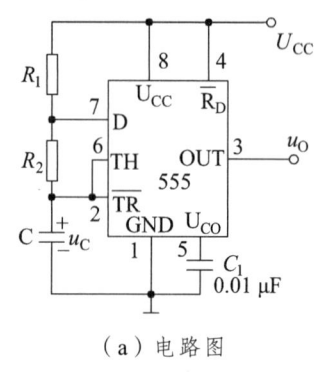

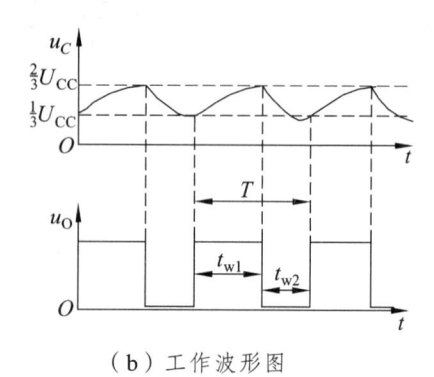

(a)电路图　　(b)工作波形图

图 7-11　用 555 定时器接成的多谐振荡器

当电容 C 放电至 $u_C < \frac{1}{3} U_{CC}$ 时,555 定时器置 1,输出电位又跳变为高电平,同时泄放开关 VT 截止,电容 C 重新开始充电,重复上述过程,电路呈现出振荡现象,其工作波形如图 7-11(b)所示,其中:

t_{w1} 为电容 C 从 $\frac{1}{3} U_{CC}$ 充电到 $\frac{2}{3} U_{CC}$ 所需时间,可推得 $t_{w1} \approx 0.7(R_1+R_2)C$;

t_{w2} 为电容 C 从 $\frac{2}{3} U_{CC}$ 放电到 $\frac{1}{3} U_{CC}$ 所需时间,可推得 $t_{w2} \approx 0.7R_2C$;

矩形波的周期 $T = t_{w1}+t_{w2} \approx 0.7(R_1+2R_2)C$;矩形波的占空比 $q = \dfrac{t_{w1}}{t_{w1}+t_{w2}} = \dfrac{R_1+R_2}{R_1+2R_2}$

二、555 多谐振荡器设计实例

(一)门铃电路

结合图 7-11 所示的多谐振荡器,可设计如图 7-12 所示的门铃电路。当按键 SB 闭合时,电容 C_3 通过二极管 VD_2 充电,电容 C 通过 VD_1、R_1、R_2 充电,当 C_3 电平升高导致 4 引脚复位时,振荡频率由 R_1、R_2、C 决定。当按键松开后,电阻 R_3 接入电路,振荡频率由 R_1、R_2、R_3、C 决定,同时,电容 C_3 开始放电,直到 4 引脚呈现低电平使芯片停止工作。

由于输出端通过电容 C_2 接扬声器,电路将按不同的频率推动扬声器工作,适当调整 RC 时间常数,可改变声音频率。

微课　多谐振荡器的应用

动画　利用 555 实现的防盗报警器

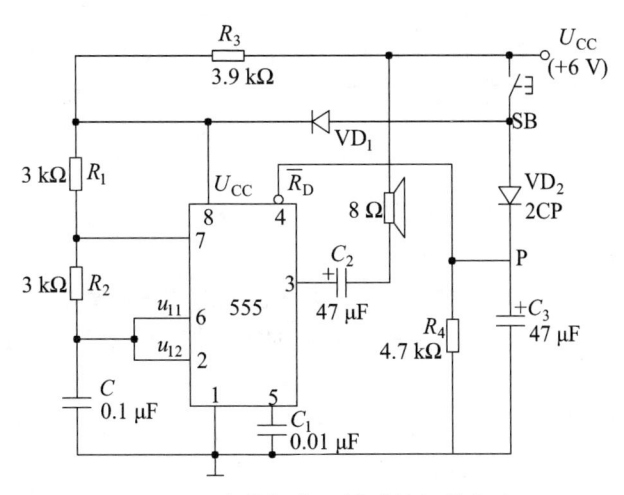

图 7-12 多谐振荡器构成的门铃电路

（二）温度报警电路

将图 7-12 所示门铃电路的置位/复位支路更换成锗三极管-电阻支路，即可构成温度报警电路，如图 7-13 所示。常温下锗管的穿透电流 I_{CEO} 随温度的升高而急剧增大，反之随温度降低急剧减小。调整电位器 R_3 即可调整 4 引脚置位/复位电平与温度的关系，从而触发多谐振荡电路工作，并推动扬声器发声，声音频率同样由 R_1、R_2、C 决定。同理，将锗三极管替换成光电三极管，当有光照时，三极管集电极电流增大，多谐振荡电路正常工作，实现光报警功能。

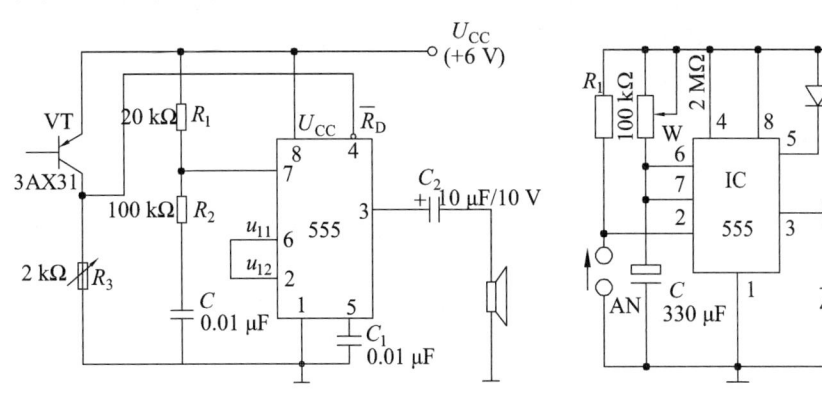

图 7-13 多谐振荡器构成的温度报警电路　　图 7-14 长延时定时器电路

（三）长延时定时器电路

为节约用电，通常需要在楼道、卫生间等场合安装延时电路。图 7-14 所示是 555 定时器组成的长延时电路，定时器 5 引脚，即比较器的同相输入端，通过二极管 D_1 接至 U_{CC}，假设二极管的压降为 V_d，则 5 引脚被箝位在 $U_{CC}-V_d$，当电容电压充至 $U_{CC}-V_d$ 时，555 定时器输出翻转为低电平，继电器线圈失电，触点断开。按下按键 AN，则长延时电路重新复位。

由图可知，555 定时器的长延时仍然取决于 RC 时间常数，由于 5 引脚被箝位，当且仅当电容电压上升至箝位电压 $U_{CC} - V_d$ 时,输出电平由高变低。RC 充电电路属于一阶电路,随着充电电压的升高,电压变化量对应的时间大大增加,这就是长延时的本质。

(四)触摸、声控双功能延时电路

图 7-15 所示为常用的触摸、声控双功能延时电路,由整流电路、声控放大电路、触发电路和定时电路组成。

电路的核心部分仍然是由 555、VT_1、R_2、R_3、C_4 组成的单稳态电路,时间常数由 R_2、C_4 决定。当外界有声音时,压电陶瓷片 HTD 将声音信号转换成电信号,并经三极管 VT_1、VT_2 放大,触发 555 单稳态电路输出高电平,使晶闸管 SCR 导通,从而点亮灯泡。此外,触摸金属片 A 时,人体皮肤的导电特性可使感应信号沿 R_4、R_5 作用在 VT_1 基极,此信号级三极管放大后,触发 555 单稳态电路工作。同理,单稳态电路的时间常数决定于 R_3、C_4。

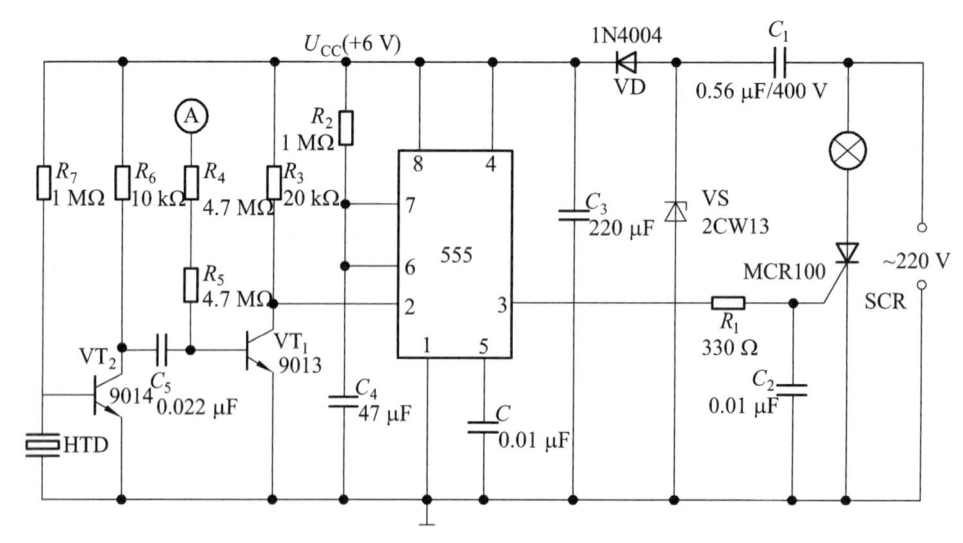

图 7-15 触摸、声控双功能延时电路

任务五 数模和模数转换

随着数字电子技术和计算机技术的迅猛发展,工业生产、企业管理、办公自动化、家用电器等行业都需要借助计算机来完成。但是,计算机是一个数字系统,它只能接收、处理和输出数字信号,而控制和处理的对象通常是连续变化的物理量(温度、压力、强度、速度、位移等),这就需要把模拟量转换成数字量之后才能通过计算机进行处理、保存,计算机处理后的数字量需要重新转换成模拟量去控制执行部件。把模拟信号转换成数字信号的电路称为模/数转换器,又称 A/D(Analog to Digital)转换器,或写作 ADC(Analog - Digital Converter);把数字信号转换成模拟信号的电路称为数/模转换器,又称 D/A(Digital to Analog)转换器,或写作 DAC(Digital-Analog Converter)。图 7-16 所示是一个典型的具有模拟输入量和模拟输出量的计算机测控系统框图。

图 7-16 典型计算机测控系统框图

一、A/D 转换器

（一）A/D 转换器的基本原理

微课 ADC 的基本概念及组成　　动画 ADC 转换的四个步骤

A/D 转换器的功能就是将时间连续和幅值连续的模拟量转换为时间离散、幅值也离散的数字量。一个完整的 A/D 转换过程，必须包括采样、保持、量化和编码四部分电路。通常采样、保持用一种采样保持电路来完成，而量化和编码是在转换过程中实现。A/D 转换器的工作原理如图 7-17 所示。

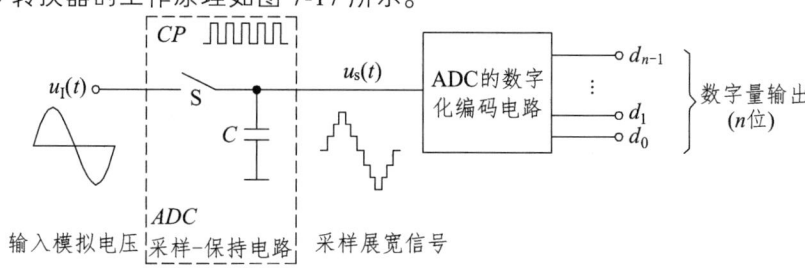

图 7-17　A/D 转换器的工作原理

模拟电子开关 S 在采样脉冲 CP 的控制下重复接通、断开的过程。S 接通时，$u_1(t)$ 对 C 充电，为采样过程；S 断开时，C 上电压保持不变，为保持过程。在保持过程中，采样的模拟电压经数字化编码转换成一组 n 位二进制数输出。

1. 采样和保持

所谓采样，就是在一系列选定的瞬间对模拟信号进行取样，采样的过程如图 7-18 所示。为了保证能从采样信号中将原信号恢复，必须要满足条件：

$$f_s \geqslant 2f_{\max}$$

式中，f_s 是采样频率；$f_{\max}$ 是输入模拟信号 $u_1(t)$ 的最高频率分量的频率。

每次采样结束后，需要再将取样的模拟信号保持一段时间，使得模数转换器有时间将采样电压转换成数字信号。

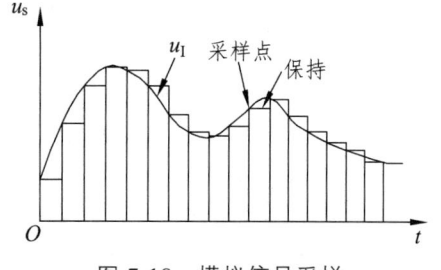

图 7-18　模拟信号采样

2. 量化和编码

数字信号不仅在时间上是离散的,而且在幅值上也是不连续的。为了将模拟信号转换成数字信号,在 A/D 转换器中必须将采样-保持电路的输出电压近似归并到与之相对应的离散电平上,这样一个过程称为量化。将各个量化电平按照数制要求用代码(如二进制代码)来表示的过程称为编码。

由于数字量的位数有限,一个 n 位的二进制数只能表示 2^n 个值,因此任何一个采样-保持信号的幅值,只能近似地逼近某一个离散的数字量。因此在量化过程中不可避免地会引入误差,这种误差称为量化误差。显然,在量化过程中,量化级分得越多,量化误差就越小,量化及编码电路是 A/D 转换器的主要部分。

(二) 常见的 A/D 转换器

1. 并行比较型 A/D 转换器

并行比较型 A/D 转换器是一种直接型 A/D 转换器。并行比较型 ADC 对转换电压只进行一次比较即可进行编码,这种方法称为并行编码。

在并行编码 ADC 中,同时给定多个参考电压,用以代表所有可能的量化电平,被转换模拟电压与各参考电压同时进行比较,比较结果经编码器输出转换数据。其最大优点是转换时间短,可小到几十纳秒。缺点是所用的元器件较多,一个 n 位 ADC 需要有 2^n-1 个量化电平、2^n-1 个电压比较器和一个较为复杂的编码电路。此类 A/D 转换器产品较多,如 AD9012(8 位)、AD9002(8 位)和 AD9020(10 位)等。

2. 逐次逼近型 A/D 转换器

逐次逼近型 A/D 转换器是一种反馈型 A/D 转换器,其转换器过程是将大小不同的参考电压与取样-保持后的电压逐步进行比较,比较结果以相应的二进制代码表示,这个过程与天平称重很相似。如果输出为 n 位的 A/D 转换器,则完成一次转换所需的时间为 $n+2$ 个时钟信号周期。目前逐次逼近型 A/D 转换器产品的输出多为 8 至 12 位,转换时间多在几至几十微秒的范围内,个别高速产品的转换时间甚至可以缩短到 1 μs 以内。例如 12 位逐次逼近型 A/D 转换器 AD7472 的高取样速率可达 1.75 Ms/s,完成一次转换的时间不到 1 μs。

3. 双积分型 ADC

双积分型 ADC 属于间接转换型 ADC,其基本原理是先把输入的模拟电压信号转换成与之成正比的时间宽度信号,然后在这个时间宽度里对固定频率的时钟脉冲计数,计数结果就是正比于输入模拟信号的数字输出信号。因此,双积分 ADC 属于电压-时间变换型(简称 V-T 型)ADC。

双积分型 ADC 的突出优点是工作性能比较稳定。因为转换过程中先后进行了两次积分,而两次积分的积分常数 RC 相同,所以转换结果和精度不受 R、C 和时钟信号周期 T_C 的影响。另一个突出优点是抗干扰能力强,由于转换器的输入端使用了积分器,在积分时间等于交流电网的整数倍时，能有效地抑制电网的工频干扰。另外，双积分型 ADC 中不需要使用 D/A 转换器，电路结构比较简单。

双积分型 ADC 的主要缺点是工作速度慢，完成一次转换需要 $2^{n+1}T_C$ 时间。基于上述原因，这种转换器一般用于高分辨率、低速和抗干扰能力强的场合。

（三）A/D 转换器的主要参数

1. 分辨率

分辨率指 A/D 转换器对输入模拟信号的分辨能力。理论上，一个输出为 n 位二进制的 A/D 转换器应能区分输入模拟电压的 2^n 个不同量级，能区分输入模拟电压的最小值为最大输入电压的 $1/2^n$。例如 A/D 转换器的输出为 12 位二进制数，最大的输入模拟信号为 10 V，则其分辨率为

$$\text{分辨率} = \frac{1}{2^{12}} \times 10 \text{ (V)} = 2.44 \text{ (mV)}$$

2. 转换误差

在理想情况下，输入模拟信号所有转换点应当在一条直线上，但实际的特性不能做到输入模拟信号所有的转换点在一条直线上。转换误差是指实际的转换点偏离理想的特性误差，一般用最低有效位来表示。

3. 转换时间和转换速度

转换时间是指完成一次 A/D 转换所需的时间，即从接到转换启动信号开始，到输出端得到稳定的数字信号所经过的时间。转换时间越短意味着 A/D 转换器的转换速度越快。

A/D 转换器的转换速度主要取决于转换电路的类型，不同类型 A/D 转换器的转换速度相差很大。

二、D/A 转换器

（一）D/A 转换器的基本原理

D/A 转换器是指将以数字代码表示的输入量转换成为与输入数字量成比例的输出电压或电流的电路。D/A 转换器的输入数字量可以是二进制代码或 BCD 等编码形式，如图 7-19 所示。设 D/A 转换器的输入数字量为一个 n 位二进制数 D，输出模拟量位 u_o（或 i_o）。二进制数 D 的按权展开式为

$$D = d_{n-1} \times 2^{n-1} + d_{n-2} \times 2^{n-2} + \cdots + d_1 \times 2^1 + d_0 \times 2^0$$

如果比例系数为 K，则输出电压量为

$$u_o = KD$$

D/A 转换器的基本结构原理如图 7-20 所示，通常由数码寄存器、模拟电子开关电

路、解码电阻网络、求和放大电路及基准电压几部分构成。

n 位数字量是以串行或并行方式输入并存储在数码寄存器中,数码寄存器输出的各位二进制代码分别控制对应各位的模拟电子开关,是数码为 1 的位在权位网络上产生与其权值成正比的电压(或电流)量,再由求和放大电路将各位权值所对应的模拟量相加,即可输出与输入数字量成正比的模拟量。

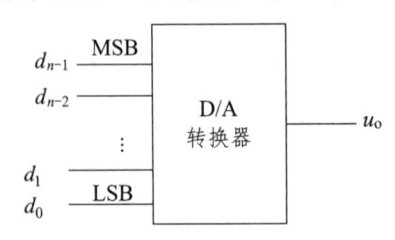

图 7-19 D/A 转换示意图

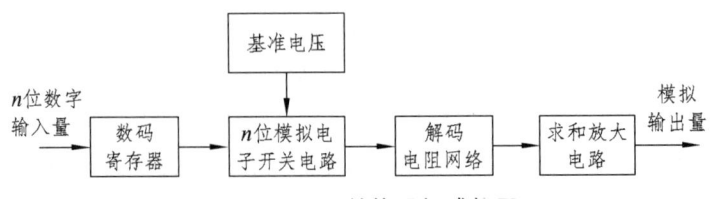

图 7-20 D/A 转换器组成框图

(二)常见的 D/A 转换器

1. 倒 T 型电阻网络 D/A 转换器

倒 T 型电阻解码 D/A 转换器是目前使用最为广泛的一种形式,因为在此种 D/A 转换器中,各支路电流直接流入运算放大器的输入端,它们之间不存在传输上的时间差。电路的这一特点不仅提高了转换速度,而且也减少了动态过程中输出端可能出现的尖脉冲。它是目前广泛使用的 D/A 转换器中速度较快的一种。常用的 CMOS 开关倒 T 型电阻网络 D/A 转换器的集成电路有 AD7520(10 位)、DAC1210(12 位)和 AK7546(16 位高精度)等。

动画 倒 T 型电阻网络 DAC

2. 权电流型 D/A 转换器

尽管倒 T 型 D/A 转换器具有较高的转换速度,但由于电路中存在模拟开关电压降,当各支路中的电流稍有变化时,就会产生误差。为了进一步提高 D/A 转换器转换速度,可采用权电流型 D/A 转换器。

权电流型 D/A 转换器由于基准电压只和其中一个电阻有关,而与晶体三极管和其他电阻无关,这就降低了对晶体三极管及其他电阻取值的要求,对于集成化十分有利。电路中由于采用了高速电子开关,电路还具有较高的转换速度,采用这种权电流型 D/A 转换器生产的单片集成 D/A 转换器有 AD1408、DAC0806、DAC0808 等。这些器件都采用双极性工艺制作,工作速度较高。

微课 DAC 主要技术指标和集成 DAC 器件

(三) D/A 转换器的主要性能参数

1. 分辨率

分辨率是说明 D/A 转换器输出最小电压的能力。它是指 D/A 转换器模拟输出所产生的最小输出电压 U_{LSB}（对应的输入数字量仅最低位为 1）与最大输出电压 U_{FSR}（对应的输入数字量各有效位全为 1）的比值：

$$\text{分辨率} = \frac{U_{\text{LSB}}}{U_{\text{FSR}}} = \frac{1}{2^n - 1}$$

式中，n 表示输入数字量的位数。可见，分辨率与 D/A 转换器的位数有关，位数 n 越大，能够分辨的最小输出电压变化量越小，即分辨最小输出电压的能力也就越强。

例如：n 分别等于 8 和 10 时，D/A 转换器的分辨率分别为

$$\text{分辨率} = \frac{1}{2^8 - 1} = 0.003\,9，\quad \text{分辨率} = \frac{1}{2^{10} - 1} = 0.000\,978$$

很显然，10 位 D/A 转换器的分辨率比 8 位的分辨率要高得多（分辨率比值越低，表示分辨率越高）。

2. 转换精度

转换精度是指 D/A 转换器实际输出的模拟电压值与理论输出模拟电压值之间的最大误差。该误差值应低于 1/2LSB。显然，这个差值越小，电路的转换精度越高。转换误差的来源很多，转化器中各元件参数值的误差，基准电源不够稳定和运算放大器的零漂的影响等。

3. 建立时间

建立时间定义为：当输入数据从零变化到满量程时，其输出模拟信号达到满量程刻度值±（1/2LSB）时所需要的时间。不同的 D/A 转换器，其建立时间也不同。实际 D/A 转换电路中的电容、电感和开关电路都会造成电路的时间延迟。通常电流输出的 D/A 转换器建立的时间是很短的。电压输出的 D/A 转换器建立的时间主要取决于相应的运算放大器。

4. 温度系数

温度系数反映了 D/A 转换器的输出随温度变化的情况。其定义为在满量程刻度输出的条件下，温度每升高 1 ℃，输出变化相对于满量程的百分数。

5. 线性度

通常用非线性误差的大小表示 D/A 转换器的线性度，并且把理想的输入/输出特性的偏差与满刻度输出之比的百分数，定义为非线性误差。

项目小结

本章首先介绍了 555 定时器的电路结构、组成及其逻辑功能，然后介绍了施密特触发器、单稳态触发器、多谐振荡器的基本概念及应用场合，最后分析了以 555 定时器为核心的施密特触发器、单稳态触发器、多谐振荡器的工作原理及其应用。

施密特触发器输出电平的高低随输入电平改变，并且呈滞回特性。单稳态触发器存在稳态和暂态两个过程，在外界信号触发下，稳态过渡到暂态，持续一段时间后，再返回稳态。多谐振荡器无须外界触发，即可在两种状态间进行切换，切换频率由 RC 时间常数决定。

555 定时器是一款集成模拟电路和数字逻辑电路于一体的混合芯片，构思新颖，设计巧妙，自推出以来备受推崇，在家电领域、智能控制领域、安防等领域一直经久不衰。除本章节介绍的电路外，读者可查阅相关资料了解更多经典应用电路。

最后，本章通过典型计算机控制系统框图，引入 A/D、D/A 转换器的基本概念、工作原理及常见器件的参数指标等知识，为后续课程做好铺垫。

思考与练习

7-1 选择题

1. 单稳态触发器的状态包括稳态和暂稳态两种，下列说法正确的是（　　）。

　A. 无外界信号触发时，任何一种状态都可一直保持下去

　B. 暂稳态是该触发器的过渡状态，触发信号消失后，将过渡到稳态

2. 555 定时器构成的光敏触发电路原理图如图 7-21 所示，VT 为光电三极管，根据要求回答下列问题。

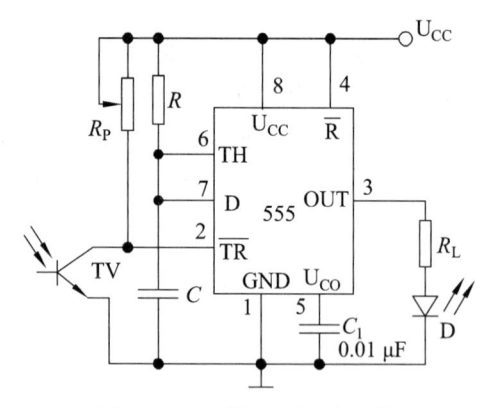

图 7-21　习题 7-1（2）用图

（1）当光线照射到光电三极管 VT 的基极时，芯片的 2 端子为（　　）；无光照时，2 端子为（　　）。

　　A. 高电平　　　B. 低电平

（2）图中 555 构成的是（　　）。

A. 多谐振荡器　　　B. 单稳态触发器　　　C. 施密特触发器

（3）当 2 引脚为低电平时，输出引脚 3 的电平及 LED 的状态为（　　）。

A. 低电平 LED 灭　　　　　　　　　B. 高电平 LED 亮
C. 低电平 LED 亮　　　　　　　　　D. 高电平 LED 灭

3. 目前，最常见的单片集成 DAC 属于（　　）。

A. T 型电阻网络 DAC　　　　　　　B. 倒 T 型电阻网络 DAC

4. DAC 的分辨率，可用下列哪个式子表示？（　　）。

A. $\dfrac{1}{2^{n-1}}$　　　B. $\dfrac{1}{2^n-1}$　　　C. $\dfrac{1}{2^{n-1}-1}$

5. 下列哪种 ADC 适用于高分辨率、低速和电网干扰较强的场合？（　　）。

A. 逐次逼近型 ADC　　　B. 双积分 ADC　　　C. 并联比较型 ADC

6. 常见的数字万用表中的 A/D 转换器属于下列哪种 ADC？（　　）。

A. 逐次逼近型 ADC　　　B. 双积分 ADC　　　C. 并联比较型 ADC

7. 对于①逐次逼近型 ADC、②双积分 ADC、③并联比较型 ADC 三者的转换速度，下列说法正确的是（　　）。

A. ①＞②＞③　　　B. ③＞①＞②　　　C. ③＞②＞①

7-2　填空题

1. 周期信号的周期与频率的关系是_____。

2. 施密特触发器的两个输出状态决定于_____的大小。

3. 不同阈值下，施密特触发器的输出状态呈现翻转特性，该特性被称为_____特性。

4. 施密特触发器的应用有_____、_____、_____。

5. 单稳态触发器的两个工作状态分别是_____和_____，其中_____态是暂时的。

7-3　综合应用题

1. 阈值电压可调的施密特触发器如图 7-22（a）所示，根据要求回答问题：简述调节阈值大小的方法；已知施密特触发器输入波形如图 7-22（b）所示，画出输出波形。

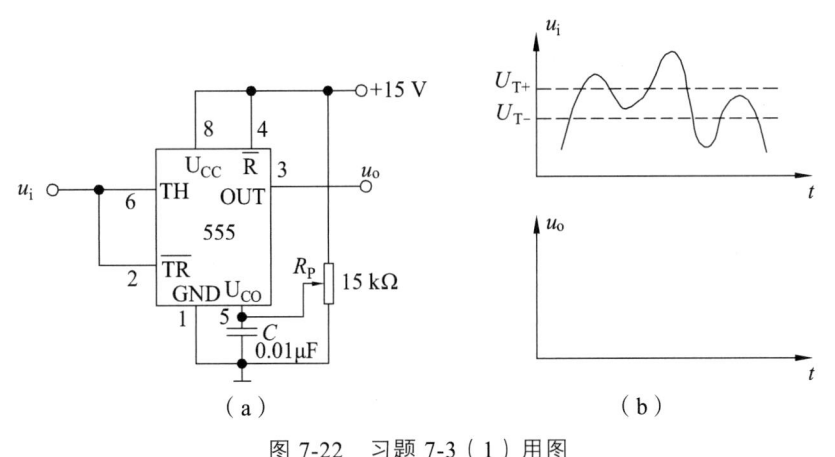

图 7-22　习题 7-3（1）用图

2. 延时开关电路如图 7-23 所示，此电路通过继电器控制灯泡，常被用于楼道等处，以节省电能。根据要求回答问题：简述工作原理；根据 RC 一阶充电电路的特性，计算延时 2 min 自动熄灭对应的 R、C 值。

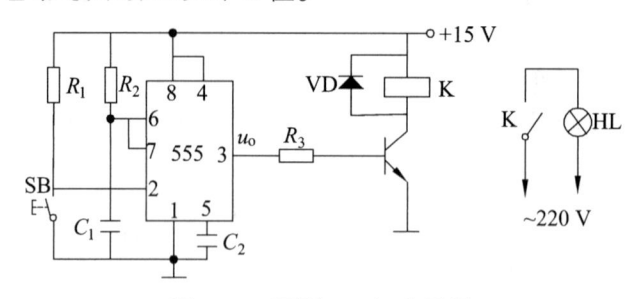

图 7-23 习题 7-3（2）用图

3. 液位报警器电路如图 7-24 所示，根据要求回答问题：简述其工作原理；调节哪个元件可改变输出声音的频率；计算电路输出声音频率的范围。

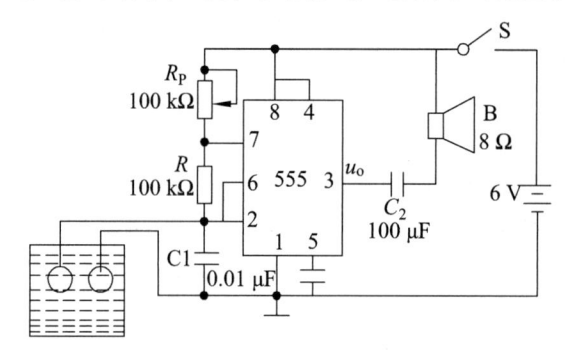

图 7-24 习题 7-3（3）用图

应用实践

555 时基电路典型应用

一、实验目的

（1）熟悉所用 555 定时器的引线端子排列及各引线端子的功能。
（2）学习并掌握 555 定时器的使用方法。
（3）学习由 555 定时器构成脉冲电路的工作原理。

二、实验仪器与器材

（1）数字电路实验板 1 块。
（2）直流稳压电源 1 台。
（3）数字示波器 1 台。

三、实验原理

（一）用 555 构成占空比可调多谐振荡器（矩形波）

多谐振荡器电路结构图及工作波形如图 1 和图 2 所示。由图中电容充放电路径可知，由 U_{CC} 通过 R_A、VD_1 向 C_1 充电，其充电时间为 $t_{PH} = 0.7 R_A C_1$。C_1 通过 VD_2、R_B 及集成块中的 VT 放电，其放电时间为 $t_{PL} = 0.7 R_B C_1$，故振荡频率为 $f = \dfrac{1.43}{(R_A + R_B)C_1}$。

不难看出，调节 R_P 就可以改变充电或放电时间常数，从而获得不同占空比的矩形波。占空比是指矩形波一个周期内处于高电平的时间 t_{PH} 与周期 T 的比，即 $q = \dfrac{t_{PH}}{T}$。

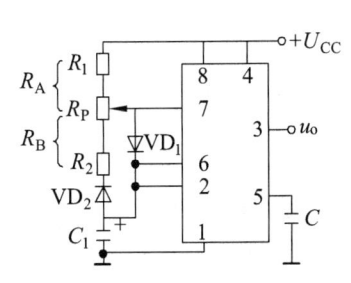

图 1　用 555 定时器构成多谐振荡器

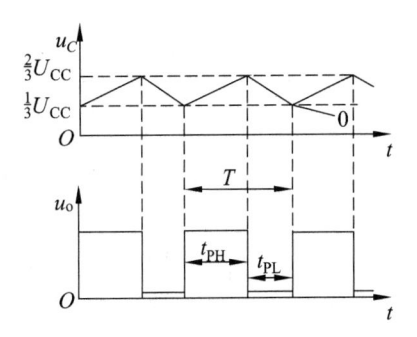

图 2　多谐振荡器的工作波形

(二)施密特触发器及信号的整形与变换

其基本原理是利用输入信号的变化电压作为 555 定时器的高低电平触发端的触发电平,从而在输出端获得与外来信号同步变化的矩形波。用 555 定时器构成的施密特触发器的电路结构如图 3 所示。

(三)警笛电路

图 4 中 IC2 构成矩形波产生电路,其输出端经 C_1 接扬声器。其振荡频率 f_2 主要由 R_{P2} 及 R_2 和 C_5 决定,除此以外,振荡频率还受其 5 端电压调制,当 5 端电压变化时,3 端会产生调频波。高频波的频率是随调制电压而变化的,因此从扬声器发出的声音的音调是变化的。

图 4 中 IC1 构成方波产生电路,其振荡频率 f_1 主要由 R_1、R_3、R_{P1} 及 C_2 决定,频率比 f_2 低得多。

图 3 555 定时器构成施密特触发器

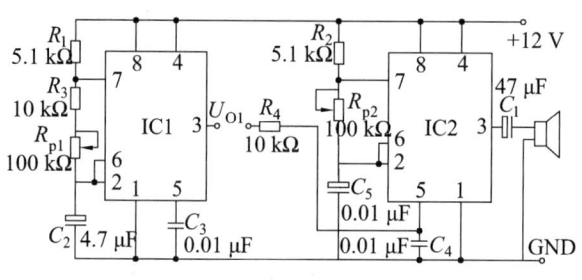

图 4 555 实现的警笛电路

四、实验步骤

(一)555 定时器的功能检查

(1)在数字电路实验系统中,将 555 定时器外引线进行正确连接。

(2)检查 $\overline{R_d}$(4 脚),高电平触发端 TH(6 脚)及低电平触发端 $\overline{TR}$(2 脚)的功能。观察输出端(3 脚)的输出电平显示,分别记入实验报告表 1 中,判断这几部分功能的好坏。

(二)多谐振荡器的连接和观测

(1)如实验描述中图 1 连接电路,调节 R_P 使其滑动触点置于电阻中部。

(2)将多谐振荡器的输出接示波器的 Y_1 输入端,接通电源,观察记录输出波形。

(3)调节 R_P 使 $R_A = R_1 + R_P$ 的阻值为最小,观察并记录多谐振荡器的输出波形,然后调节 R_P,使 $R_A = R_1 + R_P$ 的阻值为最大,观察并记录多谐振荡器的输出波形。

将以上所得分别记入实验报告表 2 中,并比较三次观察记录的波形频率及占空比。

(三)施密特触发器的连接与测试

(1)如实验原理中图 3 所示连接电路,输出 u_o 接示波器 Y_2 输入端。

（2）调节信号发生器，使输出为 1 kHz、3 V 的正弦信号，接入施密特触发器的 u_i 输入端和示波器的 Y_1 输入端。

（3）调节示波器的"扫描选择"，使两个 Y 输入具有相同的灵敏度，以在光屏上得到 4~6 个完整波形为最佳，注意两个波形的相位关系，观察波形并记入实验报告的表 3 中。

（四）警笛电路

如图 4 所示，用示波器观察 IC1 的 3 端电压波形 U_{O1} 及 IC2 的 3 端波形 U_{O2}，调节 R_{P1}、R_{P2}，观察周期的变化。接入扬声器，再监听声音的变化。用示波器观察 IC2 的 2 端子、6 端子、5 端子上电压波形，同时调节 R_{P1}，注意观察 C_4 上电压波形的变化。

《555 时基电路典型应用》实验报告

班级_____ 姓名_____ 学号_____ 成绩_____

一、根据实验内容填写下列表格

表 1　555 定时器功能测试

外引线号	4	2~6	输出电平（3）
名称	$\overline{C_r}$	$\overline{TR}$　TH	U_O
外加电平	0	1	
	0	0	
	1	1	
	1	0	

表 2　多谐振荡器的观察和测试

输出 R_A 值	u_o		u_o 频率	占空比
	波形	幅值		
R_1+R_P 最小				
R_1+R_P 居中				
R_1+R_P 最大				

表 3　施密特触发器的输入输出波形

测试条件	输出波形
u_i（1 kHz/3 V）	
U_{co}（未加电压时）	
U_{co}（加入 4 V 电压时）	

二、根据实验内容完成下问答题

1. 555 定时器的外引线高电平触发端 TH（6 端）和低电平触发端 $\overline{TR}$（2 端）相连，正电源 U_{CC}（8 端）和复位端 $\overline{C_r}$（4 端）相连，分别起什么作用？

2. 555 时基电路中，当 U_{co} 悬空时，高电平触发端 TH（6 端）和低电平触发端 $\overline{TR}$（2 端）的触发电平分别为多少？当外接固定电平时，触发电平又为多少？

3. 555 构成的多谐振荡器电路中，5 端外接的电容作用是什么？

附录 A 电子技术在线实验系统使用说明

互联网技术及 5G 通信技术的发展使教师与学生的教学活动由传统的线下拓展延伸到了线上。为配合开展本校"电子技术"课程实验内容的线上教学，开发了在线实验平台，旨在解决传统实验教学无法在线上实现的难题。本平台基于互联网+、5G 通信和嵌入式测试技术，把常用仪器仪表如电源、信号源、示波器、万用表等，与被测电路集成在一起，将原来必须在实验室里完成的《电子技术》实验项目改为在线上进行，学生可以在线操作，教师可以在线统计与管理。这不仅打破了上课时间和地点的限制，提高了实验效率及实验结果的管理，而且利用多媒体技术提高了学生对实验的兴趣，促进了学生对知识的掌握和理解。

实验内容难度按阶梯递进式设置，在保留原有经典实验项目的前提下，融入新器件和新技术，将实验项目划分为三个不同层次，即基础性实验、设计性实验、研究性实验。所有实验项目均在真实的电路板上进行线路连接和仪器仪表设置，可对实验过程进行记录回放；测试数据和波形储存在数据库中，以便随时调取分析。

本平台以学生工程设计能力培养为核心，通过引导学生在实验过程中自主预习、规范撰写实验报告和思考总结，提高学生对实验数据的测试、整理和分析能力，对学生进行科学规范的工程素质教育和综合实践能力的培养。

希望本系统能够促进电子技术实验教学体系、实验教学内容和实验教学方法的改进，在面向工程教育的人才培养中发挥积极作用。

一、系统组成

在线实验平台包括实验管理和在线实验两部分。

（一）管理功能

管理功能包括：

（1）班级管理：教师和学生进入班级管理模块，可以实现班级信息的查询和班级实验项目的查询。

（2）教师管理：用于学校教师添加、发布和删除相应的实验，查询实验结果为学生评分。

（3）学生管理：学生可以在线做实验填写实验报告，查询实验结果和教师评分。

（4）实验管理：主要用于实验项目的添加和维护，记录和保存实验结果，方便教师和学生查询。

（5）数据管理：记录复杂的线路连接过程，提供数据的安全存储，并且检索迅速，具有可靠性高、存储量大、保密性强、成本低等特点。

（6）平台维护管理：日常系统的维护功能。

（二）实验功能

实验功能包括：

（1）实验预习：根据实验内容设置测试题和答案，便于检查预习效果。

（2）实验原理：讲解实验原理图，估算实验结果，给出理论依据。

（3）实验步骤：按照实验指导书步骤进行电路接线，合理连接测试仪器并进行测试。

（4）实验报告提交：处理数据，填写实验结果，提交报告。

（5）实验成绩：教师根据学生提交的实验报告和实验过程记录进行评分，给出成绩。

（6）实验总结：设置一些思考题，对实验结果进行总结。

该系统性能稳定，可多人同时在线使用。使用者须使用注册的账号密码登录，具有较好的安全保密机制。

二、操作指南

（一）网站首页

建议使用 Chrome、Firefox、Edge 或 360 等主流浏览器登录网站，首页界面如图 1 所示。

图 1　首页界面

最上层是用户导航，如图 2 所示。

图 2　用户导航

用户可根据自身需求点击上方按钮，跳转至所需界面。

首页："首页"界面对本实验平台进行了简单介绍。

所有课程：登录以后点击导航中"所有课程"的按钮，即可跳转至实验页面，用户可在该页面中选择自己所需的实验课程。

常见问题：如用户遇到问题，可点击"常见问题"按钮，查找是否有解决方案。

关于我们：点击"关于我们"按钮可以查看平台简单介绍，对本平台有更多了解。

帮助中心：如用户仍有问题未解决，点击"帮助中心"按钮可以下载关于实验平台的操作说明书。

登录：点击最右侧的"登录"按钮将跳转至登录界面，如图3所示。

图3 用户登录界面

界面左侧是本平台所对接的学院信息，即郑州铁路职业技术学院的相关简介，右侧是登录页面，用户可使用用户名/手机号/学号并输入密码进行登录。

除此之外，也可切换至手机号登录界面，如图4所示。

图4 手机登录界面

输入手机号，点击获取验证码，系统会给用户绑定的手机发送动态验证码，正确输入之后，用户即可登录。

（二）课程使用

登录网站以后，可根据学习需要，选择相应的课程，进入实验操作界面。课程包含：电路原理课程、模拟电子技术课程、数字电子技术课程及电工技术课程等，如图 5 所示。

图 5 所有课程界面

本书课程分为模拟电子技术和数字电子技术两部分内容。

三、课程介绍

（一）模拟电子技术

图 6 模拟电子技术实验界面

模拟电子在线实验室采用远程实验技术，通过网络访问远程端真实模拟电路实验板（单级放大电路、多级放大电路等），完成基本模拟电子实验。该实验室可作为电子技术类课程实验教学，也可用于教师在课堂上进行操作演示，还可作为开放实验室供学生使用。界面如图 6 所示。

模拟电子电路采用固定电路，在线还原典型实验，可培养学生的基本实验技能，加深对模拟电子技术基本原理、模拟电路的组成及设计方法的理解。

硬件组成：采用 STM32 系列主板，进行远程实验电路触点控制、数据采样以及数据返回。

1. 硬件支持

在线实验的基础还是硬件设备，有了硬件设备才可以为在线实验测得数据。硬件支持包括实验所需电路板以及其他测量设备，整个系统只需一套设备。将实际硬件测量的数据通过服务器上传到网站，学生即可完成实验，该部分介绍如下：

1）共射-共集放大电路板

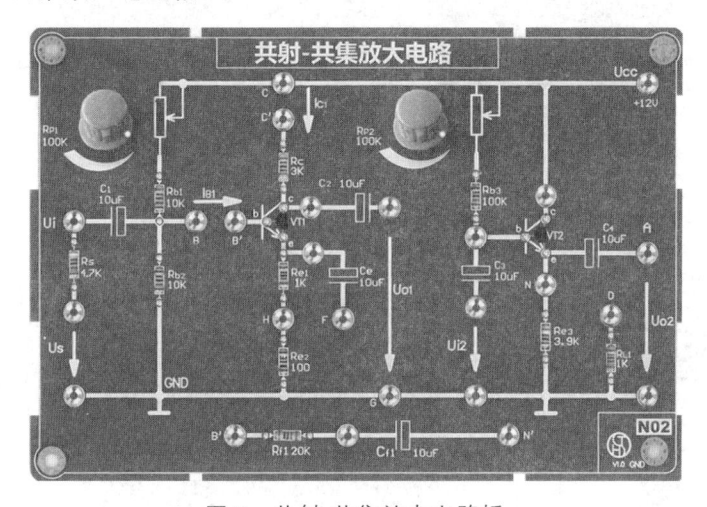

图 7　共射-共集放大电路板

2）差动放大电路板

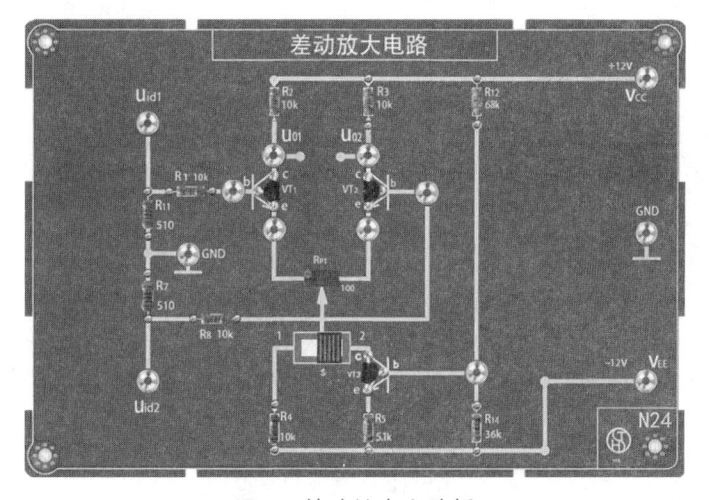

图 8　差动放大电路板

3）运算放大器基本电路板

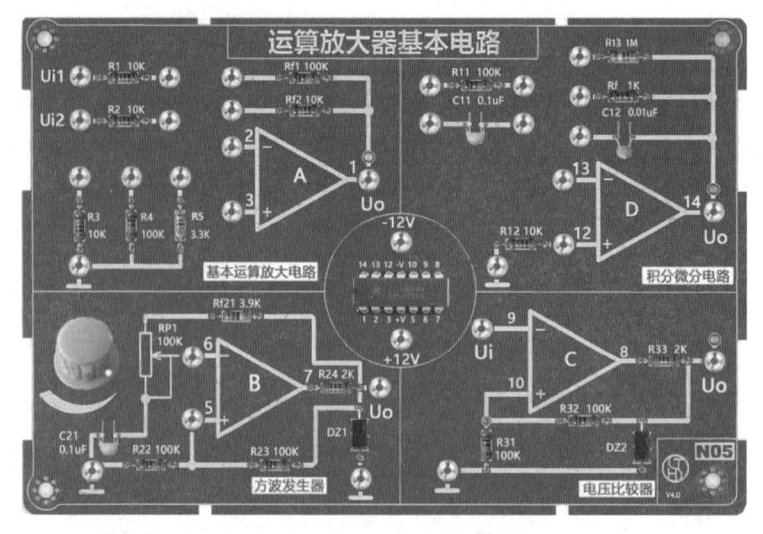

图 9　运算放大器基本电路板

4）其他设备

（a）数字万用表 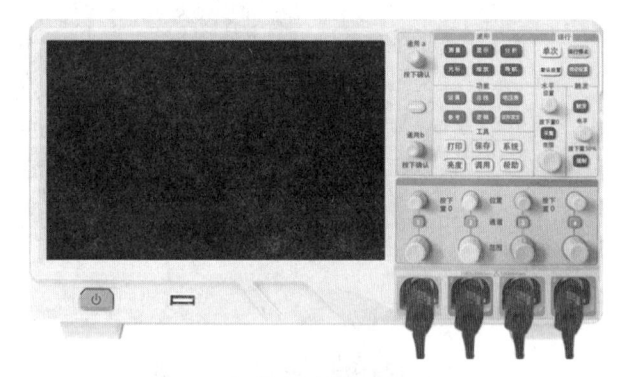　　　　（b）示波器

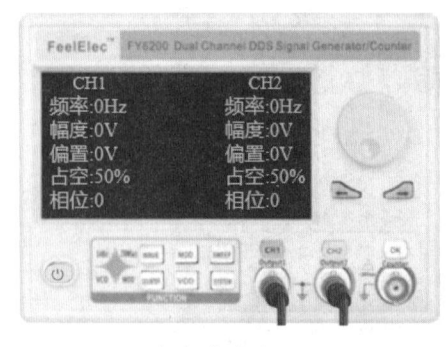

（c）信号源 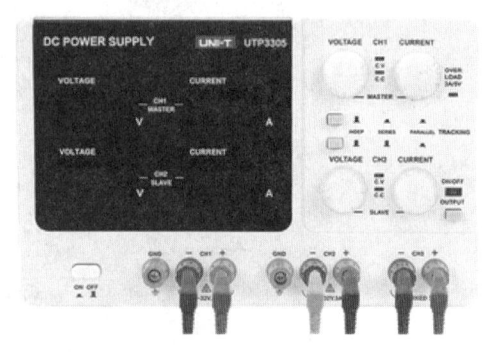　　　　（d）稳压电源

图 10　其他硬件设备图

（1）数字万用表。

其采用集成电路模数转换器和数显技术，将被测量的数值直接以数字形式显示出来。数字万用表显示清晰直观，读数正确，与模拟万用表相比，其各项性能指标均有大幅度的提高。

数字万用表一般有 4 个表笔插孔，测量时黑表笔插入 COM 插孔，红表笔则根据测量需要，插入相应的插孔。测量电压和电阻时，应插入 V、Ω 插孔；测量电流时注意有两个电流插孔，一个是测量小电流的，一个是测量大电流的，应根据被测电流的大小选择合适的插孔。

根据被测量选择合适的量程范围，直流电压置于 DCV 量程、交流电压置于 ACV 量程、直流电流置于 DCA 量程、交流电流置于 ACA 量程。

当数字万用表仅在最高位显示 "1" 或 "−1" 时，说明已超过量程，须进行调整。用数字万用表测量电压时，应注意它能够测量的最高电压（交流有效值），以免损坏万用表的内部电路。测量未知电压、电流时，应将功能转换开关先置于高量程挡，然后再逐步调低，直到合适的挡位。测量交流信号时，被测信号波形应是正弦波，频率不能超过仪表的规定值，否则将引起较大的测量误差。测量 10 Ω 以下的小电阻时，必须先短接两表笔测出表笔及连线的电阻，然后在测量中减去这一数值，否则误差较大。

（2）示波器。

示波器是利用电子射线的偏转来复现电信号瞬时值图像的一种仪器。它不仅可以测量信号幅度，也可以测试信号的周期、频率和相位，而且还能测试调制信号的参数，估计信号的非线性失真等。

（3）信号源。

信号源是根据用户对波形的设置产生信号的电子仪器。主要负责给被测电路提供所需要的波形信号。可见信号源在电子实验和测试处理中，并不测量任何参数，而是根据使用者的要求，提供各种测试信号给被测电路，以满足测试条件。

凡是产生测试信号的仪器，统称为信号源，也称为信号发生器，它用于产生被测电路所需特定参数的电测试信号。

（4）稳压电源。

稳压电源能为负载提供稳定的交流电或直流电的电子装置，包括交流稳压电源和直流稳压电源两大类。当电网电压或负载出现瞬间波动时，稳压电源会以 10~30 ms 的响应速度对电压幅值进行补偿，使其稳定在±2%以内。

2. 实验项目选择

（1）打开软件登录后，选择课程 "模拟电子技术" 进入，选择实验项目。这里我们以 "多级放大电路" 为例，单击 "多级放大电路"，如图 11 所示。

（2）单击多级放大电路界面右侧的 "进入实验"，进入多级放大电路实验操作界面，如图 12 所示。

图 11 多级放大电路实验界面

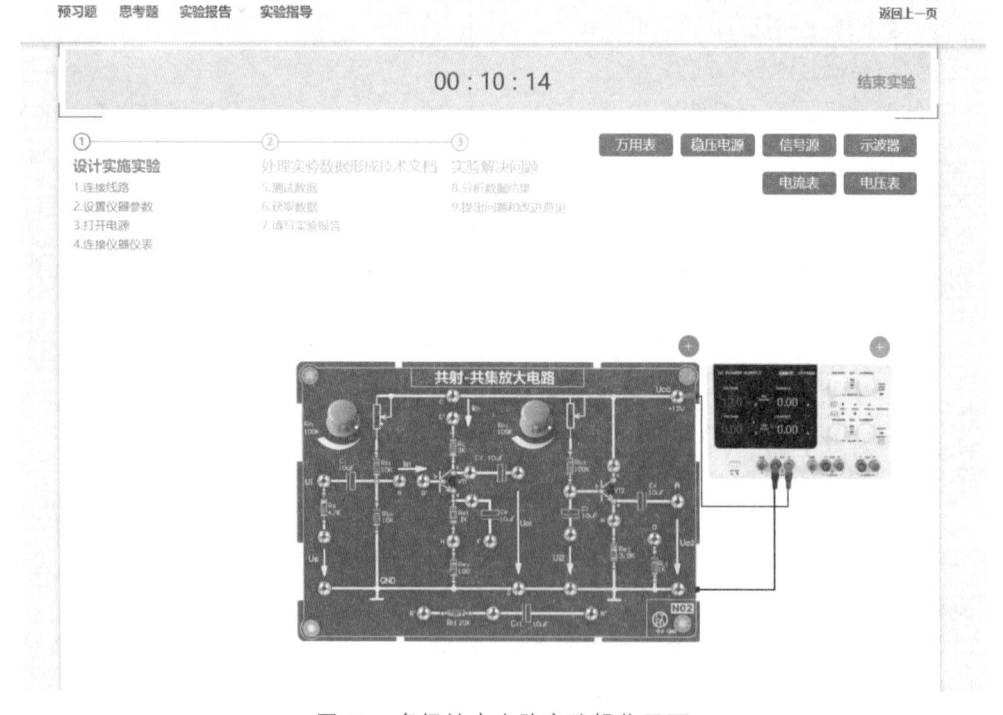

图 12 多级放大电路实验操作界面

3. 仪器仪表选择

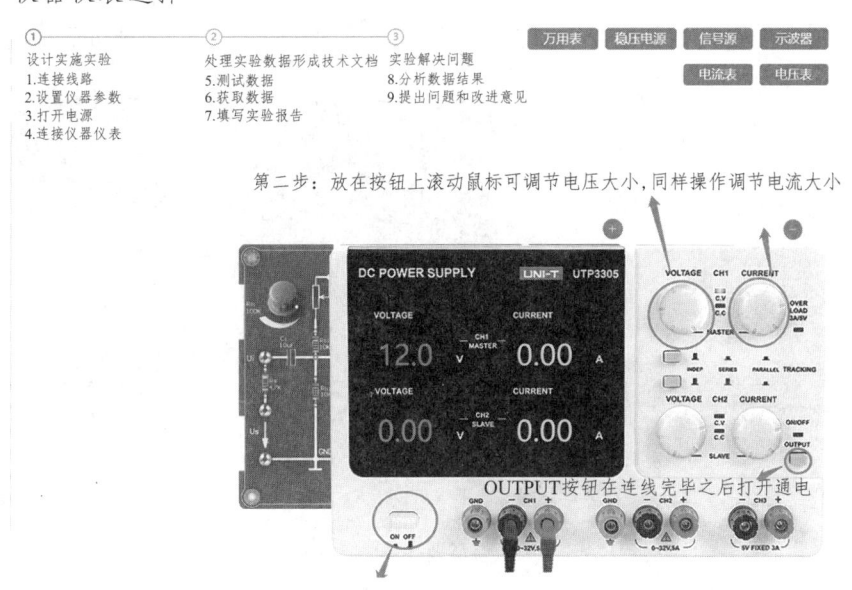

① 设计实施实验　② 处理实验数据形成技术文档　③ 实验解决问题
1.连接线路　　　5.测试数据　　　　8.分析数据结果
2.设置仪器参数　6.获取数据　　　　9.提出问题和改进意见
3.打开电源　　　7.填写实验报告
4.连接仪器仪表

万用表　稳压电源　信号源　示波器
电流表　电压表

第二步：放在按钮上滚动鼠标可调节电压大小，同样操作调节电流大小

OUTPUT按钮在连线完毕之后打开通电

图 13　稳压电源参数设置界面

（注意：每个仪器仪表第一步都要打开电源开关后，才可与实验板导线连接）

（1）稳压电源选择：单击"仪器仪表选择区"的"稳压电源"，单击稳压电源旁边的蓝色"+"号，放大稳压电源，进行参数设置，稳压电源参数设置界面如图 13 所示。参数设置完成后，单击稳压电源右上角的蓝色"-"号，可进行稳压电源与实验板的导线连接。

（2）万用表挡位选择界面：单击"仪器仪表选择区"的"万用表"，万用表出现在实验操作界面，鼠标单击旋钮，选择需要的挡位，进行测量。鼠标单击一次，挡位转换一次。万用表挡位选择界面如图 14 所示。

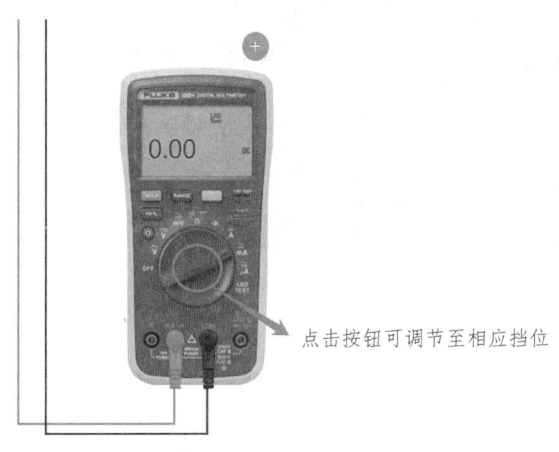

点击按钮可调节至相应挡位

图 14　万用表挡位选择界面

（3）信号源参数设置界面：单击"仪器仪表选择区"的"信号源"，信号源出现在实验操作界面，单击信号源左上角的蓝色"+"号，放大信号源进行参数设置，信号源

参数设置界面如图 15 所示。

（4）参数设置完成后，单击信号源左上角的蓝色"-"号，可进行信号源与实验板的导线连接。

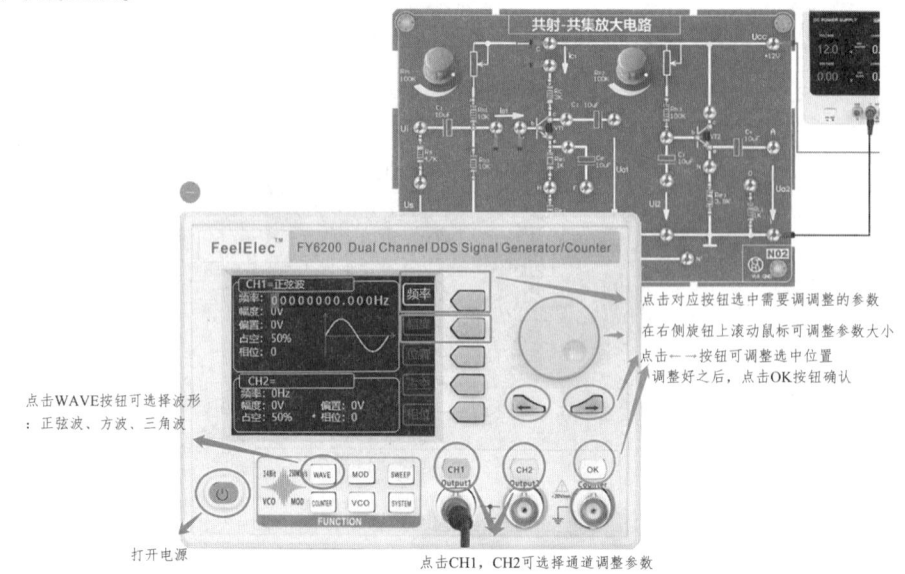

图 15　信号源参数设置界面

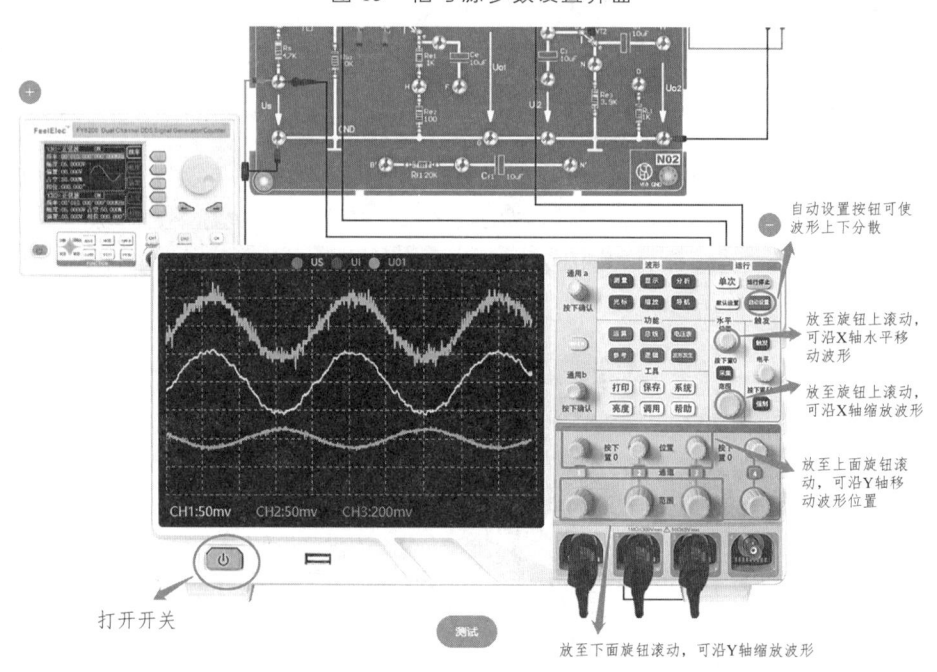

图 16　示波器参数设置界面

（5）示波器调节：单击"仪器仪表选择区"的"示波器"，示波器出现在实验操作界面，单击示波器右上角的蓝色"+"号，放大示波器进行调节，示波器调节界面如图 16 所示。单击示波器右上角的蓝色"-"号，缩小示波器，恢复实验操作界面。注意：示波器通道 CH1 连接 U_s，通道 CH2 连接 U_i，通道 CH3 连接 U_{o1}。

4. 实验板与仪器仪表连接界面

（1）各个仪表参数设置调节完成后，与实验板完成连接，连接完成的界面如图17所示。然后点击实验操作界面的最下方"测试"按钮，提交实验，记录实验结果。

（2）点击示波器右上角的蓝色"+"号，可放大示波器，查看实验结果，调节示波器参数，如图18所示。

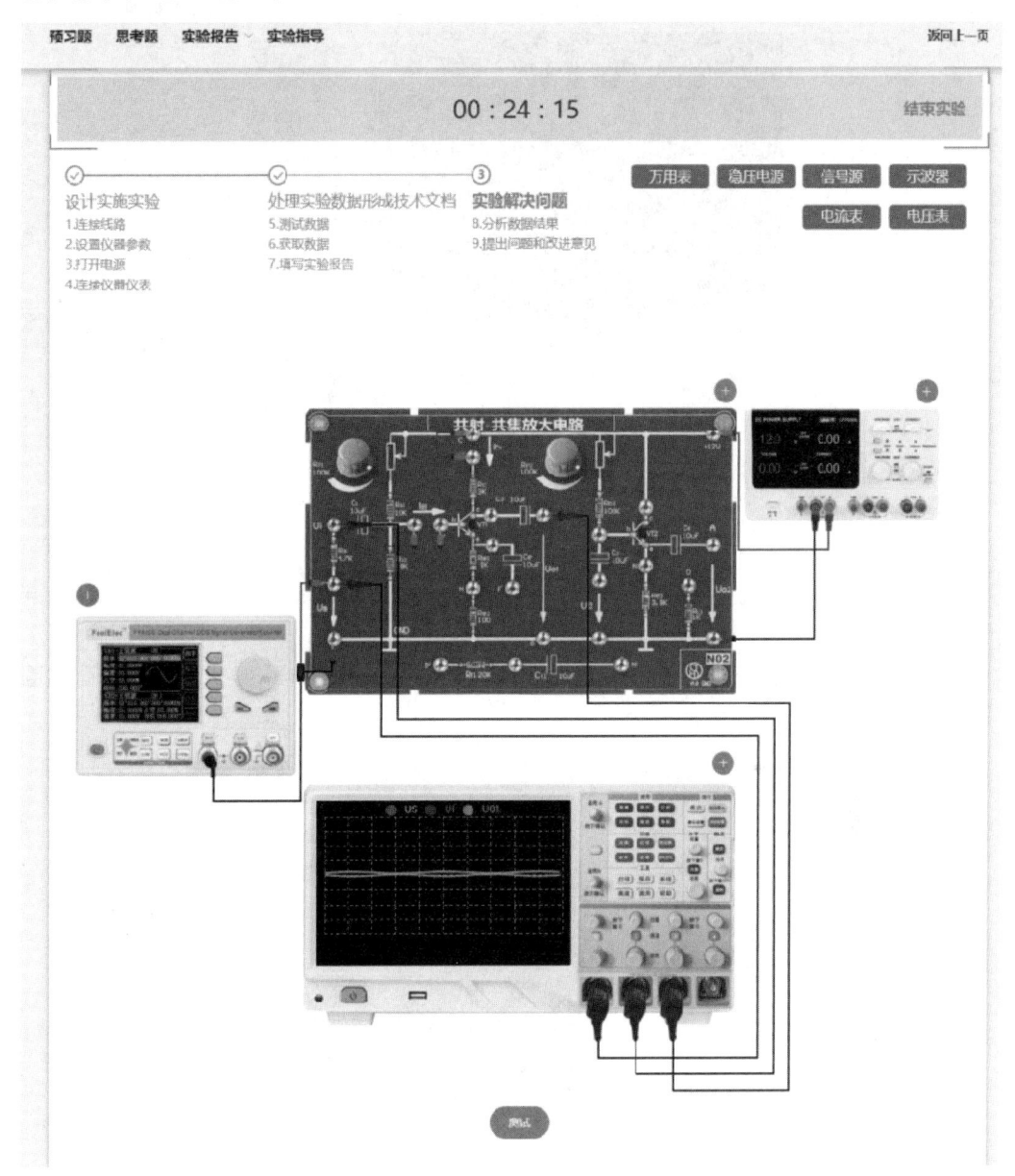

图17 实验板与仪器仪表的连接界面

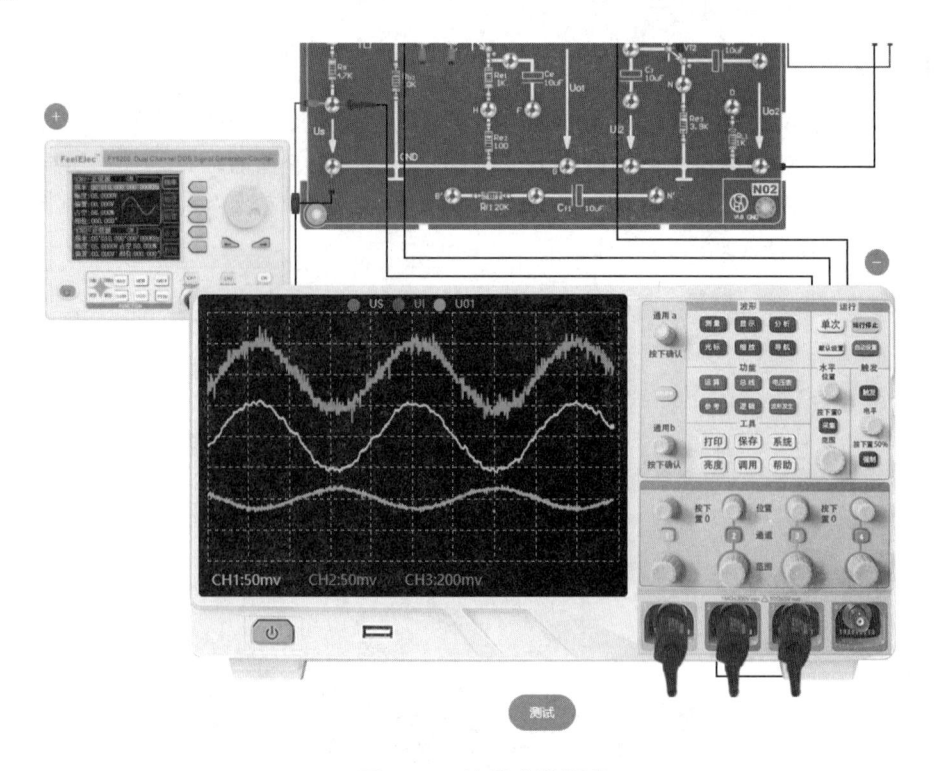

图 18　示波器参数调节

（3）电位器参数调节：

方式一：单击电位器，出现"请输入 R_{p1} 计算的阻值"，输入需要的阻值，然后点击确定，完成电位器参数调节。

方式二：鼠标放至电位器上并滚动，调节电位器参数。电位器参数设置界面如图 19 所示。

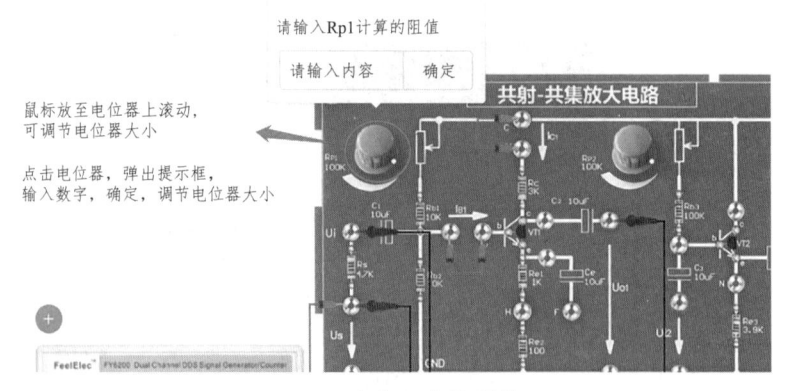

图 19　电位器参数调节

5. 实验导航栏区界面介绍

（1）实验预习题、思考题区：在进行实验之前，可先完成实验预习题及思考题，带着问题进行实验，加深实验理解，如图 20 所示。

图 20　实验预习题、思考题区

（2）实验报告：对照实验结果，完成实验报告的填写，如图 21 所示。

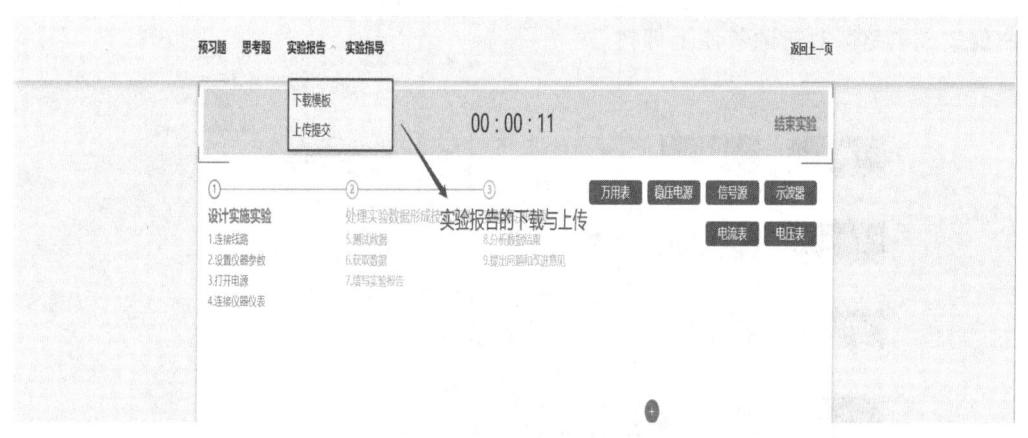

图 21　实验报告的上传下载界面

（二）数字电子技术

数字电子在线实验室采用远程实验技术，通过网络访问远程端真实的数字电路实验板、电平开关、电平指示器及电子仪器仪表，完成基本的数字电子实验。该实验室可作为电子技术类课程实验教学，也可用于教师课堂实操演示，还可作为开放实验室供学生使用。

数字电路可以分为组合逻辑电路和时序逻辑电路两大类，实验项目选取两类电路中具有代表性的常用功能电路作为实验内容，培养学生的基本实验技能，加深对数字电子技术基本原理、数字电路逻辑的组成及设计方法的理解。

操作说明：选择数字电子技术课程的相关实验项目可以进入实验操作页面，实验首页如图 22 所示。

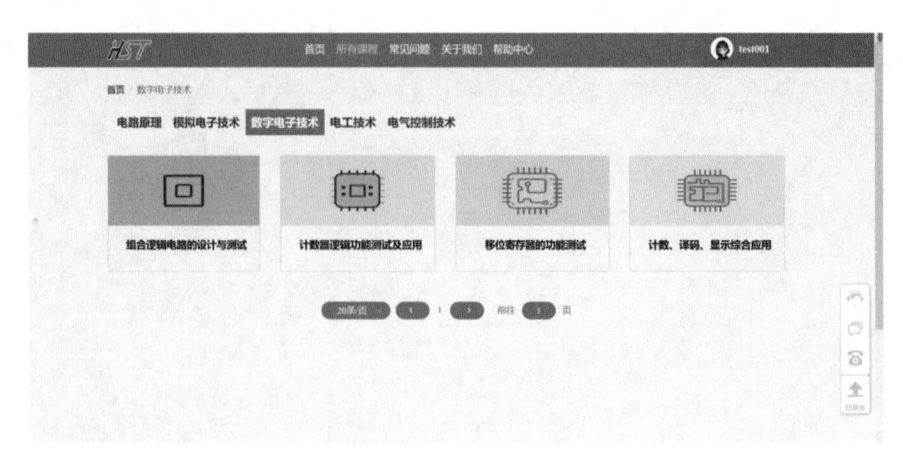

图 22　数字电路实验首页

1. 数字电子技术操作界面

操作界面如图 23 所示。左侧是实验中常用的逻辑芯片组件区,右侧是实验模块选择区。实验时,先在左侧逻辑芯片组件区选择需要用到的芯片,通过鼠标点击拖动到右侧集成电路区对应的管座上即可。

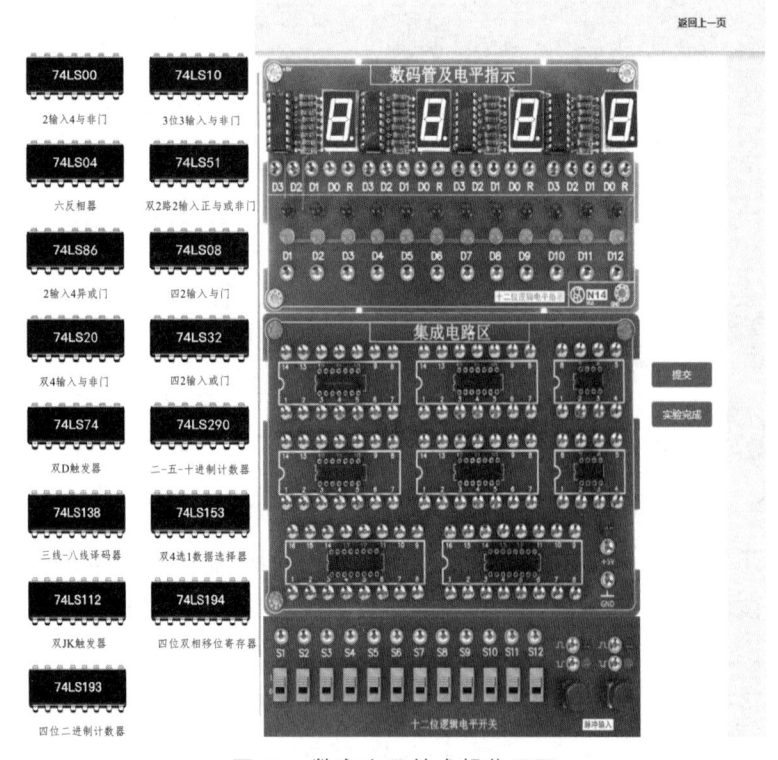

图 23　数字电子技术操作界面

2. 数字电子技术界面配置和使用

1)逻辑芯片组件区

如图 24 所示为逻辑芯片组件区,有 15 种常用芯片。鼠标点击选择对应的芯片,拖动到集成电路区即可完成芯片的选择，如图 25 所示。

74LS00
2输入4与非门

74LS10
3位3输入与非门

74LS04
六反相器

74LS51
双2路2输入正与或非门

74LS86
2输入4异或门

74LS08
四2输入与门

74LS20
双4输入与非门

74LS32
四2输入或门

74LS74
双D触发器

74LS290
二-五-十进制计数器

74LS138
三线-八线译码器

74LS153
双4选1数据选择器

74LS112
双JK触发器

74LS194
四位双相移位寄存器

74LS193
四位二进制计数器

图 24　常用数字逻辑芯片组件

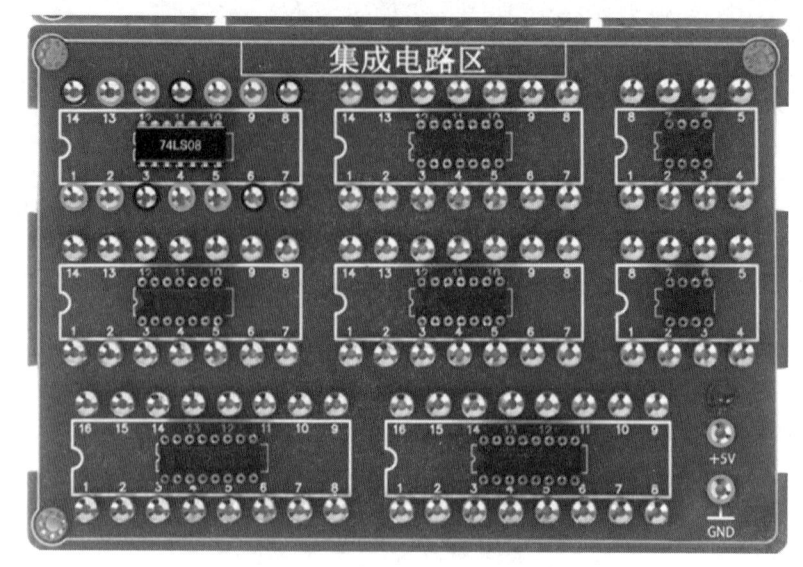

图 25　芯片放入对应管座

点击拖动到电路区的芯片按钮，则会打开芯片逻辑图，如图 26 所示。

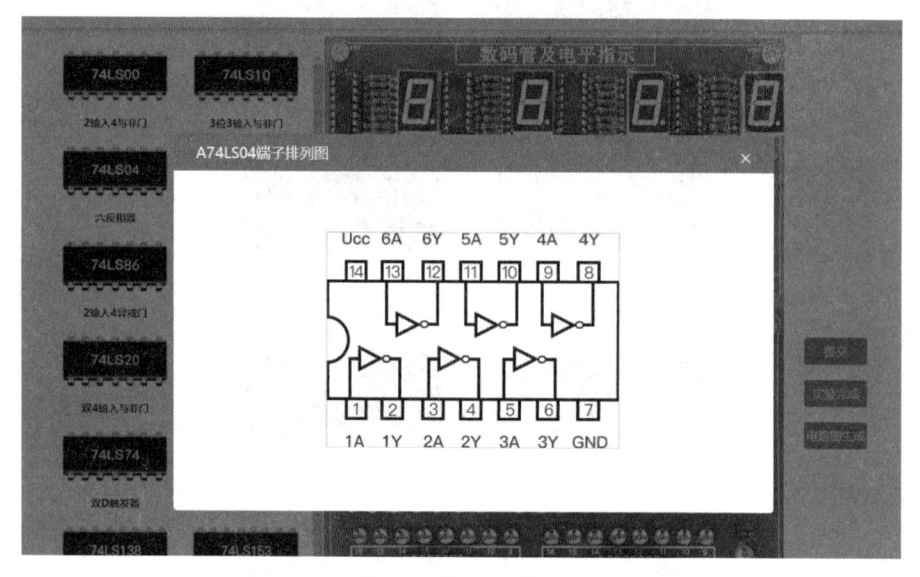

图 26　芯片逻辑图

2）数码管及电平指示区

（1）数码管显示：4 位 BCD 码二进制七段译码器 SN74LS47D 与相应的共阳 LED 数码显示管已经连接好。实验时，只需要在每一位译码器的 4 个输入端 D0、D1、D2、D3 处加入 0000～1001 的代码，数码管即显示出 0~9 的十进制数字。输入端 R 控制数码管小数点位，低电平有效。

（2）十二位逻辑电平指示：由红色、绿色 LED 及驱动电路组成。对输入电平的高、低进行显示。高电平"1"送入时红色 LED 亮，低电平"0"送入时绿色 LED 亮。控制电平的输入由"D1，D2，D3，D4，D5，D6，D7，D8，D9，D10，D11，D12"端输入。具体显示如图 27 所示。

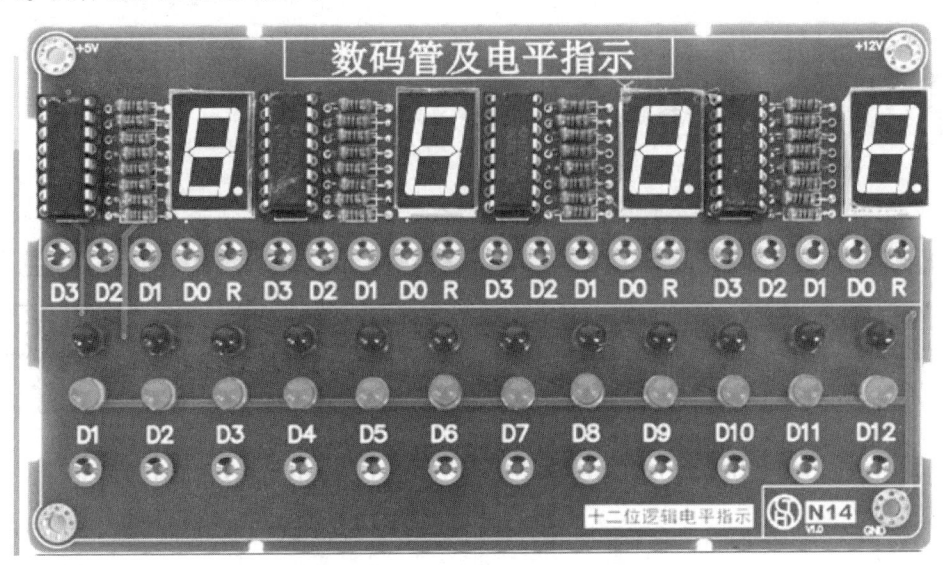

图 27 数码管及电平指示区

3）逻辑电平开关区及脉冲输入区

（1）逻辑电平开关：由 12 位带显示拨码开关和对应输出端口组成。当开关向上拨，置于"1"时输出为高电平；当开关向下拨，置于"0"时输出为低电平。

（2）脉冲输入区：单脉冲（消抖脉冲）由 1 组 2 路带正负单脉冲源组成。每按一次单次脉冲源按键，在输出口分别送出一个正、负单次脉冲信号，并有绿、红 LED 发光二极管指示。具体显示如图 28 所示。

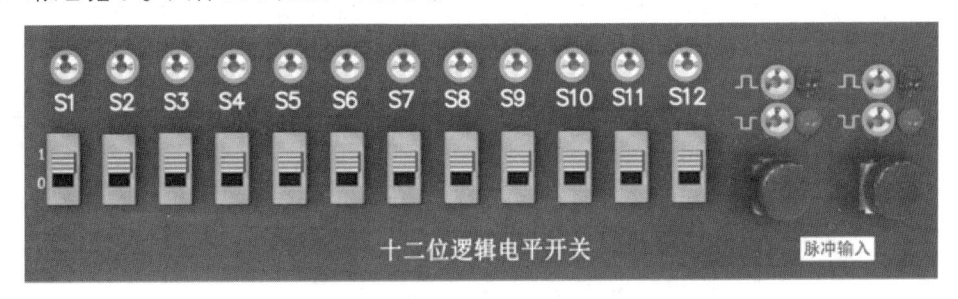

图 28 逻辑电平开关区及脉冲输入区

（三）常见问题

（1）若点击提交按钮后长时间请求不到数据，请点击"实验完成"按钮或者按"F5"刷新页面重新提交。（注意：刷新实验页面当前连线数据会丢失，须重新连线）。

（2）如芯片放置错误，可刷新页面重新开始。

（3）若提示"硬件请求故障，无法获取数据"，请首先检查硬件主板连接情况，若故障依然存在，请联系管理员解决。

附录 B 　常用逻辑符号对照表

名称	国标符号	曾用符号	国外流行符号	名称	国标符号	曾用符号	国外流行符号
与门	&			传输门	TG	TG	
或门	≥1	+		双向模拟开关	SW	SW	
非门	1			半加器	Σ/CO	HA	HA
与非门	&			全加器	Σ/CI CO	FA	FA
或非门	≥1	+		基本RS触发器	S R	S Q R Q̄	S Q R Q̄
与或非门	&≥1	+		同步RS触发器	S CI R	S Q CP R Q̄	S Q CK R Q̄
异或门	=1	⊕		边沿(上升沿)D触发器	S 1D CI R	D Q CP Q̄	J S_D Q CK K R_D Q̄
同或门	=1	⊙		边沿(下降沿)JK触发器	S 1J CI 1K R	J Q CP K Q̄	J S_D Q CK K R_D Q̄
集电极开路的与门	&◇			脉冲触发(主从)JK触发器	S 1J CI 1K R	J Q CP K Q̄	J S_D Q CP K R_D Q̄
三态输出的非门	1 EN			带施密特触发特性的与门	&⎍	⎍	⎍

附录 C　常用集成电路引脚图

一、TTL 数字集成电路引脚图

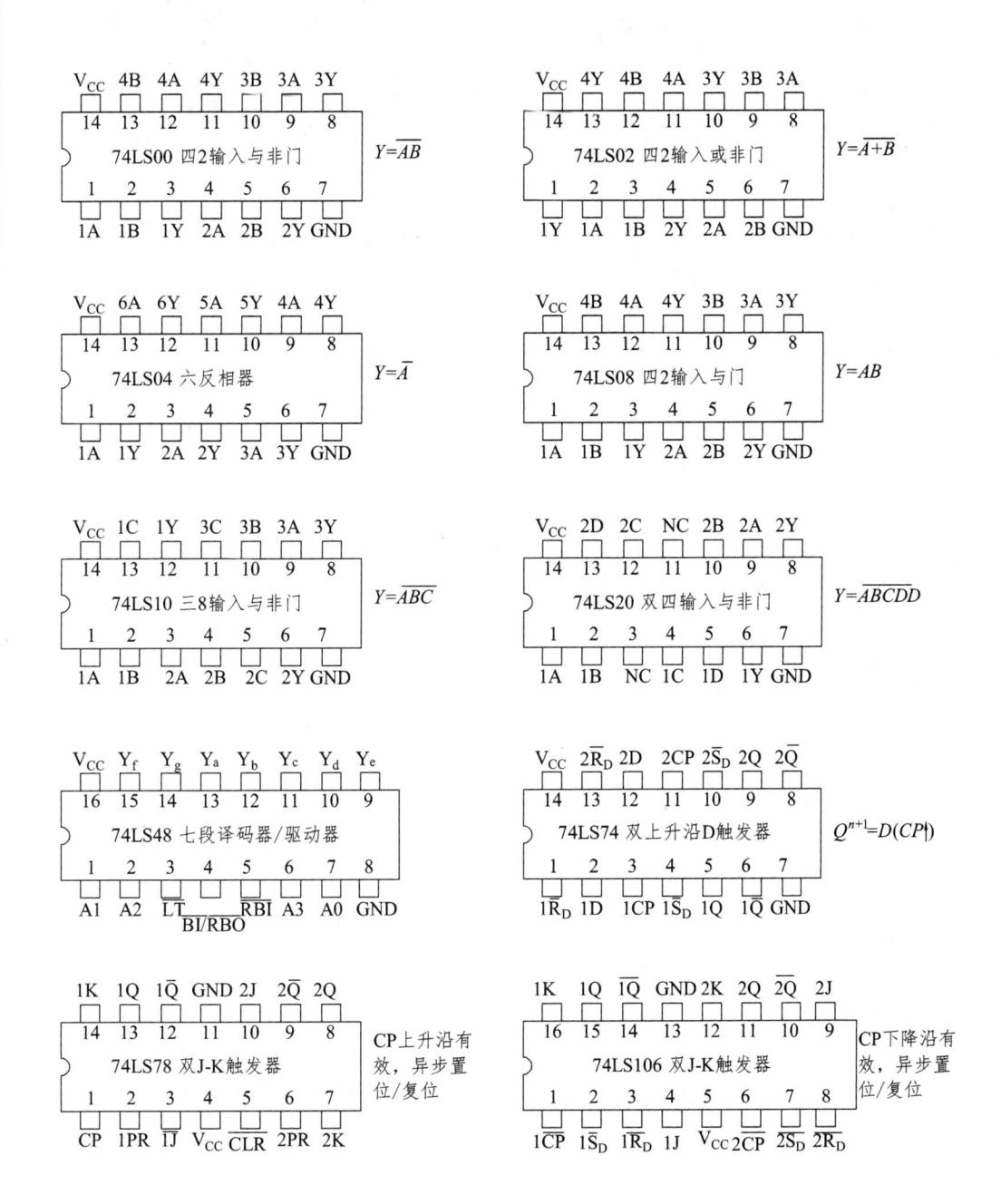

74LS00 四2输入与非门　$Y=\overline{AB}$
引脚：14 V_{CC}, 13 4B, 12 4A, 11 4Y, 10 3B, 9 3A, 8 3Y；1 1A, 2 1B, 3 1Y, 4 2A, 5 2B, 6 2Y, 7 GND

74LS02 四2输入或非门　$Y=\overline{A+B}$
引脚：14 V_{CC}, 13 4Y, 12 4B, 11 4A, 10 3Y, 9 3B, 8 3A；1 1Y, 2 1A, 3 1B, 4 2Y, 5 2A, 6 2B, 7 GND

74LS04 六反相器　$Y=\overline{A}$
引脚：14 V_{CC}, 13 6A, 12 6Y, 11 5A, 10 5Y, 9 4A, 8 4Y；1 1A, 2 1Y, 3 2A, 4 2Y, 5 3A, 6 3Y, 7 GND

74LS08 四2输入与门　$Y=AB$
引脚：14 V_{CC}, 13 4B, 12 4A, 11 4Y, 10 3B, 9 3A, 8 3Y；1 1A, 2 1B, 3 1Y, 4 2A, 5 2B, 6 2Y, 7 GND

74LS10 三8输入与非门　$Y=\overline{ABC}$
引脚：14 V_{CC}, 13 1C, 12 1Y, 11 3C, 10 3B, 9 3A, 8 3Y；1 1A, 2 1B, 3 2A, 4 2B, 5 2C, 6 2Y, 7 GND

74LS20 双四输入与非门　$Y=\overline{ABCDD}$
引脚：14 V_{CC}, 13 2D, 12 2C, 11 NC, 10 2B, 9 2A, 8 2Y；1 1A, 2 1B, 3 NC, 4 1C, 5 1D, 6 1Y, 7 GND

74LS48 七段译码器/驱动器
引脚：16 V_{CC}, 15 Y_f, 14 Y_g, 13 Y_a, 12 Y_b, 11 Y_c, 10 Y_d, 9 Y_e；1 A1, 2 A2, 3 $\overline{LT}$, 4 $\overline{BI/RBO}$, 5 $\overline{RBI}$, 6 A3, 7 A0, 8 GND

74LS74 双上升沿D触发器　$Q^{n+1}=D(CP\uparrow)$
引脚：14 V_{CC}, 13 $2\overline{R}_D$, 12 2D, 11 2CP, 10 $2\overline{S}_D$, 9 2Q, 8 $2\overline{Q}$；1 $1\overline{R}_D$, 2 1D, 3 1CP, 4 $1\overline{S}_D$, 5 1Q, 6 $1\overline{Q}$, 7 GND

74LS78 双J-K触发器　CP上升沿有效，异步置位/复位
引脚：14 1K, 13 1Q, 12 $1\overline{Q}$, 11 GND, 10 2J, 9 $2\overline{Q}$, 8 2Q；1 CP, 2 1PR, 3 $1\overline{J}$, 4 V_{CC}, 5 $\overline{CLR}$, 6 2PR, 7 2K

74LS106 双J-K触发器　CP下降沿有效，异步置位/复位
引脚：16 1K, 15 1Q, 14 $1\overline{Q}$, 13 GND, 12 2K, 11 2Q, 10 $2\overline{Q}$, 9 2J；1 $1\overline{CP}$, 2 $1\overline{S}_D$, 3 $1\overline{R}_D$, 4 1J, 5 V_{CC}, 6 $2\overline{CP}$, 7 $2\overline{S}_D$, 8 $2\overline{R}_D$

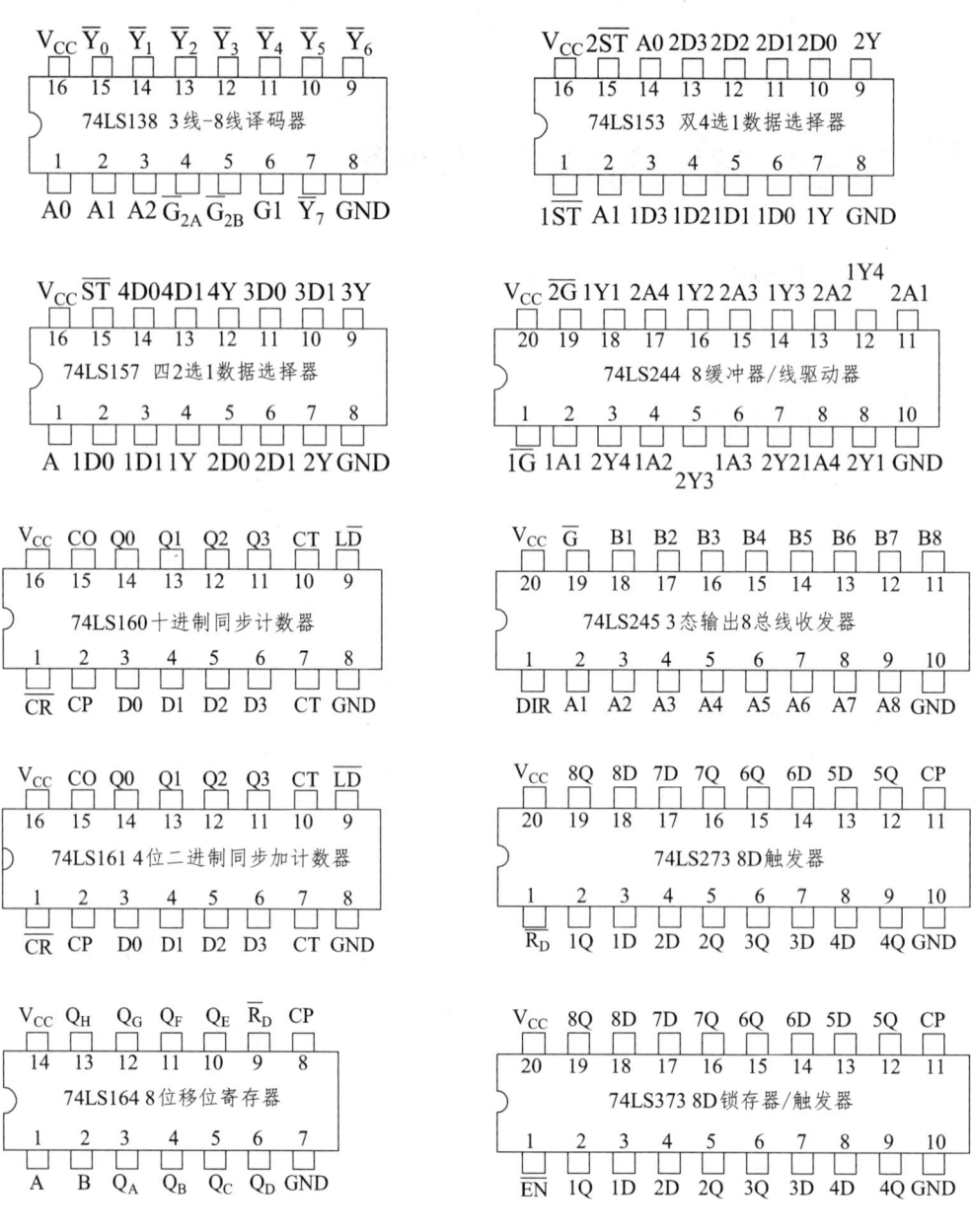

二、CMOS 集成电路引脚图

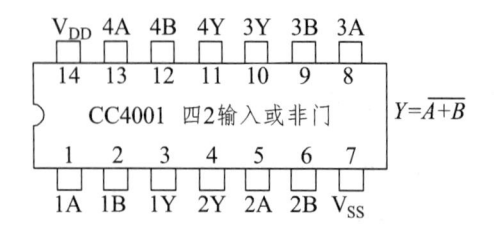

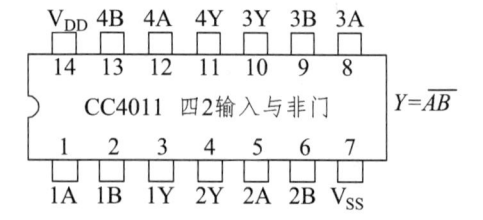

$Y=\overline{A+B}$ (CC4001 四2输入或非门)

$Y=\overline{AB}$ (CC4011 四2输入与非门)

CC4013 双上升沿D触发器

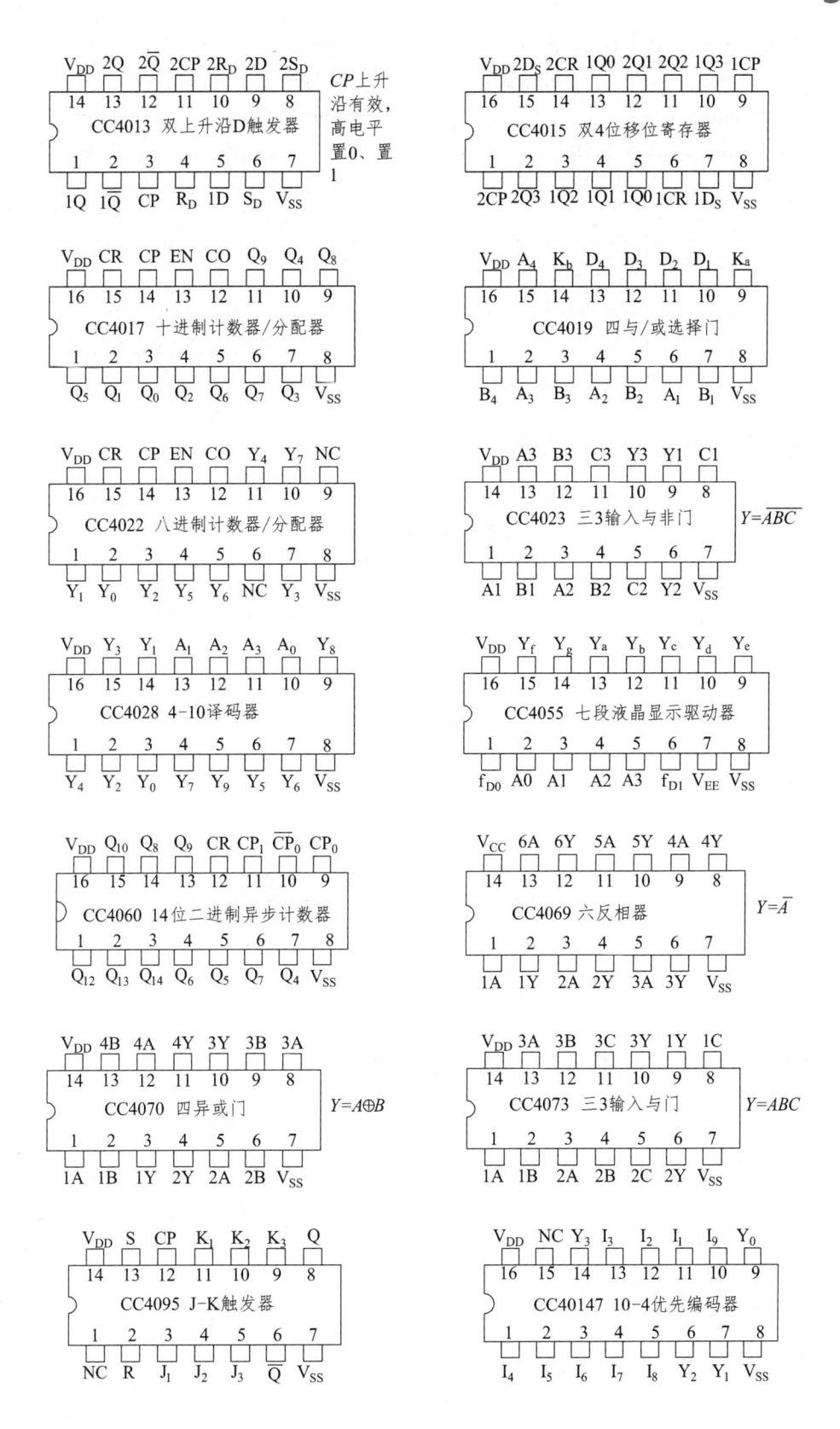

引脚：V_{DD}, 2Q, $2\bar{Q}$, 2CP, $2R_D$, 2D, $2S_D$ (14–8)；1Q, $1\bar{Q}$, CP, R_D, 1D, S_D, V_{SS} (1–7)

*CP*上升沿有效，高电平置0、置1

CC4015 双4位移位寄存器

引脚：V_{DD}, $2D_S$, 2CR, 1Q0, 1Q1, 1Q2, 1Q3, 1CP (16–9)；2CP, 2Q3, 1Q2, 1Q1, 1Q0, 1CR, $1D_S$, V_{SS} (1–8)

CC4017 十进制计数器/分配器

引脚：V_{DD}, CR, CP, EN, CO, Q_9, Q_4, Q_8 (16–9)；Q_5, Q_1, Q_0, Q_2, Q_6, Q_7, Q_3, V_{SS} (1–8)

CC4019 四与/或选择门

引脚：V_{DD}, A_4, K_b, D_4, D_3, D_2, D_1, K_a (16–9)；B_4, A_3, B_3, A_2, B_2, A_1, B_1, V_{SS} (1–8)

CC4022 八进制计数器/分配器

引脚：V_{DD}, CR, CP, EN, CO, Y_4, Y_7, NC (16–9)；Y_1, Y_0, Y_2, Y_5, Y_6, NC, Y_3, V_{SS} (1–8)

CC4023 三3输入与非门

$Y = \overline{ABC}$

引脚：V_{DD}, A3, B3, C3, Y3, Y1, C1 (14–8)；A1, B1, A2, B2, C2, Y2, V_{SS} (1–7)

CC4028 4-10译码器

引脚：V_{DD}, Y_3, Y_1, A_1, A_2, A_3, A_0, Y_8 (16–9)；Y_4, Y_2, Y_0, Y_7, Y_9, Y_5, Y_6, V_{SS} (1–8)

CC4055 七段液晶显示驱动器

引脚：V_{DD}, Y_f, Y_g, Y_a, Y_b, Y_c, Y_d, Y_e (16–9)；f_{D0}, A0, A1, A2, A3, f_{D1}, V_{EE}, V_{SS} (1–8)

CC4060 14位二进制异步计数器

引脚：V_{DD}, Q_{10}, Q_8, Q_9, CR, CP_1, $\overline{CP_0}$, CP_0 (16–9)；Q_{12}, Q_{13}, Q_{14}, Q_6, Q_5, Q_7, Q_4, V_{SS} (1–8)

CC4069 六反相器

$Y = \bar{A}$

引脚：V_{CC}, 6A, 6Y, 5A, 5Y, 4A, 4Y (14–8)；1A, 1Y, 2A, 2Y, 3A, 3Y, V_{SS} (1–7)

CC4070 四异或门

$Y = A \oplus B$

引脚：V_{DD}, 4B, 4A, 4Y, 3Y, 3B, 3A (14–8)；1A, 1B, 1Y, 2Y, 2A, 2B, V_{SS} (1–7)

CC4073 三3输入与门

$Y = ABC$

引脚：V_{DD}, 3A, 3B, 3C, 3Y, 1Y, 1C (14–8)；1A, 1B, 2A, 2B, 2C, 2Y, V_{SS} (1–7)

CC4095 J-K触发器

引脚：V_{DD}, S, CP, K_1, K_2, K_3, Q (14–8)；NC, R, J_1, J_2, J_3, $\bar{Q}$, V_{SS} (1–7)

CC40147 10-4优先编码器

引脚：V_{DD}, NC, Y_3, I_3, I_1, I_9, Y_0 (16–9)；I_4, I_5, I_6, I_7, I_8, Y_2, Y_1, V_{SS} (1–8)

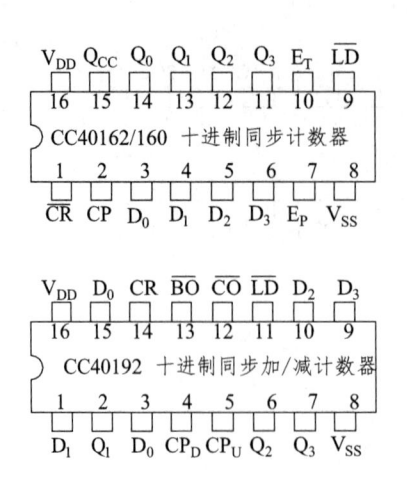

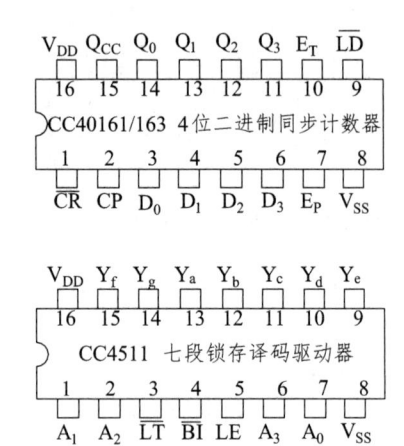

三、常用集成运算放大器引脚图

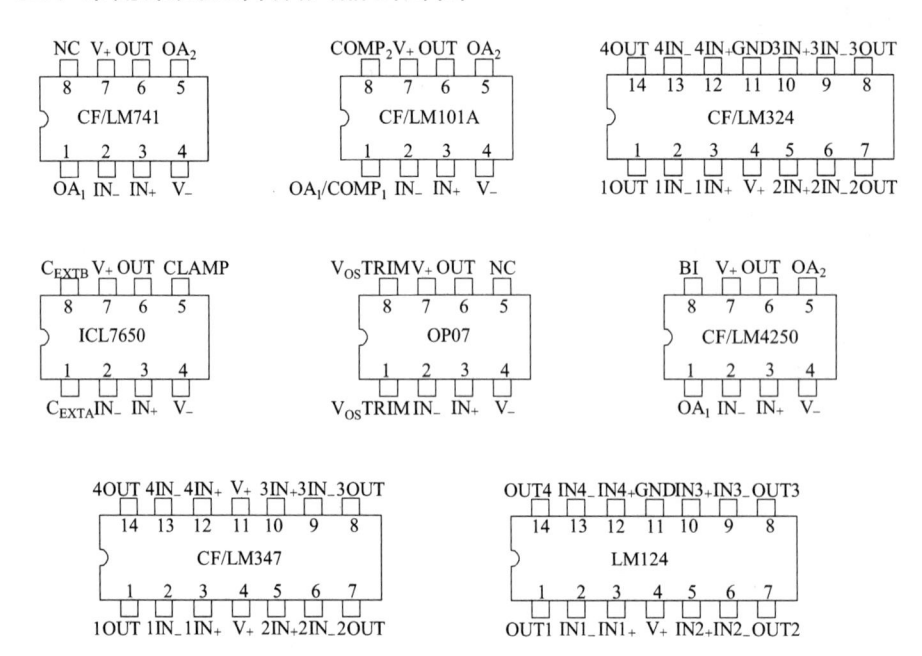

四、常用 A/D 和 D/A 集成电路引脚图

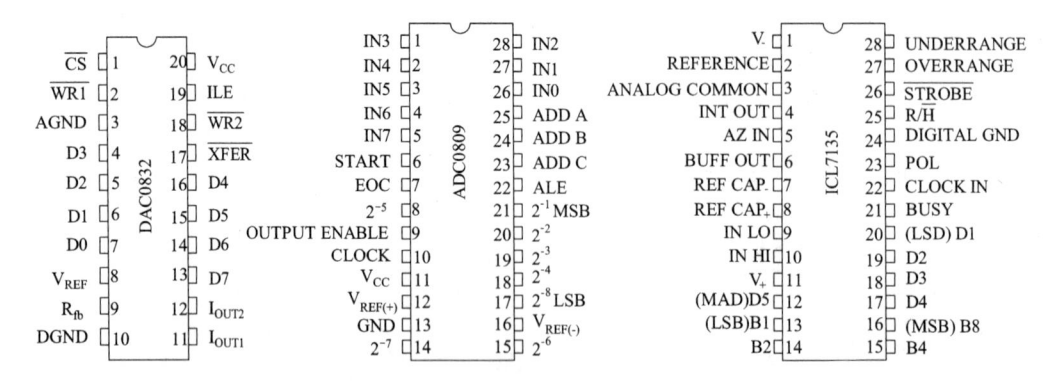

	AD7574				ADS5210				MC14433	
VDD	1	18	DGND	Start conv	1	24	CLKIN	VA GND	1	24	V_{DD}
Vref	2	17	CLK	+5 V	2	23	DGND	VREF	2	23	Q3
BOFS	3	16	$\overline{CS}$	Series out	3	22	E.O.C	V_x	3	22	Q2
AIN	4	15	$\overline{RD}$	BIT6	4	21	BIT7	R1	4	21	Q1
AGND	5	14	$\overline{BUSY}$	BIT5	5	20	BIT8	R1/C1	5	20	Q0
(MSD)DB7	6	13	DB0(LSB)	BIT4	6	19	BIT9	C1	6	19	DS1
DB6	7	12	DB1	BIT3	7	18	BIT10	CO1	7	18	DS2
DB5	8	11	DB2	BIT2	8	17	BIT11	CO2	8	17	DS3
DB4	9	10	DB3	MSB/BIT1	9	16	BIT12/LSB	DU	9	16	DS4
				+15 V	10	15	+15 V	CLK1	10	15	$\overline{OR}$
				AGND	11	14	A out STATE	CLK0	11	14	EOC
				REFIN/OUT	12	13	−15 V	V_{EE}	12	13	V_{SS}

参考文献

[1] 吴和静，邵雅斌，等. 模拟电子技术及应用分析[M]. 北京：北京邮电大学出版社，2018.

[2] 曾令琴，陈维克. 电子技术基础[M]. 北京：人民邮电出版社，2019.

[3] 曾赟，曾令琴. 模拟电子技术[M]. 北京：人民邮电出版社，2016.

[4] 童诗白，华成英. 模拟电子技术基础[M]. 北京：高等教育出版社，2018.

[5] 余辉晴. 模拟电子技术教程[M]. 北京：电子工业出版社，2006.

[6] 刘海燕，孙建设. 模拟电子技术[M]. 3版. 北京：化学工业出版社，2016.

[7] 王书杰，汤荣生. 模拟电子技术项目式教程[M]. 北京：机械工业出版社，2021.

[8] 张园，于宝明. 模拟电子技术[M]. 北京：高等教育出版社，2017.

[9] 许春香，田伟华. 数字电子技术[M]. 西安：西北工业大学出版社，2017.

[10] 徐慧. 数字电子技术[M]. 北京：高等教育出版社，2018.

[11] 孙余凯，吴明山，等. 数字电路基础与技能实训教程[M]. 北京：电子工业出版社，2006.

[12] 康华光. 电子技术基础[M]. 6版. 北京：高等教育出版社，2013.

[13] 阎石. 数字电子技术基础[M]. 5版. 北京：高等教育出版社，2006.

[14] 邱寄帆. 数字电子技术基础[M]. 北京：高等教育出版社，2015.

[15] 童诗白. 模拟电子技术[M]. 5版. 北京：高等教育出版社，2015.

[16] 王连英. 模拟电子技术[M]. 北京：高等教育出版社，2014.

[17] 胡宴如. 模拟电子技术及应用[M]. 北京：高等教育出版社，2011.

[18] 张惠敏. 电子技术[M]. 北京：化学工业出版社，2013.

[19] 宋学军. 数字电子技术[M]. 2版. 北京：科学出版社，2007.

[20] 高育良. 电路与模拟电子技术[M]. 北京：高等教育出版社，2013.

[21] 胡宴如. 模拟电子技术[M]. 5版. 北京：高等教育出版社，2015.

[22] 康华光. 电子技术基础模拟部分[M]. 北京：高等教育出版社，2006.

[23] 刘蕴陶. 电工电子技术[M]. 北京：高等教育出版社，2014.

[24] 华永平. 电子技术及应用[M]. 北京：高等教育出版社，2012.

[25] 林瑜筠. 区间信号自动控制[M]. 北京：中国铁道出版社，2007.

[26] 林瑜筠. 铁路信号基础[M]. 北京：中国铁道出版社，2005.

[27] 李源生，李艳新，孙英伟. 电路与模拟电子技术[M]. 北京：电子工业出版社，2007.

[28] 周雪. 模拟电子技术[M]. 西安：西安电子科技大学出版社，2008.

[29] 詹新生. 电工技术及应用[M]. 北京：高等教育出版社，2012.

[30] 赵桂钦. 模拟电子技术教程与实验[M]. 北京：清华大学出版社，2008.

[31] 赵世平. 模拟电子技术基础[M]. 北京：中国电力出版社，2004.